高等院校艺术设计类专业产教融合系列教材
丛书总主编　梁瑞雄　副总主编　吴立平　李 炳　刘亚军

3DS MAX、SKETCHUP
室内外效果图——从入门到精通

主 编　苏专　刘少伟

同济大学出版社
TONGJI UNIVERSITY PRESS
·上海·

内容提要

本教材系统讲解3ds Max和SketchUp的建模、渲染及设计原理，结合V-Ray插件详细阐述室内外效果图与VR全景图的制作流程。全书分为三部分：前八章聚焦3ds Max，涵盖建模、材质、灯光与效果图制作等；第九章至第十三章解析SketchUp工具、材质及动画技巧；最后两章通过案例强化综合应用。书中融入数十个跨软件（AutoCAD、Photoshop等）实例，注重理论与实践结合，助力学生掌握室内设计、建筑外观及景观设计的核心技能。本教材适用于建筑学、环境艺术等相关专业教学，也可供行业从业者自学使用。

图书在版编目（CIP）数据

3ds Max、SketchUp室内外效果图：从入门到精通 / 苏专，刘少伟主编．-- 上海：同济大学出版社，2025. 8. -- ISBN 978-7-5765-1606-7

I. TU201.4

中国国家版本馆CIP数据核字第2025SY3050号

3ds Max、SketchUp室内外效果图——从入门到精通

主　编　苏　专　刘少伟

策划编辑 府晓辉　**责任编辑** 戴如月　**助理编辑** 阮璐瑶　**责任校对** 徐逢乔　**封面设计** 潘向蓁

出版发行 同济大学出版社　www.tongjipress.com.cn

（地址：上海市四平路1239号　邮编：200092　电话：021-65985622）

经　销 全国各地新华书店

排　版 北京华艺世纪缘科技发展有限公司

印　刷 上海叶大印务发展有限公司

开　本 889mm×1194mm　1/16

印　张 16

字　数 406 000

版　次 2025年8月第1版

印　次 2025年8月第1次印刷

书　号 ISBN 978-7-5765-1606-7

定　价 64.00元

编委会

主　编　苏　专　刘少伟

副主编　朱　亮　刘亚军　王　勃

参　编　王佳毅　闻翅楚　罗曼莹　曲鹏飞　刘苏祺

林宇琼　谭远龙　周文博　廖先琼

总　序

在数字经济与创意产业蓬勃发展的时代背景下，艺术设计教育正面临前所未有的机遇与挑战。如何打破传统教学中理论与实践的壁垒，培养既具备审美素养又掌握产业需求的高素质设计人才，成为高校艺术设计教育改革的核心命题。本套“高等院校艺术设计类专业产教融合系列教材”的编写，正是对这一命题的深度回应。

艺术设计本质上是一门实践性学科，其生命力源于对现实需求的创造性解决。近年来，随着文化创意产业升级、数字技术革新以及消费场景多元化转型，行业对设计人才的能力要求已从单一技能转向“审美力 + 技术力 + 商业力”的复合型标准，这意味着艺术设计类专业的教材开发势必需要与产业形成更深的联系。本套系列教材以《国务院办公厅关于深化产教融合的若干意见》为指导，联合 20 余家头部设计企业、行业协会，涉及行业包括服装、广告、包装印刷、装饰设计等，与高校专家学者共同开发，将行业和企业的真实项目案例、行业技术标准与前沿设计方法论融入教学体系，构建“课堂—设计工作室—企业”的三维培养路径，也是广东科技学院艺术设计学院多年来的教学成果经验积累。

本套系列教材的开发有以下几方面特点：

1. 真实项目驱动。每本教材都融入了多个典型产业项目作为单元载体，如平面图案设计、品牌视觉升级、智能产品界面设计、沉浸式空间策划等，学生可通过完整参与从需求分析到成果落地的全流程，掌握行业工作逻辑。

2. 校企双元架构。教材的理论章节部分由高校教授、副教授等学界专家撰写，确保学科系统性；实践模块由企业总监、设计师参与编写，引入行业企业最新设计理念及行业企业设计标准、设计素材等，注重实战经验的积累。

3. 数字化资源延伸。本套系列教材配备电子教学资料，可供使用者更便捷地获取更多网络教学资源，如教学视频、可编辑设计资源、行业最新设计标准，满足混合式教学需求。

本套系列教材的出版得到了广东省内各兄弟院校艺术设计类专业的支持，以及广州市腾春服饰有限公司、东莞市名绣文化传播有限公司、广州晓创意文化传播有限公司、壹零叁零（深圳）文化创意有限公司、深圳市御融装饰设计有限公司等合作企业的实践赋能。我们期待通过这套动态更新的系列教材，推动设计教育从“纸上谈兵”走向“真枪实弹”，为国内设计创意产业的发展输送更多应用创新型人才。

高等院校艺术设计类专业产教融合系列教材总主编

梁瑞姬

前　言

本教材系统全面地讲解了3ds Max和SketchUp软件的操作方法和设计原理，通过大量实例介绍了配合V-Ray渲染插件如何制作出高清逼真的室内外效果图及360度VR全景效果图。本书共15章，内容涉及室内外效果图制作的相关知识，力求实现知识结构的完整性、实用性和简明性。第一章至第八章主要讲解3ds Max建模、摄影机、V-Ray渲染、材质与灯光、客厅室内效果图制作和360度VR全景效果图制作等知识，帮助学生掌握室内场景的效果图制作方法、流程和技巧。第九章至第十三章主要讲解SketchUp绘图工具、辅助工具、材质与贴图、场景与动画等，让学生快速掌握软件的操作技巧，更好地表达自己的设计构思。第十四章至第十五章讲解品牌专卖店和乡村景观效果图制作的两个实例，强化实践演练，切实提高学生的设计表达能力。

在知识讲解的基础上，本书结合3ds Max、SketchUp、V-Ray、AutoCAD和Photoshop等软件的应用，精心设计了几十个具有针对性的实例，强化了实践训练。这些实例不仅能够帮助学生掌握各类软件的使用方法，从而适应室内装修设计、建筑外观设计、园林景观设计等实际工作需求，还能通过典型的应用实例让学生体验真实的设计过程，从而提高工作效率。教材依照相关软件学习和操作的基本逻辑和顺序，提供了详实的基础知识介绍，并辅以丰富的图片帮助理解，适合作为高校建筑学、城市规划、环境艺术、园林景观等专业的教材，也适合作为建筑设计、园林设计、规划设计行业从业人员的自学参考书。

本教材由苏专、刘少伟担任主编，朱亮、刘亚军、王勃担任副主编，王佳毅、闻翘楚、罗曼莹、曲鹏飞、刘苏祺、林宇琼、谭远龙、周文博、廖先琼担任参编。本教材在编写过程中参考了大量国内外行业专家与学者的研究成果，在此向所有被参考文献的作者及相关研究者致以诚挚的感谢。由于编者水平有限，教材中难免存在不足之处，恳请各位专家、读者不吝赐教，提出宝贵意见，以便在日后修订中不断完善。

编者

2025年8月

目　录

总序　/001
前言　/001

第一章　认识室内外效果图　/001
一、室内外效果图简介　/002
二、室内外效果图设计风格　/002
三、室内外效果图制作流程　/004
四、室内外效果图制作常用软件　/006
五、总结思考　/008

第二章　初识 3ds Max　/009
一、3ds Max 操作界面　/010
二、3ds Max 文件设置　/012
三、主工具栏　/012
四、设置系统单位　/013
五、掌握视口设置及布局　/013
六、总结思考　/016
七、实战练习　/016

第三章　3ds Max 建模　/018
一、二维图形的创建与编辑　/019
二、修改器建模及编辑　/026
三、标准基本体　/029
四、扩展基本体　/032
五、复合建模与编辑　/035
六、多边形建模与编辑　/046
七、总结思考　/052
八、实战练习　/052

第四章　摄影机　/054
一、摄影机概念　/055
二、摄影机编辑　/059
三、总结思考　/062
四、实战练习　/063

第五章　V-Ray 简介及渲染技术　/064
一、V-Ray 渲染器简介　/065
二、V-Ray 渲染参数设置　/066
三、总结思考　/076
四、实战练习　/076

第六章　材质与灯光　/077
一、3ds Max 材质　/078
二、V-Ray 材质　/083
三、3ds Max 灯光　/085
四、V-Ray 灯光　/092
五、总结思考　/097
六、实战练习　/097

第七章　适老化家装实例：客厅室内效果图　/101
一、客厅建模　/102
二、墙体建模　/103
三、门窗洞口创建　/104
四、天花建模　/105
五、建立摄影机　/107
六、模型的合并与导入　/107
七、灯光材质　/107
八、渲染设置　/111
九、总结　/112
十、实战练习　/112

第八章 360 度全景 VR 效果图制作 /121

一、360 度全景效果图 /122
二、3ds Max 参数设置 /122
三、全景图出图参数设置 /123
四、全景图的后期处理 /125
五、在合成软件中插入静帧图片 /125
六、显示参数的设置 /126
七、常用功能介绍 /127
八、总结思考 /129
九、实战练习 /130

第九章 初识 SketchUp /131

一、SketchUp 软件介绍 /132
二、SketchUp 应用领域 /134
三、SketchUp 工作界面 /136
四、SketchUp 文件导入与导出 /137
五、总结 /145

第十章 SketchUp 绘图及辅助工具 /147

一、选择工具 /148
二、基本绘图工具 /148
三、SketchUp 编辑工具 /150
四、SketchUp 测量与标注工具 /153
五、实体工具 /154
六、“沙盒”工具 /155
七、“相机”工具 /158
八、总结 /161

第十一章 SketchUp 插件 /162

一、坯子库插件安装 /163
二、坯子库插件基本工具 /164
三、实战练习 /172

第十二章 V-Ray for SketchUp 材质与灯光 /179

一、V-Ray for SketchUp 简介 /180
二、V-Ray for SketchUp 安装 /180
三、材质的应用 /182
四、灯光的应用 /196
五、总结 /203

第十三章 SketchUp 场景与动画 /204

一、场景管理器 /205
二、动画 /205
三、批量导出图量集 /208
四、思考 /210

第十四章 室内实例：品牌专卖店效果图制作 /211

一、导入图纸前期准备 /212
二、制作室内墙体 /213
三、制作室内天花 /214
四、制作前台 /214
五、丰富室内模型 /216
六、赋予室内材质 /218
七、V-Ray 灯光布置 /222
八、V-Ray 渲染设置与输出 /224
九、Photoshop 后期处理 /224
十、思考 /226

第十五章 景观实例：美丽乡村景观效果图制作 /227

一、导入图纸前期准备 /228
二、制作景观规划 /229
三、制作主景观台 /230
四、丰富景观模型 /232
五、赋予景观材质 /233
六、V-Ray 灯光布置 /239
七、V-Ray 渲染设置与输出 /240
八、Photoshop 后期处理 /240
九、思考 /243

第一章
Chapter 1

认识室内外效果图
Knowing Design Rendering

对于环境设计师来说，三维效果图是专业的语言，可以通过它实现与客户的无障碍交流。室内外效果图的表现手法多样，包含水粉画法、水彩画法、透明水色画法、喷绘画法及马克笔画法等，每种画法都有其独特的艺术感染力，能有效传达设计意图。然而，随着电脑技术的日新月异，越来越多的设计师通过电脑绘图软件绘制室内外效果图，这种方式更加便捷、生动和准确，本章所提到的室内外效果图专指借助电脑绘制的效果图（见图 1-1、图 1-2）。

图 1-1　电脑室内效果图

图 1-2　电脑室外效果图

一、室内外效果图简介

室内外效果图是环境设计师用来清晰、直观地展示创意设计的工具。通过使用 3ds Max、SketchUp 等软件，设计师可以将创意转化为直观的三维效果图，从而更有效地向客户传递设计理念。室内外效果图作为设计师与客户之间的视觉沟通桥梁，能够忠实地表现物体的风格、立体造型、内部结构、色彩质地等元素，提前展示设计效果。这不仅有助于增加设计的可选性，还能有效减少设计和施工过程中的风险。

二、室内外效果图设计风格

不同风格的三维效果图展现了各自独特的文化内涵。在进行效果图设计前，必须了解设计对象的地理环境、人文背景以及客户需求，确定风格后再进行创作。随着社会经济水平和文化素养的提升，现代设计风格日益多样化。室内设计风格包括传统中式、古典欧式、日式和现代风格等，并衍生出新中式风格、简欧风格、北欧风格和东南亚风格等多种新型室内装饰风格。

中式室内装饰风格注重对称性和色彩对比，主要使用木材作为装饰材料，图案常见龙、凤、龟、狮等精雕细琢的图案。空间布局层次分明，隔窗和屏风常用于分割空间，采用实木框架与雕花图案，展现古典气息。家具陈设以对称为主，配饰常用字画、古董、卷轴和盆景等精美工艺品，体现居住者的品位与尊贵感。木雕画通常以壁挂形式呈现，进一步彰显中国传统家居文化的独特魅力（见图 1-3）。

新中式室内装饰风格将现代元素和传统元素结合在一起，更方便于现代生活。与传统中式风格相比，新中式风格并非完全的复古明清风格，而是既表达对清雅含蓄的东方式精神的追求，又以现代人的审美需求让传统艺术在生活中得以适当体现。因此，新中式风格更容易被性格稳重、偏爱中国传统文化的人群接受（见图 1-4）。

图 1-3 传统中式风格

图 1-4 新中式风格

古典欧式室内装饰风格泛指欧洲特有的风格，具有欧洲传统艺术文化特色，大量采用白、乳白并与各类金黄、银白有机结合，给人富丽堂皇的感觉，一般大居室、复式、别墅等较适合此类风格，被追求时尚、豪华效果的人士所喜爱（见图 1-5）。

简约欧式风格继承了古典欧式的核心元素，同时融入现代生活元素，通常以象牙白为主色调，搭配浅色和深色，形成清新且符合中式审美的设计感，相比古典欧式风格，更为简洁现代（见图 1-6）。

图 1-5 古典欧式风格

图 1-6 简约欧式风格

北欧风格注重简约、自然，欧洲北部国家如挪威、丹麦、瑞典、芬兰等地的艺术风格是其灵感来源。室内设计常见无纹理的简单线条和色块，强调简洁、自然的空间感（见图 1-7）。

日式室内外装饰风格以淡雅、简洁为主要特点，采用清晰的线条和简约的几何形状，居室布置以木格推拉门、半透明纸和榻榻米为主要特征，营造出安静、和谐的生活空间。日式设计强调自然材质的使用，并追求简约与功能性（见图 1-8）。

现代室内外装饰风格吸收了现代抽象艺术的思想，反对传统的装饰形式，致力于创造适应工业时代精神的简化设计。简洁、清新的风格强调功能性和实用性，反映了当代人的生活方式（见图 1-9）。

东南亚风格以热带雨林的自然美和浓郁的民族特色为主要特色，在气候相似地区广受欢迎，在珠三角地区具有较高的热度。其独特的魅力和热带风情使之成为追求独特个性人士的首选（见图 1-10）。

图 1-7　北欧风格

图 1-8　日式风格

图 1-9　现代风格

图 1-10　东南亚风格

三、室内外效果图制作流程

室内外效果图制作流程大致相似，以室内效果图为例，制作分为以下几个阶段。

首先，使用 AutoCAD 软件绘制好户型的平面图（见图 1-11），将平面图导入 3ds Max 中，创建出户型的基本结构模型（见图 1-12）。

然后，在场景中建立地面、墙体、吊顶等大体框架，在搭好的框架中加入相机，进一步调整摄影机的“参数”至满意的角度后，便可在场景中创建其他三维造型并调入家具。将建造的模型按照图纸的要

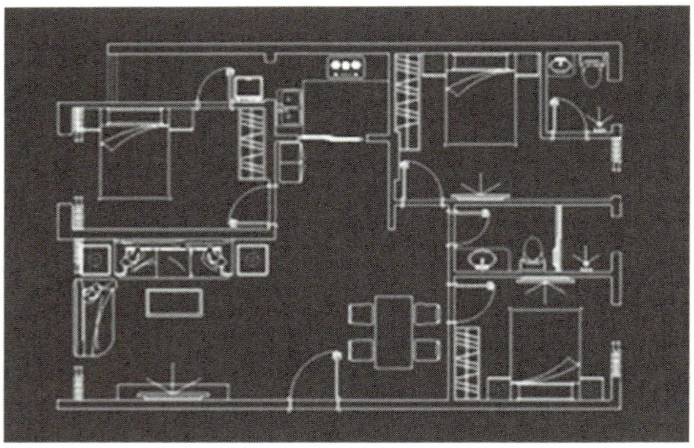

图 1-11　户型平面图

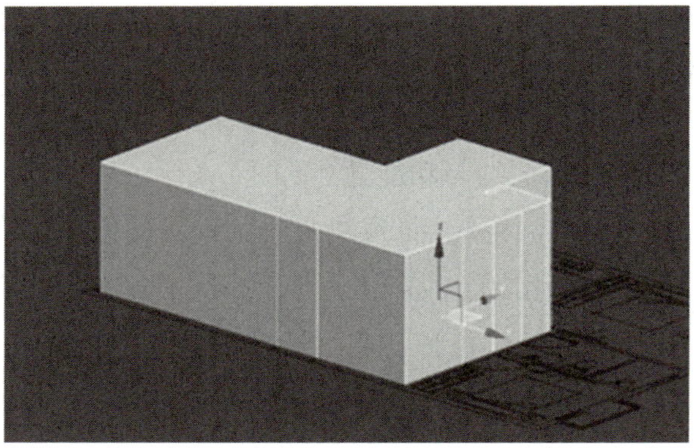

图 1-12　基本结构模型

求，在 3ds Max 场景中进行移动、旋转、缩放等处理，合并至场景（见图 1-13、图 1-14）。

将各种模型摆放至合适的位置后，对场景中各种物体赋予材质，同一种材质可赋予多个不同的物体。对各部分模型赋予材质时，要求整体材质有一个主基调色，尽量避免大面积对比色的情况出现（见图 1-15、图 1-16）。

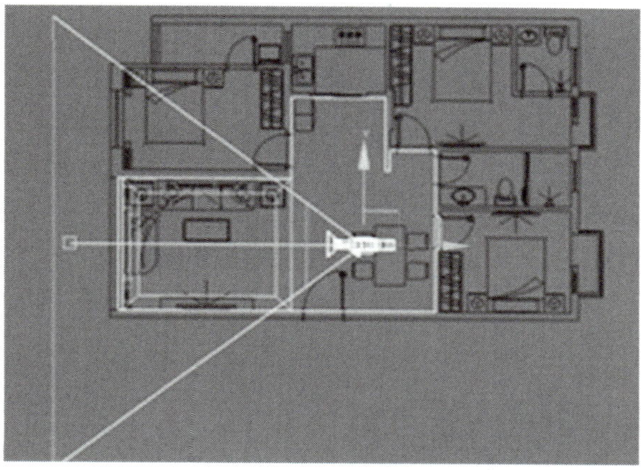

图 1-13　创建摄影机

图 1-14　合并模型图

图 1-15　设定材质主基调

图 1-16　材质赋予完成

调整场景中的灯光环境，使整个场景物体能表现出比较好的立体感和层次感。在场景中添加灯光时，应注意各区内灯光的多少及分布的差异，这会在场景中产生不同的室内外光影效果，其烘托表现的气氛会有较大的差异，特别注意灯光布局所产生的光影效果和气氛不应与总体设计产生矛盾（见图 1-17、图 1-18）。

在调整灯光的“颜色”和“倍增器”时，要注意物体材质的颜色和明亮度也会受其影响而发生改变。适当增加场景中的小品、画饰、花卉等配景，使整个场景显得更为生动逼真。在效果图场景中添加重点照明和装饰光带（见图 1-19、图 1-20）。

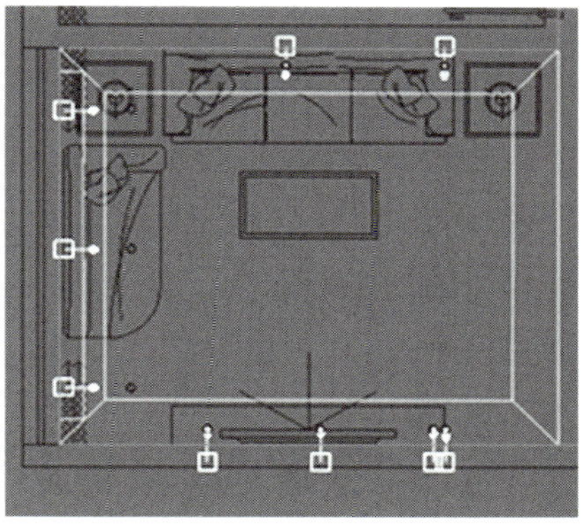

图 1-17　灯光分布

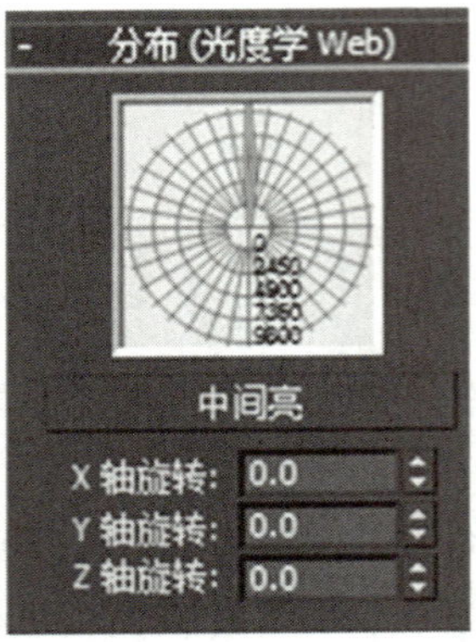

图 1-18　光度学的设置

图 1-19　场景灯光布置

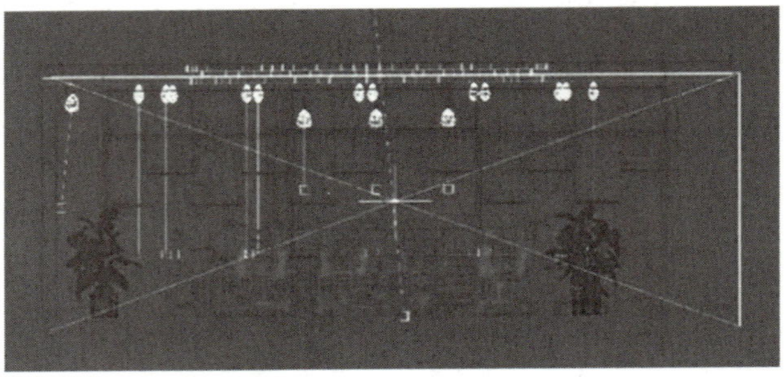

图 1-20　创建装饰光带

渲染输出时，输出图像的大小要根据图纸大小而定，一般效果图图像的分辨率最好不小于 150 dpi（150 像素 / 英寸）。在制作效果图后，可为其添加绿化及配景，这个过程称为“效果图的后期处理”，需要在 Photoshop 图像处理软件中进行。在 Photoshop 中处理时，一般需要调整画面的基调色、饱和度、亮度及反差，使画面表现出较好的色感和层次感；添加各种配景使画面显得更为生动；进行适当的光影效果处理，使整个画面呈现出较好的艺术效果。

最后，进行打印输出，有条件可进行附膜、装裱等处理，使效果图更具艺术品味。

四、室内外效果图制作常用软件

室内外效果图制作通常要用到的软件有 AutoCAD、3ds Max、SketchUp、V-Ray 渲染器以及 Photoshop。

AutoCAD 是由 Autodesk 公司开发的工程制图软件，广泛用于二维制图和基本三维设计。在效果图制作过程中，AutoCAD 主要用于绘制户型平面图，随后可将图纸导入 3ds Max 进行建模。在室内外效果图的制作前期，用它来绘制户型的平面图，再将绘制完成的平面图导入 3ds Max 中便可直接进行建模操作，进一步绘制效果图。除此之外，AutoCAD 还可以在室内外设计后期用于绘制施工图（见图 1-21、图 1-22）。

3ds Max 也是 Autodesk 公司开发的设计软件，是当下最流行的三维建模、动画制作及渲染软件。它广泛应用于角色动画、室内外效果图、游戏开发、虚拟现实等领域。图 1-23 为 3ds Max 软件界面。

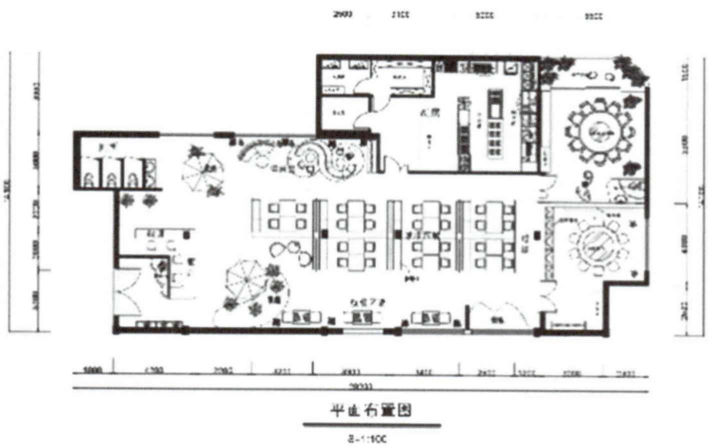

图 1-21　CAD 户型平面图

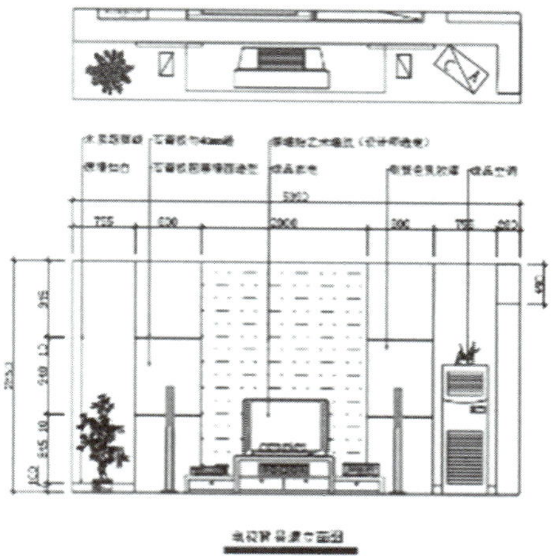

图 1-22　CAD 局部施工图

SketchUp 软件专注于设计方案的创作，能够直观地表达设计思想，且非常适合与客户进行即时交流。SketchUp 在建筑空间设计行业非常受欢迎，能有效地帮助设计师构思设计方案。图 1-24 为 SketchUp 软件图标。

V-Ray 渲染器由 Chaos Group 和 ASGVIS 公司开发，因其优秀的渲染品质和计算速度的平衡而受到广泛欢迎。V-Ray 支持多种全局照明（GI）方式，既可选择高效的渲染方案，也可以选择高品质的渲染方式。它分为 V-Ray for 3ds Max 和 V-Ray for SketchUp 两种版本。图 1-25 为 V-Ray for 3ds Max 软件图标、图 1-26 为 V-Ray for SketchUp 软件图标。

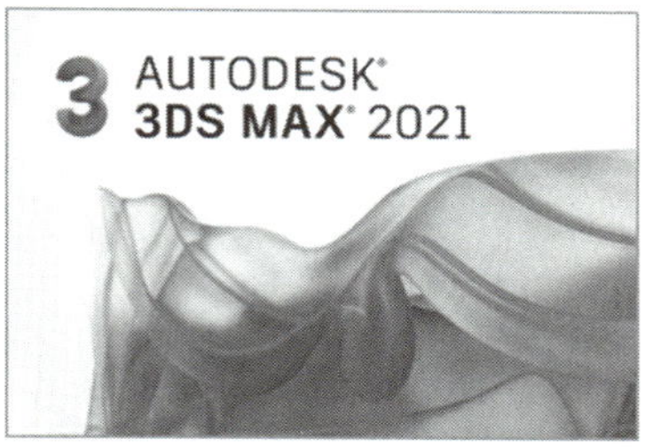

图 1-23　3ds Max 软件界面

图 1-24　SketchUp 软件图标

图 1-25　V-Ray for 3ds Max 软件图

图 1-26　V-Ray for SketchUp 软件图标

Adobe Photoshop，简称 PS，是由 Adobe 公司开发的图像处理软件，功能包括图像编辑、合成、调色等。在效果图的后期处理中，Photoshop 用于调节色调、亮度、对比度等，能有效提升效果图的视觉效果，并能为场景添加天空、树木、人物、车辆等配景，进一步丰富画面内容（见图 1-27、图 1-28）。

图 1-27　后期处理之前

图 1-28　后期处理之后

五、总结思考

1. 总结

本章介绍了室内外效果图的多种风格及其常用制作软件和制作流程。要制作出一张好的三维效果图，对软件技术的掌握非常关键。但掌握技术只是一方面，设计师还应具备一些专业的知识、文化底蕴、艺术修养等，不断提升自己的专业能力，形成自己独特的风格，这是一个需要长期实践的过程。

2. 思考

（1）常见的室内外设计风格有哪几种类型？它们各自有什么特点？

（2）制作三维效果图的流程分为哪几个步骤？

第二章

Chapter 2

初识 3ds Max

Get Started with 3ds Max

在制作室内效果图时，需要用到的最重要的软件便是 3ds Max。从本章开始，将介绍 3ds Max 的具体使用方法，便于读者迅速掌握使用技巧。

一、3ds Max 操作界面

进入 3ds Max 界面后，出现如图 2-1 所示的操作界面，主要包括标题栏、菜单栏、主工具栏、视图区、命令面板、视口控制区、动画控制区等多个部分，用户可以根据个人习惯改变界面布局。

图 2-1　操作界面

1. 标题栏

标题栏位于软件界面的最上端，在标题栏中可以快捷地找到打开、保存、返回等常用的操作命令，还可以通过点击最左侧的 3ds Max 标志，在其下拉菜单中找到更多的操作命令。

2. 菜单栏

菜单栏位于标题栏下方，包含 12 个主要菜单：编辑、工具、组、视图、创建、修改器、动画、图形编辑器、渲染、自定义、MAXScript 和帮助。它包含了 3ds Max 的所有操作命令（见图 2-2）。

（1）编辑：用于场景对象的编辑，其下拉菜单中包含编辑对象的常用命令及快捷键。

（2）工具：用于操作场景对象，其下拉菜单中包含对物体进行基本操作的常用命令及快捷键。

（3）组：对场景对象进行编组或解组，下拉菜单中包含对物体进行编组和解组的常用命令及快捷键。

（4）视图：用于控制视图的显示方式以及设置视图的相关参数。

（5）创建：用于创建几何体、二维图形、灯光和粒子等对象。

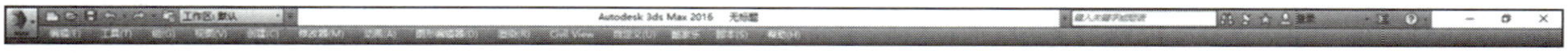

图 2-2　菜单栏

（6）修改器：用于为场景对象加载修改器。

（7）动画：用于制作动画。

（8）图形编辑器：用图形化视图方式表达场景对象的关系。

（9）渲染：用于设置渲染参数以及设置场景的环境效果。

（10）自定义：用于更改用户界面及设置 3ds Max 的首选项。

（11）MAXScript：用于创建、打开和运行脚本。

（12）帮助：提供帮助信息，供用户参考学习。

3. 命令面板

命令面板位于软件界面的右侧，它提供了大部分创建对象和编辑修改的命令工具，包括创建（Create）、修改（Modify）、层次（Hierarchy）、运动（Motion）、显示（Display）和实用工具（Utilities）6 个命令面板，用户在使用过程中，通过单击的方式便可激活当前选项，切换操作十分便捷。图 2-3 ~ 图 2-8 分别为创建、修改、层次、运动、显示和实用工具面板选项界面。

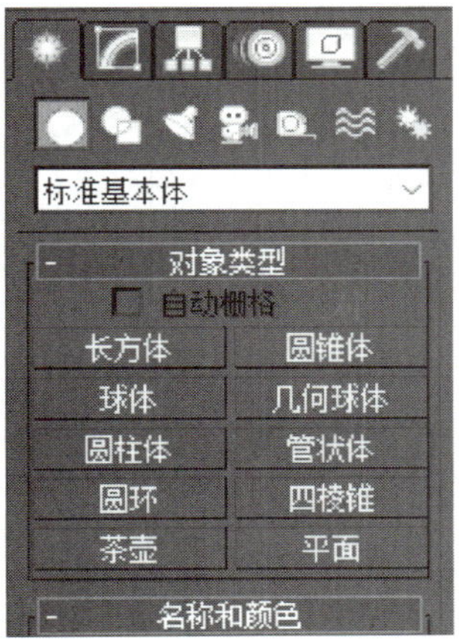

图 2-3　创建

图 2-4　修改

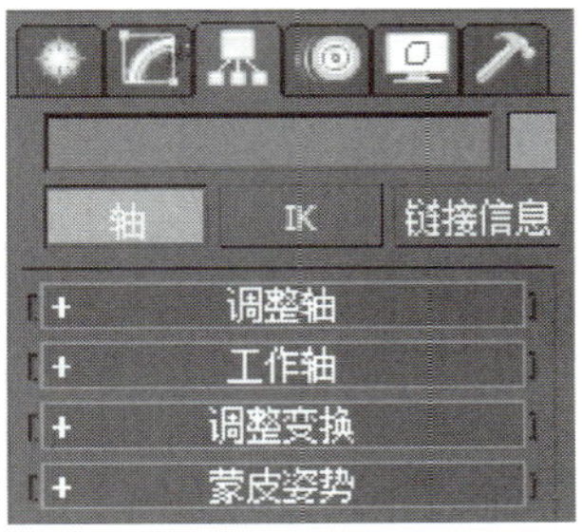

图 2-5　层次

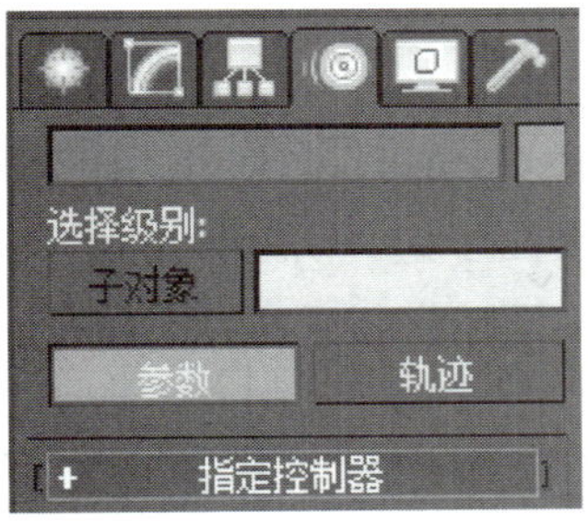

图 2-6　运动

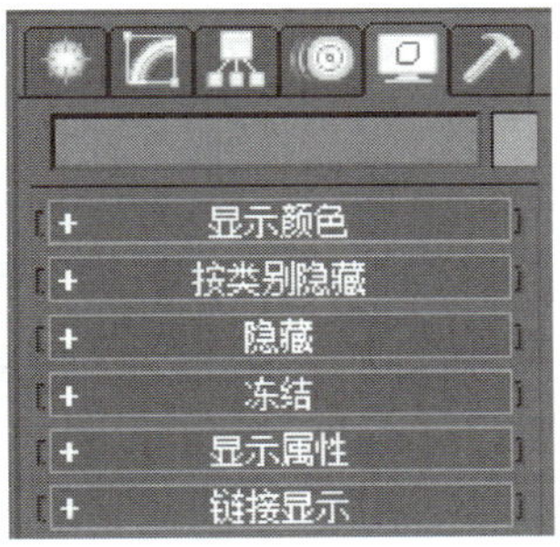

图 2-7　显示

图 2-8　实用工具

4. 视口控制区

视口控制区位于软件界面的右下方，主要用于控制视图的显示和导航，包含放大、缩小、平移、旋转等操作（见图 2-9）。

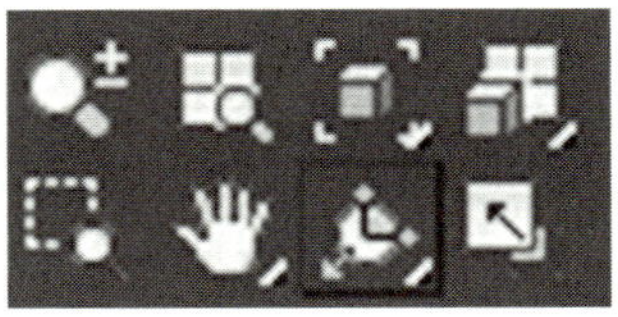

图 2-9 视口控制区

二、3ds Max 文件设置

在 3ds Max 主界面左上角的 按钮下拉菜单中，可以找到“新建”“重置”“打开”“保存”“另存为”“导入”“导出”等命令。导入命令可以导入外部素材，也可以根据需要选择导入、合并、替换和链接等多种方式。这个命令主要用于非 3ds Max 创建的文件，如 CAD、AI 等，这也体现了 3ds Max 优秀的兼容性（见图 2-10）。

图 2-10 文件设置

三、主工具栏

3ds Max 的主工具栏位于菜单栏下方，方便用户快速访问常用工具，从而提高工作效率。用户可以根据个人需求自定义工具栏，添加或删除按钮。主工具栏提供的工具主要用于选择、移动、旋转、缩放、镜像和对齐等操作，这些工具在使用过程中极为频繁，因此需要熟练掌握（见图 2-11）。

图 2-11 主工具栏

四、设置系统单位

通过执行“自定义—单位设置”命令，打开“单位设置”对话框，在其中将“显示单位比例”设置为“公制”，并将公制单位设定为“毫米”（见图 2-12、图 2-13）。

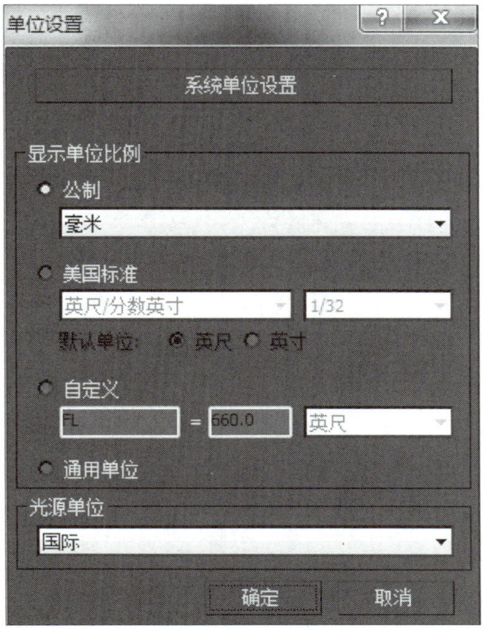

图 2-12　单位设置

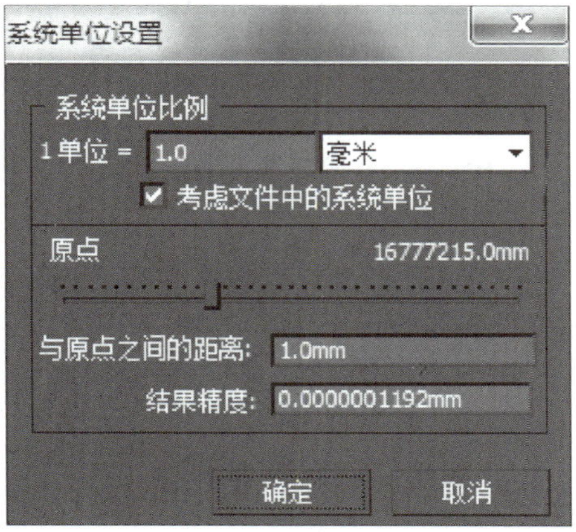

图 2-13　系统单位设置

五、掌握视口设置及布局

3ds Max 在默认状态下有顶视图、前视图、左视图、透视图 4 个视口，视图区是用户操作的工作区域，在使用过程中，可以根据需要任意切换。对应的快捷键如下：

T：顶视图　F：前视图　L：左视图　P：透视图　B：底视图　C：相机视图　U：用户视图

用户可以通过点击菜单栏中的“视图—视口配置”，在弹出的对话框中选择“布局”选项去选择任意一种布局方式。

案例 1　凉亭

技术掌握：标准基本体建模。

案例步骤（见图 2-14 ~ 图 2-21）：

案例 1
教学视频

（1）选择长方体，在顶视图中用鼠标拖出长方体，修改参数为 1000 mm × 1000 mm × 50 mm。

（2）选择圆柱体，在顶视图中按住鼠标左键拖出半径和高度，修改参数为 50 mm × 600 mm。

（3）选择选择并移动工具 ，将鼠标光标放在 X 轴上，按住 Shift 键复制一个并移动。

（4）在顶视图中选择两个圆柱体，按选择并移动工具，按住 Shift 键复制，向下移动位置。

（5）选择四棱锥，在顶视图中按住鼠标左键拖出四棱锥后放开鼠标左键，修改参数为 1200 mm × 1200 mm × 300 mm，前视图放置屋顶位置，凉亭创建完成。

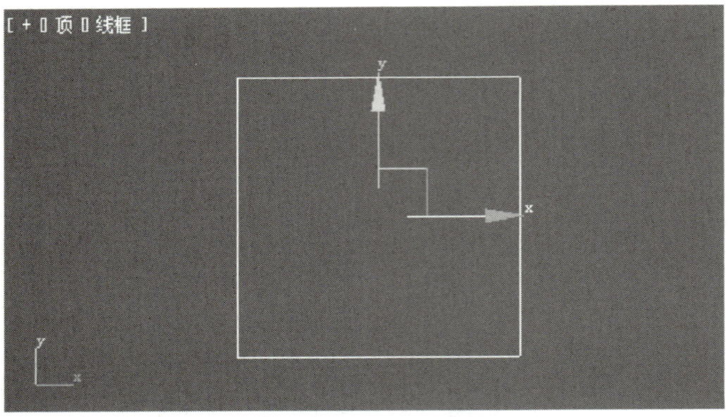

图 2-14　制作长方体

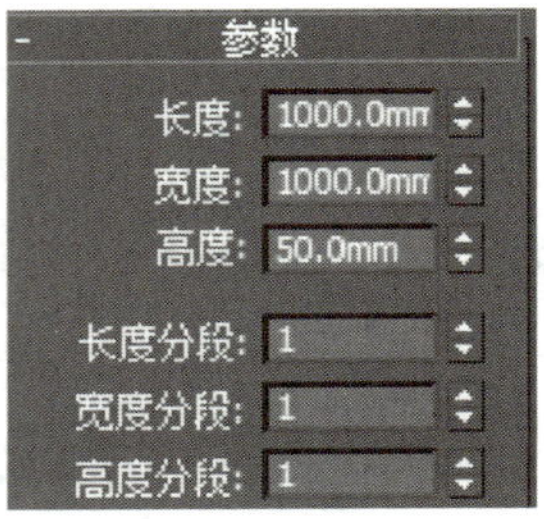

图 2-15　修改参数 1

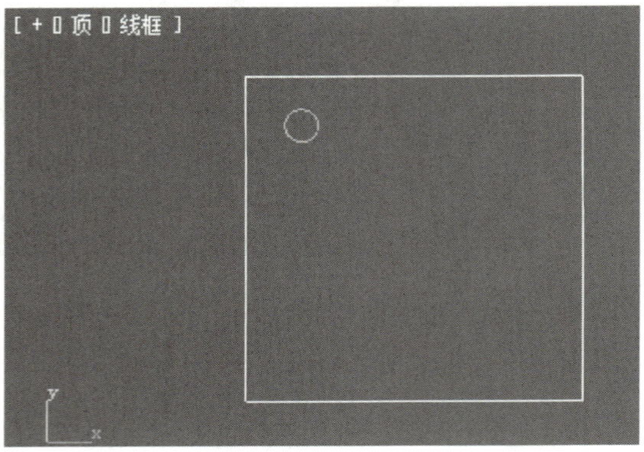

图 2-16　制作圆柱体

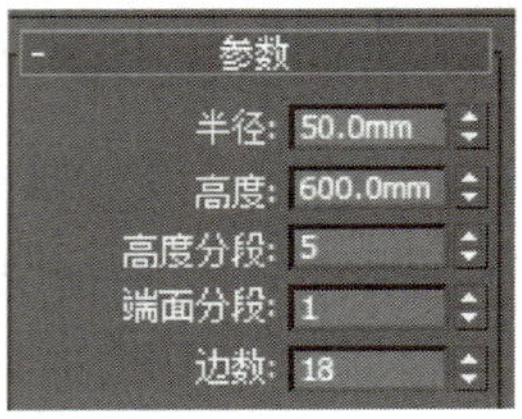

图 2-17　修改参数 2

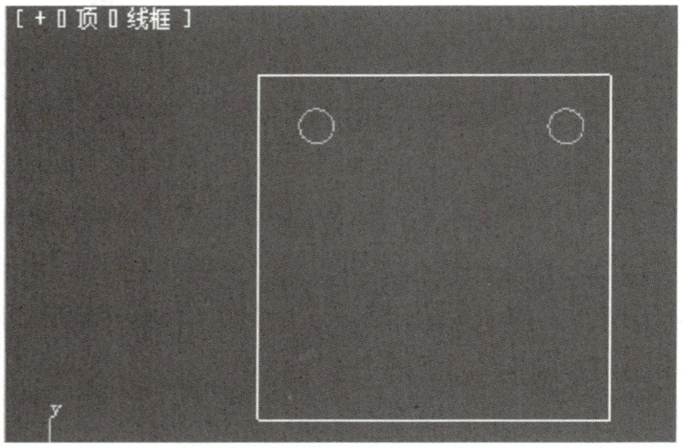

图 2-18　选择物体

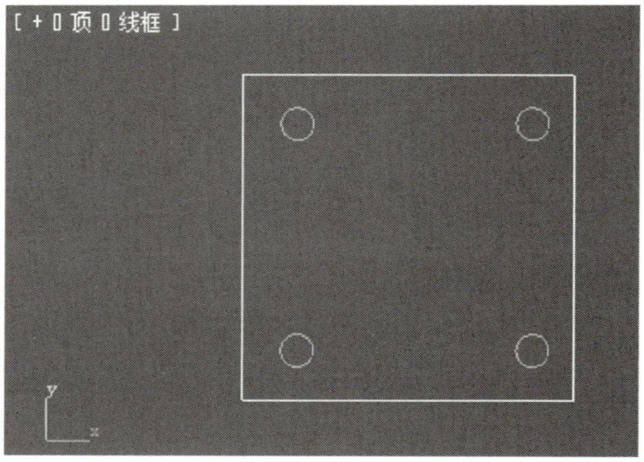

图 2-19　复制移动

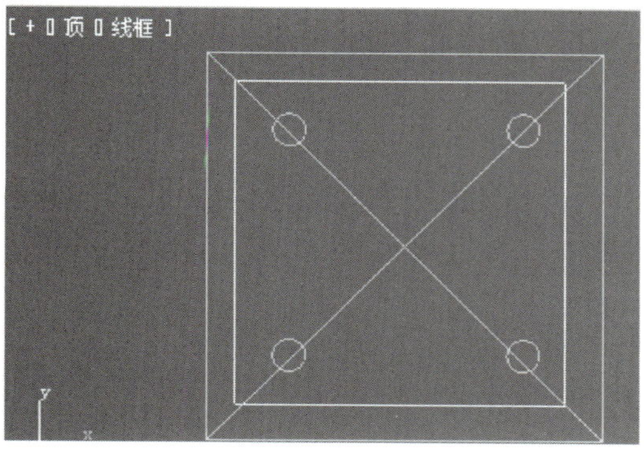

图 2-20　复制移动

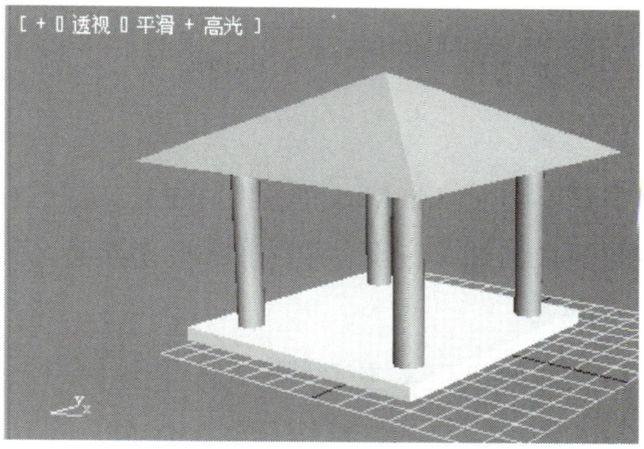

图 2-21　创建完成

案例 2　镜像椅子

技术掌握：镜像工具的使用。

案例步骤（见图 2-22 ~ 图 2-24）：

（1）打开本书配套素材“第二章 / 实例 /02.max”文件（见图 2-22）。

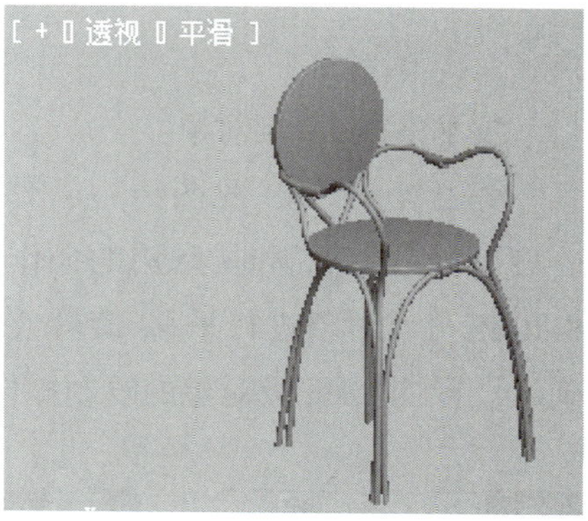

图 2-22　椅子

（2）选择椅子模型，在主工具栏中单击“镜像”工具按钮，在弹出对话框中选择“镜像”，世界坐标选择“X 轴”，设置偏移值为 –120，克隆选择为“复制”，单击“确认”（见图 2-23）。

（3）最终效果如图 2-24 所示。

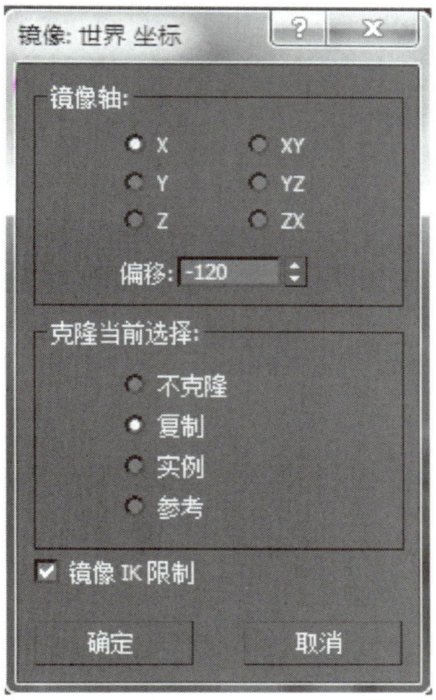

图 2-23　镜像对话框

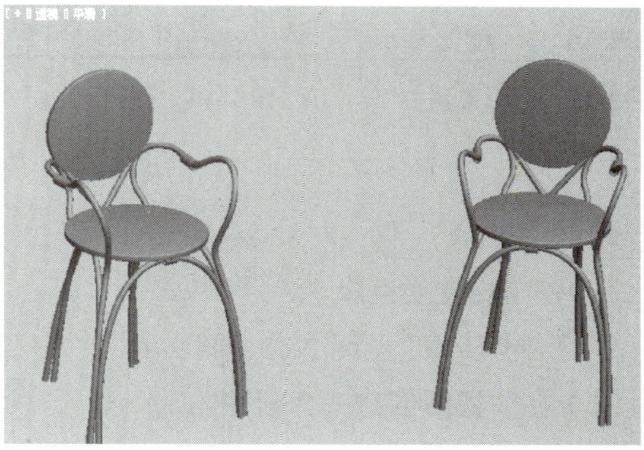

图 2-24　最终效果

案例 3　旋转楼梯

技术掌握：阵列工具的使用。

案例步骤（见图 2-25 ~ 图2-38）见二维码。

案例 3
教学视频及操作步骤

六、总结思考

1. 总结

本章学习了 3ds Max 的操作界面、文件的设置以及工具栏的使用。在制作效果图时，需要经常在几个视图间来回切换，因此要熟练掌握切换技巧，提高制作效率。

2. 思考

（1）如何自定义主工具栏？

（2）切换视口的快捷键分别是什么？

七、实战练习

1. 复制对象

技术掌握：复制对象。

练习参考步骤（见图 2-39 ~ 图 2-41）：

进行对象复制时，常用的操作方法包括平移复制、旋转复制、缩放复制和镜像复制。操作时按住 Shift 键可对对象进行平移、旋转或缩放复制。通过打开“克隆选项”对话框，选择所需复制的对象，并确认设置，即可完成对象的复制操作。

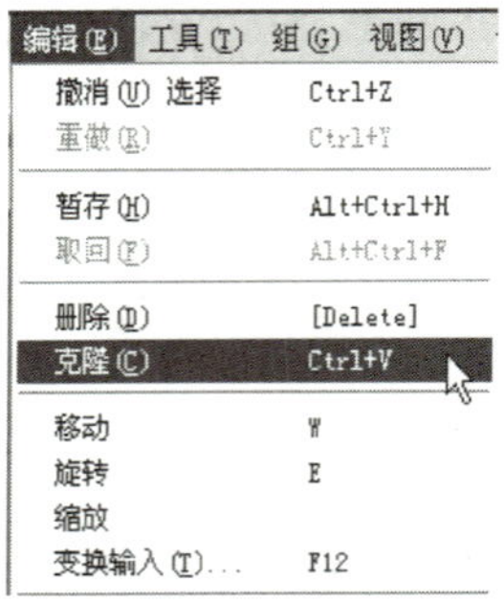

图 2-39　编辑工具栏

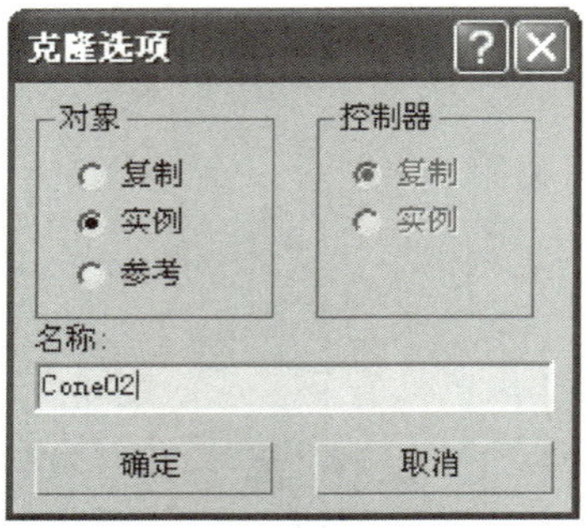

图 2-40　“克隆选项”对话框

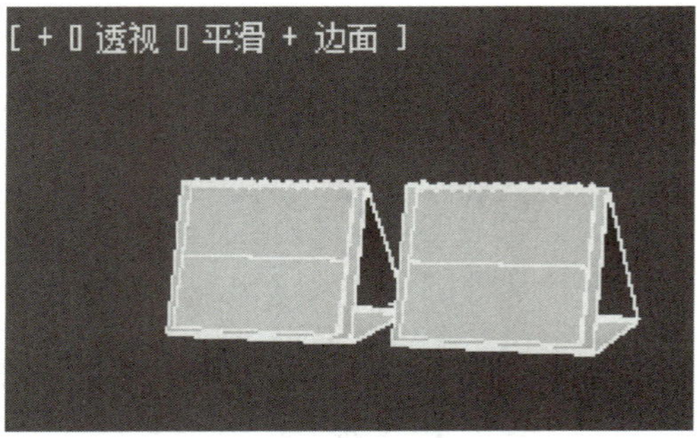

图 2-41　复制对象

2. 变换克隆

技术掌握：变换克隆。

练习参考步骤（见图 2-42 ~ 图 2-44）：

（1）在前视图创建一个圆柱体。

（2）选择旋转工具，打开“编辑—克隆选项”对话框，按住 Shift 键将圆柱体绕 Y 轴旋转一定的角度，然后释放鼠标左键。

（3）在弹出的“克隆选项”对话框中设置克隆模式和副本数，然后单击“确定”按钮，旋转克隆效果。

3. 间隔克隆

技术掌握：间隔克隆。

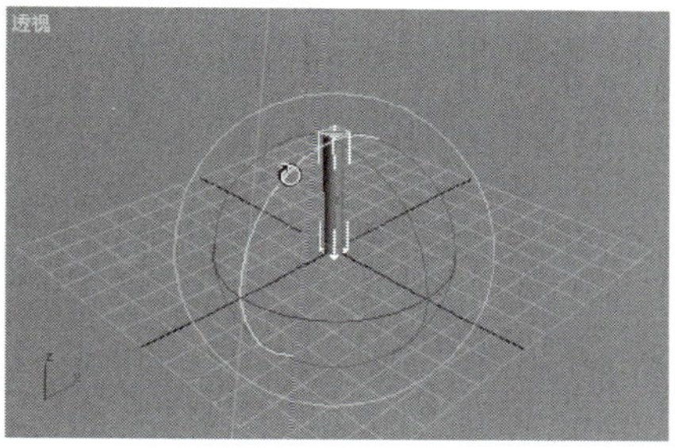

图 2-42　创建圆柱体

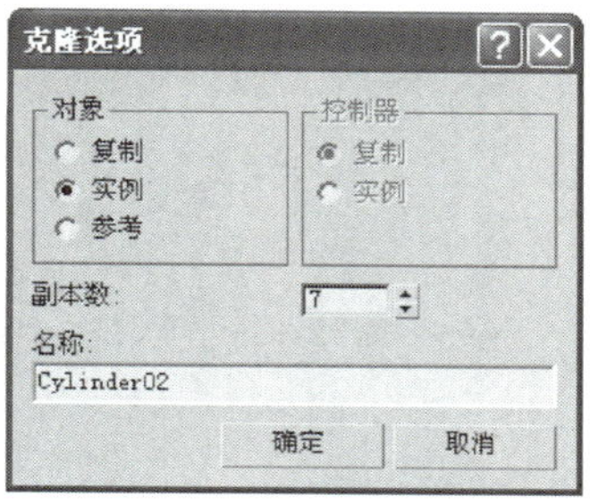

图 2-43　“克隆选项”对话框

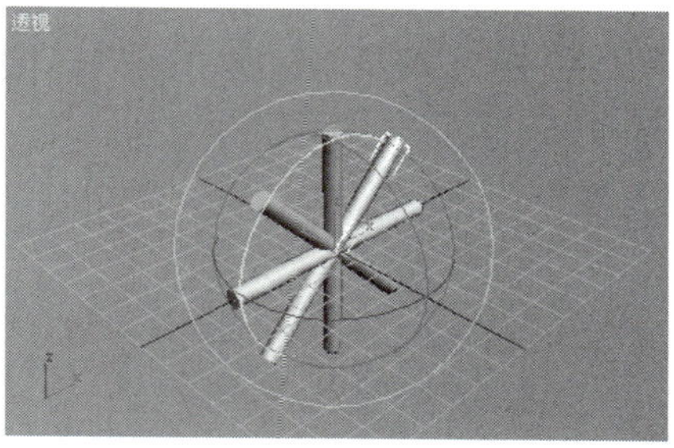

图 2-44　复制完成

练习参考步骤(见图 2-45 ~ 图 2-48):

(1)在顶视图创建一个茶壶和路径。

(2)选中要克隆的茶壶,选择工具,打开“间隔工具”对话框。

(3)设置好克隆的参数,单击“拾取路径”按钮,拾取路径曲线,再单击“应用”按钮,完成间隔克隆,然后单击“确定”按钮,复制完成。

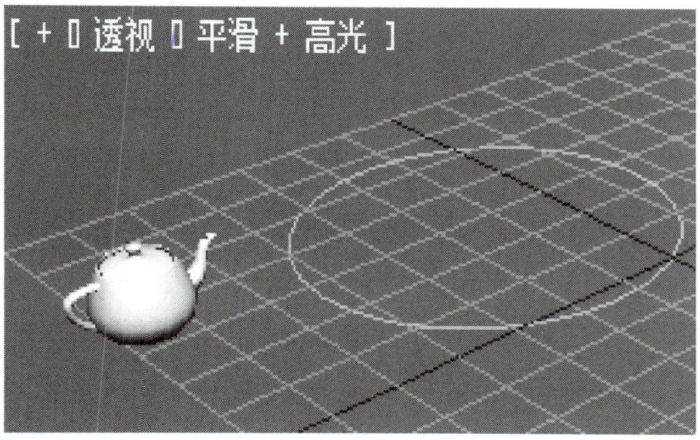

图 2-45　创建茶壶和路径

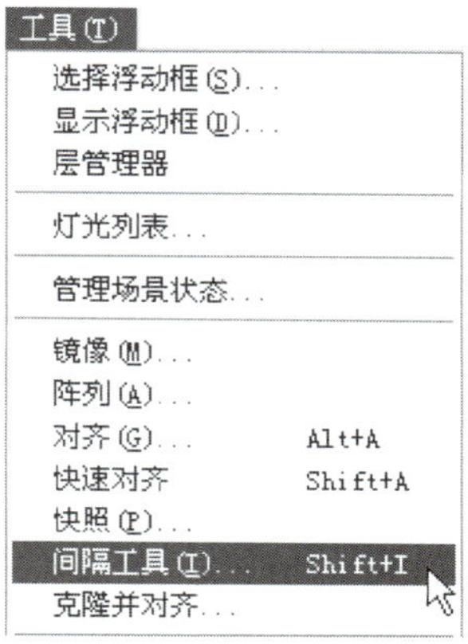

图 2-46　间隔工具

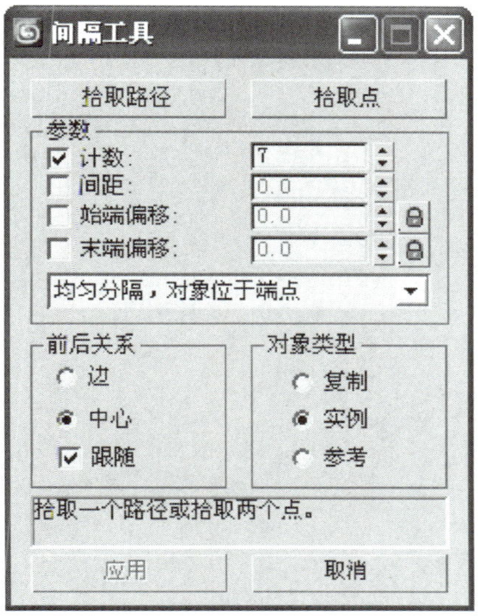

图 2-47　间隔工具对话框

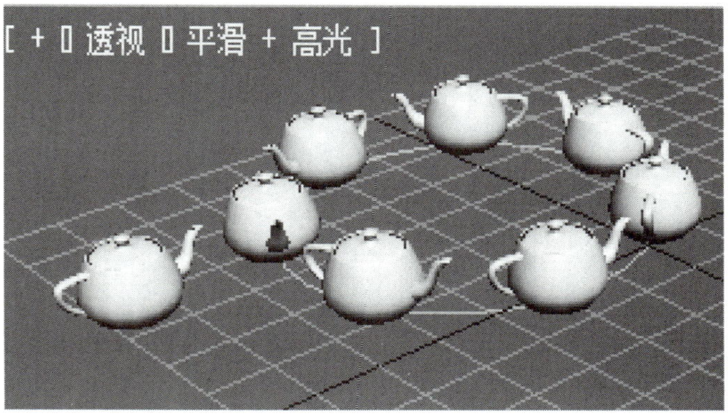

图 2-48　复制完成

第三章

Chapter 3

3ds Max 建模

3ds Max Modeling

二维图形就是数学中所说的线性物体，线由顶点和线段构成，在制作室内外效果图的过程中，通过二维图形能够更快捷地创造出更加复杂的三维模型，二维图形结合修改器命令是另一种创造三维模型的方式。

一、二维图形的创建与编辑

在 3ds Max 中，二维图形是由基本的顶点、线段和样条线等矢量元素构成的。使用二维图形进行建模的步骤是：首先绘制一个基础的二维图形，然后对其进行编辑，最后应用相关工具将其转换为三维模型。接下来，我们开始学习 3ds Max 中的二维图形知识，并应用这些知识来创建复杂的三维模型。

1. 二维图形的创建

在命令面板中，单击 （图形）图标，点击下拉菜单（见图 3-1），会展示三种关键的图形类型：样条线、NURBS 曲线和扩展样条线。这些图形类型在多个方面功能相似，其中样条线可以轻松地转换为 NURBS 曲线。

图 3-1　设置二维样条线

选择“样条线”图形类型后，在“对象类型”卷展栏中列出了 12 种样条线，分别是线、矩形、圆、椭圆、弧、圆环、多边形、星形、文本、螺旋线、Egg 和截面（见图 3-2）。

（1）创建线

单击“图形”创建面板“样条线”分类中的“线”按钮，在顶视图单击鼠标创建一点，移动光标并单击创建第二个点，即可创建线（见图 3-3）。

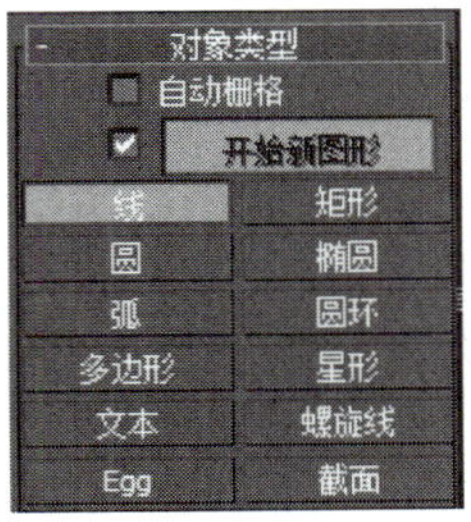

图 3-2　“对象类型”卷展栏

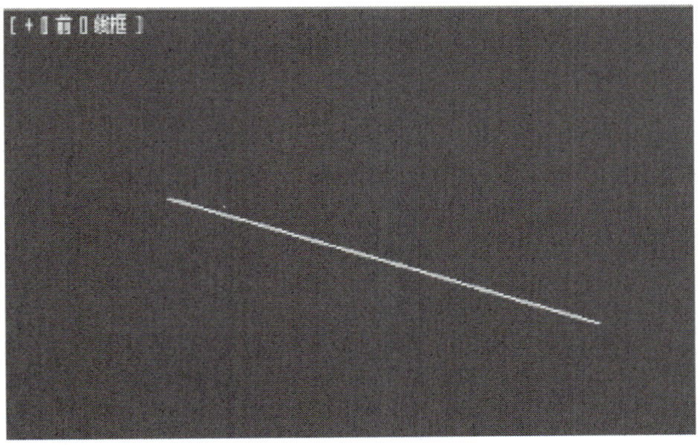
图 3-3　创建线

（2）创建矩形

单击“矩形”按钮，在视图中按住鼠标左键并拖曳光标，然后释放鼠标左键，即可创建矩形（见图 3-4、图 3-5）。

（3）创建圆

单击“圆”按钮，在“创建方法”卷展栏中设置圆的创建方法（默认为“边”），再在前视图中单击拖动鼠标，确定它的半径，释放鼠标左键，即可创建圆（见图 3-6、图 3-7）。

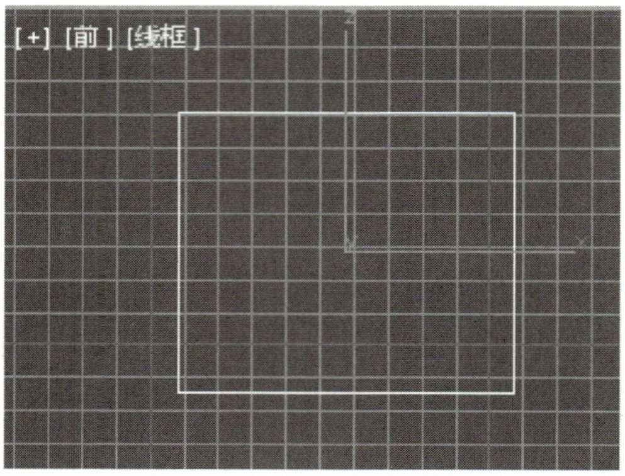

图 3-4　创建矩形

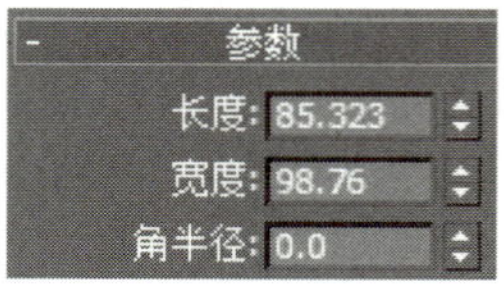

图 3-5　矩形参数值

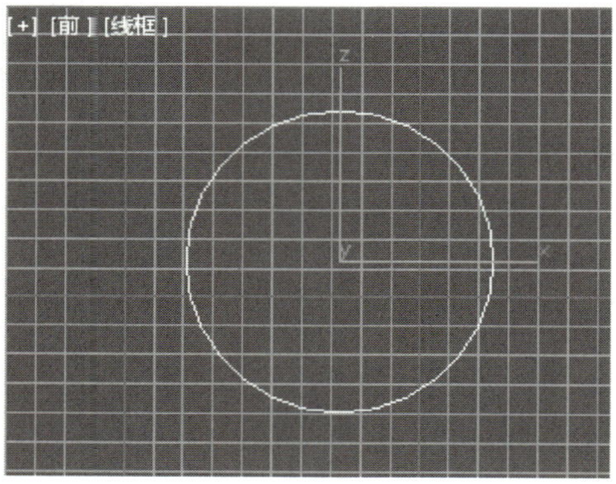

图 3-6　创建圆

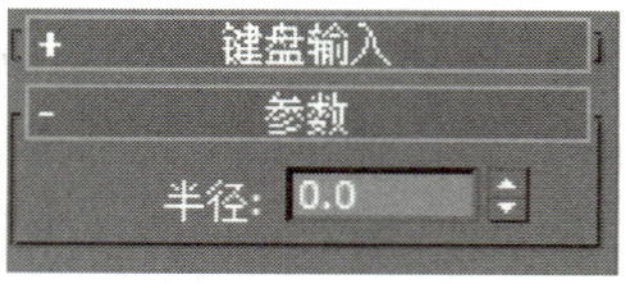

图 3-7　圆的参数

（4）创建椭圆

单击“椭圆”按钮，在“创建方法”卷展栏中设置椭圆的创建方法（默认为“边”），再在前视图中单击拖动鼠标，确定它的长度、宽度，释放鼠标左键，即可创建椭圆（见图 3-8、图 3-9）。

（5）创建弧

单击“弧”按钮，在“创建方法”卷展栏中设置弧的创建方法（默认为“边”），在前视图中单击拖动鼠标确定弧所在圆的半径，再移动光标绘制弧的长度，即可创建弧（见图 3-10、图 3-11）。

（6）创建圆环

单击“圆环”按钮，在“创建方法”卷展栏中设置圆环的创建方法（默认为“边”），在前视图中单击拖动鼠标，确定它的半径 1，再拖动鼠标确定半径 2，释放鼠标左键，即可创建圆环（见图 3-12、图 3-13）。

（7）创建多边形

单击“多边形”按钮，在“创建方法”卷展栏中设置多边形的创建方法（默认为“边”），在前视图中单击拖动鼠标，确定它的半径后，释放鼠标左键，即可创建多边形（见图 3-14、图 3-15）。

（8）创建星形

单击“星形”按钮，在“创建方法”卷展栏中设置星形的创建方法（默认为“边”），再在顶视图中单击拖动鼠标，移到适当位置后释放鼠标左键，即可创建星形（见图 3-16、图 3-17）。

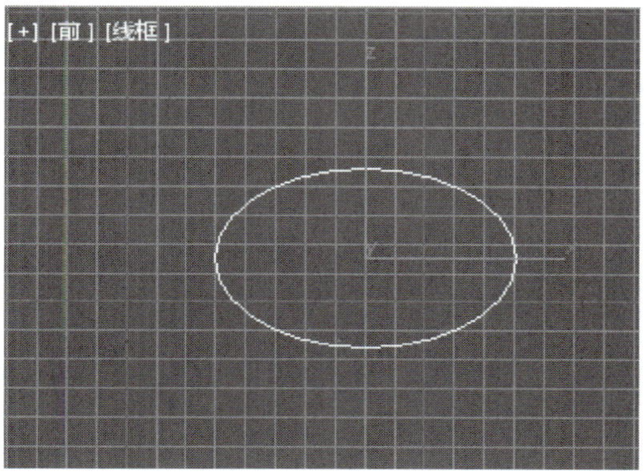

图 3-8　创建椭圆

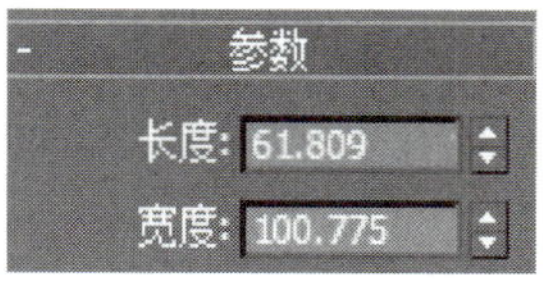

图 3-9　椭圆的参数

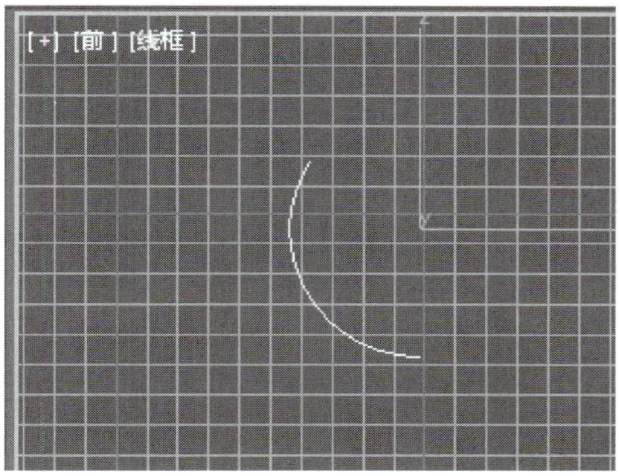

图 3-10　创建弧

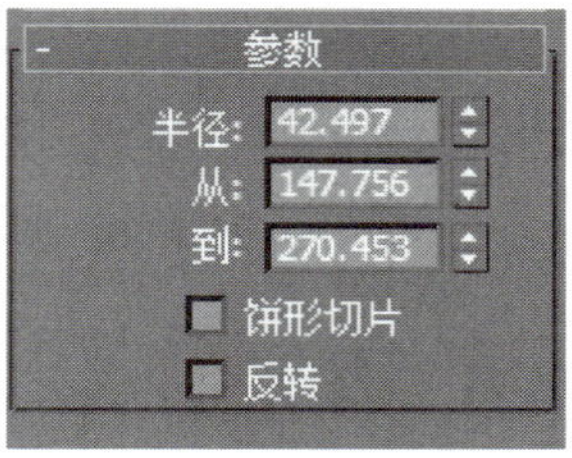

图 3-11　弧参数

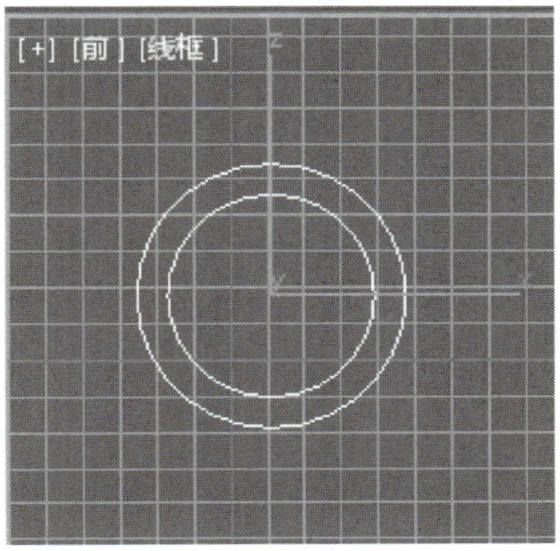

图 3-12　创建圆环

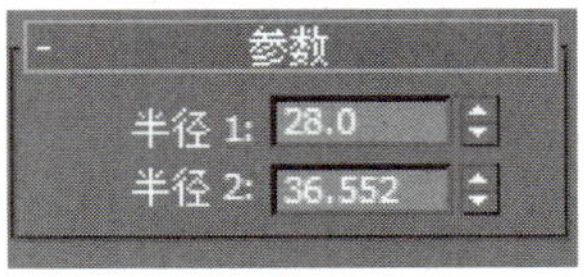

图 3-13　圆环参数

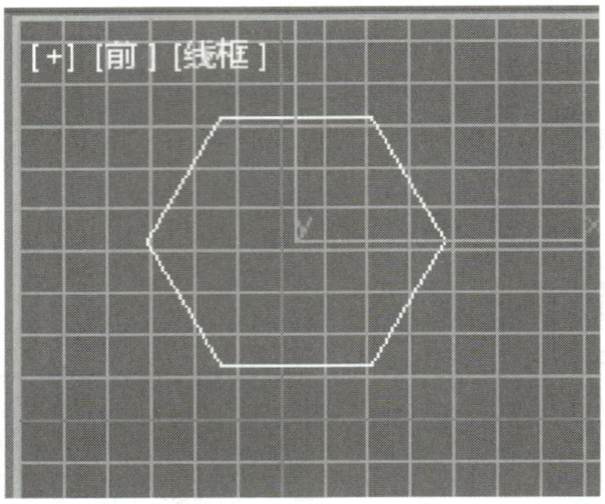

图 3-14　创建多边形

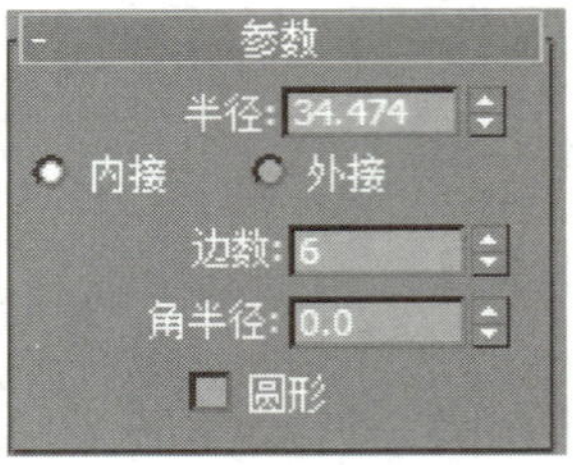

图 3-15　多边形参数

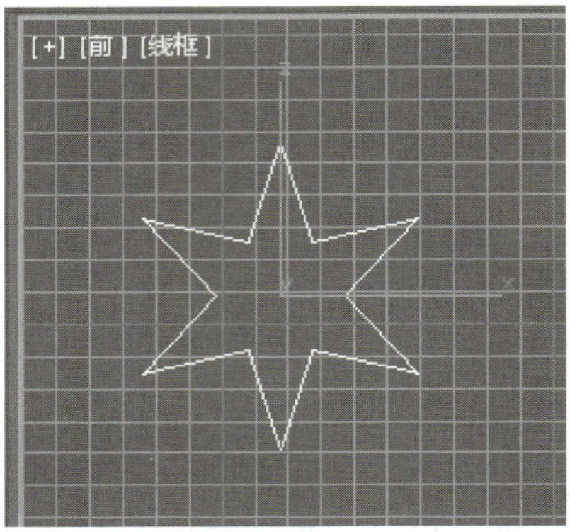

图 3-16　创建星形

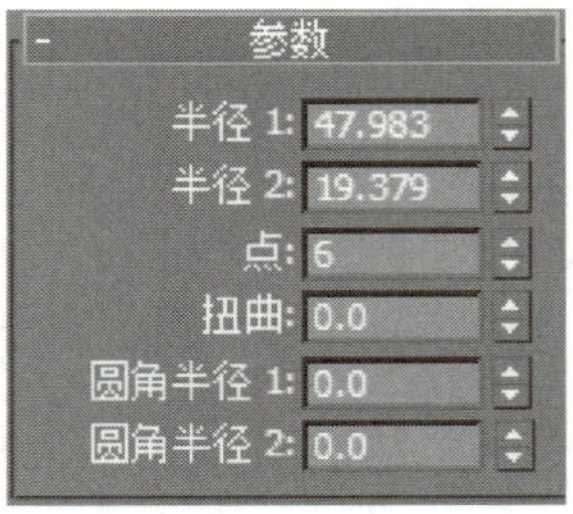

图 3-17　星形参数

（9）创建文本

单击“文本”按钮，在文本编辑框中输入文本，在前视图中单击鼠标左键，即可创建文本（见图 3-18），单击文本将其选中，切换到修改命令面板，其“参数”卷展栏如图 3-19 所示。

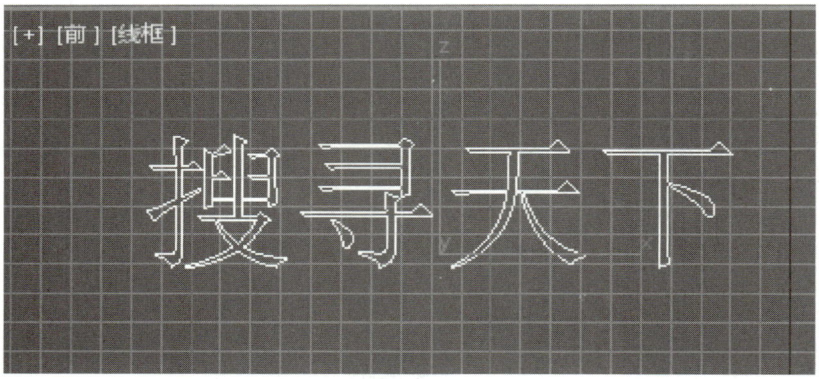

图 3-18　创建文本

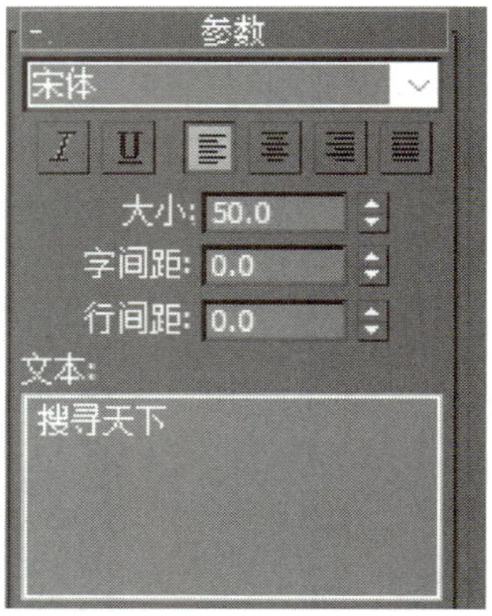

图 3-19　文本参数

（10）创建螺旋线

单击“螺旋线”按钮，在前视图中单击拖动鼠标，移到适当位置后释放鼠标左键，即可创建螺旋线（见图 3-20、图 3-21）。

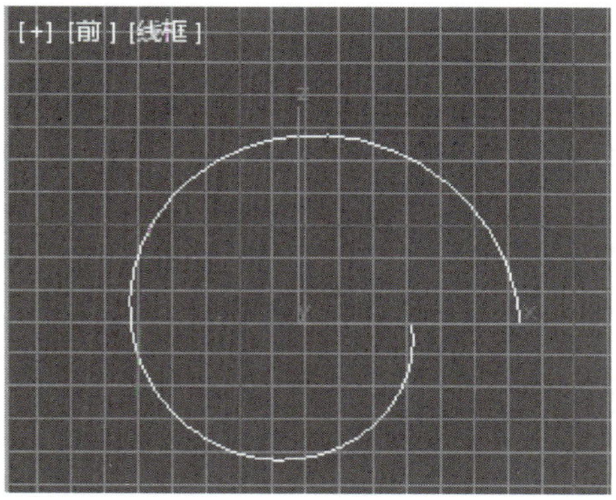

图 3-20 创建螺旋线

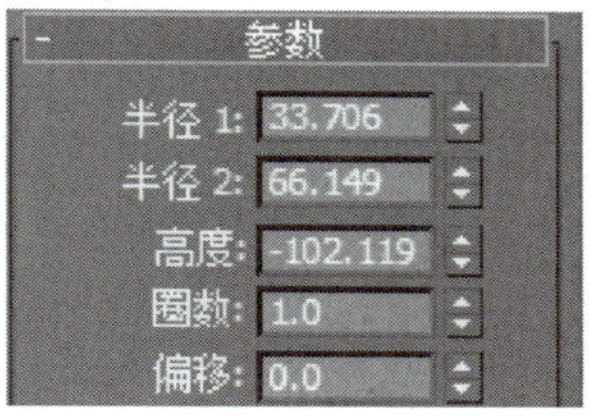

图 3-21 螺旋线参数

2. 二维图形的编辑

（1）修改线

选择 移动工具可对线进行“移动”，按住键盘的 Delete 键就可以进行“删除”线的编辑操作。

（2）线条顶点的四种状态

选择修改器命令并打开修改器列表，单击 Line 前面的加号 ，选择其中一个顶点，单击鼠标右键会出现 Bezier、角点对话框。

① Bezier：选择线的顶点会出现控制手柄，移动控制手柄，可以调整直线为曲线（见图 3-22、图 3-23）。

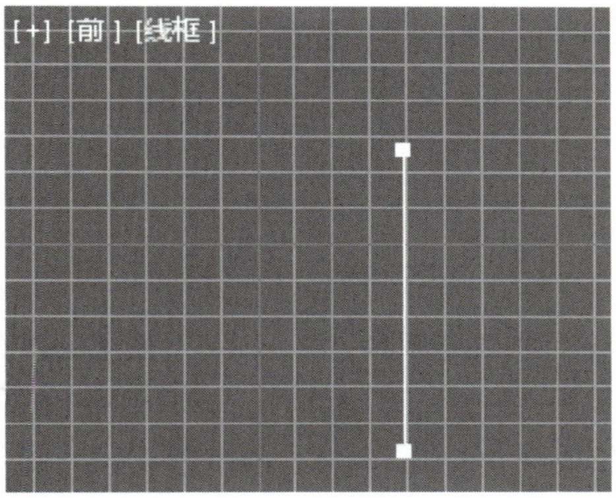

图 3-22 线

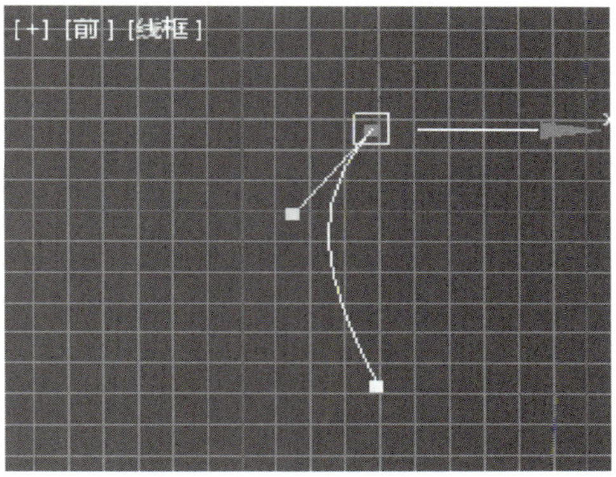

图 3-23 曲线

② 角点：选择修改器命令并打开修改器列表，单击 Line 前面的加号并选择顶点，右键选择角点。再选择角点，线可由曲线转为直线（见图 3-24、图 3-25）。

（3）编辑样条线

打开修改器列表，选择编辑样条线命令。其作用主要是对除了“线”以外的其他二维图形进行修改。操作步骤：在前视图创建一个矩形（见图 3-26），进入修改面板 ，单击修改器列表（见图 3-27），下拉菜单选择“编辑样条线”，点击编辑样条线前面的加号，选择“顶点”就可以进行编辑（见图 3-28）。

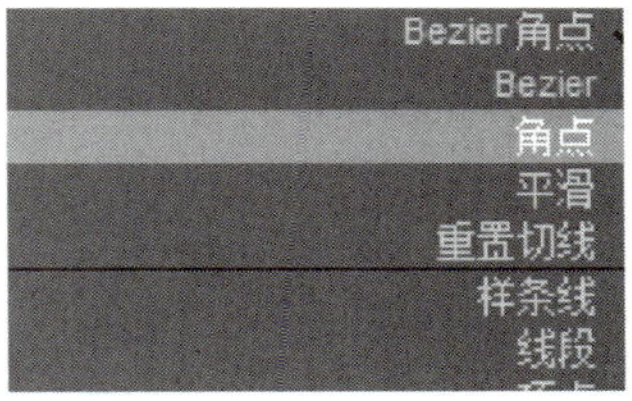

图 3-24 角点

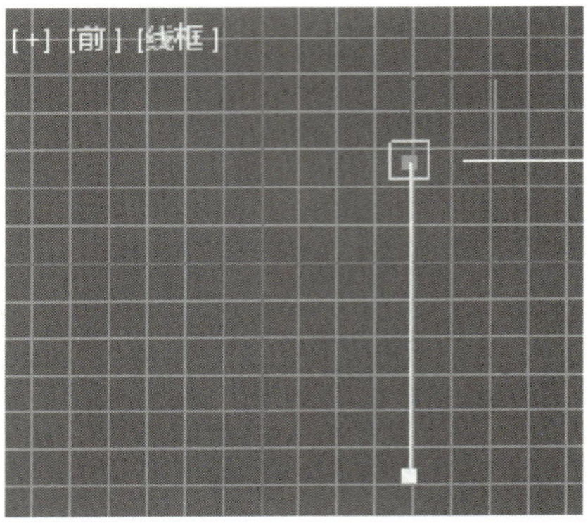

图 3-25　编辑角点

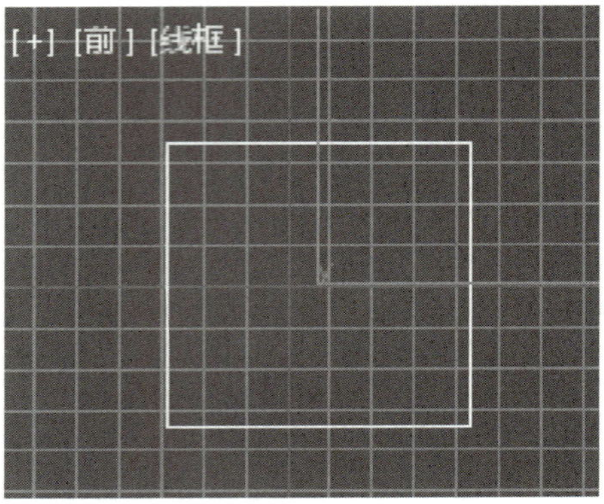

图 3-26　创建矩形

图 3-27　修改器列表

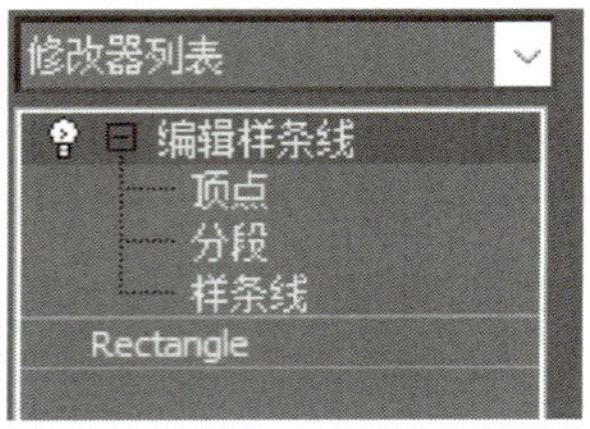

图 3-28　编辑样条线

（4）优化顶点

① 优化：用于在曲线上加入节点。当前图形的顶点数量少，样条曲线上要插入顶点或 Bezier 角点、Bezier、角点等类型操作，需要在“编辑样条线”中选择“顶点”的“几何体”卷展栏中的“优化”命令（见图 3-29 ~ 图 3-31）。

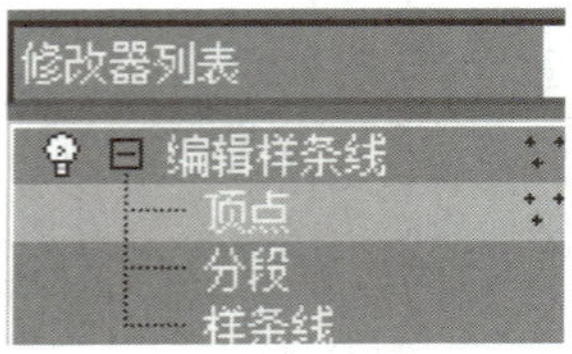

图 3-29　编辑样条线

图 3-30　“几何体”卷展栏

图 3-31　“优化”命令

② 轮廓：根据指定的偏移数值，复制当前曲线以生成另一条曲线，从而构成双线轮廓。若原曲线未闭合，则在添加轮廓的同时自动将其封闭。其中，负偏移值表示向外偏移，正偏移值表示向内偏移（见图 3-32、图 3-33）。

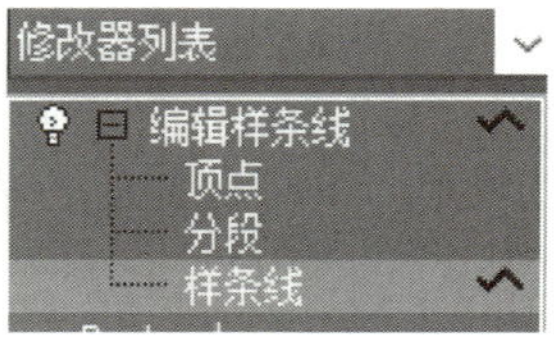

图 3-32　“样条线”层级

图 3-33　“轮廓”命令

③ 附加：可将两个单独的二维图形结合在一起。选择一个二维图形，在“编辑样条线”下选择“顶点”，再选择附加另外一个图形，两个图形就附加成一个整体（见图 3-34 ~ 图 3-37）。

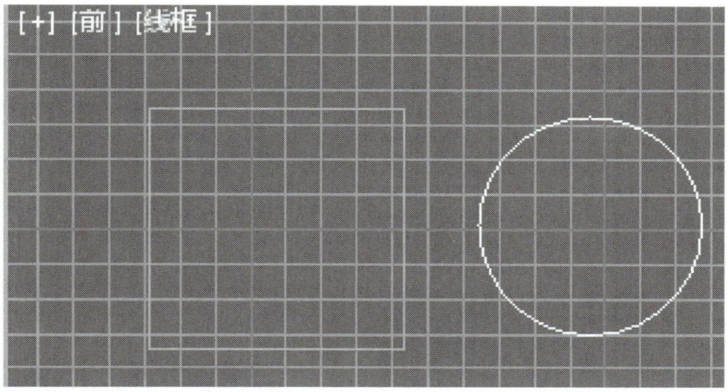

图 3-34　二维图形

图 3-35　“顶点”层级

图 3-36　“附加”命令

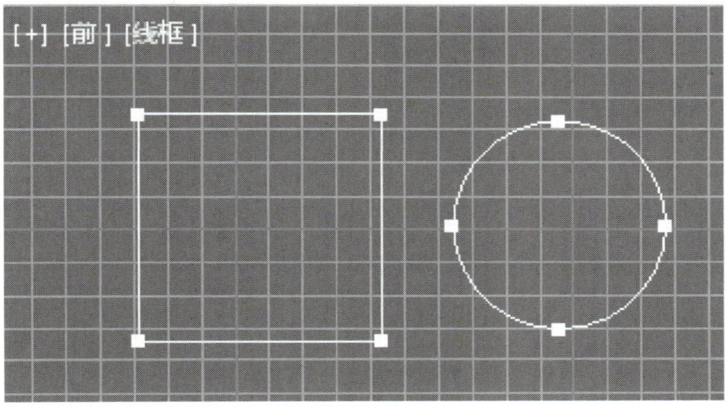

图 3-37　完成附加

④ 圆角：可以将二维图形的直角转成圆角。选择二维矩形的一个或多个直角，在圆角输入框中输入数值即生成圆角（见图 3-38 ~ 图 3-40）。

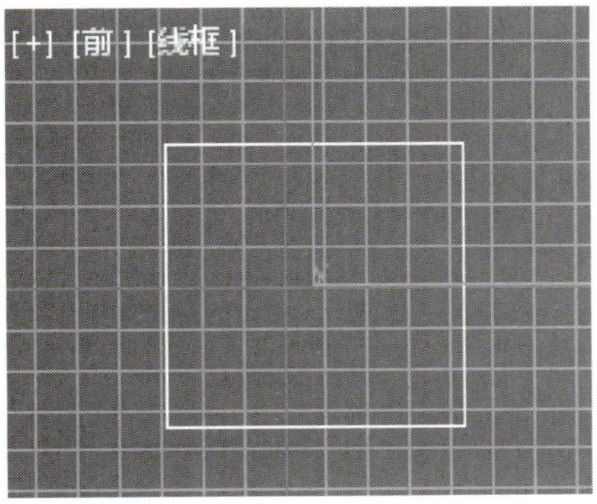

图 3-38　矩形

图 3-39　“圆角”命令

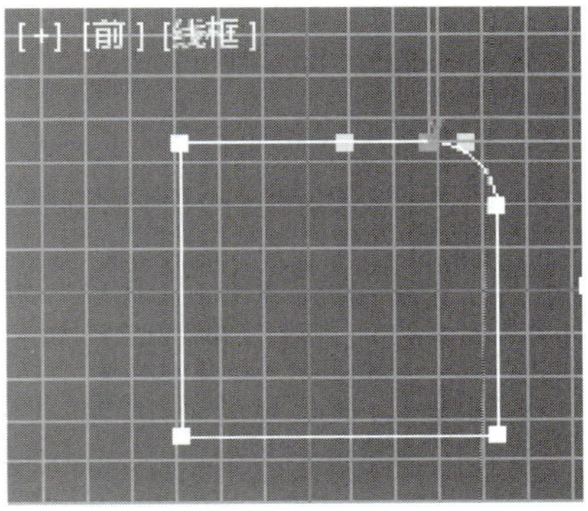

图 3-40　生成圆角

二、修改器建模及编辑

1. FFD 修改：FFD 修改的作用是自由控制编辑模型的形态

操作步骤如图 3-41 ~ 图 3-43 所示，选中需要变形的物体模型，增加 FFD（box）命令，此时模型上就会出现黄色的长方体线框。进入 FFD 的次物体级别，选择“控制点”级别，然后在视图中选择需要变形的控制点。利用移动工具拖动控制点，原来的模型就会发生相应的形态变化，最后关掉 FFD（box）。

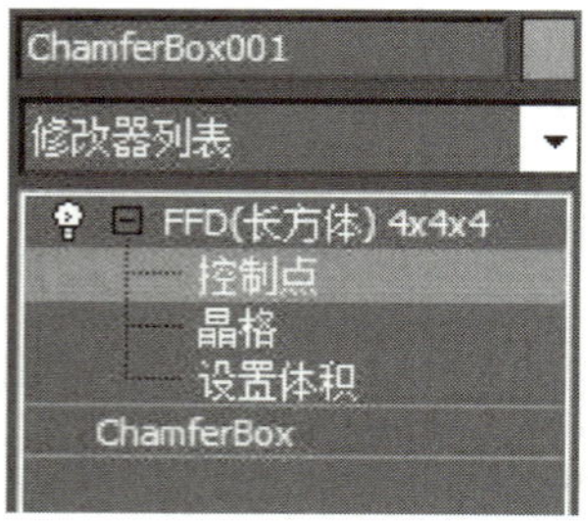

图 3-41　FFD 命令

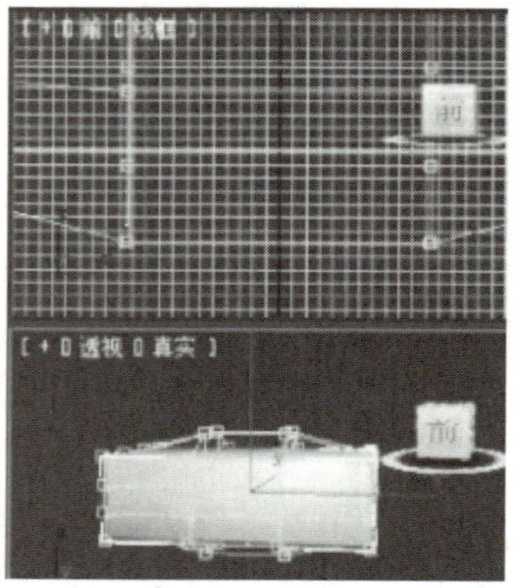

图 3-42　FFD 编辑

图 3-43　完成 FFD

2. 锥化（Taper）：对物体轮廓进行锥化修改，沿指定轴向逐渐放大或缩小

数量：决定锥化程度，数值越大，锥化越显著。

曲线：控制边缘曲线弯曲，正数向外凸出，负数向内凹进。

上限和下限：限定锥化的范围。

3. 扭曲（Twist）：使物体沿指定轴向扭转变形

角度：决定扭转程度，数值越大，扭转越剧烈。

偏移：控制扭转分布，0 时均匀，正数向上偏移，负数向下偏移。

上限和下限：限定扭转的范围。

4. 晶格

将图形线段或边转化为圆柱形结构，顶点生成可选关节多面体。基于网格拓扑创建可渲染几何体，或实现线框渲染效果，使网格变为实体。

5. 噪波（Noise）：使物体表面凹凸不平

种子：设置随机种子，影响噪波效果。

比例：控制噪波影响范围，值大效果平缓，值小效果尖锐。

分形码：启用后获得更复杂的噪波效果。

粗糙度：决定表面起伏程度，值大起伏剧烈，表面粗糙。

复杂度：设置碎片迭代次数，值小地形平缓，值大地形起伏大。

强度：控制 X、Y、Z 轴噪波强度，值大噪波剧烈。

6. 弯曲（Bend）：对物体进行弯曲

角度：物体与弯曲轴垂直平面的夹角。

方向：物体与弯曲轴平面的夹角。

弯曲轴：指定弯曲的轴向，默认 Z 轴。

案例 1　立体字建模和茶几建模

技术掌握：倒角修改器的使用。

1. 立体字建模

（1）单击“图形”创建面板“样条线”分类中的“文本”按钮（见图 3-44），在“文本”编辑框中输入文本“搜寻天下”，在前视图中单击鼠标，即创建文本（见图 3-45），单击文本将其选中，切换到 修改命令面板，其“参数”卷展栏如图 3-46 所示。

图 3-44　“文本”按钮

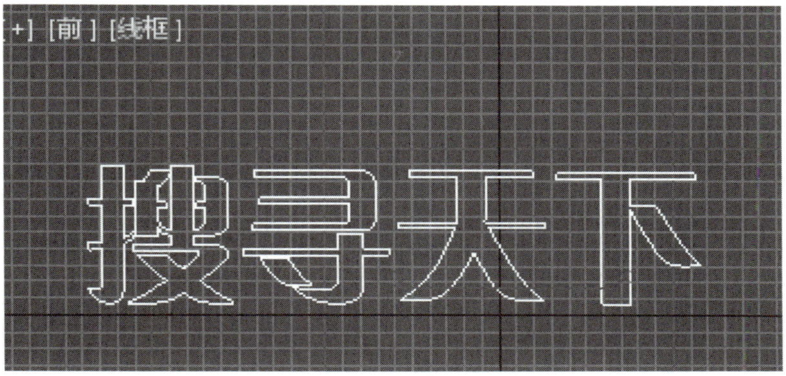

图 3-45　文本文字

（2）在 修改器列表上选择“倒角”修改器（见图 3-47），设置倒角值，立体字创建完成。

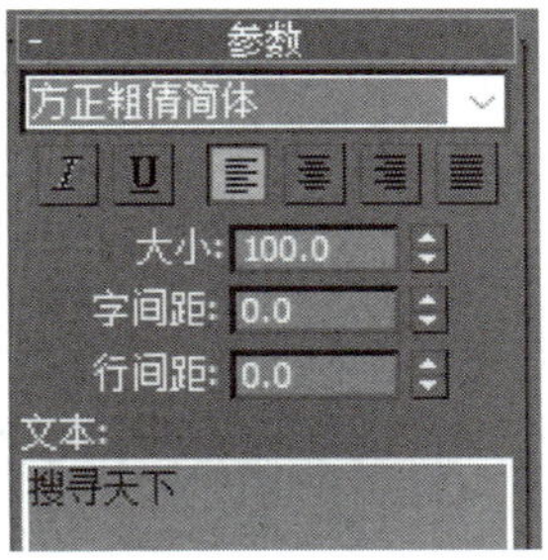

图 3-46　文本参数

图 3-47　“倒角”修改器

2. 茶几建模

（1）在顶视图创建圆柱体，半径 300 mm，高度 280 mm，边数 40（见图 3-48），点击移动工具 ，按住 Shift 键，沿着 Z 轴向上移动，切换到 修改命令面板，在其“参数”卷展栏调整高度为 20 mm。对齐两个圆柱体，如图 3-49 所示。

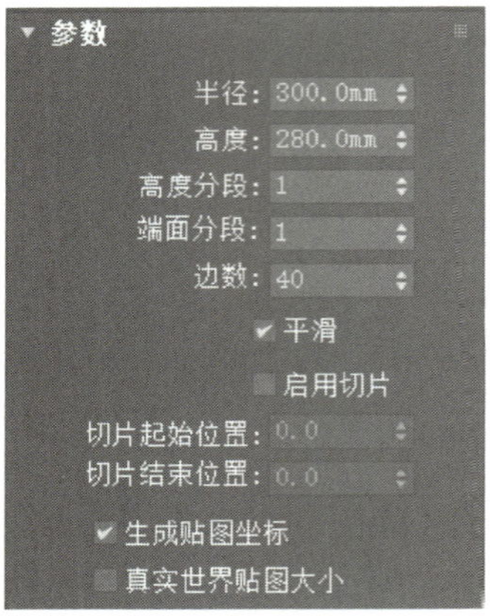

图 3-48　圆柱体参数

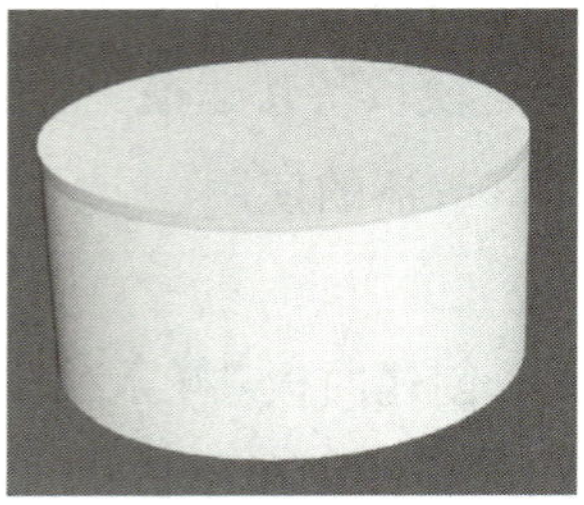

图 3-49　圆柱体对齐

（2）创建圆柱体，半径 320 mm，高度 20 mm，边数 40，将圆柱体摆放到如图 3-50 所示位置。

（3）在顶视图创建“管状体”，半径 1 为 350 mm，半径 2 为 330 mm，高度 20 mm，边数 40。对齐圆柱体，如图 3-51 所示。

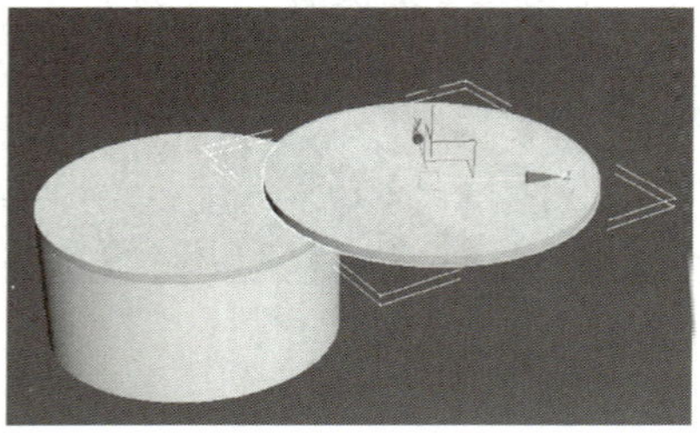

图 3-50　圆柱体位置

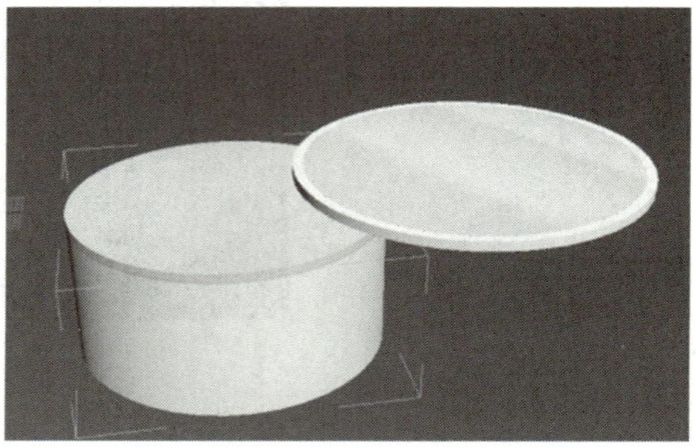

图 3-51　管状体位置

（4）选择管状体，点击移动工具，按住 Shift 键，沿着 Z 轴向下移动，复制管状体。切换到修改命令面板，在其“参数”卷展栏勾选启用切片，切片结束位置设置为 120，如图 3-52 所示。

（5）在顶视图创建长方体，长度 20 mm，宽度 20 mm，高度 340 mm。摆放到管状体的两端和中间，选择工具，在顶视图调整长方体的角度，贴合管状体的形状，如图 3-53 所示。

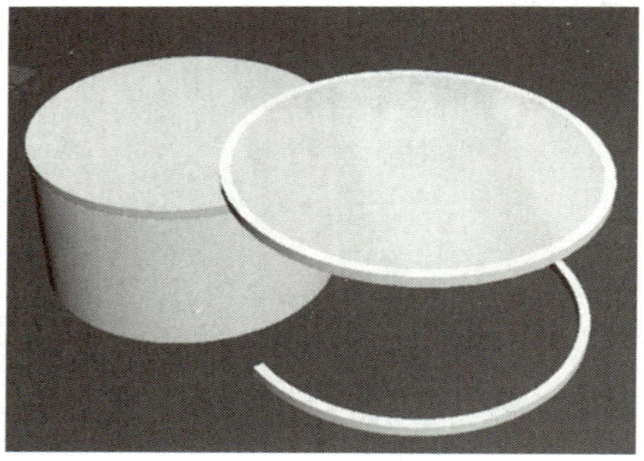

图 3-52　启用切片管状体位置

图 3-53　长方体位置

案例 2　花瓶建模（车削）

技术掌握：车削修改器的使用。

案例步骤（见图 3-54 ~ 图 3-57）：

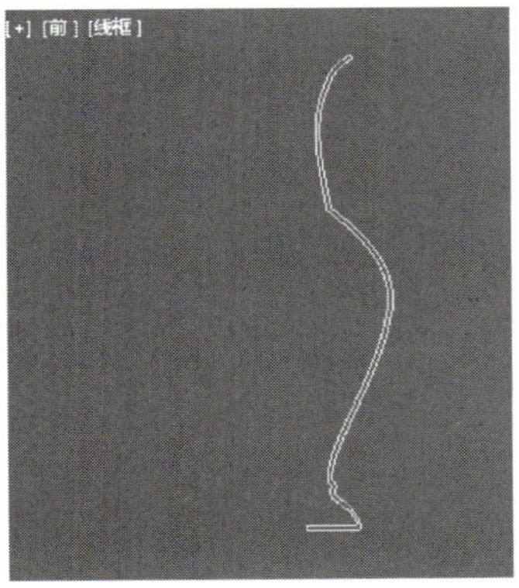

图 3-54　创建线

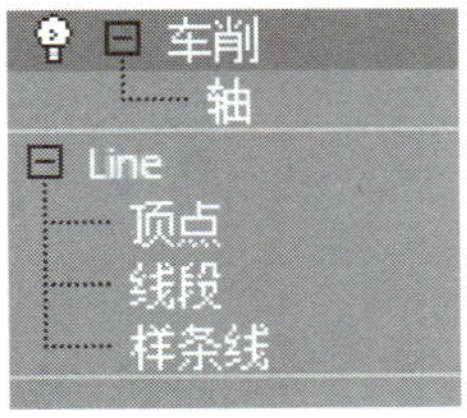

图 3-55　“车削”修改器

图 3-56　车削参数

图 3-57　花瓶模型

（1）在前视图绘制线，将 Line 旁边的加号打开，进入顶点，在线段上增加优化点，调整外型后，进入样条线层级，选择“轮廓”，设置为“双线”。

（2）打开修改器列表，选择“车削”修改器，选择轴层级，在物体上拖动 X 轴箭头移动。

（3）输入车削度数 360.0，分段参数 32，完成花瓶建模。

案例 3　中式落地灯

技术掌握：二维样条线的编辑。

案例步骤（见图 3-58 ~ 图 3-77）见二维码。

案例 3
教学视频及
操作步骤

三、标准基本体

3ds Max 配备了丰富的基本几何体类型，包括长方体、球体、圆柱体、圆锥体和管状体等 10 种标准基本体。

1. 创建球体、几何球体

单击“几何体”创建面板“标准基本体”中的“球体”按钮（见图 3-78），选择“中心”创建方法（见图 3-79），在透视视图中单击并拖动鼠标，到适当位置后释放左键，即可创建一个球体（见图 3-80）。

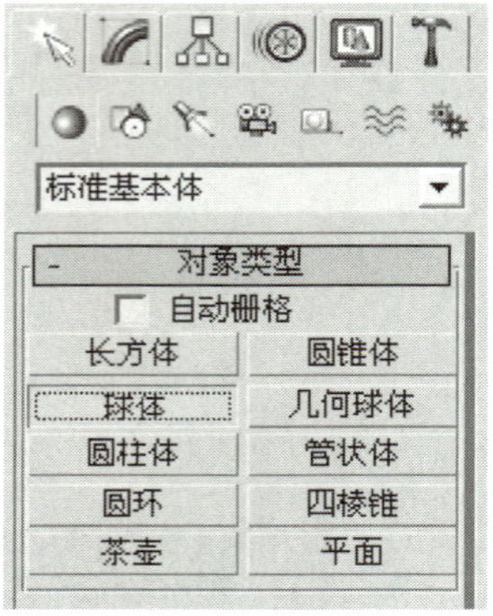

图 3-78　标准基本体

图 3-79　创建方法

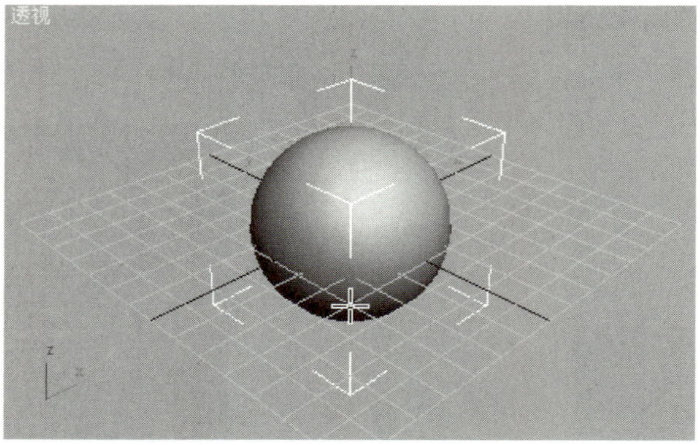

图 3-80　创建球体

2. 创建长方体、圆柱体

使用“标准基本体”分类中的“长方体”“圆柱体”按钮，可以分别创建长方体、圆柱体。这几种标准基本体的创建方法完全相同：单击“长方体”按钮，在透视视图中单击并拖动鼠标，然后释放鼠标左键，确定长方体的长度和宽度。向上移动鼠标到适当位置并单击，确定长方体的高度（见图 3-81 ~ 图 3-83）。

点击“修改”面板中圆柱体的“参数”卷展栏（见图 3-84），设置圆柱体侧表面棱边的数量，边数越多，侧表面越光滑（见图 3-85）。

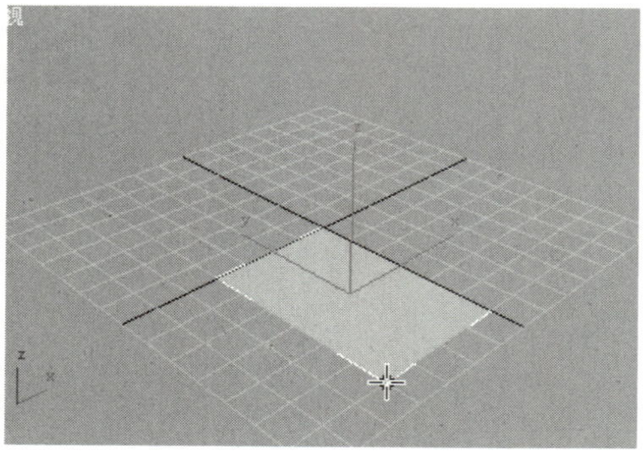

图 3-81　创建长方体 1

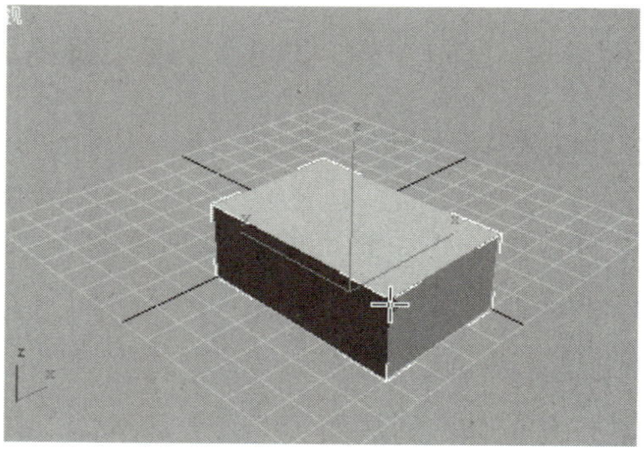

图 3-82　创建长方体 2

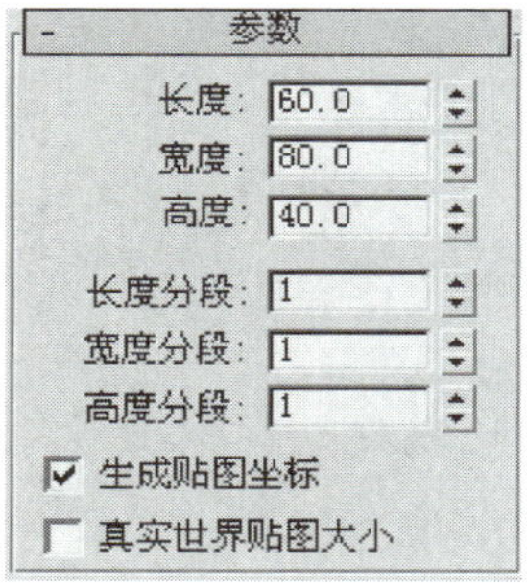

图 3-83　长方体参数

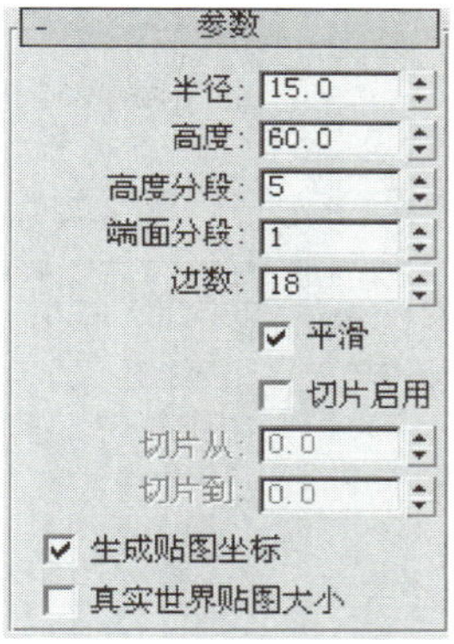

图 3-84　圆柱体参数

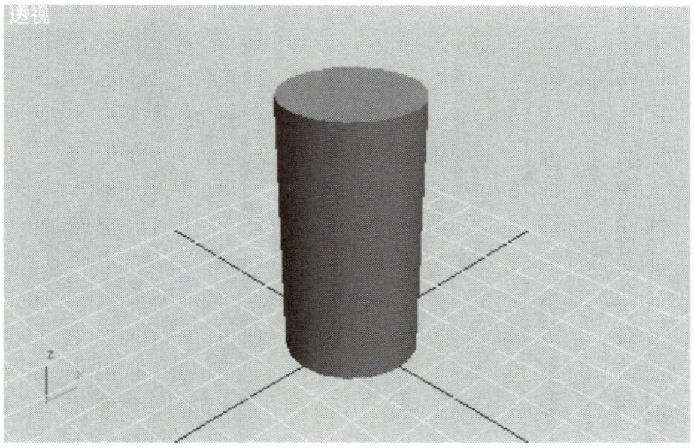

图 3-85　创建圆柱体

3. 创建圆锥体和管状体

创建圆锥体和管状体的方法基本一致，下面以圆锥体为例进行说明（见图 3-86 ~ 图3-91）。首先，单击并拖动鼠标以确定圆锥体底面圆的半径。其次，向上移动鼠标并单击，以设定圆锥体的高度。若需调整圆锥体顶面圆的半径，则向下移动鼠标。最后，单击进行确认。

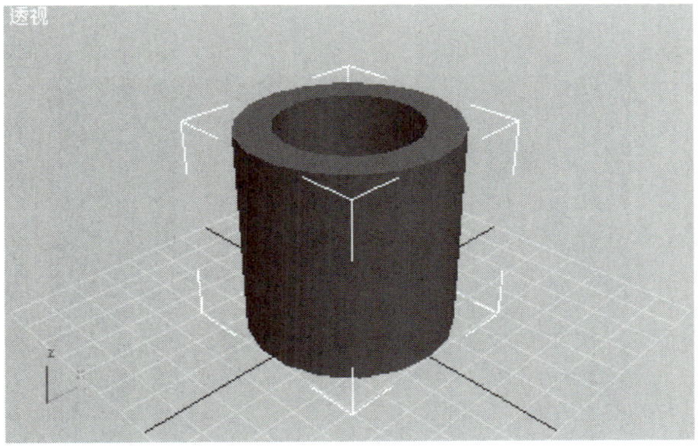

图 3-86　创建管状体

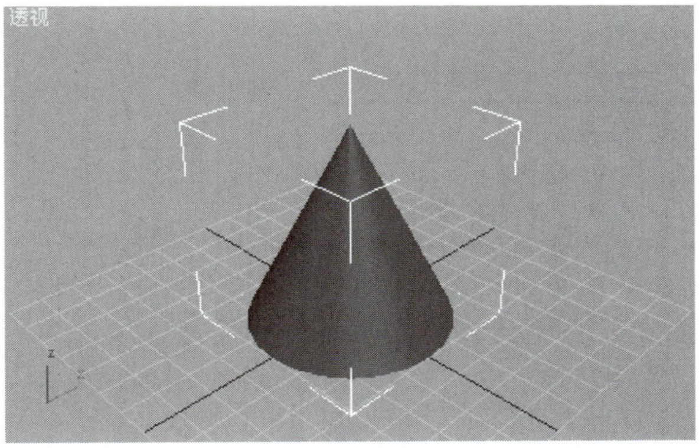

图 3-87　圆锥体

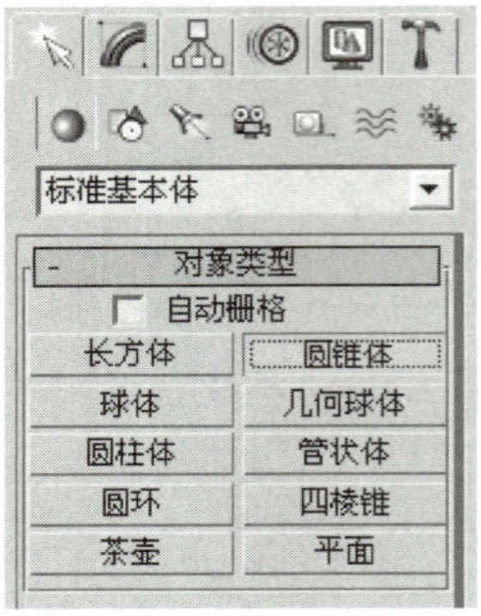

图 3-88　圆锥体参数

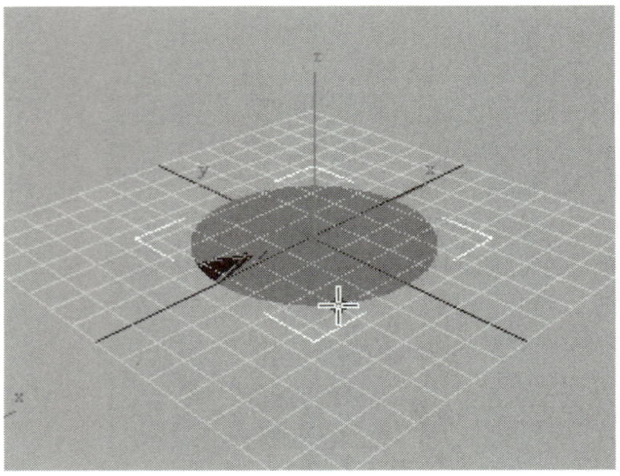

图 3-89　创建圆锥体 1

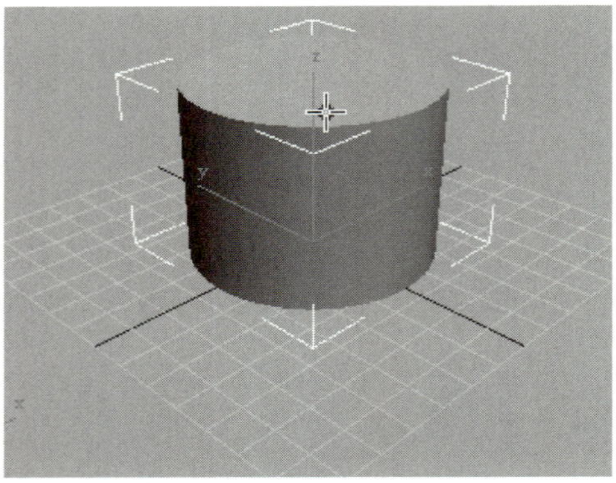

图 3-90　创建圆锥体 2

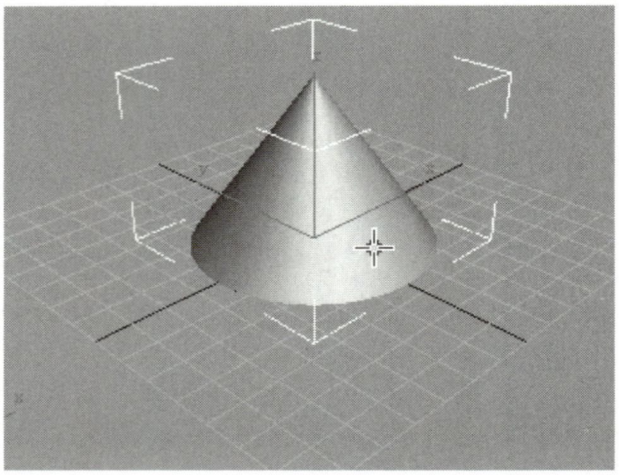

图 3-91　创建完成

四、扩展基本体

1. 创建异面体

扩展基本体内的异面体创建与球体相似，可以在异面体“参数”卷展栏（见图 3-92）选择不同系列（见图 3-93 ~ 图 3-95）。

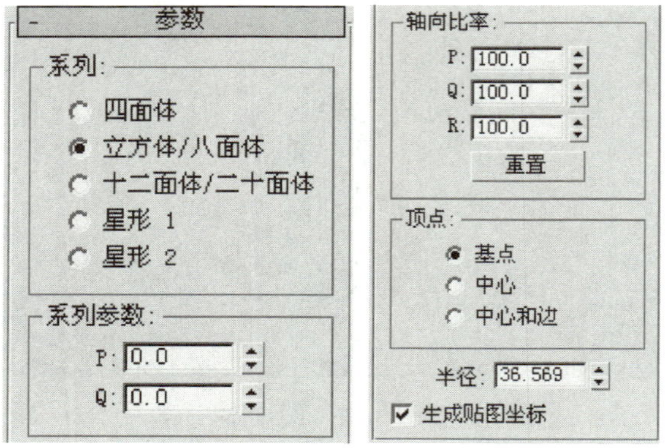

图 3-92　“参数”卷展栏

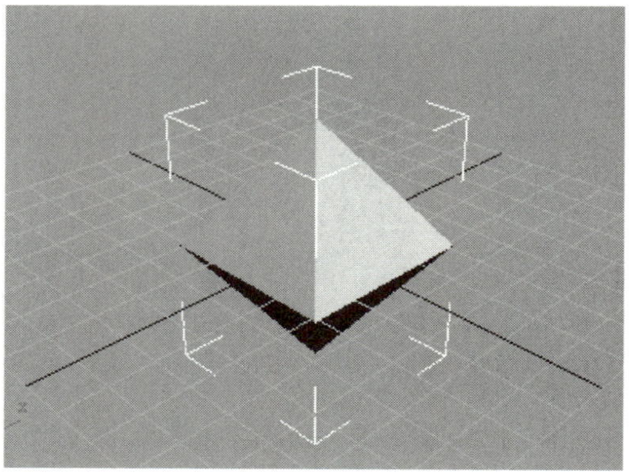

图 3-93　四异面体

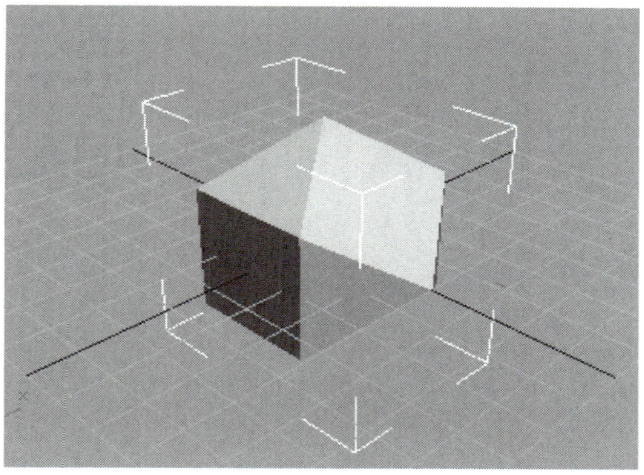

图 3-94　立方体

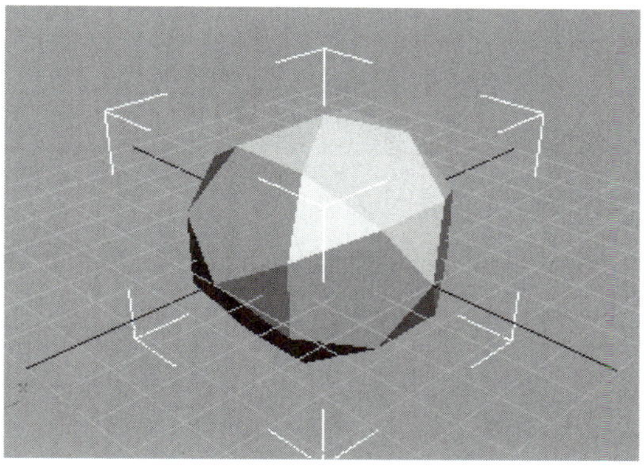

图 3-95　十二面体

2. 切角长方体

扩展基本体内的切角长方体是对长方体的棱进行圆角处理。创建完切角长方体后，利用“修改”面板“参数”卷展栏中的参数调整切角长方体的圆角效果（见图 3-96、图 3-97）。

3. 软管

软管的外形像一条塑料水管，单击“软管”按钮，拖动鼠标到适当位置后释放鼠标左键，确定软管的直径，向上移动鼠标到适当位置并单击，确定软管的高度（见图 3-98、图 3-99）。

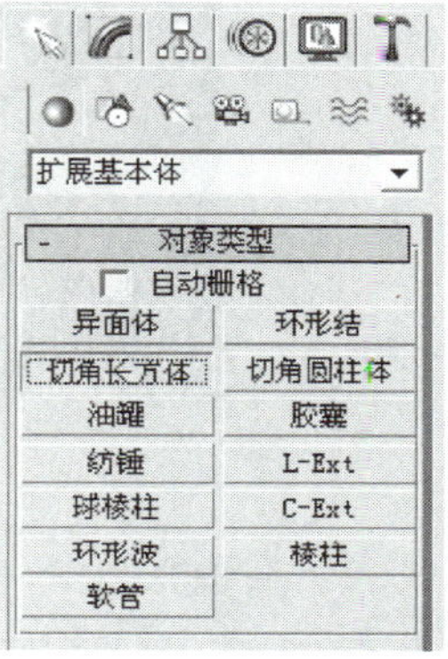

图 3-96　“扩展基本体”面板

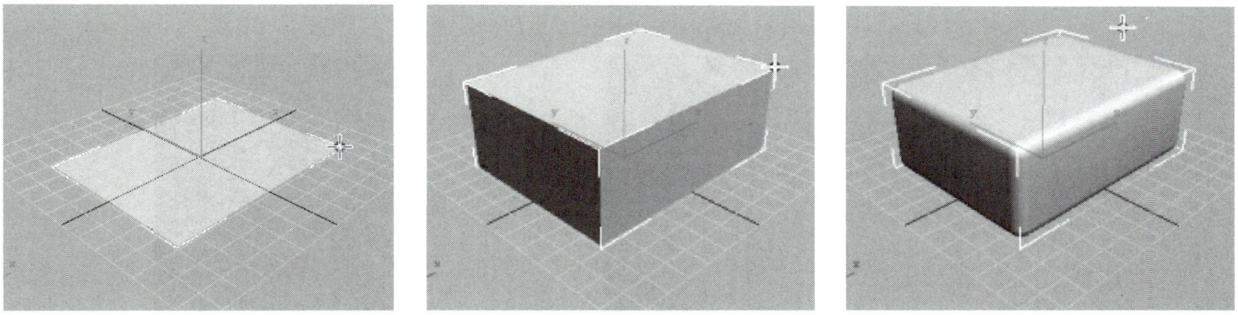

图 3-97　创建切角长方体

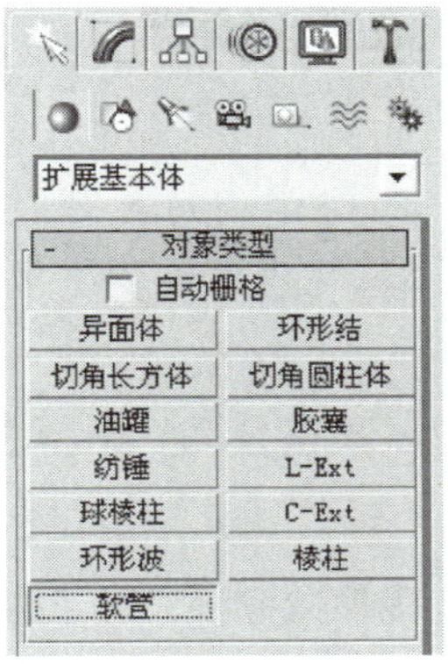

图 3-98　软管参数

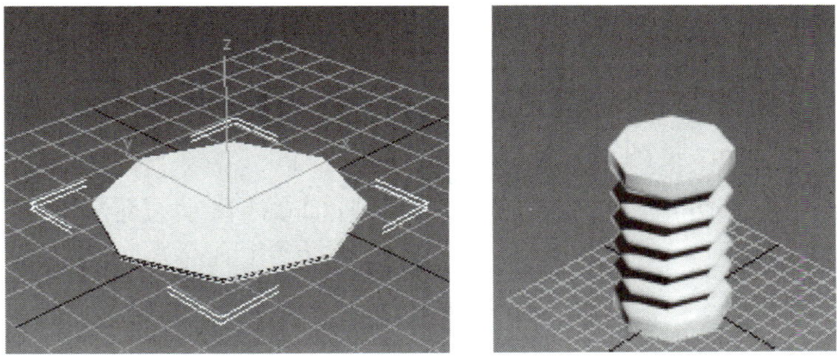

图 3-99　创建软管

案例 1　沙发

技术掌握：扩展基本体切角长方体的使用。

案例步骤（见图 3-100 ~ 图 3-109）见二维码。

案例 1
教学视频及
操作步骤

案例 2　简约茶几

技术掌握：切角圆柱体、管状体、切角长方体等工具的运用。

案例步骤：

（1）在顶视图中创建 1 个切角圆柱体，设置半径为 50 mm，高度 20 mm，圆角 1 mm，圆角分段 4 mm，边数为 24（见图 3-110、图 3-111）。

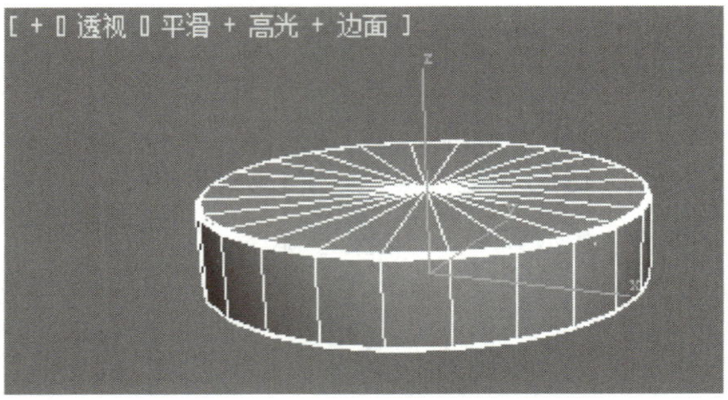

图 3-110　创建切角圆柱体

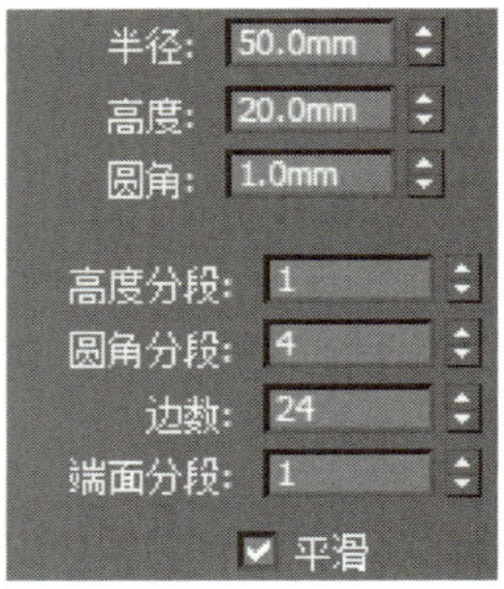

图 3-111　设置参数

（2）在顶视图中，在桌子边缘创建管状体，设置半径 1 为 50.5 mm，半径 2 为 48 mm，高度为 1.6 mm，边数为 36，再勾选“启用切片”选项，设置切片起始位置为 –200，切片结束位置为 53（见图 3-112、图 3-113）。

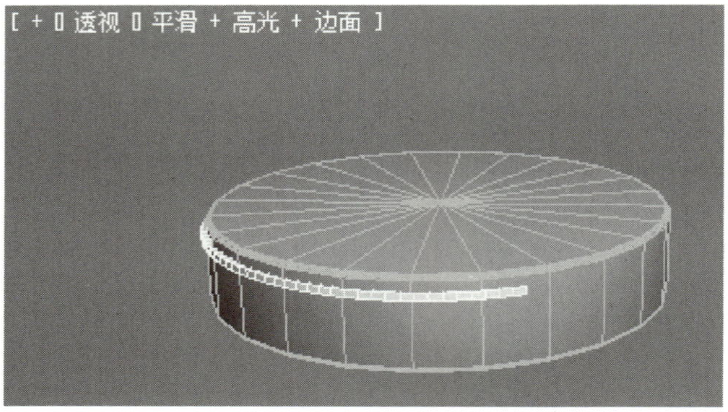

图 3-112　创建管状体

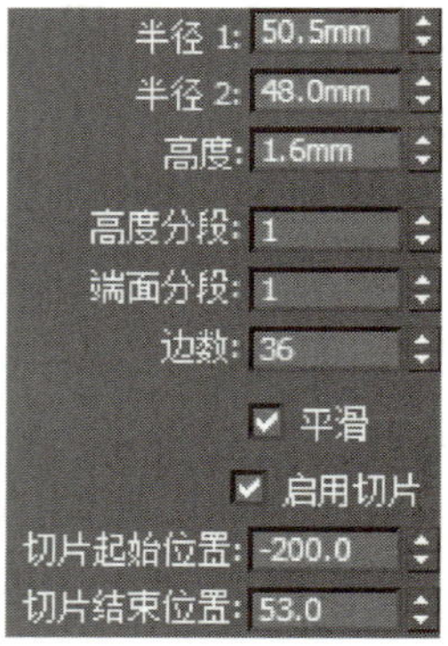

图 3-113　设置参数

（3）在管状体末端创建一个切角长方体，设置长度为 2 mm，宽度为 2 mm，高度为 30 mm，圆角 0.2 mm，圆角分段 3 mm（见图 3-114、图 3-115）。

（4）选择切角长方体，按住 Shift 键的同时移动复制一个切角长方体，调整位置（见图 3-116、图 3-117）。

（5）选择管状体，按住 Shift 键的同时移动复制一个管状体，调整位置。在参数卷展栏下将切片起始位置设置为 56，切片结束位置设置为 –202（见图 3-118、图 3-119）。

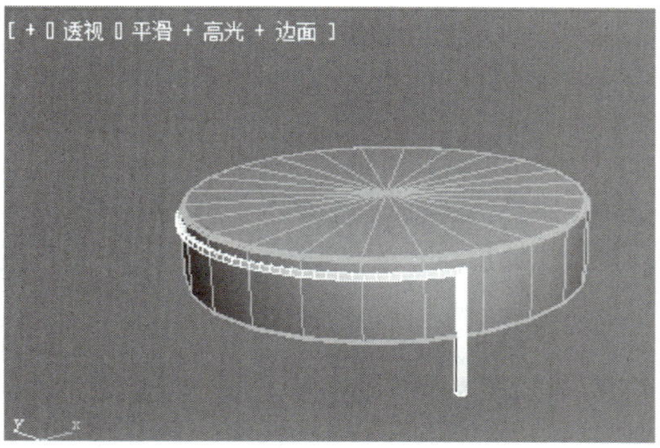

图 3-114　创建切角长方体

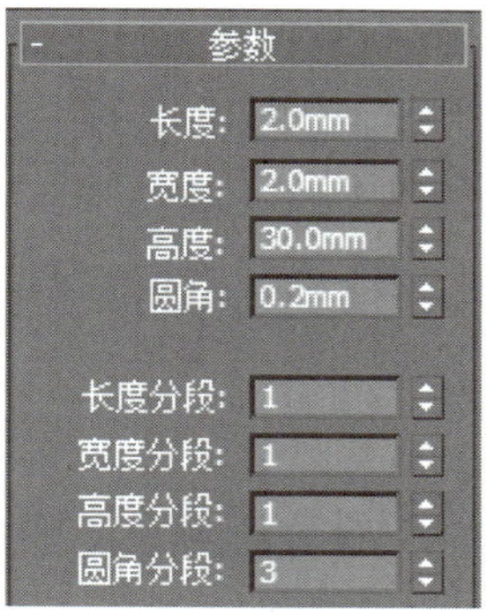

图 3-115　切角长方体参数

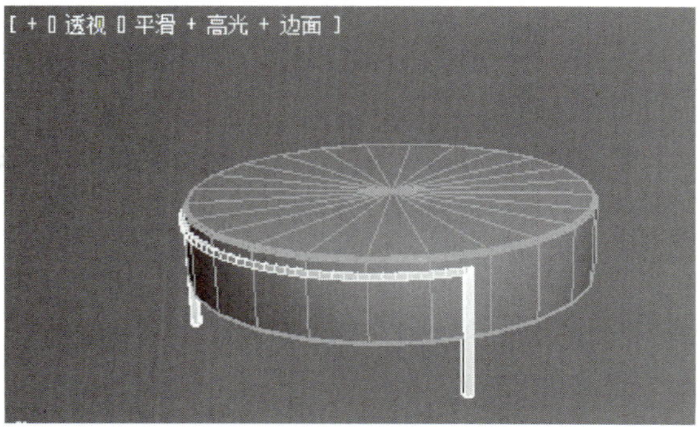

图 3-116　切角长方体

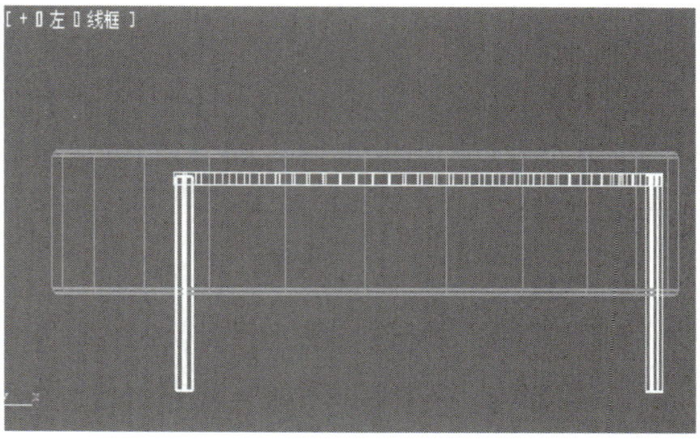

图 3-117　调整位置

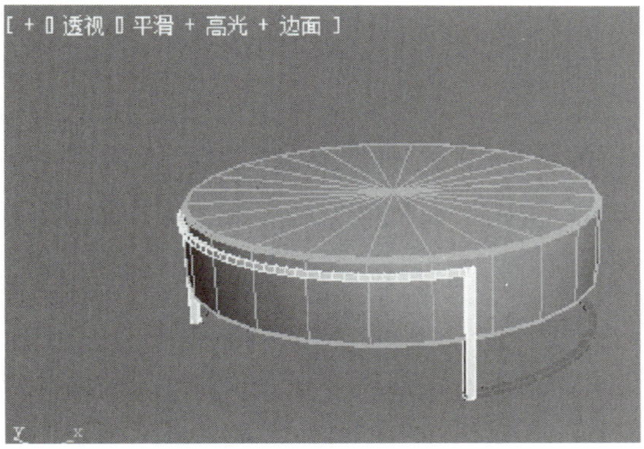

图 3-118　管状体

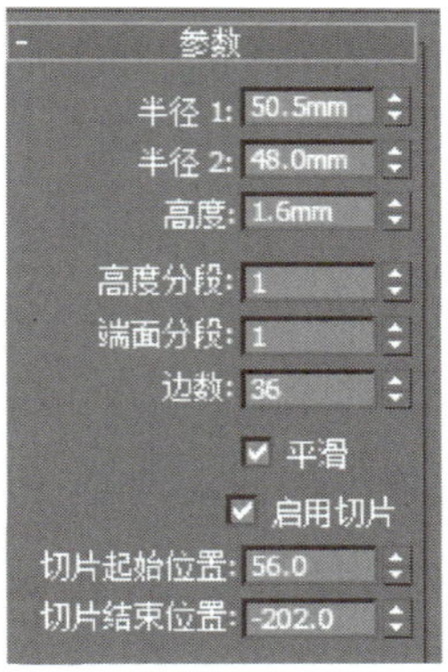

图 3-119　位置参数

五、复合建模与编辑

复合对象是三维造型中使用非常广泛的一种编辑方法，经常用于二维图形的放样，或是通过布尔运算的加减编辑来创建和合成复杂的整体模型。复合对象还包括变形、散布、一致、连接、水滴网格、图形合并、地形以及网格化等命令。

打开“标准基本体”下拉列表，从中选择“复合对象”选项，即可显示出复合建模的创建模版。该面板中包括 12 种类型的复合建模方法（见图 3-120）。

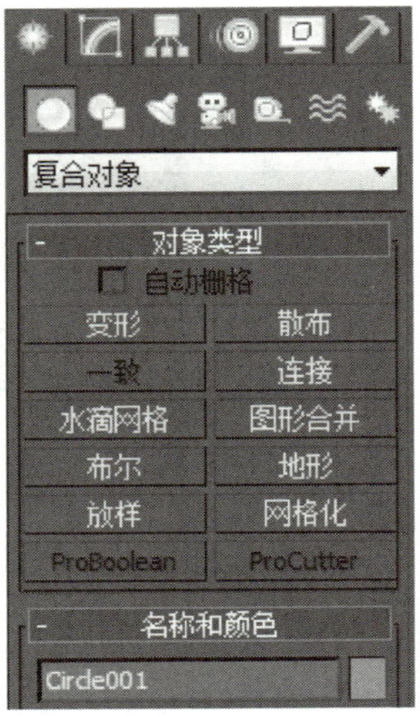

图 3-120　复合建模创建面板

1. 变形

“变形”类似于 2D 动画中的中间帧技术，它通过将两个或多个对象合并来创建动画效果。这一过程涉及对第一个对象的顶点进行插值处理，使其逐渐与另一个对象的顶点位置相匹配。若此插值操作连续进行，即可生成流畅的变形动画。

2. 散布

“散布”作为一种复合对象类型，能够将选定的源对象以阵列形式或依附于分布对象的表面进行散布。鉴于场景制作的复杂性及每个场景的独特性，合理布局场景需根据具体情况灵活调整。3ds Max 中的这一复合工具正是为解决此类问题而设计，有效助力用户针对不同场景进行恰当布置。

3. 一致

“一致”复合对象通过将一个称为“包裹器”的对象的顶点映射到另一个“包裹对象”的表面上进行创建。此外，该功能还拥有一个空间扭曲的版本，提供了更多样化的应用方式。

4. 连接

利用“连接”复合对象，可以轻松连接两个或多个对象表面的洞。操作方法是先为每个对象删除部分面以创建洞，并确保洞的位置相互对应，然后应用“连接”命令即可。

5. 水滴网格

“水滴网格”复合对象能够根据几何体或粒子生成一组球体，并模拟球体由柔软液态物质构成的效果。当球体移动到彼此的一定范围内时，它们会相互连接；若相互移开，则恢复为独立的球体形状。

6. 图形合并

通过“图形合并”，可以将网格对象与一个或多个图形组合成复合对象。这些图形可以嵌入网格中（改变边与面的模式），或者从网格中消失。该命令常用于在物体上添加文字等图形元素。

7. 布尔

“布尔”功能允许对两个或更多物体执行并集、差集、交集的运算，从而生成全新的物体形态。在 3ds Max 中，“布尔运算”子菜单包含了曲面的并集工具、差集工具和交集工具三种运算方式。通过“并集”命令可以将两个相交的 NURBS 物体变成一个整体，交集部分将被删除；通过“差集”命令可以让一个曲面将另一个与其相交曲面的相交部分剪除；“交集”命令使被运算的物体只保留相交部分的曲面。

下面分别介绍布尔运算的操作方法和特性。

（1）执行布尔运算

在 3ds Max 2016 中，布尔运算不仅限于单次应用，对于已生成的布尔对象，还可以进一步进行多次布尔运算。此外，布尔运算的方式和记录均可编辑修改，且运算或修改的过程能够被记录为动画，为创作独特的切割效果等提供了可能。执行布尔运算的前提是场景中需存在至少两个用于计算的原始物体。利用布尔运算，可以创造出多种独特的物体外形，如图 3-121、图 3-122 所示。

图 3-121　布尔运算的几种效果

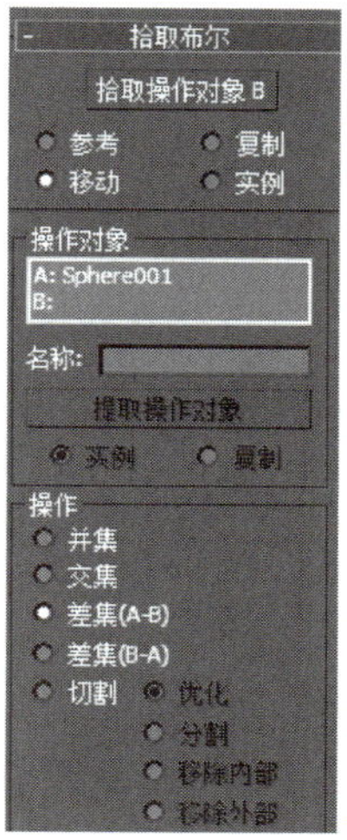

图 3-122　“布尔参数”卷展栏

执行布尔运算时，先选定一个参与运算的物体，随后在“标准几何体”下拉列表中选择“复合对象”选项，并点击“对象类型”卷展栏中的“布尔”按钮以展开其参数面板。根据参数的功能及个人设计要求，可进行相应的操作设置。

布尔运算的核心在于精准设置其参数，例如选择恰当的布尔运算方式。以下是布尔运算主要参数的简要介绍。

① 拾取操作对象 B。点击此按钮后，在场景中选定另一个物体以完成布尔运算。在拾取前，需预先设定其下的四个选项以控制运算对象 B 的属性。

② 操作对象。此区域显示所有运算对象的名称，并允许对它们执行相关操作。

③ 列表框中显示当前选中的操作对象的名称，且支持编辑。

④ 提取操作对象。此功能将当前指定的运算对象重新提取至场景中，作为新的可用对象。提取时，可选择“实例”或“复制”两种属性。

⑤ 操作。该区域包括以下五种操作。

- 并集。将两个造型合并，删除相交部分，运算后两个物体融合为一个（见图 3-123）。通过精心设置这些参数，布尔运算能够创造出丰富多样的物体形态。
- 交集。用来将两个造型相交的部分保留下来，删除不相交的部分（见图 3-124）。

图 3-123　并集效果

图 3-124　交集效果

• 差集（A–B）。在 A 物体中减去与 B 物体重合的部分（见图 3-125），这是默认的布尔运算方式。

• 差集（B–A）。在 B 物体中减去与 A 物体重合的部分（见图 3-126），与差集（A–B）操作方式相反。

图 3-125　差集（A–B）效果

图 3-126　差集（B–A）效果

• 切割。用 B 物体切除 A 物体，但不在 A 物体上添加 B 物体的任何部分。当“切割”单选按钮被选中时，它将激活其下方的 4 个单选按钮让用户选择不同的切除类型。图 3-127 为两种不同的切割效果。

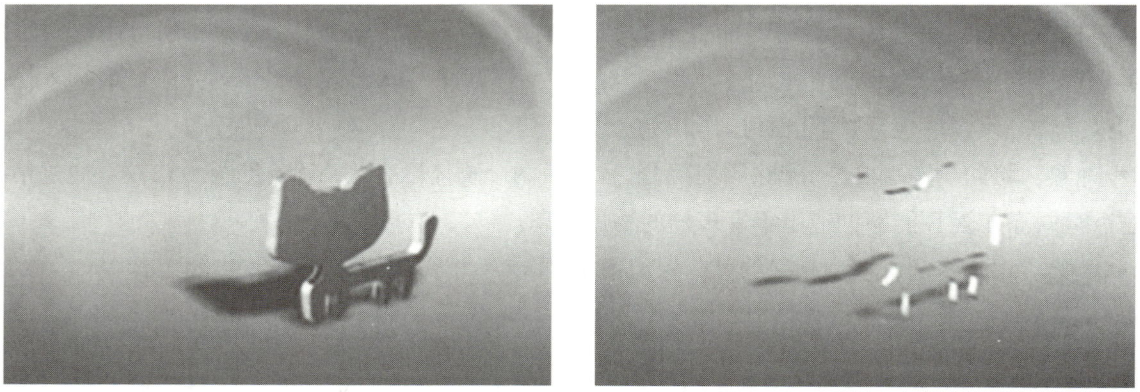

图 3-127　不同的切割效果

（2）进行布尔运算

在执行布尔运算之前，3ds Max 的“布尔”工具会对其网格进行智能优化处理。这一优化过程首先会整合网格的拓扑结构，识别并移除共面三角形上多余的边。随后，它会在更复杂的 N 边形而非简单的三角形上执行布尔运算。运算完成后，工具会再次应用三角化算法对结果进行细化，并在必要时隐藏共面边，以确保最终结果的清晰度和准确性。这一系列的额外处理带来了两大显著优势：一是显著提升了布尔对象的可靠性，因为它减少了小边和三角形的数量；二是确保了输出结果的清晰和精确。图 3-128 展示了两个利用“布尔”工具制作的实例的效果。

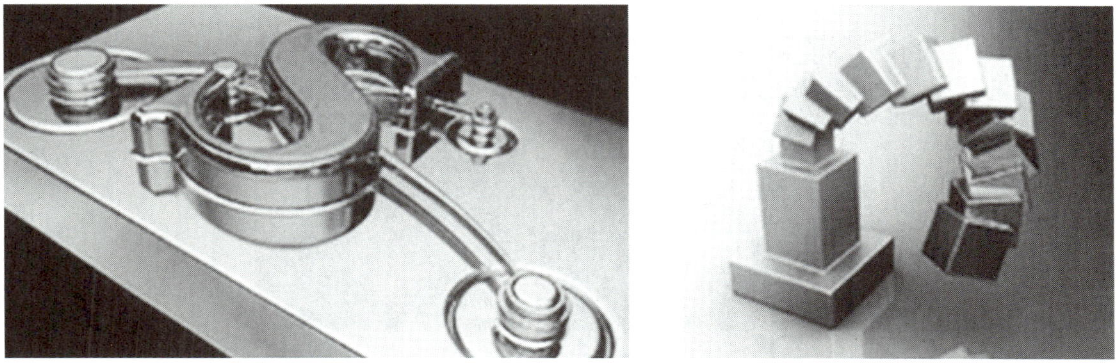

图 3-128　利用“布尔”制作的实例

这种布尔运算的操作方法和“布尔”是相同的，不同的是它的计算方法经过改良。要利用该工具创建布尔物体，可以按照下面的流程进行操作。

① 为布尔运算设置对象（见图 3-129）。如从圆柱体中减去一个球体。

② 选择基本对象（见图 3-130）。在这个场景中选择要执行布尔操作的基本体为圆柱体。

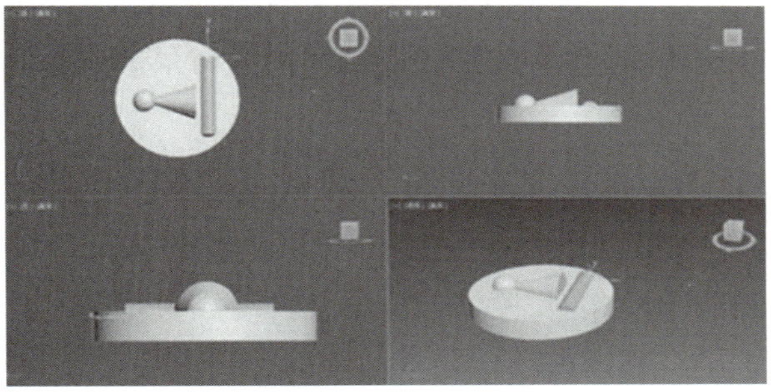

图 3-129　设置对象

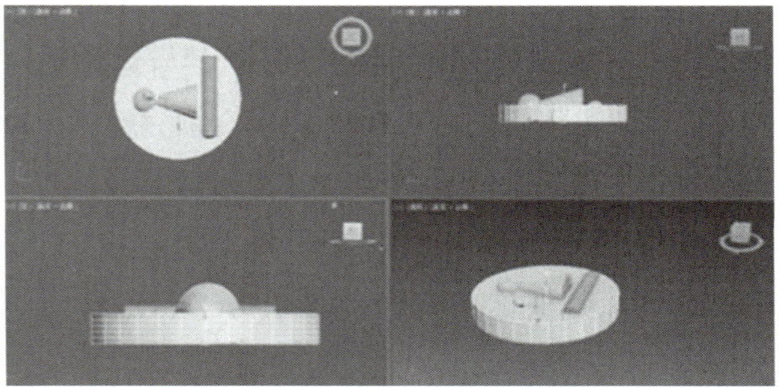

图 3-130　选择对象

③ 在“创建—几何体”选项卡中，在下拉列表中选择“复合对象”选项，然后单击“布尔”按钮（见图 3-131）。

④ 在“参数”卷展栏上，选择要使用的布尔运算的类型，如“并集”“交集”“差集”等。还要选择该软件如何将拾取的下一个运算对象传输到布尔对象。本示例的参数设置如图 3-132 所示。

⑤ 单击“开始拾取”按钮，在视图中拾取一个或多个对象参与布尔运算（见图 3-133）。

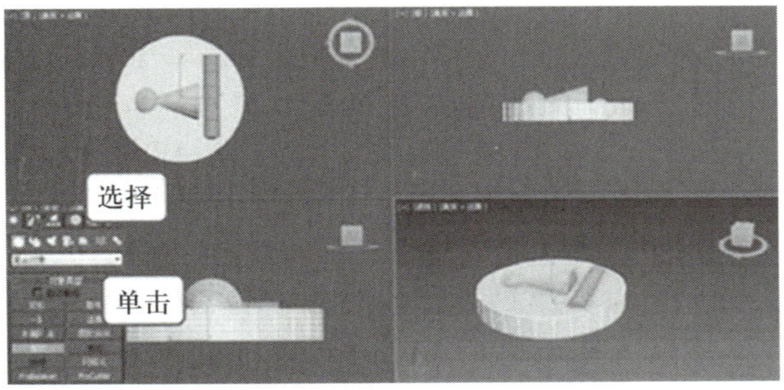

图 3-131　启用“布尔”工具

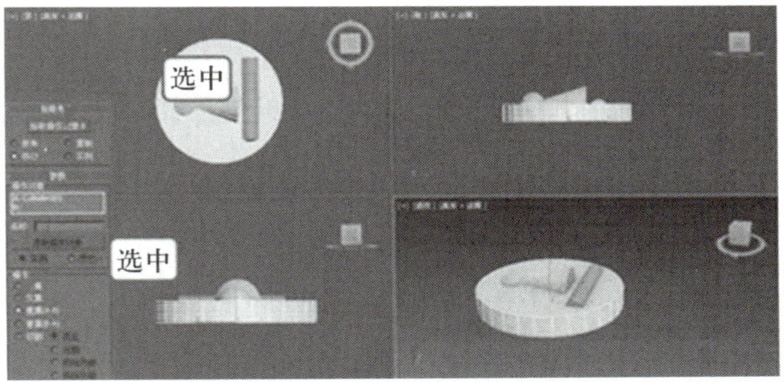

图 3-132　设置布尔参数

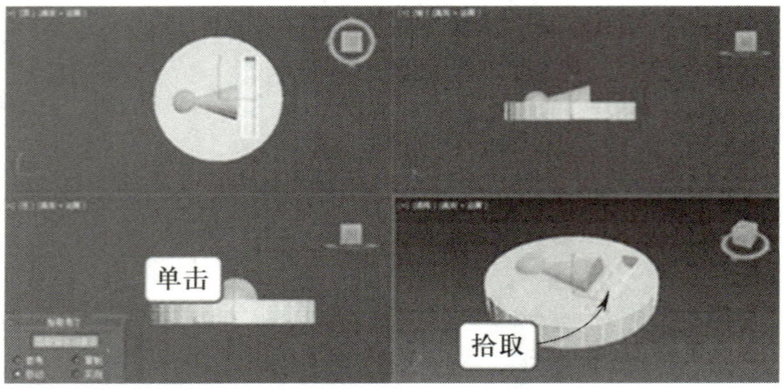

图 3-133　拾取物体

在拾取对象进行布尔运算时，可以为每个新拾取的对象选择不同的布尔运算方式，并决定如何将该对象整合到布尔运算中。只需保持“开始拾取”按钮处于激活状态，就可以连续添加运算对象。每个被拾取的对象都会按顺序被加入布尔运算的处理流程中。

（3）布尔运算的注意事项

在执行布尔运算的时候，需要按照严格的操作流程分步执行，这样可以有效避免布尔运算的错误。

① 布尔运算的次对象特性：在 3ds Max 中，布尔运算的一大灵活性体现在其各个构成部分（次对象）仍能作为独立对象存在。每个参与运算的对象都保留有自己的修改器堆栈，当进入布尔运算的次对象模式时，可以对这些对象进行单独的编辑和修改。

② 布尔运算的嵌套能力：布尔运算不仅限于单次应用，对已经生成的布尔对象，可以再次应用任意次数的布尔运算。这意味着一个已创建的布尔运算结果可以作为下一个布尔组合中的“操作对象 A”，与其他几何体进行新的布尔运算。每次对对象执行布尔操作时，原始对象都会自动成为新布尔对象的首个运算组件。

③ 执行布尔运算时的注意事项：尽管布尔运算是一种强大的建模工具，但在使用时需谨慎，以避免产生无效的布尔对象。为确保布尔运算的成功，两个操作对象必须充分接触。若两个表面接触不完全，执行布尔运算时可能会产生不可预测的结果。因此，在进行布尔运算前，建议使用“暂存”命令保存当前场景状态，以便在布尔操作不理想时，通过“取回”命令恢复到原始状态。此外，完成布尔运算后，无法使用 Ctrl+Z 快捷键进行撤销操作，因此请谨慎执行每一步操作。

8. 地形

地形复合物体可以将一个或者几个二维造型转换为一个面。

9. 放样

放样是一种利用二维图形创建三维模型的建模技术，其关键在于准备放样截面图形与放样路径图形。放样截面图形既可以是单一的，也可以是多个的，而放样路径图形则可以作为框架，承载并定义横截面的排列。我们可以为任意数量的横截面图形创建一个对应的路径图形对象。

在进行放样建模时，如果路径上仅指定了一个图形，3ds Max 会默认在路径的每个端点都放置一个相同的图形，并自动在这些图形之间生成平滑的曲面。若路径上分布了多个不同的截面图形，3ds Max 则会根据这些图形的形状和位置，生成更加复杂且多变的三维模型。

放样建模技术以其高效性和灵活性，在创建如管道、柱子、瓶子等具有连续变化形状的三维对象时，展现出独特的优势。图 3-134 展示了放样建模技术的实际应用效果。

放样参数卷展栏如图 3-135 所示。首先创建两个物体作为放样的基础，再使用放样工具将这两个物体对齐并进行放样操作。完成放样后，进入修改面板。在这个面板中，可以找到所有与放样相关的参数卷展栏。

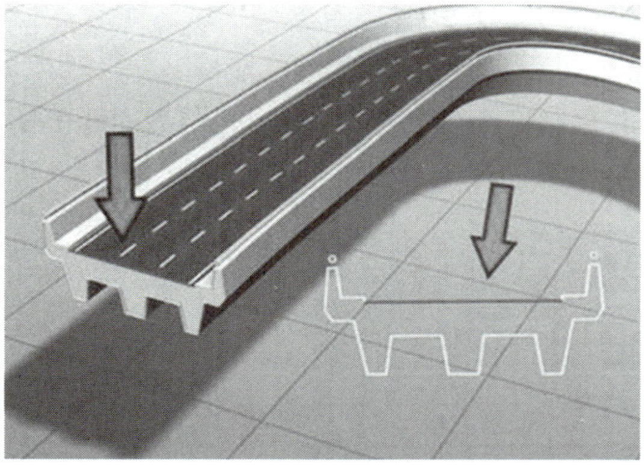

图 3-134 放样建模

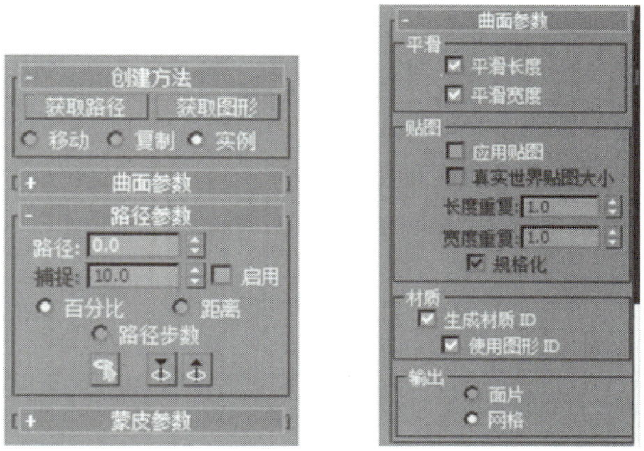

(a) (b)

图 3-135 “放样”卷展栏

（1）获取路径和获取图形

单击“获取路径”按钮，可以为选定图形指定路径，或更改当前已指定的路径。同样，单击“获取图形”按钮，可以将图形指定给选定路径，或更新当前已指定的图形。此外，下方的三个单选按钮允许选择路径或图形转换为放样对象的具体方式。

（2）平滑长度及相关参数

平滑长度：沿路径长度提供平滑曲面，特别适用于路径曲线或图形大小更改时。

平滑宽度：围绕横截面图形周界进行平滑，适用于图形顶点数或外形更改时。

面片与网格：放样生成模型的两种类型，可根据需求选择。

路径级别：通过输入值或拖动微调器设置，支持百分比、距离和路径步数三种调整方式。

封口：决定放样模型两端是否封口。

圆形步数：设置横截面图形顶点间的步数，影响放样周界边的数目。

路径步数：设置路径主分段间的步数，影响沿放样长度方向的分段数目。

（3）3ds Max 提供 5 种放样对象的基本变形方法

缩放：改变截面 X、Y 方向比例，调整模型结构。

扭曲：控制截面相对路径的旋转程度，通过调整控制点位置实现。

倾斜：使截面围绕垂直于路径的 X、Y 轴旋转，适用于制作褶皱效果等。

倒角：对放样物体执行类似倒角修改器的变形，常用于首端或末端。

拟合：将两个二维图形定义为放样顶部和侧剖面，功能强大，可添加 Y 轴方向投射轮廓。

10. 网格化

使用网格化可在视图中直接创建网格复合对象，将形状转换为网格物体。网格复合对象以每帧为基准将程序对象转化为网格对象，便于应用修改器如弯曲或 UVW 贴图。网格化适用于任何类型对象，尤其为粒子系统设计，对于复杂修改器堆栈的低空实例化对象同样有用。

11. ProBoolean

ProBoolean 是 3ds Max 新增内容，可作为增强版布尔工具，使用更便捷，能够生成质量更好的网格，支持连续多次运算，可重新定义运算后的死边面网格。

12. ProCutter

新增布尔运算工具，用于分割现有模型，又称“超级切割器”，其运算结果适合动画中的应用。

案例 1　石膏线建模

（1）在顶视图下创建矩形，尺寸为 2000 mm × 2000 mm，复制三个阵列分布，矩形间距为 600 mm。中间的圆的半径为 1000 mm。创建矩形外框，尺寸为 6000 mm × 6000 mm（见图 3-136）。

图 3-136　矩形图形创建

（2）选择一个图像，转换为可编辑样条线，选择附加命令，将其他的图形附加在一起（见图 3-137）。

（3）选择样条线层级，用修剪命令修剪，然后选择顶点层级，点击焊接，将所有点焊接。

（4）在修改器里，挤出 120（见图 3-138）。

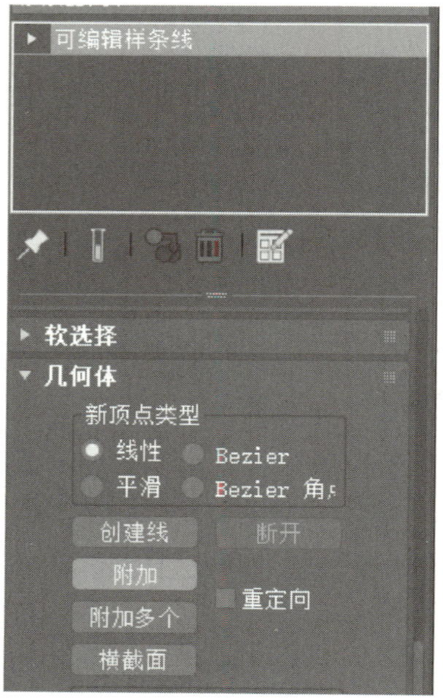

图 3-137　附加

图 3-138　挤出效果

（5）在前视图下创建一个矩形，尺寸为 120 mm × 140 mm，转换为可编辑样条线，根据给定图案绘制石膏线剖面图。首先选择顶点层级，再通过优化添加点，调整点的位置和线的曲度（见图 3-139）。

（6）选择吊顶模型，进入样条线层级，选择几何体展卷栏，选择石膏线路径，勾选分离的复制复选框，然后点击分离，获得石膏线路径（见图 3-140）。

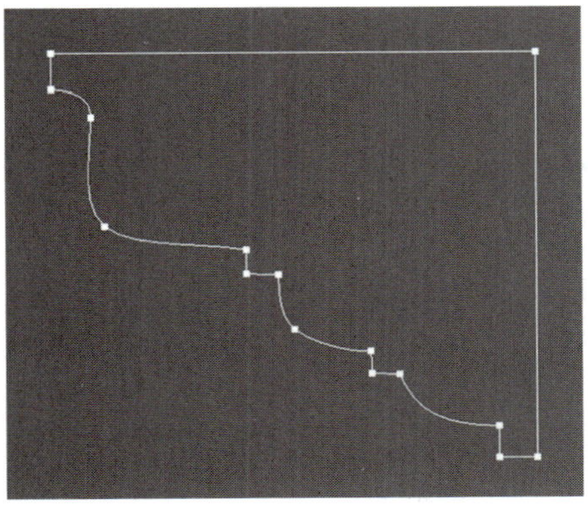

图 3-139　剖面图

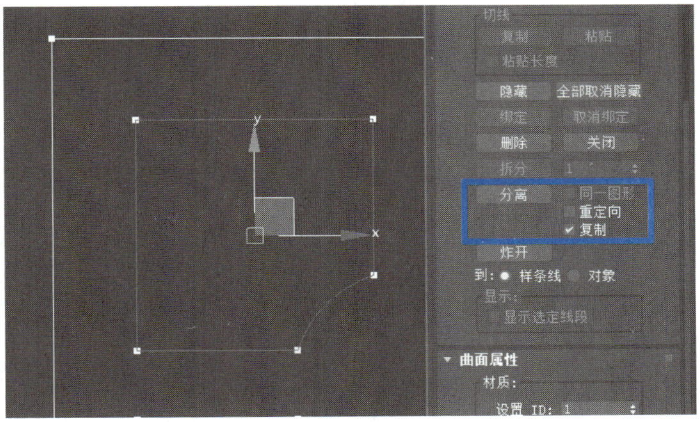

图 3-140　分离图形

（7）选择石膏线路径，添加倒角剖面修改器，拾取石膏线剖面（见图 3-141）。

（8）利用同样方法制作其他的石膏线。也可以利用镜像复制来完成制作（见图 3-142）。

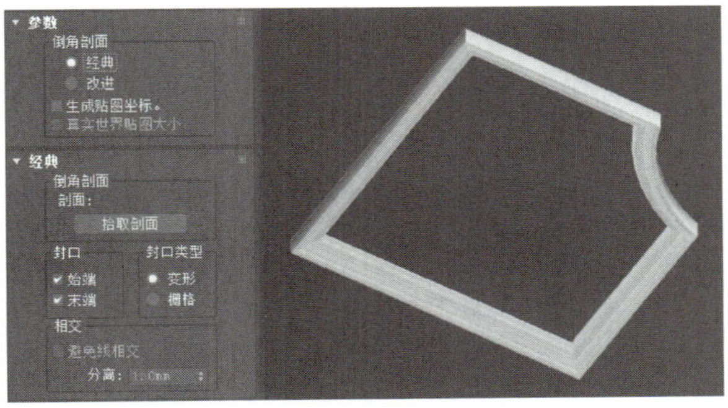

图 3-141　倒角剖面修改器

图 3-142　最终效果

案例 2　罗马柱（多截面放样）

（1）在顶视图下创建图形圆，半径为 250 mm。创建星形，半径 1 为 250 mm、半径 2 为 220 mm、点为 18、扭曲为 0、圆角半径 1 为 10、圆角半径 2 为 25（见图 3-143）。

（2）在前视图下创建矩形，尺寸为 4000 mm × 4000 mm，转换为可编辑样条线，选择线段层级，留下一条竖线，其余的线都删除（见图 3-144）。

（3）选择“复合对象—放样”命令，点击“获取图形”，选择刚创建的圆形（见图 3-145）。

（4）先调整路径数值为 10，然后获取图形圆。数值 90 和 100 采用同样方法（见图 3-146）。

（5）先调整路径数值为 12，然后获取图形星形。调整路径数值为 88，然后获取图形星形（见图 3-147）。

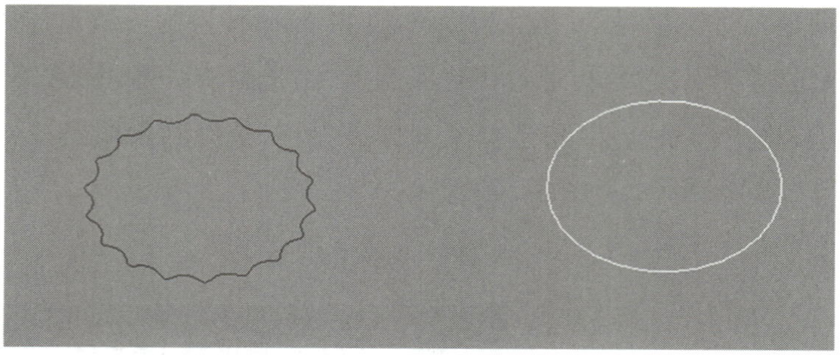

图 3-143　星形和圆形

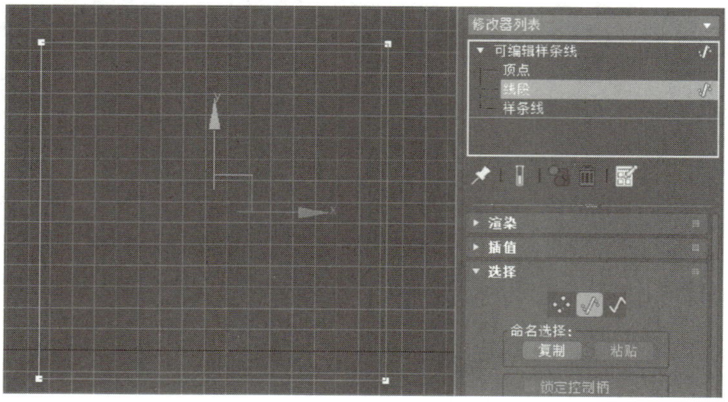

图 3-144　删除红色线段

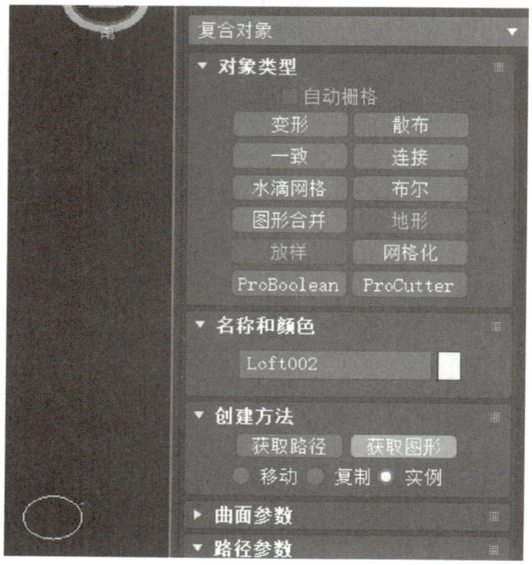

图 3-145　获取图形

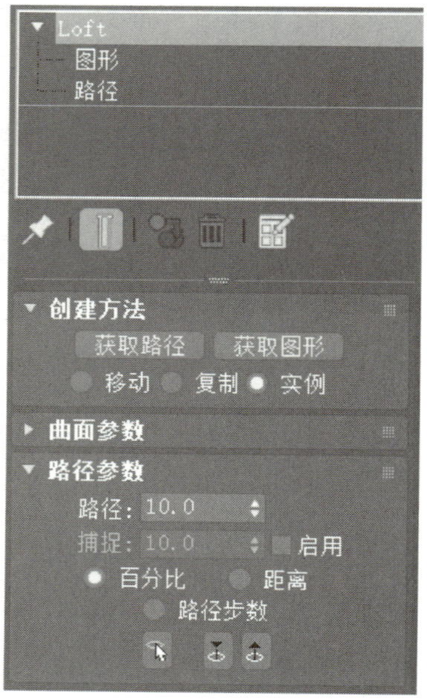

图 3-146　路径数值修改

（6）点击变形展卷栏的缩放按钮，调整柱头造型（见图 3-148）。

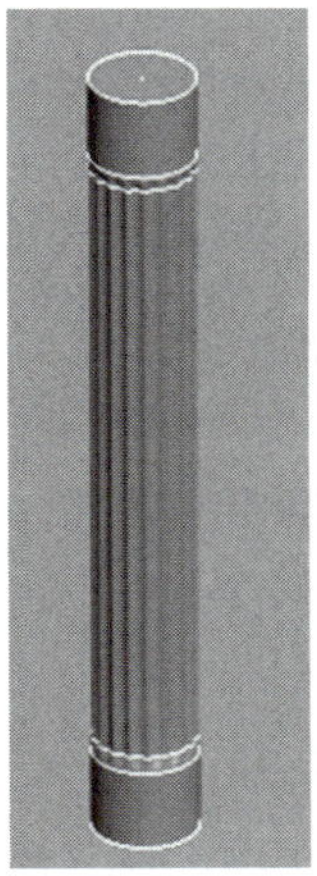

图 3-147　路径调整后效果

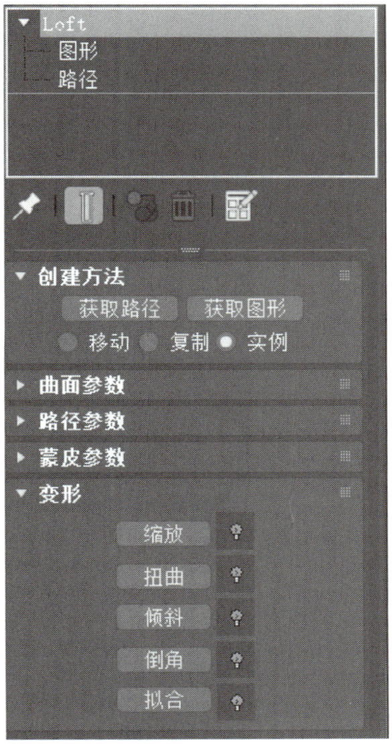

图 3-148　缩放

（7）利用次工具新建点，利用次工具移动点，创建 6 个点，根据图中的形状调整罗马柱的造型（见图 3-149）。

（8）罗马柱最终效果如图 3-150 所示。

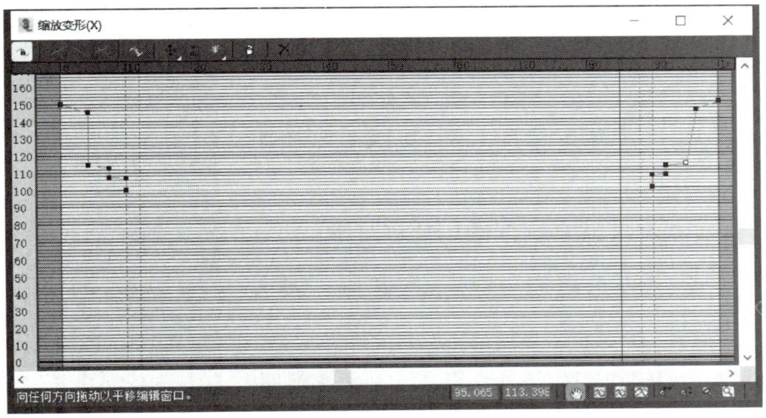

图 3-149　缩放变形造型参考

图 3-150　最终效果

六、多边形建模与编辑

多边形对象是一种网格对象，与“可编辑网格”在功能上相似，但“可编辑多边形”以四边面为编辑对象，可视为“可编辑网格”的升级版。

1. 转换到可编辑多边形

（1）在场景中创建物体并选择后，右击选择“转换为”，选择“转换为可编辑多边形”（见图 3-151）。

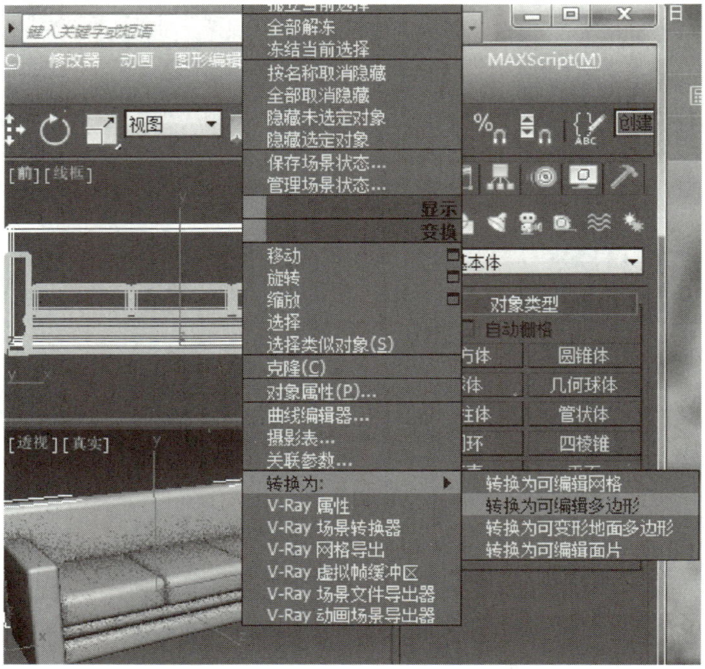

图 3-151 转换为可编辑多边形

（2）在“修改”选项中，可进行点、边、边界、多边形和元素 5 种方式的子编辑。

2. 选择参数

（1）“选择”选项的常用参数如图 3-152 所示。

（2）忽略背面：仅选择当前可见的子对象区域，隐藏部分不被选中，建议在确定选择区域前勾选。

（3）收缩：在现有选择区域基础上，逐步减少选择范围，每次单击按钮选区都会收缩。

（4）扩大：与收缩相反，用于在现有选择区域基础上增加选择范围。

（5）环形：在边或边界子编辑模式下，以选定边为起点，向两侧扩展选择区域（见图 3-153）。

（6）循环：同样适用于边或边界子编辑，以选定边为基准，向两端延伸选择区域（见图 3-154）。

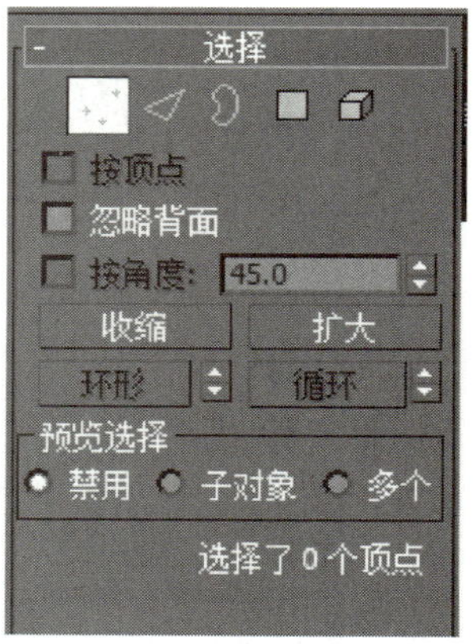

图 3-152 “选择”选项

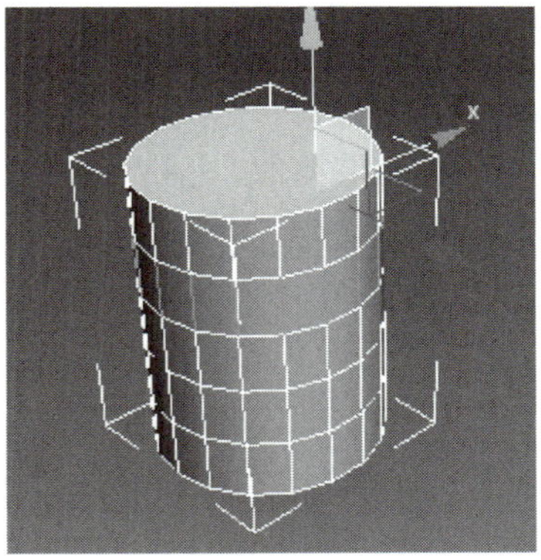

图 3-153 环形

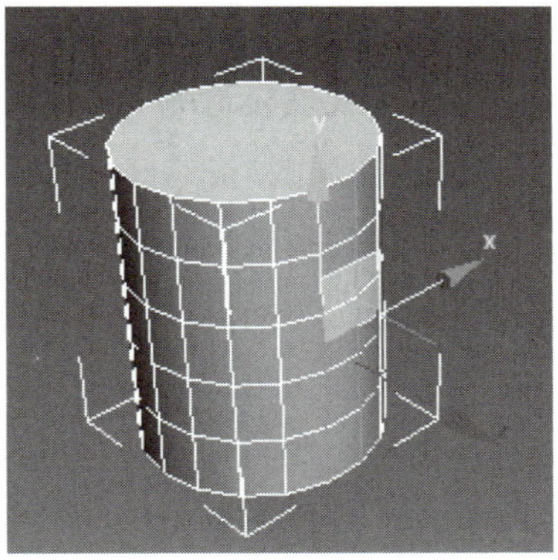

图 3-154 循环

3. 编辑顶点

在三维物体模型中，顶点作为分段线的交点，构成了几何体编辑的基础。通过直接编辑顶点，可以直观地影响物体的形状，这种方式相较于其他编辑方式更为直接和有效。常用编辑命令具体的顶点参数如图 3-155 所示。

（1）移除：用于删除那些不会影响物体整体外观的冗余点。但请注意，如果某个点是物体边线的起点或终点，那么它就不能被移除。

（2）挤出：在点编辑模式下，可以执行挤出操作。只需点击 按钮，在弹出的窗口里设置挤出的高度和底面的宽度等参数，就能轻松创建新的形状。

（3）焊接：当需要将两个已经合并（附加）在一起的物体通过它们的点进行连接时，可以使用焊接操作。这与断开操作是相反的，它能让两个物体更紧密地结合在一起。

（4）目标焊接：这个操作会自动将同一条边上的两个点焊接在一起。但如果两个点不在同一条边上，那么就不能使用目标焊接。

4. 编辑边

两个顶点之间的分段线为边，边的子编辑工具按钮如图 3-156 所示。常用编辑命令如下。

（1）连接：在两个选定的边上等分添加线段，适用于单面建模。

（2）分段：设置连接线段的数量。

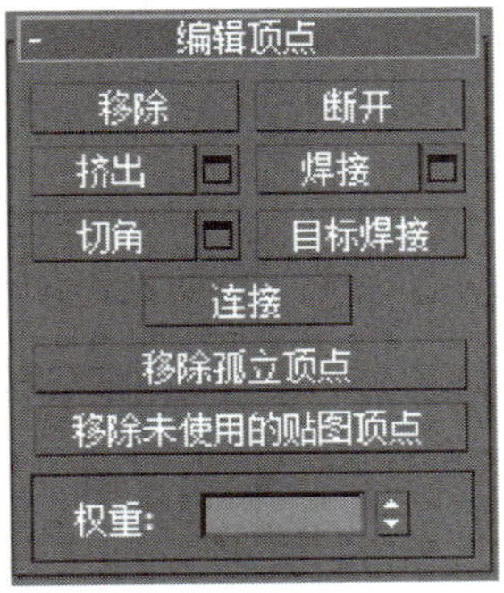

图 3-155 编辑顶点

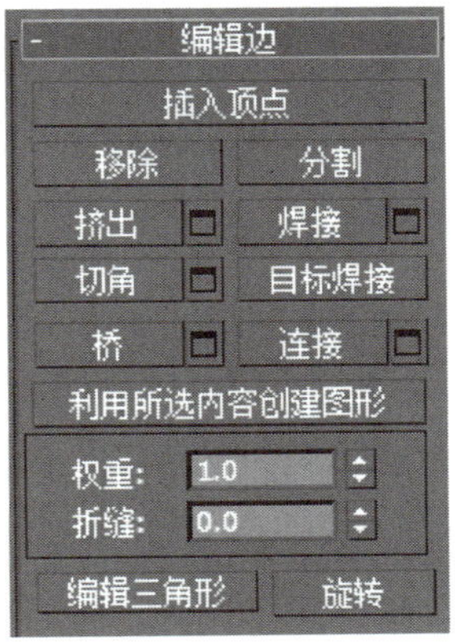

图 3-156 编辑边

（3）收缩：调整连接线段，使其向内或向外收缩。

（4）滑块：决定连接线段靠近哪一端，默认等分连接。

（5）利用所选内容创建图形：将选定的边转化为二维样条线，效果类似“晶格”命令。

（6）切角：在选择边的基础上，进行切角操作。通过参数调整，可以生成圆滑的边角效果。

（7）切角类型：设定切角的尺寸。

（8）切角量：用于设置切角的尺寸距离。

（9）分段：设置切角边线的分段数，分段越多，效果越圆滑。

（10）分开：切角后，删除圆角表面，便于边界编辑。

（11）切角平滑：新增选项，默认平滑选定边线，也可选择对整个图形进行平滑处理。

5. 编辑边界

边界的编辑方式与编辑边相似，但它要求边线连续以形成可识别的边界，进而生成封口。封口可以快速闭合选定边界对象上的多边形表面。

6. 编辑多边形

在多边形编辑命令中，多边形子编辑方式的使用非常频繁。许多编辑命令都是针对多边形子编辑方式设计的。

（1）挤出：可以让选定的多边形沿着其表面方向生成新的造型。如果选择多个且连续的多边形进行挤出，挤出的类型会有所不同；而选择单个面或不连续的多边形时，挤出类型则没有区别。挤出类型决定了挤出方向的不同。当设置为“组”时，挤出方向与原始物体的方向一致；选择“局部法线”时，挤出方向与所选面的方向一致；选择“按多边形”时，每个多边形的挤出方向则与其各自的表面方向一致（见图 3-157）。

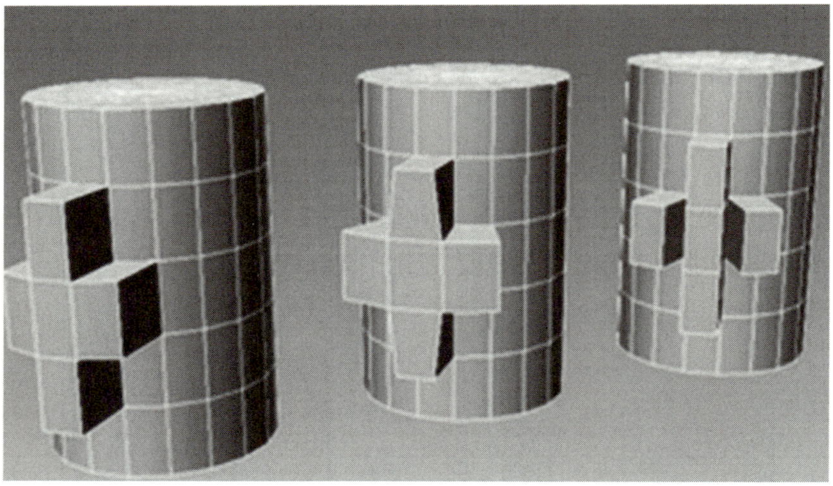

图 3-157　三种挤出类型

（2）倒角：对选定的多边形进行的一种特殊编辑，它结合了“挤出”和“锥化”的特点。在执行“倒角”时，可以通过“轮廓量”参数来控制表面的缩放效果，从而在挤出的同时形成倒角。

（3）桥接：用于连接两个选定的多边形。这两个多边形在延伸后必须在同一平面上才能成功桥接。点击“桥接”后的按钮，会弹出一个对话框，用户可以根据实际需求进行设置来完成桥接操作。

（4）插入：在多边形编辑模式下，通过向内缩放来生成新的多边形的一种操作方式。

（5）轮廓：对物体的影响与“缩放”命令相似，但它更专注于调整物体的轮廓形状。

7. 编辑元素

在编辑多边形命令中，元素方式主要用于对整个模型进行全局编辑，单独使用该方式下的命令相对较少。其中最为常用的操作之一是在该编辑方式下对选中的模型执行“翻转法线”显示，以便调整模型的视觉方向或解决渲染问题。

案例 1 教学视频

案例 2 建模操作步骤

案例 1　单人椅

案例 2　梳妆台

案例步骤（见图 3-158 ~ 图 3-180）见二维码。

案例 3　软包制作

（1）在前视图下创建平面，尺寸为 100 mm × 100 mm，设置长宽分段为 4。点击鼠标右键转换为可编辑多边形（见图 3-181）。

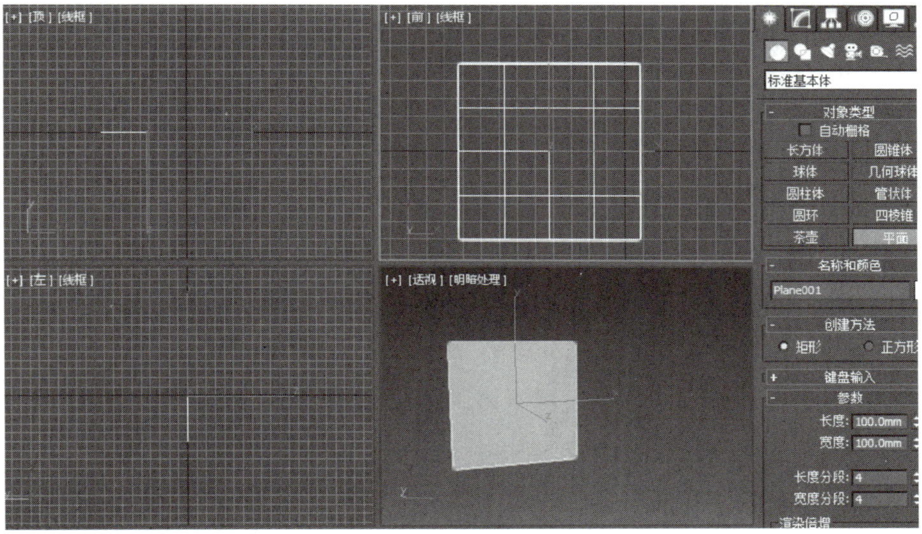

图 3-181　平面创建

（2）在工具栏中设置捕捉为 2.5 维，设置捕捉，勾选“顶点、端点、中点”（见图 3-182）。

（3）进入可编辑多边形的顶点层级，点击快速切片，然后捕捉点击角点，连接对角点，画出如图 3-183 所示的网格线。

（4）在顶点层级，全选所有顶点，进行焊接操作（见图 3-184）。

（5）在顶点层级，按 Ctrl+A 选中所有的顶点，挤出设置为 −6 mm，3 mm（见图 3-185）。

（6）选择边层级，挤出设置为 2 mm，1 mm（见图 3-186）。

（7）切角设置为 0.6 mm（见图 3-187）。

（8）建议使用 NURMS 细分，面数少在细分曲面卷展栏中勾选 NURMS 细分，设置迭代次数为 3（见图 3-188）。

（9）创建切角圆柱体，复制到相交位置（见图 3-189）。

（10）最终效果如图 3-190 所示。

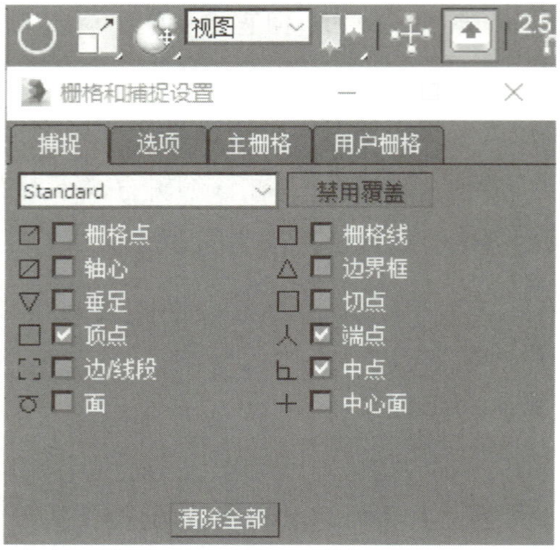

图 3-182　设置捕捉

图 3-183　快速切片

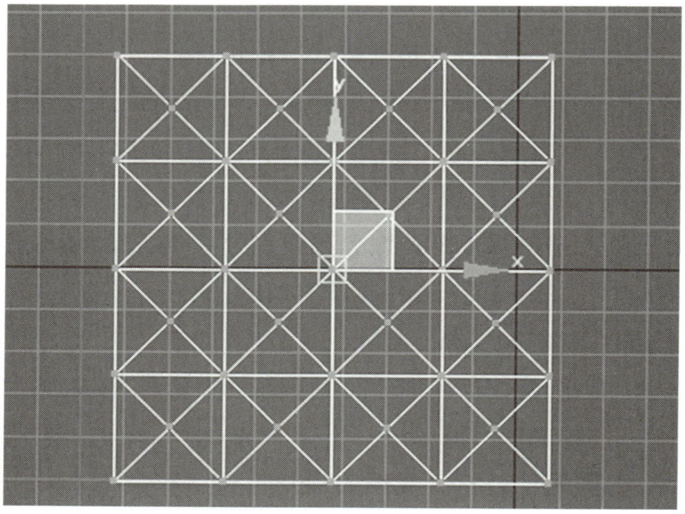

图 3-184　顶点焊接

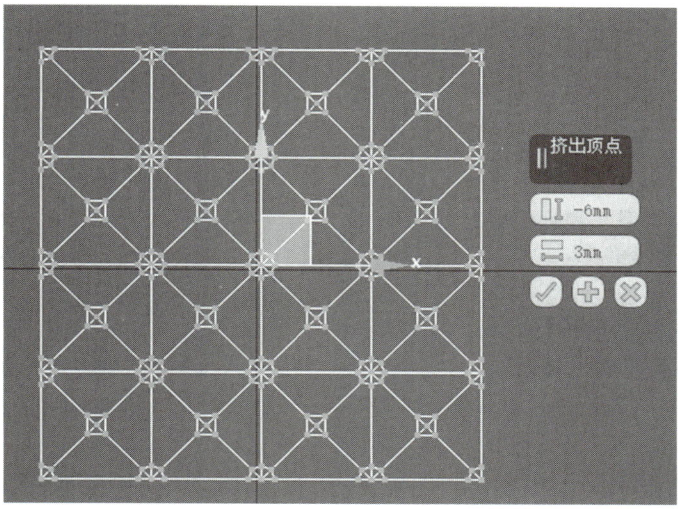

图 3-185　挤出顶点

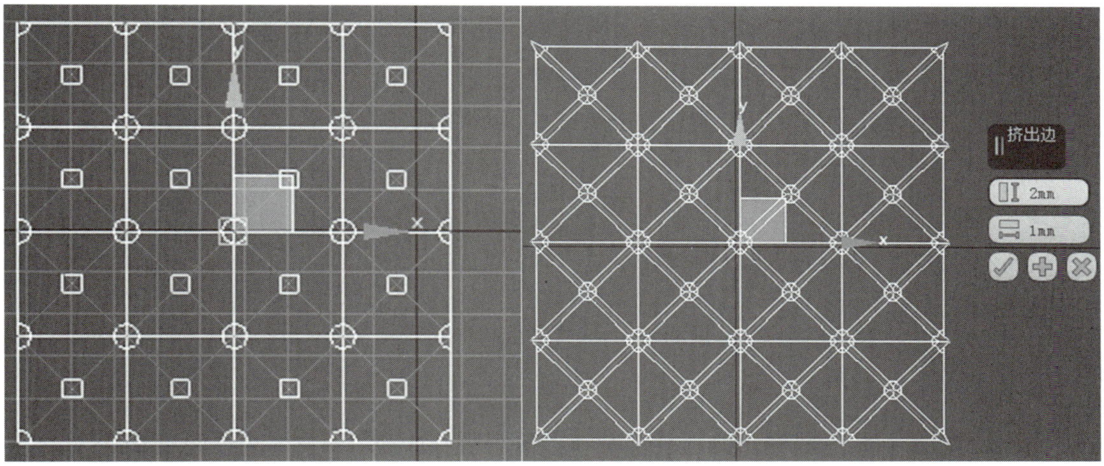

图 3-186　挤出边

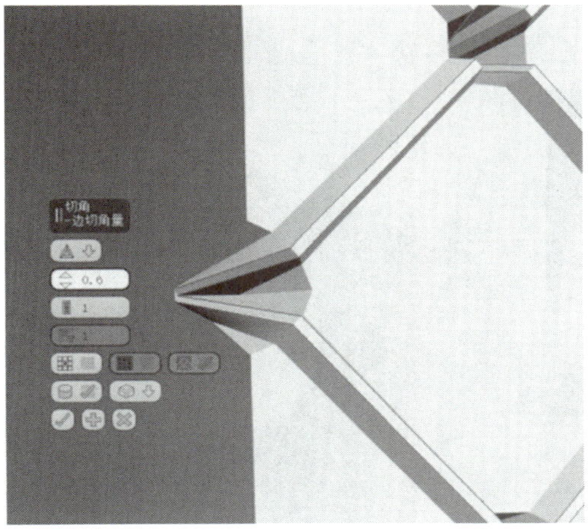

图 3-187　切角参数

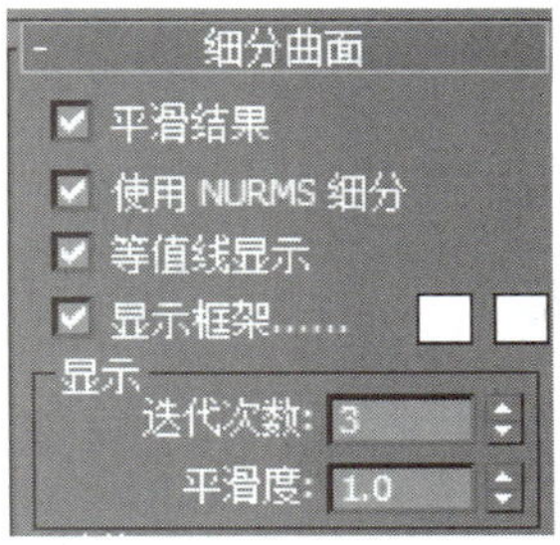

图 3-188　NURMS 细分参数

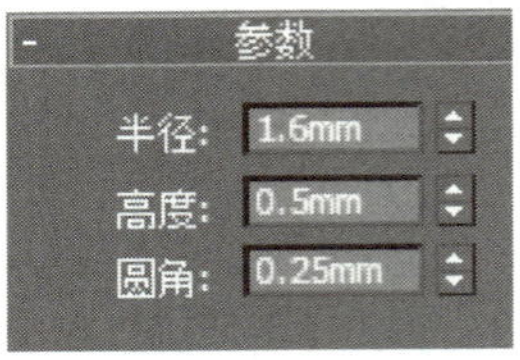

图 3-189　切角圆柱体参数

图 3-190　最终效果

七、总结思考

本章通过创建阳台、组合桌椅等模型实例讲解了放样、布尔的基本建模、路径、形与参数设置及调整的方法。知识点包括放样工具的运用和布尔运算工具的运用。

1. 总结

多边形建模是利用系统自带的简单三维形体或二维形体来建立模型，再通过增减点、线、面，或调整点、线、面的位置，来产生所需要的模型。

2. 思考

（1）如何利用多边形建模创建电视机？

（2）怎样使用多边形桥工具？

八、实战练习

（1）制作图腾柱，利用放样建模配合其他的建模方式创建图腾柱的模型（见图 3-191）。

（2）创建吊灯模型。创建圆柱体，并转换为可编辑多边形，然后依次对所选边进行切角处理，对所选多边形进行多次倒角处理；要创建主灯和灯架间的连接杆，可创建四个圆环和一个圆柱体（见图 3-192 ~ 图 3-194），并适当设置其角度和位置。

图 3-191　图腾柱效果图

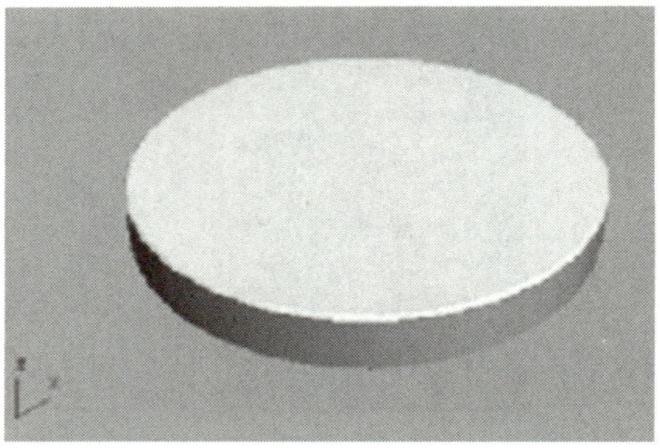

图 3-192　创建圆柱体图

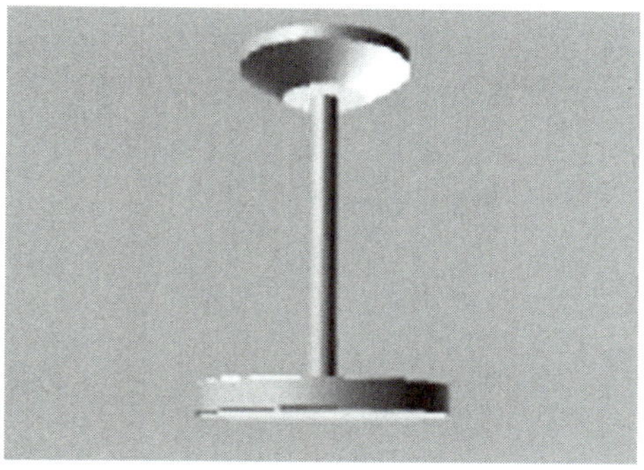

图 3-193　创建主灯和灯架

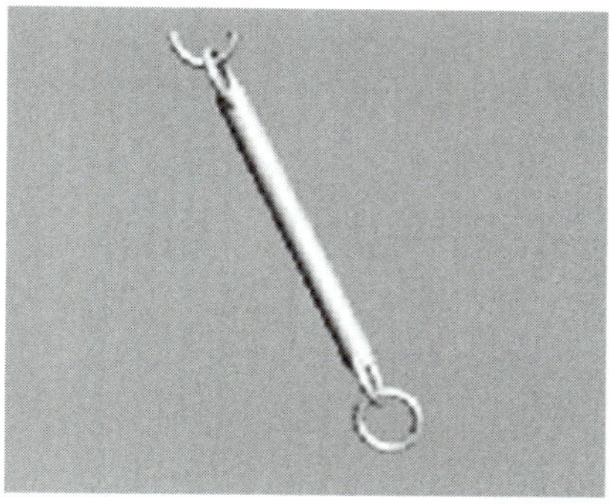

图 3-194　创建连接杆

通过旋转克隆创建出其他的连接杆和侧灯，并调整吊灯各部分的位置和角度，即可创建吊灯模型（见图 3-195）。图 3-196 为添加材质后的效果。

图 3-195　吊灯模型

图 3-196　添加材质后的效果

第四章

Chapter 4

摄　影　机

Camera

在制作室内外效果图中，摄影机的作用必不可少。摄影机不仅可以确定渲染视角、出图范围，还可以添加一些特效。摄影机的创建直接关系到效果图的构图，对效果图的展示效果有最直接的影响。本章主要讲解 3ds Max 摄影机和 VR 摄影机的使用方法及应用技巧。

一、摄影机概念

3ds Max 中摄影机能够整体提升效果图的艺术级别，决定着视图中物体的位置、大小和展示角度。3ds Max 系统的标准摄影机（见图 4-1）提供了两种摄影机，目标摄影机（见图 4-2）及自由摄影机（见图 4-3）。

图 4-1　标准摄影机

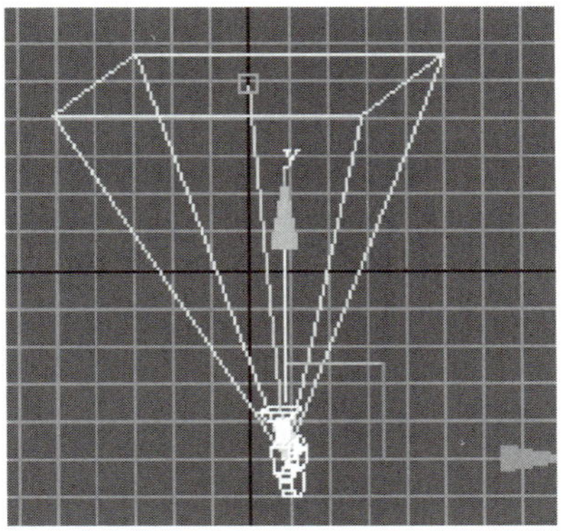
图 4-2　目标摄影机

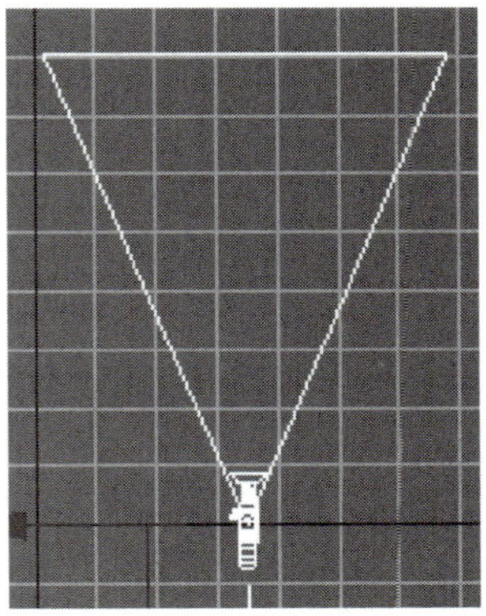
图 4-3　自由摄影机

1. 目标摄影机

目标摄影机用于观察目标点附近的场景内容，它包含摄影机和目标点两部分，这两部分可以同时调整也可以单独进行调整。“参数”卷展栏（见图 4-4）中常用的参数介绍如下。

（1）基本选项组

① 镜头：以毫米为单位设置摄影机的焦距。

② 视野：控制摄影机在场景中所看到的视野范围。

③ 视野下拉按钮：“视野”左侧的下拉按钮中提供了 3 种视野角度设置方法，包括水平、垂直和对角线，这 3 种方式不会影响摄影机的效果，一般使用水平方式。

④ 正交投影：启用该复选框，摄影机视图为用户视图。关闭该复选框，摄影机视图为标准的透视视图。

⑤ 备用镜头：该选项组中提供了常用的 9 种镜头尺寸，分别为 15 mm、20 mm、24 mm、28 mm、35 mm、50 mm、85 mm、135 mm、200 mm。模拟人眼常常使用 50 mm，产生的图像效果比较正常；大于 50 mm 为长焦镜头即望远镜效果；小于 50 mm 为广角镜头（大型建筑动画一般使用广角镜头，不小于 20 mm）。

⑥ 类型：该下拉列表栏可以将目标摄影机更改为自由摄影机，或把自由摄影机更改为目标摄影机。

注意：当从目标摄影机切换为自由摄影机时，由于目标对象已消失，将丢失应用于摄影机目标所有动画。

⑦ 显示圆锥体：摄影机视野定义的锥形光线。

⑧ 显示地平线：在摄影机视口中显示出的一条深灰色的地平线。这个功能在手动真景融合时有助于场景物体和实景对齐。

（2）环境范围选项组

① 显示：显示在摄影机锥形光线内的矩形。

② 近距范围和远距范围参数：确定在“环境和效果”对话框中设置大气效果的近距范围和远距范围限制。

（3）剪切平面选项组

① 手动剪切：启用该选项可自定义剪切的平面，排除场景内的一些几何体，只查看或渲染场景的某些部分。

② 近距剪切和远距剪切参数：用于设置近距和远距剪切面到摄影机的的距离。启用该选项后，调整近、远距剪切参数，剪切平面在摄影机锥形光线显示为红色矩形方框，红色方框以内的部分将被渲染，红色方框以外的部分将不被渲染。

（4）多过程效果选项组

① 启用：启用该选项后，可以预览渲染效果。

② 多过程效果类型：该选项组可以指定摄影机的景深效果。当由摄影机生成时，通过使用偏移以多个通道渲染场景，这些效果将生成模糊。选择“启用”复选框，使用效果预览或渲染。单击“预览”按钮，可以在摄影机视口中预览效果（见图 4-5、图 4-6）。

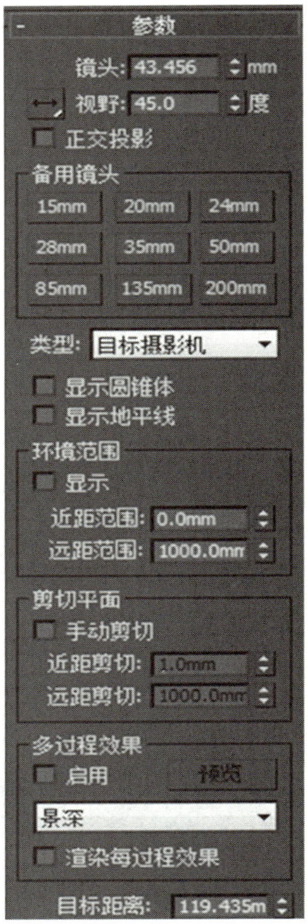

图 4-4 “参数”卷展栏

图 4-5 多过程效果“景深”

图 4-6 运动模糊

③ 渲染每个过程效果：启用该选项后，系统会将渲染效果应用于多重过滤效果的每个过程（景深或运动模糊）。

④ 目标距离选项组：当使用目标摄影机时，该选项用来设置摄影机与目标之间的距离。

（5）“景深参数”卷展栏（见图 4-7）

① 焦点深度：启用“使用目标距离”复选框，是将摄影机的目标距离用作每个过程偏移摄影机的点。当关闭“使用目标距离”复选框，将通过设置“焦点深度”参数值偏移摄影机。

② 采样：启用“显示过程”复选框，渲染帧窗口显示多个渲染通道。关闭该复选框后，该帧窗口只显示最终结果。选择“使用初始位置”后，第一个渲染过程位于摄影机的初始位置。“过程总数”参数用于设置生成效果的过程数，增加此值可以增加效果的精确性，但渲染速度比较慢。较大的“采样半径”参数可以增加整体模糊效果。“采样偏移”参数控制模糊靠近或远离“采样半径”的权重，较大的数值可以提供更均匀的效果，较少的数值提供更随机的效果。

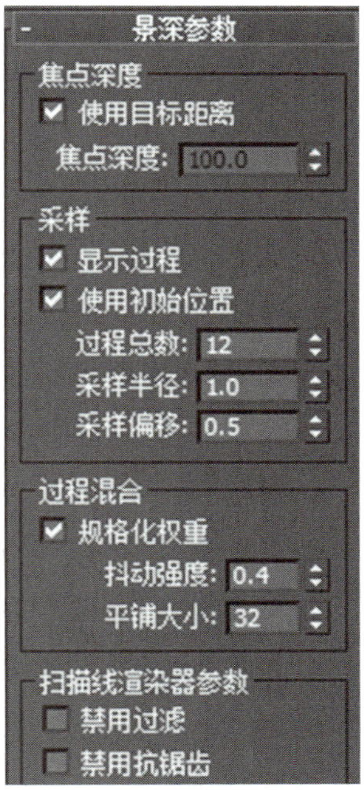

图 4-7　“景深参数”卷展栏

③ 过程混合：启用“规格化权重”复选框，将权重规格化，会获得较平滑的结果。关闭该复选框时，效果会变得清晰一些，通常颗粒状效果更明显。“抖动强度”参数控制应用于渲染通道的抖动程度，“平铺大小”参数用来设置抖动时图案的大小。

④ 扫描线渲染器参数：启用该选项组中的“禁用过滤”复选框，禁用过滤过程。启用“禁用抗锯齿”复选框，将禁用抗锯齿。

（6）视图控制工具

创建摄影机后，在透视视窗中，按 C 键，视窗即转为摄影机视窗，右下控制区的视图控制工具即转换为摄影机视图控制工具（见图 4-8）。

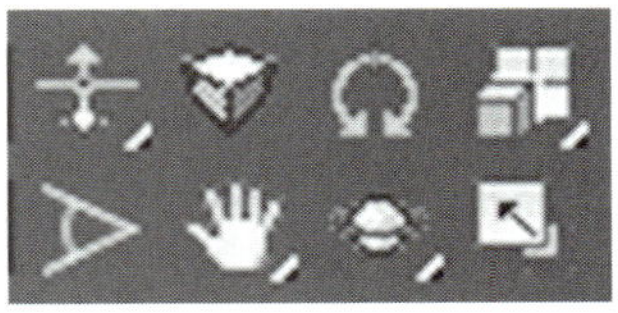
图 4-8　视图控制栏

① 推拉摄影机：沿着摄影机与目标点之间的连线移动摄影机。移动摄影机时镜头的长度不变。

② 推拉目标：沿着视线移动摄影机的目标点，镜头参数和场景构成不变，当使用目标摄影机时，可激活该按钮。

③ 推拉摄影机 + 目标点：沿着视线移动摄影机和目标点。

④ 透视：移动摄像机使其靠近目标点，同时改变摄影机的透视效果，从而导致镜头长度的变化。

⑤ 侧滚摄影机：使摄影机绕着它的视线旋转。

⑥ 视野：拉近或推远摄影机，调整摄影机的视野。

⑦ 平移：平移摄影机的位置。

⑧ 环游摄影机：绕摄影机的目标点旋转摄影机。

⑨ 摇移摄影机：使摄影机的目标点绕摄影机旋转。

2. 自由摄影机

3ds Max 的自由摄影机没有目标点，其他的功能与目标摄影机完全相同，可以绑定在场景中运动的物体上，跟随物体的运动轨迹一起运动，常使用于制作动画浏览。

3. V-Ray 摄影机

安装 V-Ray 渲染器后就增加了 V-Ray 摄影机。V-Ray 摄影机类型分为 VR 穹顶摄影机和 VR 物理摄影机两种。

（1）VR 穹顶摄影机

VR 穹顶摄影机一般被用来渲染半球圆顶效果，参数面板如图 4-9 所示。

① 翻转 X：让渲染的图像在 X 轴上翻转。

② 翻转 Y：让渲染的图像在 Y 轴上翻转。

③ fov（视角）：视角的大小。

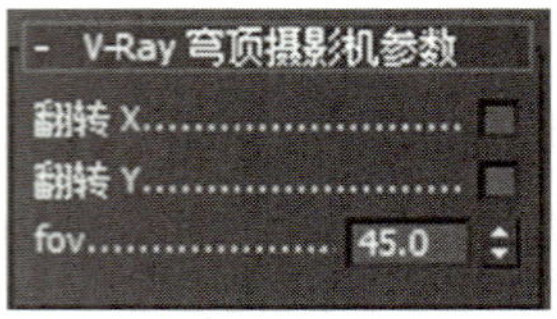

图 4-9　VRay 穹顶摄影机卷展栏

（2）VR 物理摄影机

VR 穹顶摄影机相当于一台现实中相机的功能，有光圈、快门、曝光、ISO 等调节功能。

① 基本参数面板如图 4-10 所示。

类型：VR 物理摄影机内置了 3 个类型的相机，通过这个选项用户可以选择需要的相机类型。

目标：当勾选此选项时，相机的目标点将放在焦平面上；不勾选的时候，可以通过后面的目标距离来控制相机到目标点的距离。

胶片规格（mm）：控制摄影机所覆盖的景色范围，值越大，覆盖的景象就越多。

焦距（mm）：设置摄影机的焦长，同时也会影响到画面的感光强度。较大的数值产生的效果类于长焦效果，且感光材料（胶片）会变暗，特别是在胶片的边缘区域；较小数值产生的效果类似于广角效果，其透视感比较强，当然胶片也会变亮。

视野：启用该选项时，可以调整摄影机的可视区域。

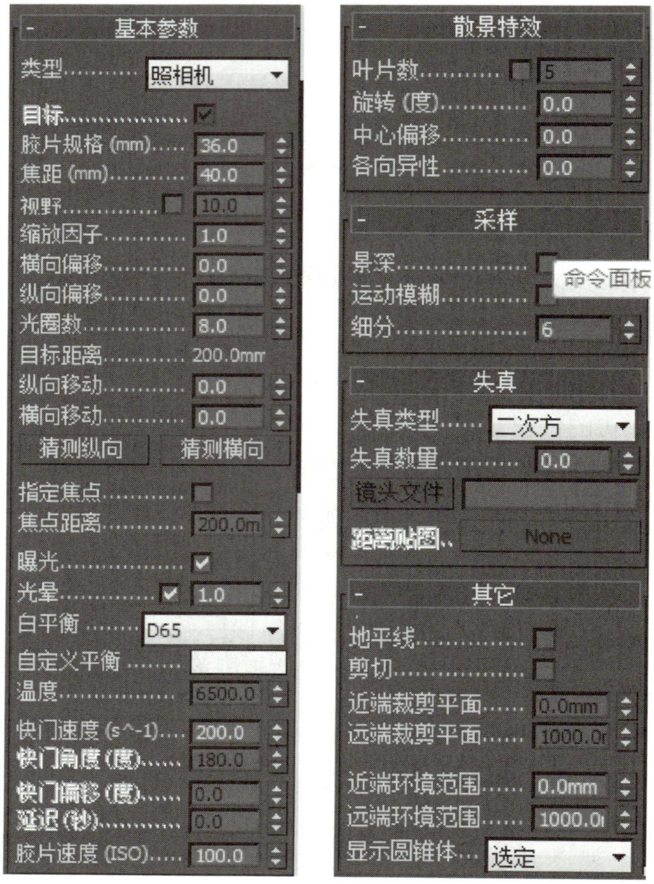

图 4-10　VR 物理摄影机卷展栏

缩放因子：控制摄影机视图的缩放。值越大，摄影机视图拉得越近。它可以改变摄影机视图的远近范围，从而改变物体的远近关系。

光圈数：相机的焦距大小。控制渲染图和最终亮度。值越小图像越亮，值越大图像越暗。光圈和景深也有关系，大光圈的景深小，小光圈的景深大。

目标距离：摄影机到目标点的距离，在默认情况下是关闭的。当关闭摄影机的“目标”选项时，就可以用“目标距离”来控制摄影机的目标点的距离。

纵向 / 横向移动：控制摄影机在垂直 / 水平方向上的变形，主要用于纠正三点透视到两点透视。

指定焦点：启用该选项后，可以手动控制焦点。

曝光：启用该选项后，VR 物理摄影机中的焦距比数、快门速度和胶片速度的设置才会起作用。

光晕：模拟真实摄影机中的光晕效果。

白平衡：此设置和相机里的功能一样，控制图的色偏。

快门速度（s^-1）：控制进光时间，值越小，进光时间越长，图像就越亮；值越大，进光时间越短，图像就越暗。

快门角度（度）：当摄影机选择“摄影机（电影）”类型的时候，该选项才被激活，其作用和上面的“快门速度”的作用一样，主要用来控制图像的明暗效果。

快门偏移（度）：当摄影机选择“摄影机（电影）”类型的时候，该选项才被激活，主要用来控制快门角度的偏移。

延迟（秒）：当摄影机选择“摄像机（DV）”类型的时候，该选项才被激活，其作用和“快门速度”的作用一样，主要用来控制图像的亮暗，值越大，光越足，图像也越亮。

胶片速度（ISO）：控制图像的亮暗，值越大，表示 ISO 的感光系数越强，图像也越亮。一般白天效果用较小的 ISO 值，晚上用较大的 ISO 值。

② “散景特效”卷展栏（见图 4-10）的参数主要用于控制散景效果，渲染景深时，或多或少都会产生一些散景效果，这主要和散景到摄影机的距离有关。

叶片数：控制散景产生的小圆圈的边，默认值为 5，散景小圆圈为正五边形，关闭该选项，散景是圆形。

旋转（度）：散景小圆圈的旋转角度。

中心偏移：散景偏移源物体的距离。

各向异性：控制散景的各向异性，值越大，散景的小圆圈拉得越长，变为椭圆形。

③ 采样卷展栏参数如下。

景深：开启景深效果，聚焦某一物体清晰时，从该物体前面的某一段距离到其后面的某一段距离内的所有景物都是相当清晰的。

运动模糊：此功能只适用于具有运动对象的场景中，对静态场景不起作用。

细分：设置“景深”或“运动模糊”的“细分”采样。数值越高，效果越好，但是会增加渲染时间。

二、摄影机编辑

1. 创建摄影机

在“创建”面板中单击 按钮，单击“目标”按钮，在场景中拖曳光标，创建一台目标摄影机，可以观察到目标摄影机包含摄影机和目标点两个部分（见图 4-11、图 4-12）。

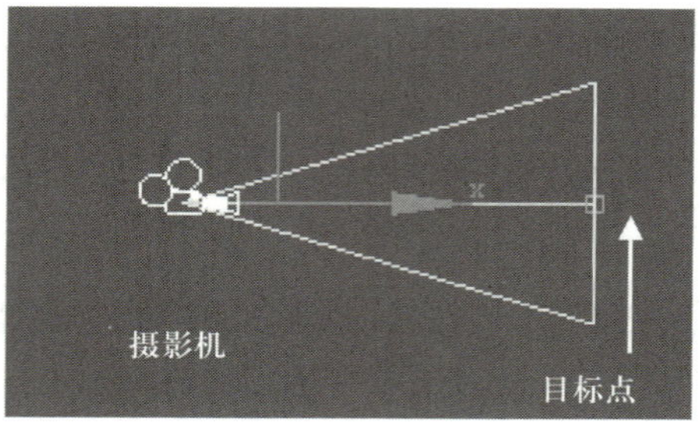

图 4-11　目标摄影机

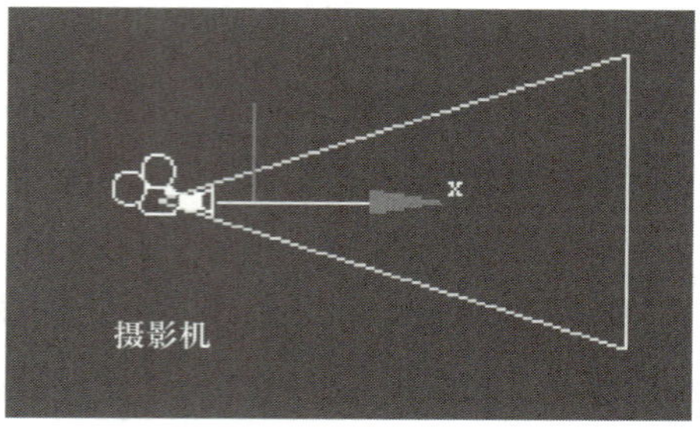

图 4-12　自由摄影机

自由摄影机的创建方法与目标摄影机的创建方法完全相同。摄影机创建完成后，激活某个视图，然后按 C 键，即可将当前视图转化为摄影机视图。如果场景中有多台摄影机，则以当前选择的摄影机为准。

2. 摄影机校正修改器

"摄影机校正"修改命令在摄影机视图中应用了两点透视。在默认情况下，摄影机视图使用三点透视，三点透视使得所有垂线条最终汇聚于远方的灭点，但在两点透视中，所有垂直线仍保持垂直。该命令适用于可视化建筑制作和室内设计，启用摄影机校正后，室内场景中所有垂直线保持垂直，使场景具有稳定感。摄影机校正修改器使用方法如下。

第一步：在场景中创建一个长方体和一台目标摄影机（见图 4-13）。

第二步：在透视图中按 C 键切换到摄影机视图，可以发现长方体在摄影机视图与四角边线不垂直（见图 4-14）。

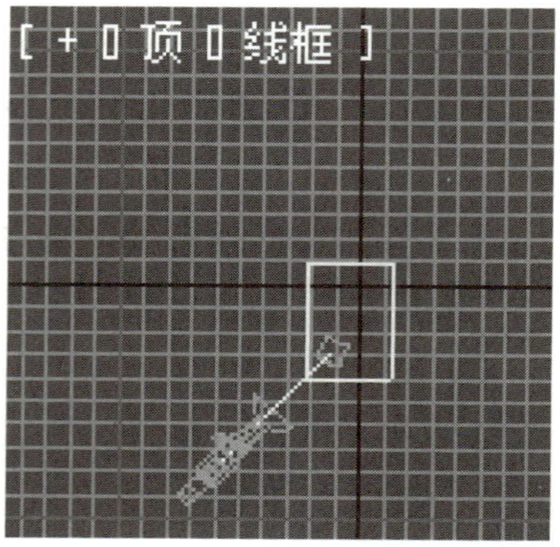

图 4-13　创建目标摄影机

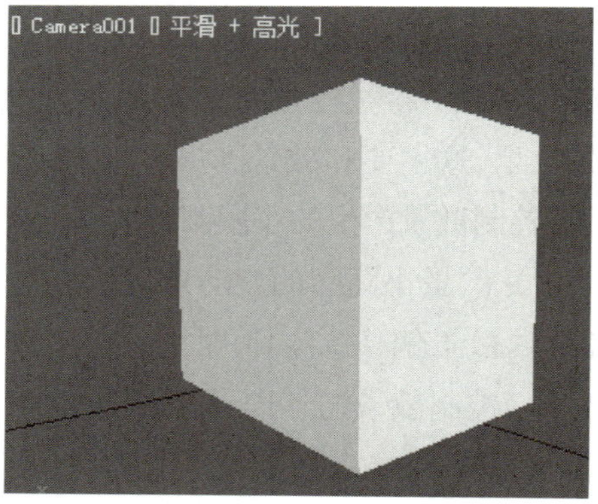

图 4-14　切换到摄影机

第三步：鼠标右键选择摄影机，应用"摄影机校正修改器"，可以使长方形的垂直线与摄影机视图的垂直线保持垂直（见图 4-15）。

摄影机添加过"摄影机校正"修改器后，"修改"面板中将会出现"2 点透视校正"卷展栏（见图 4-16），参数如下。

数量：设置两点透视的校正数量，默认设置是 0.0。

方向：偏移方向默认值为 90.0。大于 90.0 设置方向向左偏移校正，小于 90.0 设置方向向右偏移校正。

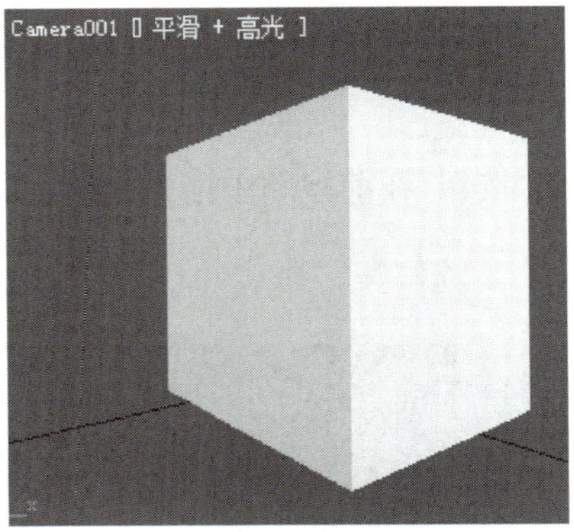

图 4-15　应用摄影机校正

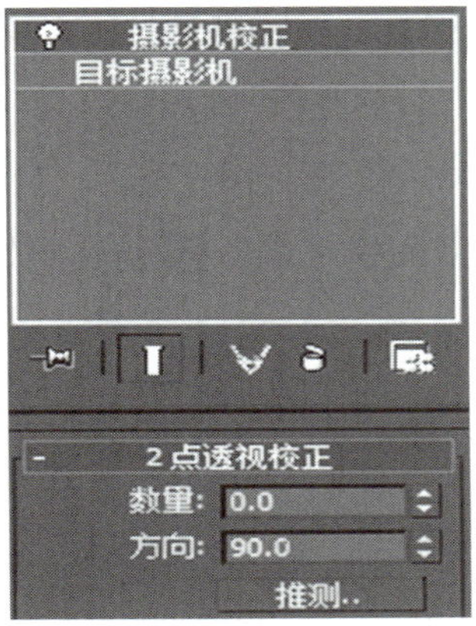

图 4-16　透视校正卷展栏

推测：单击该按钮以使“摄影机校正”修改器设置第一次推测数量值。

案例 1　厨房摄影机（标准摄影机）

技术掌握：使用标准摄影机和编辑标准摄影机。

案例步骤：

（1）打开素材中的“第七章 / 场景 / 标准摄影机 .max”。

（2）在“创建”面板中单击摄影机按钮，单击“目标”按钮，在顶视图中拖曳光标，创建一台目标摄影机，调整好位置，在左视图选择摄影机中线，将此摄影机中线 Y 轴提高至室内居中位置，如图 4-17 所示。

（3）选择透视窗口，按快捷键 C 进入摄影机窗口。

（4）修改摄影机参数，镜头 28 mm，视野 65.47 度，剪切平面，勾选手动剪切，近距剪切输入参数为 1643 mm，远距剪切输入参数为 5700 mm，目标距离输入 5056 mm。

（5）在摄影机窗口右键激活或按 Shift+F 组合键显示安全框（安全框显示渲染区域），完成摄影机的创建，如图 4-18 所示。

（6）按快捷键 F9 测试渲染当前场景，效果如图 4-19 所示。

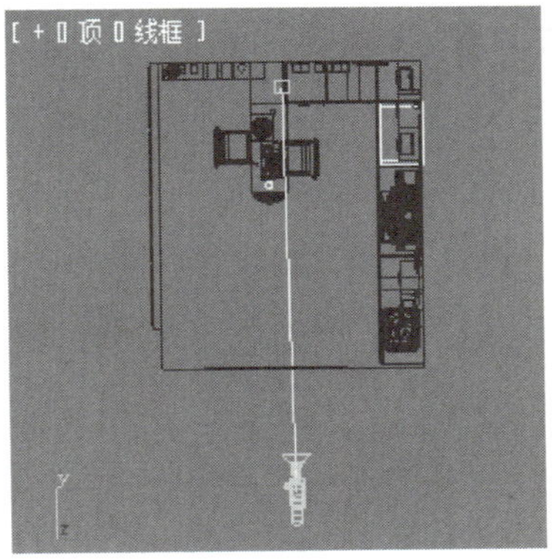

图 4-17　创建目标摄影机

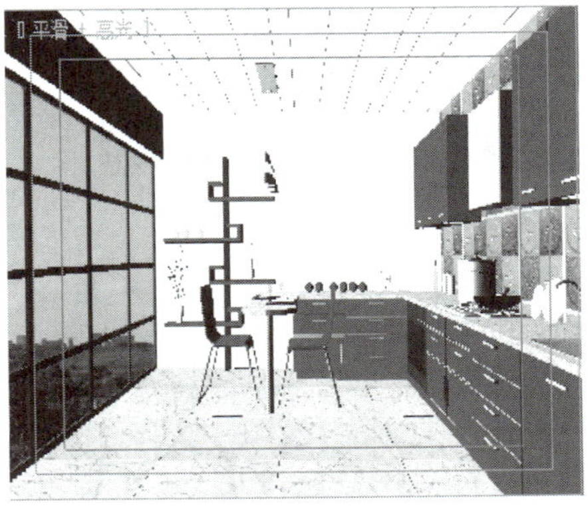

图 4-18　完成

案例 2　组合影音（自由摄影机）

技术掌握：使用自由摄影机和编辑自由摄影机，制作场景动画。

案例步骤：

（1）打开素材中的“第七章 / 场景 / 自由摄影机 .max”。

（2）在“创建”面板中单击摄影机按钮，单击“自由”按钮，在前视图中拖曳光标，创建一台自由摄影机，如图 4-20 所示。

图 4-19　渲染效果

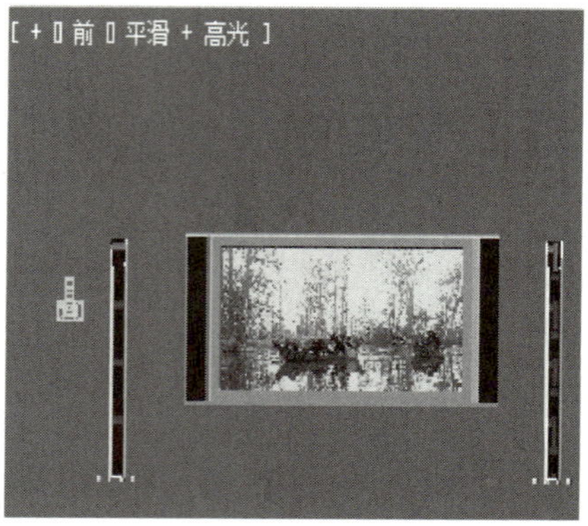

图 4-20　创建自由摄影机

（3）在顶视图中绘制“图形”—“圆”，半径 1 980 mm 的路径与电视机中心对齐，调整好位置，如图 4-21 所示。

（4）选中摄像机，在 3ds Max“动画”这一栏找到“指定控制器”，位置—指定控制器—选择“路径约束”，然后添加路径，自由摄像机就能随着路径运动拍摄。

（5）按快捷键 F9 渲染成动画格式，存储为 *AVI 文件后即可播放动画，如图 4-22 所示。

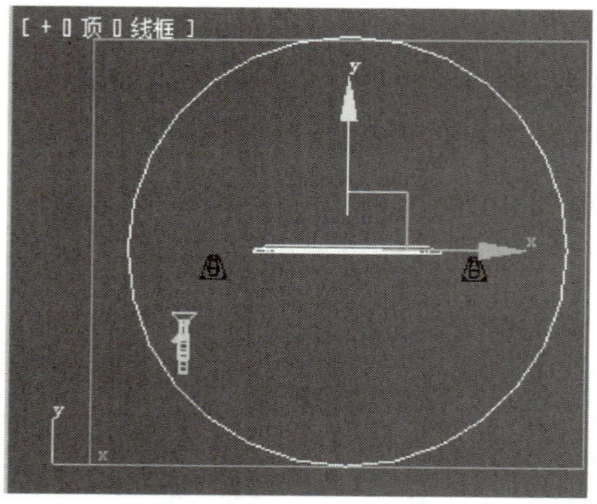

图 4-21　路径的创建

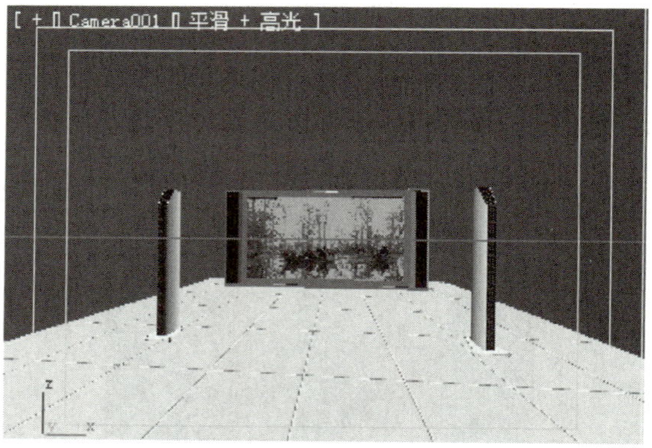

图 4-22　完成

三、总结思考

1. 总结

本章学习了 3ds Max 摄影机和 VR 摄影机的使用方法及应用技巧。3ds Max 摄影机用来确定需要观看的角度和范围，与现实中的摄影机拍摄原理基本一致，也要讲究取景、视角、构图和景深等技巧，所以熟练掌握摄影机对作品的表达非常重要。

2. 思考

（1）摄影机分为哪几种类型？它们各自有什么特点？

（2）如何调节镜头与视野？

（3）“剪切平面”命令有什么样的作用？

四、实战练习

（1）创建目标摄影机。

（2）测试 V-Ray 物理摄影机缩放因子的使用方法。

实战练习
教学视频及
操作步骤

第五章

Chapter 5

V-Ray 简介及渲染技术

Introduction to V-Ray and Rendering Technology

3ds Max 自带的渲染器在材质和光影表现上与大多数设计软件类似，但其渲染效果往往不够理想。V-Ray 渲染器的诞生正好弥补了这一不足。本章将重点讲解 V-Ray 渲染器的基本概念、参数设置方法以及应用技巧。

一、V-Ray 渲染器简介

V-Ray 渲染器（见图 5-1）是一款由 Chaos Group 和 ASGVIS 公司联合开发的高品质第三方渲染插件，是专注于模拟真实光照效果的全局光渲染器。全局光（Global Illumination）是指综合了直接照明与间接照明的整体光影表现。V-Ray 提供了独特的 VRayMtl 材质，准确地模拟物理光照（光能分布），并以更高效的速度完成渲染。优越的性能使 V-Ray 成为业内备受推崇的渲染引擎之一。其强大的功能能够生成与照片媲美的高质量效果图，广泛应用于建筑、动画及工业设计等领域。作为一款插件，V-Ray 能够安装并集成到 3ds Max 软件中，提供卓越的渲染支持。

图 5-1 V-Ray 渲染器

1. V-Ray 渲染器的安装

（1）下载 VRay 插件并安装（见图 5-2）。

（2）按提示点击 Next（下一步）和 I agree（同意）（见图 5-3 ~ 图 5-6）。

（3）安装完成。

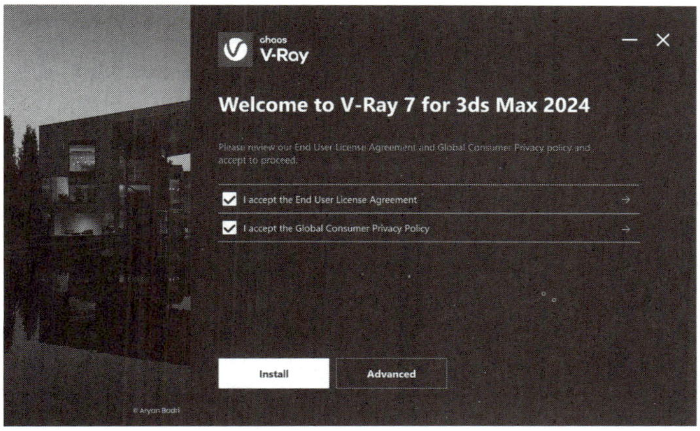

图 5-2 V-Ray 安装软件

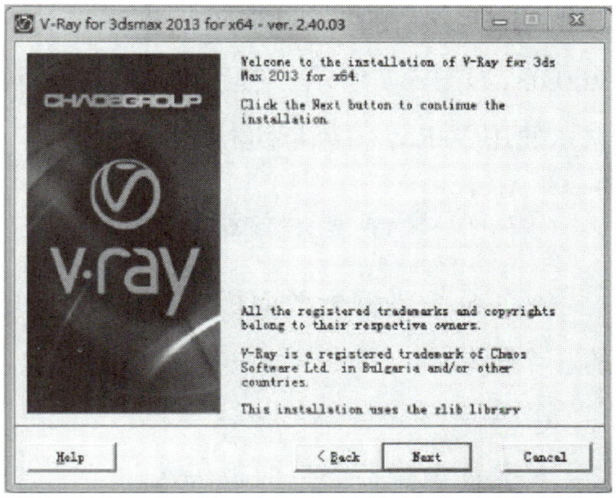

图 5-3 V-Ray 软件安装步骤 1

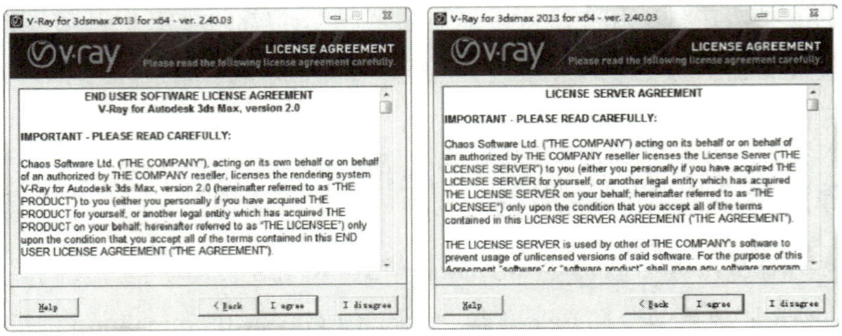

图 5-4　V-Ray 软件安装步骤 2

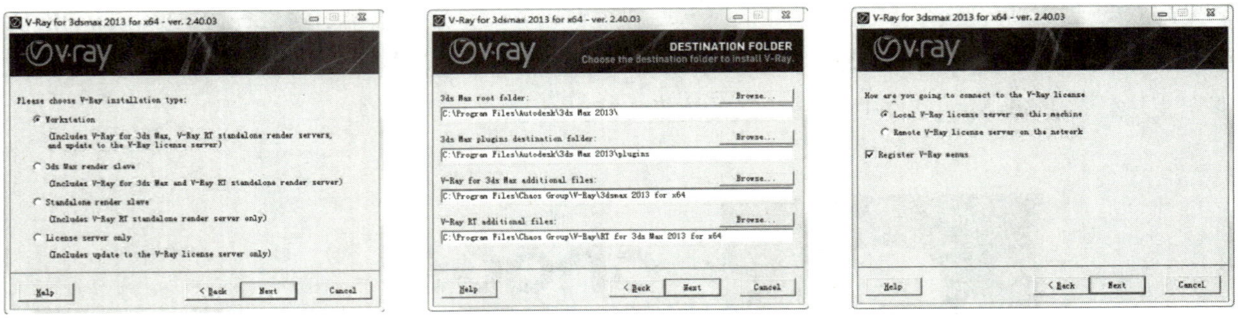

图 5-5　V-Ray 软件安装步骤 3

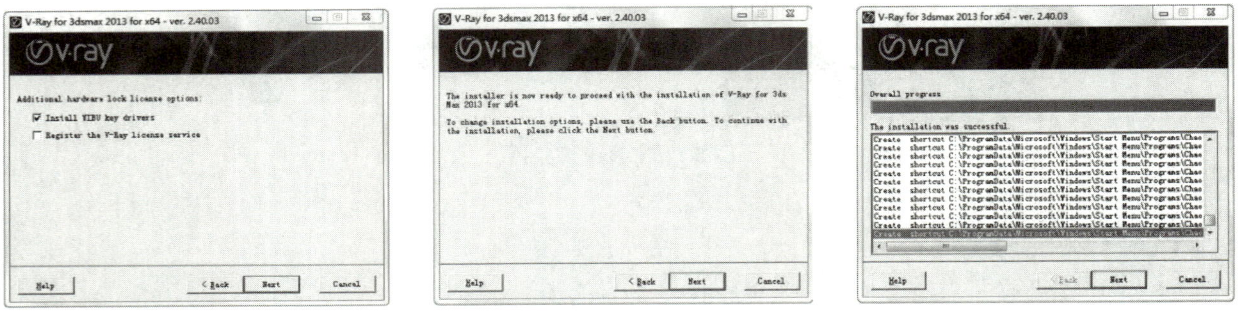

图 5-6　V-Ray 软件安装步骤 4

2. V-Ray 渲染器的设置

安装完毕后，按快捷键 F10 或打开渲染设置的对话框，打开公用对话框的卷展栏，打开指定渲染器中“产品级”的按钮，在对话框里选择 V-ray Adv 3.00.03，“材质编辑器”选项同样选择 V-ray Adv 3.00.03，如图 5-7 所示。然后点击 按钮，进行锁定，保存为默认设置。再次打开渲染时 3ds Max 就会默认使用 V-Ray 渲染器进行渲染。

二、V-Ray 渲染参数设置

V-Ray 渲染器参数面板（见图 5-8）里包含了对渲染参数的各种控制参数，是渲染参数中非常重要的一个模块。

1. V-Ray 渲染器的概述

V-Ray 渲染器参数面板包含“公用”面板、“V-Ray”面板、“GI（间接照明）”面板、“设置”面板以及“Render Elements”面板。在介绍这些参数面板前先了解以下概念。

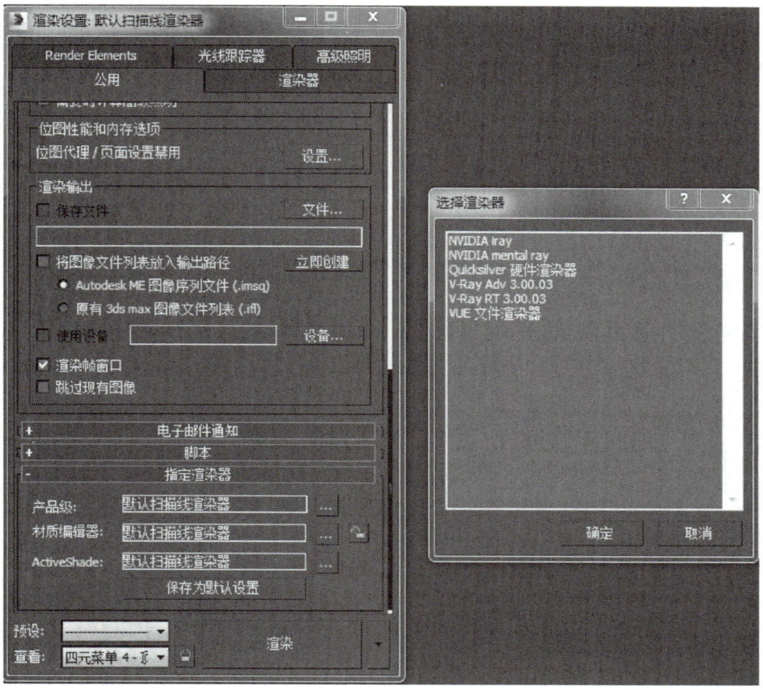

图 5-7 V-Ray 渲染器的设置

（1）像素：将图片放到最大，画面上呈现的小方块称为像素。像素尺寸是指图像在长度及宽度上的像素数量（如长度为 50 像素，宽度为 40 像素，那么像素尺寸为 50 × 40 像素）。

（2）图像分辨率：每英寸图像所包含的像素数量。

（3）采样：在图像内解决图像显示时，可通过多次采样来解决图像显示问题。

（4）图像采样器：提取需要抗锯齿采样的模型的样本模式，具体的平滑效果通过“抗锯齿过滤器”实现。采样器和过滤器配合使用才能使抗锯齿效果达到最佳。

（5）抗锯齿：把图像放大到一定程度，可以看到图像中实物物体的边缘呈锯齿状，而抗锯齿通过对图像边缘柔化的处理，使边缘更平滑，更接近实物。

2. V-Ray 渲染器的的公用面板

在公用面板（见图 5-9）中，运用较多的为“公用参数”，公用参数中包含了时间输出、要渲染的区域、输出大小、选项、高级照明、渲染等参数设置。

（1）时间输出、要渲染的区域、输出大小这些参数选择默认。

（2）选项：选项中大气、效果、置换选择默认。

（3）渲染隐藏几何体：勾选该选项是为了在设置多个摄像机时，便于进行下一步操作。

（4）渲染：把文件保存在想要输出的位置，渲染完成后，文件会自动保存在相应的位置。

3. V-Ray 渲染器的 V-Ray 面板

V-Ray 面板是控制图像质量的重要参数面板，能控制像素的多少及好坏，保证图片的品质。

（1）帧缓冲区（见图 5-10）

① 授权：许可授权文件，指明 V-Ray 安装的位置。

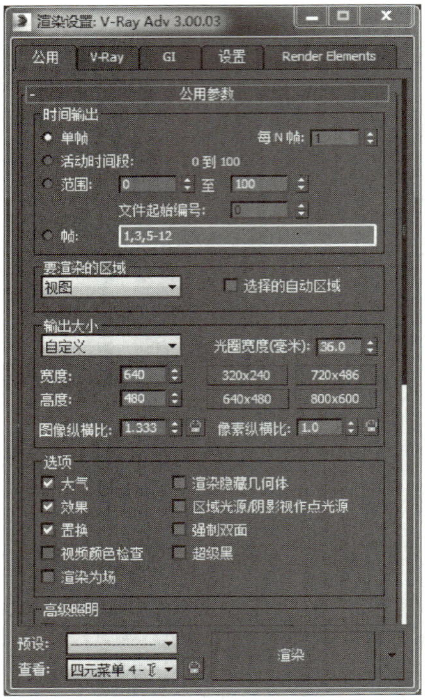

图 5-8　V-Ray 渲染器参数面板

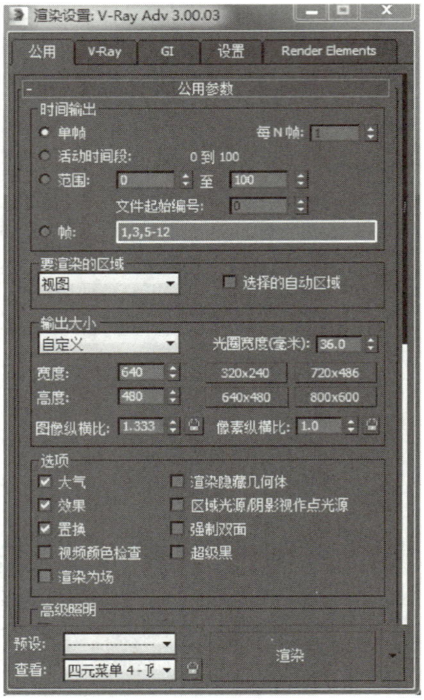

图 5-9　公用面板

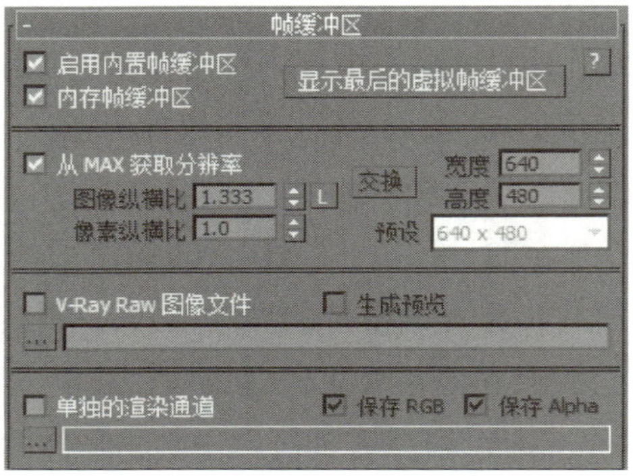

图 5-10　帧缓冲区

② 启用内置帧缓冲区：勾选“启用内置帧缓冲区”后，就会启用 V-Ray 自带的渲染窗口。

③ 内存帧缓冲区：勾选会弹出在渲染的窗口，反之不会。

④ 显示最后的虚拟帧缓冲区：点击此按钮可以找到渲染的结果。

⑤ 渲染窗口参数：RGBcolor 按键可以转换图片的呈现方式，也可使图片在不同的 R、G、B 通道间转换。指 Alpha 通道，指单色模式。是保存图像，可以保存高质量的图像格式，如 TIF 格式的图片。指另存为。指清除面板上的数据。指复制渲染图像。指跟随鼠标光标进行渲染。

（2）全局开关面板

全局开关面板（见图 5-11）有三种模式，分别是专家模式、高级模式、基本模式。下面以高级模式为例来讲解具体的参数设置。

高级模式下通常勾选“置换”，“置换”是指材质的置换。勾选“强制背面消隐”可以得到渲染结果背面消隐的效果。“不渲染最终的图像”可以控制间接照明，方便保存光子图。

专家模式相对于高级模式多出过滤贴图与过滤 GI 两个选项。

在全局开关中，反射 / 折射、覆盖深度、光泽效果、贴图、过滤 GI、覆盖材质等这一分栏用于控制材质。

① 反射 / 折射：勾选与否决定了是否在场景中体现反射或折射效果。

② 覆盖深度：等同于材质编辑器中的最大深度，如勾选覆盖深度会强制替代材质编辑器中的最大深度，通常应用于测试图中。

③ 光泽效果：是否勾选此项决定是否采用材质里的模糊，即是否运用材质编辑器里反射中的高光光泽度和反射光泽度的数值，如勾选就采用，反之则不采用模糊值。

④ 贴图：如勾选，最终渲染结果就包含材质编辑器中的漫反射、反射等中的贴图，反之则不反映。

⑤ 过滤 GI：勾选与否决定是否在渲染过程中显示 GI 效果。

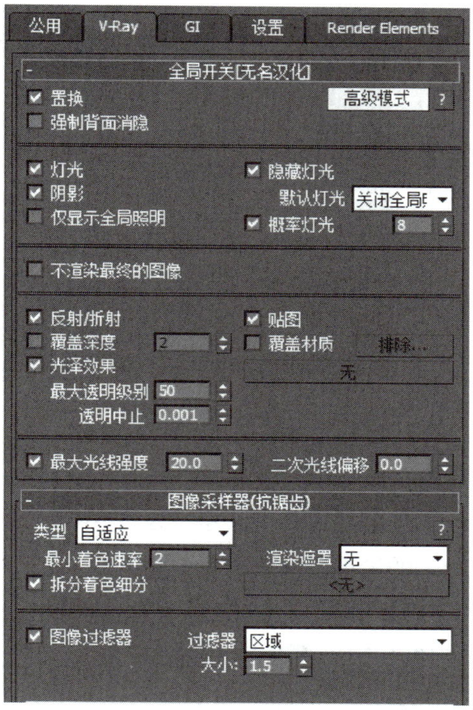

图 5-11 全局开关

⑥ 覆盖材质：如勾选，将以指定的一种材质覆盖场景中的所有材质。由于勾选后渲染速度很快，故常用于测试图中看效果或看场景中的灯光效果。

（3）图像采样器

图像采样器（见图 5-12）控制图像的精度和边缘的圆滑效果。类型中包含固定、自适应、自适应细分、渐进四种类型，如图 5-13 所示。

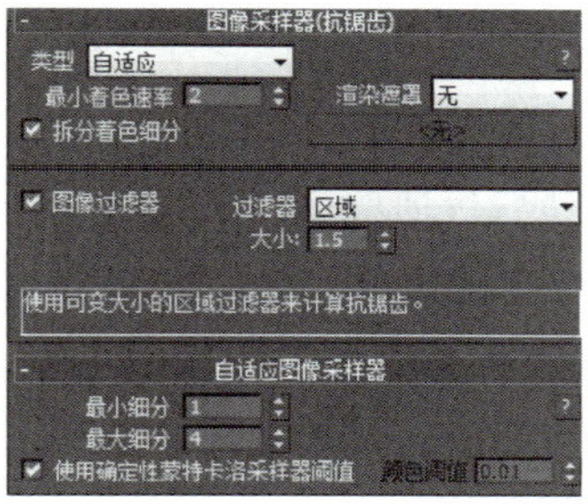

图 5-12 图像采样器

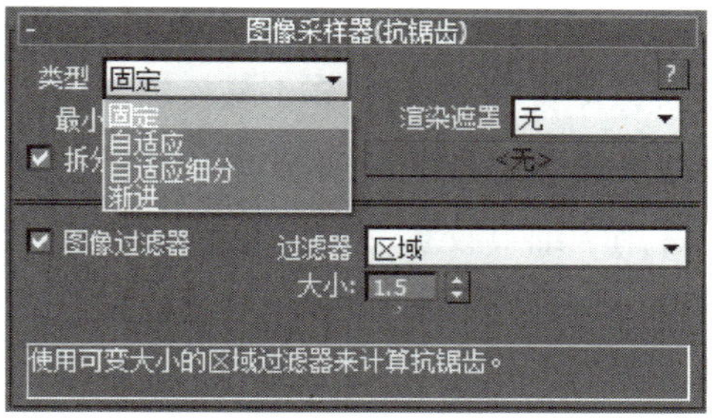

图 5-13 类型

① 固定：在渲染窗口渲染过程中，窗口中的小框所包含的采样像素是固定的，相当于固定的采样库含有不同的色素。

固定图像采样器位于图像采样器下方，此卷展栏跟随类型的选择而变化，如图 5-14 所示。如选择固定，则下面的卷展栏会变成固定图像采样器，细分的参数值越大（细分控制图像采样的精度）表明图像细分精度越大，则图像圆滑处理越好，但渲染花费的时间也就越长。

② 自适应：有自适应的能力，可根据场景中的素材及物体的分布、材质贴图的效果，以及各种模糊特效（如模糊、反射、折射、景深等效果），分析哪些地方需要更多的效果处理，哪些地方不需要过多的细节（见图 5-15）。

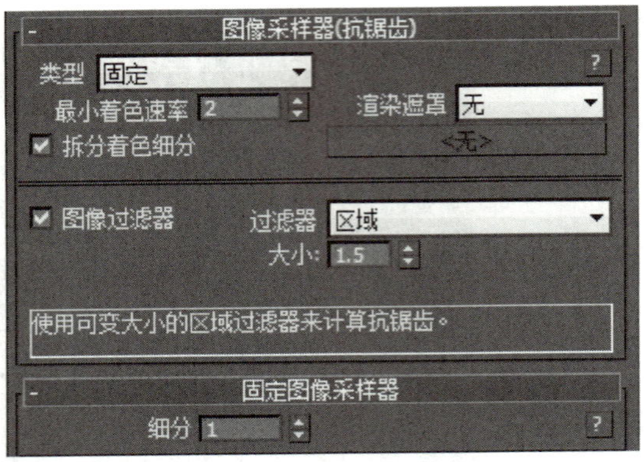

图 5-14 固定图像采样器

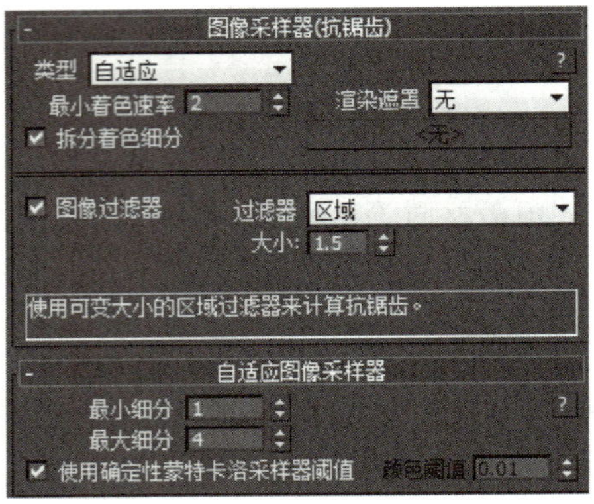

图 5-15 自适应图像采样器

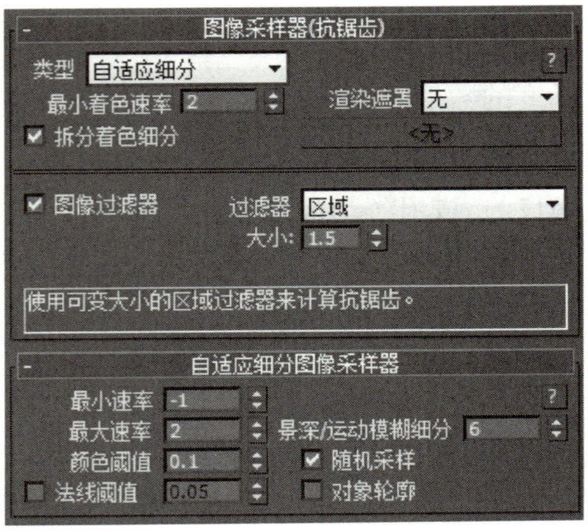

图 5-16 自适应细分图像采样器

自适应图像采样器中的“最小细分”指场景中每个像素所使用的采样样本的最小数量，包括场景中的细节处理与非细节处理的最小采样数不小于最小细节值。最大细分以此类推。

③ 自适应细分：一种自适应的采样器，它具有负值采样的特殊功能，如图 5-16 所示。

自适应细分图像采样器中的“最小速率”指控制每个像素所需要的样本的最小数量，“最大速率”指控制每个像素所需要的样本的最大数量。当最小速率设置为 –1 时，意味着每 2 个像素需要 1 个样本进行渲染；当最小速率设置为 0 时，每个像素需要 1 个样本进行渲染；当最小速率设置为 –2 时，每 4 个像素需要用 1 个样本。当最大速率设置为 0 时，每 1 个像素需要用 1 个样本；当最大速率设置为 1 时，每个像素用 4 个样本；当最大速率设置为 2 时，每个像素用 5 个样本；当最大速率设置为 4 时，每个像素用 16 个样本，以此类推。

在图像采样器的类型选择中，固定模式常用于侧视图，自适应、自适应细分应用于最后大图的渲染；自适应模式通常用于细节较多、有复杂曲面或复杂造型场景中，实现时间和渲图质量的最佳平衡，在保证质量的基础上，所用时间相对最少；自适应细分适合用在一些贴图纹理较少、细节较少的场景中，渲染的时间较长。

④ 颜色阈值：是一个极限值，理论上用于控制采样器的亮度改变，实际上控制纹理采样的清晰度，值越小则花费的时间越多。渲染出图时的参数设置可参考如下：最小速率设置为 0，最大速率设置为 2，颜色阈值通常设置为 0.1。

⑤ 过滤器：在自适应图像采样器中，勾选“图像过滤器”是指对图像的纹理以及物体的边缘进行柔化处理。大多数过滤器是 3ds Max 自带的过滤器，有 4 个 V-Ray 过滤器，但常用的过滤器有 3 种，分别是：区域、Catmull-Rom、Mitchell-Netraval。其中“区域”使用可变大小的区域过滤器来计算锯齿；Catmull-Rom 在运用时可增强边缘的效果，提高渲染的整体效果；Mitchell-Netraval 能够使边缘模糊化来增强边缘效果。

在室内渲染出图时，通常选用 Catmull-Rom 过滤器，因为它能够使用较少的时间达到更清晰的效果，边缘感比较强，处理时间更短。而 Mitchell-Netraval 过滤器能得到更清晰的图片处理效果，但需要花费更长的时间。

在过滤器下有大小值，大小值随着设置不同而变化，Mitchell-Netraval 中的“圆环化”和“模糊”值（见图 5-17）越大，图片效果越好，但渲染花费的时间也更长。

（4）全局确定性蒙特卡洛

全局确定性蒙特卡洛对全局质量进行整体控制，也称为“控制中心”，它的所有采样计算都有参数上的联系，如图 5-18 所示。它可以配合 GI、图像采样器、抗锯齿等，在设置高质量效果图时需要对其进行调整和应用。如果想要得到一个高质量的 GI 效果和清晰干净的图像效果，离不开全局确定性蒙特卡洛。

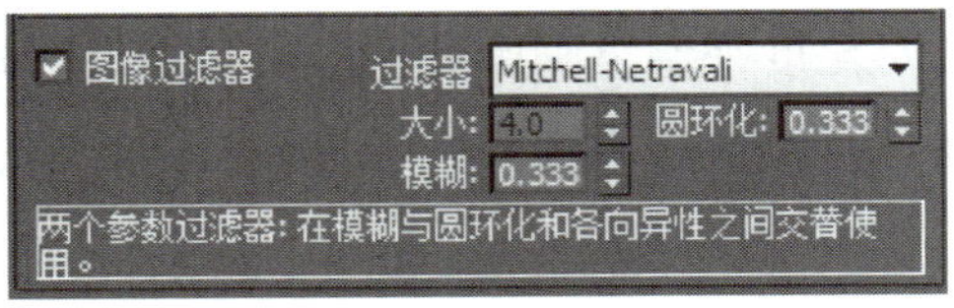

图 5-17 Mitchell-Netraval 过滤器

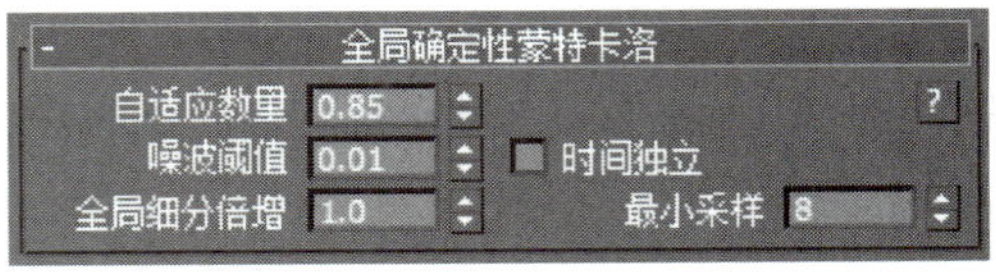

图 5-18 全局确定性蒙特卡洛

① 自适应数量：控制各种样本的数量达到何种程度会停止计算。它的设置范围是 0 ~ 1 之间。设置为 1 时，样本数量完全自适应，渲染效果非常快，但计算效果比较差。设置为 0 时，意味着自适应被关闭，计算机将完全按照用户预设的其他参数进行计算，计算结果非常精确。实际上，设置越接近于 1，结果越差，越接近于 0，结果越好。草图的参考值通常设置在 0.55 ~ 1 之间，渲染出大图时通常设置在 0.5 ~ 0.55 之间。

② 噪波阈值：控制图像中的噪点。值越小，对图中噪波控制越好，噪波越少；值越大，噪波越多。设置大图时的参考值在 0.001 ~ 0.05 之间，设置草图时的参考值为 0.01。

③ 全局细分倍增：和 GI 采样、图像采样、抗锯齿、阴影、景深采样等相联系，但一般保持默认。

④ 时间独立：只对动画渲染有影响。

⑤ 最小采样：确定 V-Ray 结束时所获得的最小样本数。如果加大这个值会得到一个很好的效果，但要花费更多的时间。

（5）环境

勾选“全局照明环境”后（见图 5-19），可以打开 V-Ray 的天光，3D 默认的环境面板中天光将不再起作用。

① 颜色：指天光的颜色。

② 反射 / 折射环境覆盖：勾选后，开启 V-Ray 的反射环境控制。

③ 颜色：设置反射环境的颜色。

（6）颜色贴图

“颜色贴图”控制主要场景的曝光，如图 5-20 所示。常用的类型有以下三种。

① 线形倍增：这种模式是基于最终图像的色彩亮度来进行简单的倍增，取值范围为 1 ~ 255。它是比较常用的倍增模式，其优点是亮度对比度突出，颜色饱和度高，适合明度关系对比突出、颜色饱和度高的场景空间；缺点是颜色层次缺失，色彩的层次不够细腻，画面容易出现曝光。当然，可以通过调节灯光强度和颜色来改善。

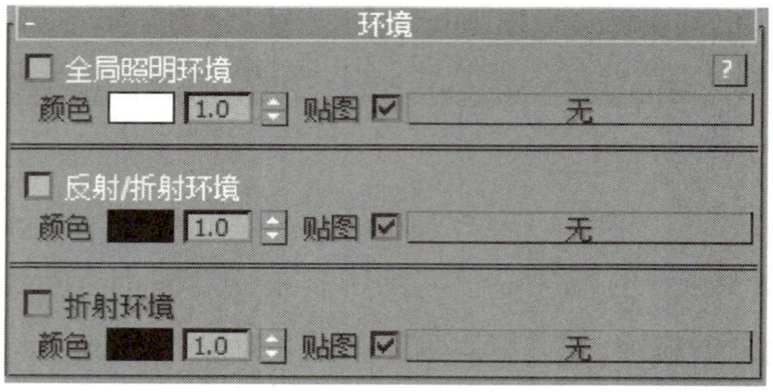

图 5-19　环境

图 5-20　颜色贴图

② 指数：这种模式是通过降低颜色区域的饱和度和对比度来调整画面的色彩。其优点是画面颜色对比柔和，饱和度可以控制在比较容易处理的范围；缺点是颜色饱和度不高、对比度不够，容易出现"灰"的画面效果。

③ 莱因哈德：这是一种"线形倍增"和"指数"混合的模式。当混合值为 1.0 时，它无限接近于"线形倍增"的效果；当数值为 0.0 时，它无限接近于"指数"的效果。

4. V-Ray 渲染器的间接照明面板（GI）

（1）间接照明面板（GI）：控制调节灯光的间接光线的效果（见图 5-21）

① 首次引擎：当光线穿过反射或折射表面的时候，会产生首次反弹效果。

② 二次引擎：在全局光照计算中就会产生次级反弹。

③ 全局光引擎。

④ 发光贴图：计算场景中物体漫射表面发光。优点：发光贴图的运算速度非常快。噪波效果非常简洁明快。可以重复利用保存的发光贴图，用于其他镜头中。缺点：在间接照明过程中会损失一些细节。如果使用了较低的设置，渲染动画果会有些闪烁。发光贴图会导致内存的额外损耗。使用间接照明运算运动模糊时会产生噪波，影响画质。

⑤ 光子贴图：对于存有大量灯光或较少窗户的室内或半封闭场景来说是较好的选择。如果直接使用，不会产生足够好的效果。优点：光子贴图可以速度非常快地产生场量中的灯光的近似值。与发

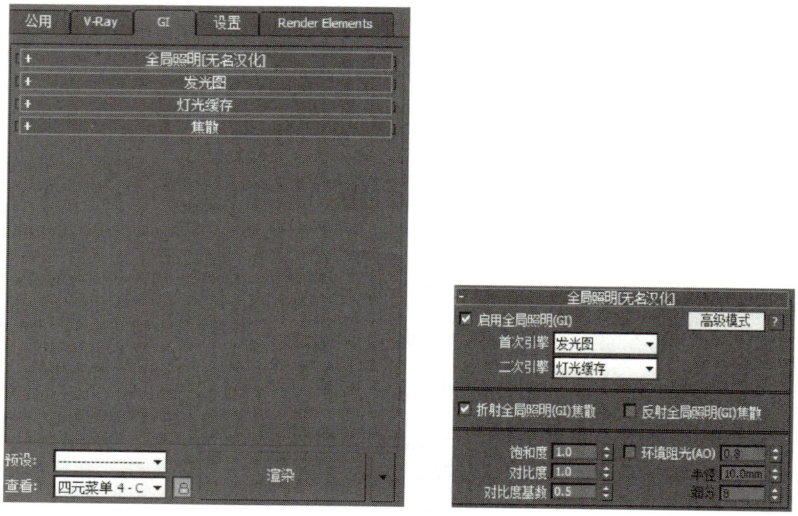

图 5-21　GI 面板

光贴图一样，光子贴图也可以被保存或都被重新调用，特别是在渲染不同视角的图像或动画的过程中可以加快渲染速度。缺点：光子贴图一般没有一个直观的效果，且需要占用额外的内存。在计算过程中，运动模糊中运动物体的间接照明计算有时不完全正确。光子贴图需要真实的灯光来参与计算，无法对环境光产生间接照明进行计算。

⑥ 准蒙特卡洛：对计算场景中物体模糊反射表面的时候会快一些。优点：发光贴图运算速度快。模糊反射效果很好。对于景深和运动模糊的运算效果较快。缺点：在计算间接照明时会比较慢。使用了较高的设置，渲染效果会比较慢。

⑦ 灯光缓冲：是一种近似于场景中全局光照明的渲染，与光子贴图类似，但没有其他的局限性。主要用于室内和室外的渲染计算。优点：灯光贴图很容易设置，只需要追踪摄像机可见的光线。灯光类型没有局限性，支持所有类型的灯光。对于细小物体的周边和角落可以产生正确的效果。可以直接快速且平滑地显示场景中灯光的预览效果。缺点：仅支持 V-Ray 的材质。和光子贴图一样，灯光贴图也不能自适应，发光贴图可以计算用户定交的固定分辨率。不能完全正确计算运动模糊中的运动物体。对凹凸类型支持不够好。如果想使用凹凸效果，可以用发光贴图或直接计算 GI。

饱和度：指色彩的鲜艳程度，也称色彩的纯度。

对比度：指一幅图像中明暗区域最亮的白和最暗的黑之间不同亮度层级的测量，差异范围越大代表对比越大，差异范围越小代表对比越小。

（2）发光图（见图 5-22）

① 最小比率：指首次传递的分辨率。

② 最大比率：指最终分辨率。

③ 颜色阈值：确定发光贴图算法对间接照明变化的敏感程度。

④ 标准阈值：确定发光贴图算法对表面法线变化的敏感程度。

⑤ 间距阈值：确定发光贴图算法对两个表面距离的敏感程度。

⑥ 模型细分：决定单独的 GI 样本质量，值小会产生黑斑。

⑦ 插补采样：定义被用于插值计算的 GI 样本数量。值大细节好。

⑧ 显示计算状态：显示发光贴图的传递过程。

⑨ 显示直接光：显示发光贴图直接光照效果。

⑩ 显示采样：显示发光贴图的小圆点样本。

⑪ 模式：单帧是默认模式对整个图像计算一个单一的发光贴图。多帧增加在渲染摄像机移动的帧序列时很有用。增加到当前贴图是计算全新的发光贴图，并把它增加到内存中已经存在的贴图中。增量添加到当前贴图是

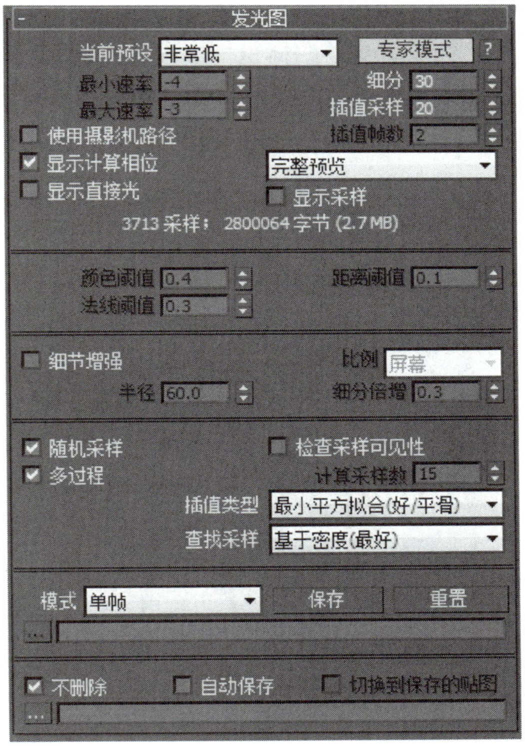

图 5-22 发光图

使用内存中已存在的贴图，在某些缺乏细节的地方对其进行优化，用于多视角渲染。文件则使用已经保存好的光子文件。块模式是指一个分散的发光贴图被运用在每一个渲染区域。自动保存是指在渲染时会按指定路径保存一个光子文件。

（3）灯光缓存（见图 5-23）

① 细分：设置灯光信息的细腻程度。

② 采样大小：决定灯光贴图中样本的间隔。值越小，样本间距离越近，画面越细腻。正式出图设为 0.01 以下。

③ 比例：用于确定样本尺寸和过滤尺寸。“屏幕”适用于静帧，“世界”适用于动画。

④ 进程数量：灯光贴图计算的次数。

⑤ 存储直接光：在光子贴图中同时保存直接光照明的相关信息。

⑥ 模式：和上述发光贴图一致。

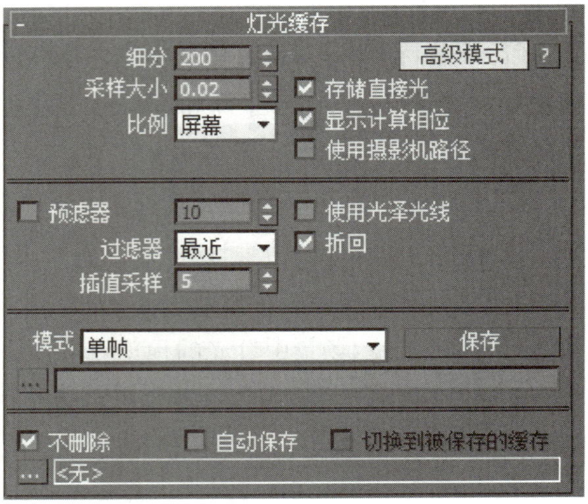

图 5-23　灯光缓存

案例 1　展厅效果图渲染设置

技术掌握：V-Ray 渲染参数设置方法。

案例步骤：

（1）打开素材中的“第八章 / 场景 / 展厅效果图渲染设置 .max”。

（2）选择透视窗口，按快捷键 C 进入摄影机窗口。

（3）在菜单栏中点击按钮或按 F10，打开 V-Ray 渲染器参数设置。

（4）首先进行测试渲染参数的设置，再进行灯光设置。打开场景文件，可以看到这是一个创建好的展厅场景模型，如图 5-24 所示，并且场景中摄像机的位置也已经创建好，如图 5-25 所示。

（5）修改 V-Ray 参数，公用—输出大小—自定义：3000，2250，图像纵横比锁定。

（6）V-Ray 面板—图像采样器（抗锯齿）—自适应，其余默认。

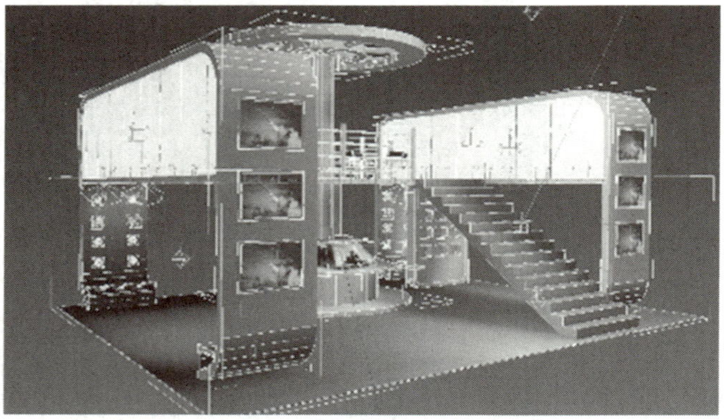

图 5-24　展厅场景模型

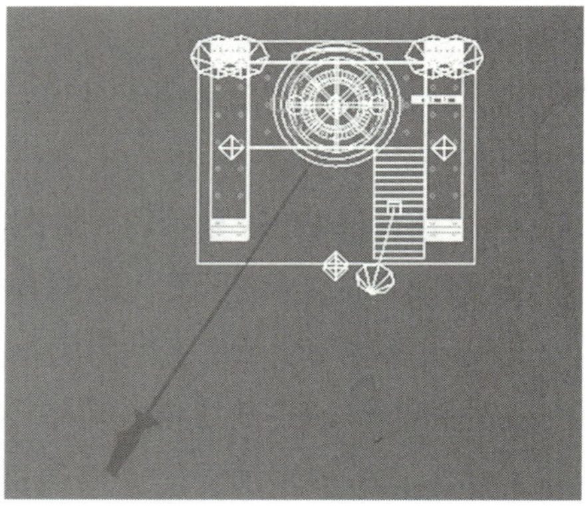

图 5-25　展厅顶面图

（7）按快捷键 F9 测试渲染当前场景，效果如图 5-26 所示。

图 5-26　展厅效果图

案例 2　客厅夜景效果图渲染设置

技术掌握：V-Ray 渲染参数设置在室内夜景场景中的使用方法。

案例步骤：

（1）打开素材中的“第八章 / 场景 / 客厅夜景效果图渲染设置 .max”。

（2）选择透视窗口，按快捷键 C 进入摄影机窗口。

（3）在菜单栏中点击 按钮或按 F10，打开 V-Ray 渲染器参数设置。

（4）首先进行测试渲染参数的设置，再进行灯光设置。打开场景文件，可以看到这是一个创建好的展厅场景模型，如图 5-27 所示，并且场景中摄像机的位置也已经创建好，如图 5-28 所示。

（5）修改 V-Ray 参数，公用—输出大小—自定义：500，600，图像纵横比锁定。

（6）V-Ray 面板—图像采样器（抗锯齿）—自适应细分，颜色贴图—线型倍增。

（7）按快捷键 F9 测试渲染当前场景，效果如图 5-29 所示。

图 5-27　客厅夜景模型

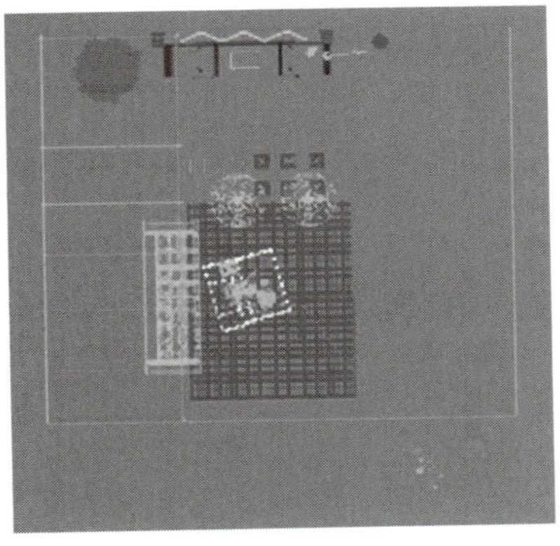

图 5-28　客厅顶面图

图 5-29　客厅效果图

三、总结思考

1. 总结

本章介绍了 V-Ray 渲染器及 V-Ray 渲染器参数设置的使用方法及应用技巧。在场景中使用该渲染器能够获得更加准确的物理照明（光能分布），更快的渲染，更便利的反射和折射参数调节。

2. 思考

（1）V-Ray 渲染器有哪些参数面板？它们各自有什么特点？

（2）如何调节草图参数与出图参数？

（3）间接照明面板可以调节哪些参数？

四、实战练习

客厅夜景效果图渲染设置，操作步骤见二维码。

实战练习
操作步骤

第六章

Chapter 6

材质与灯光

Materials and Lighting

材质主要用于表现物体的颜色、质地、纹理、透明度以及光泽等特性。通过各种类型的材质，可以逼真地还原现实世界中的物体外观。灯光则是场景中的核心元素之一，它不仅能展现物体的形态，还能增强空间深度感，塑造场景氛围。本章将介绍 3ds Max 材质、V-Ray 材质、3ds Max 灯光、V-Ray 灯光的使用方法。

一、3ds Max 材质

1. 认识材质编辑器

（1）材质编辑器是用于创建、调整材质并将其分配给场景对象的关键工具。通过材质编辑器，用户可以灵活地设置各种材质参数，从而实现所需的视觉效果。在启动 3ds Max 后，点击主工具栏中的材质编辑器按钮，即可打开 Slate 材质编辑器（见图 6-1）。

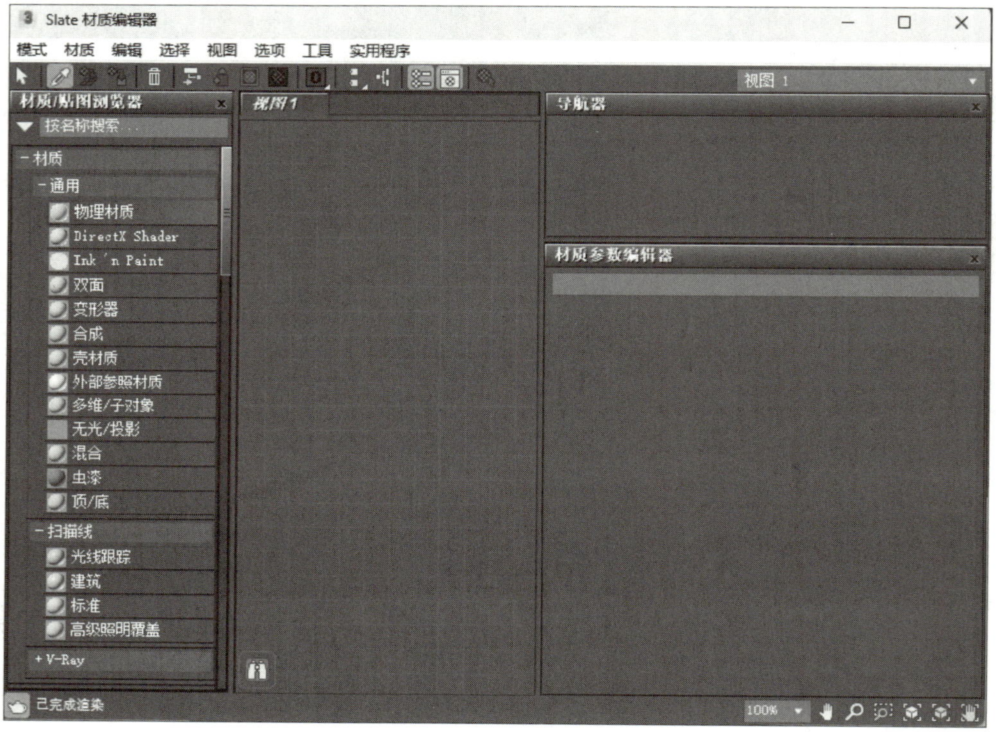

图 6-1　材质编辑器

（2）执行“模式—精简材质编辑器”命令（见图 6-2），材质编辑器对话框变为如图 6-3 所示的界面。

（3）标准材质是 3ds Max 中的默认材质类型，也是使用最广泛的一种。它能提供均匀的表面颜色效果，同时可模拟发光、半透明等特性，常被用于表现玻璃、金属、陶瓷以及毛发等多种材质。以下将介绍标准材质中常用的参数设置。

“明暗器基本参数”卷展栏（见图 6-4）中的参数用于设置材质的明暗器和渲染方式。图 6-5 ~ 图 6-16 为各明暗器的高光效果和各渲染方式的渲染效果。

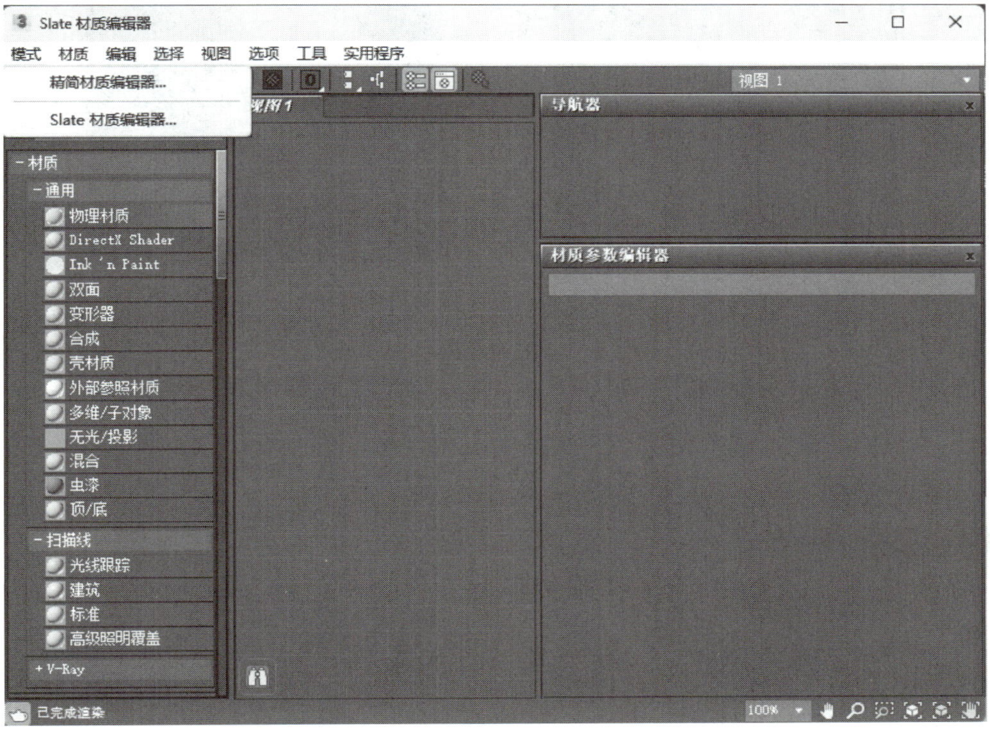

图 6-2　执行模式

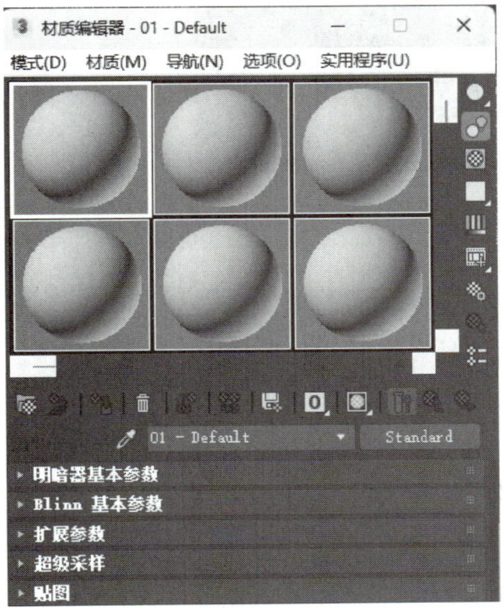

图 6-3　精简材质编辑器

图 6-4　“明暗器基本参数”卷展栏

图 6-5　各向异性明暗器

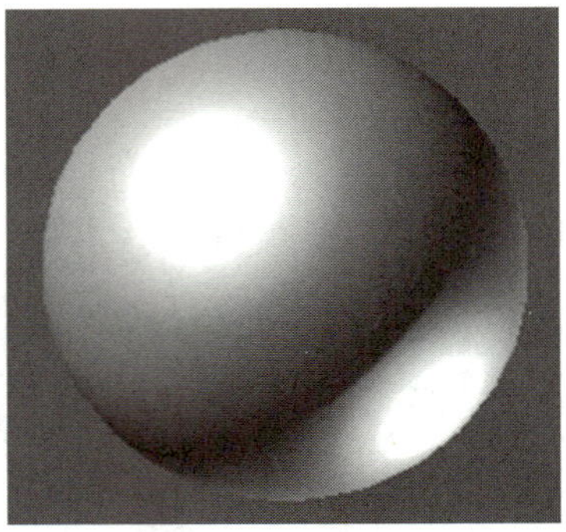

图 6-6　Blinn 明暗器

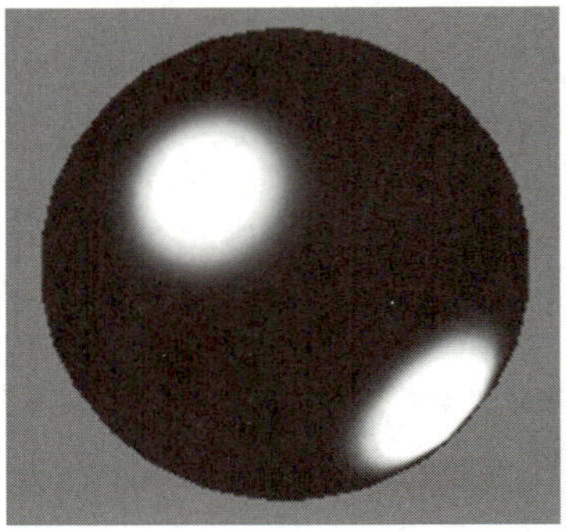

图 6-7　金属明暗器

图 6-8　多层明暗器

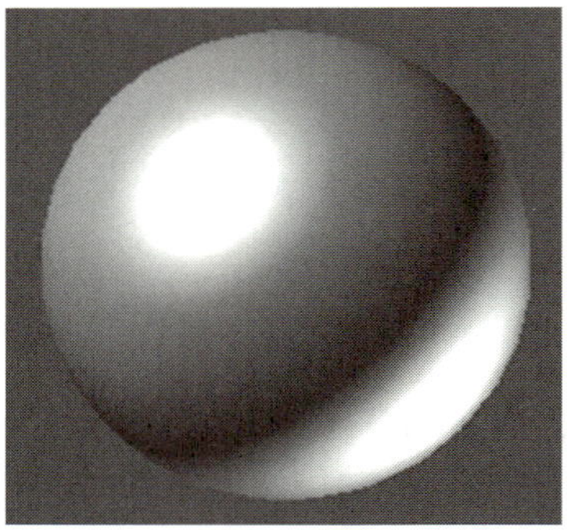

图 6-9　Oren-Nayar-Blin 明暗器

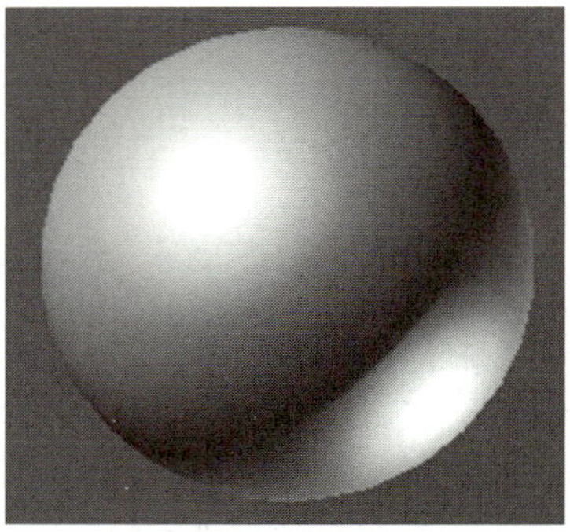

图 6-10　Phong 明暗器

图 6-11　Strauss 明暗器

图 6-12　半透明明暗器

图 6-13　线框渲染方式

图 6-14　双面渲染方式

图 6-15　面贴图渲染方式

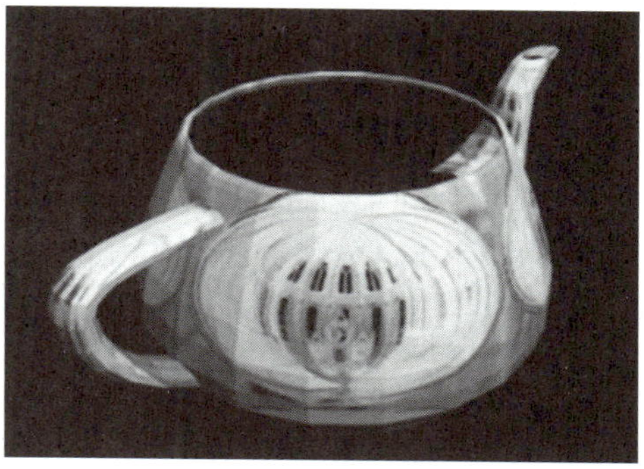

图 6-16　面渲染方式

“贴图”卷展栏（见图 6-17）为用户提供了多个贴图通道，可以为材质添加多样化的贴图效果。通过这些贴图通道，系统能够根据贴图图像的颜色及数量，对材质的相关参数进行调整（见图 6-18）。图 6-19 所示为位图贴图后的效果。

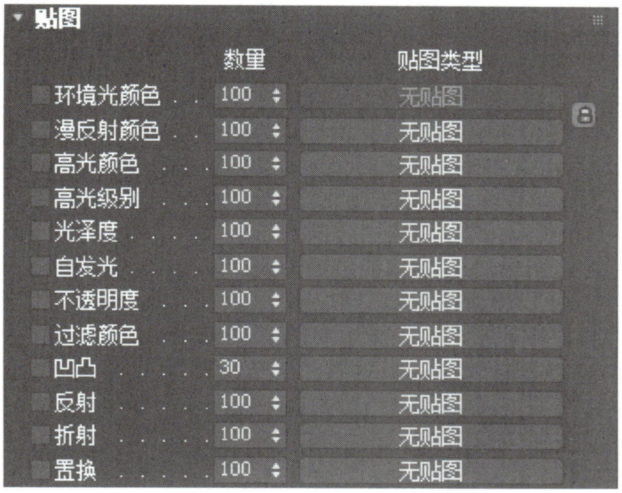

图 6-17　“贴图”卷展栏

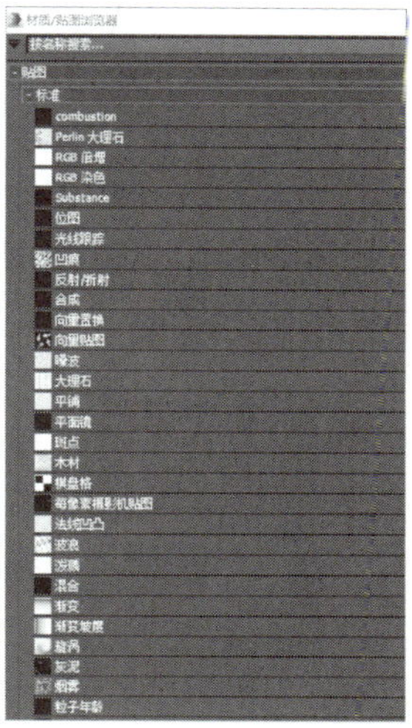

图 6-18　材质 / 贴图浏览器

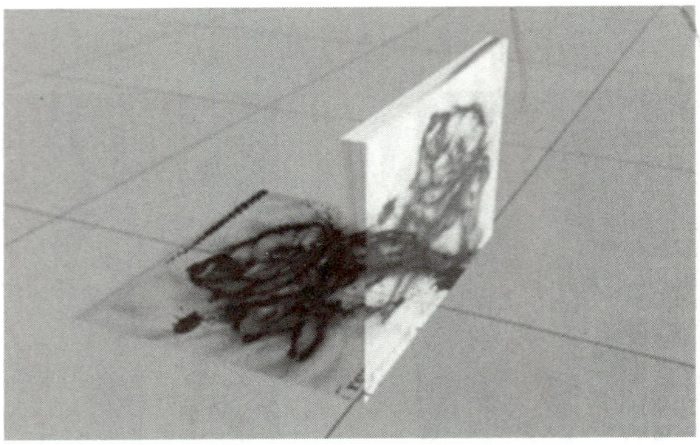

图 6-19　贴图效果

案例 1　橱柜材质

技术掌握：材质贴图的使用方法。

案例步骤：

（1）打开素材中的文件“第六章 / 素材 / 橱柜 .max”。

（2）前视图选择橱柜台面，单击“材质编辑器”按钮，弹出“材质编辑器”对话框，选择一个样本球，单击“漫反射颜色”通道右侧“None”按钮，打开“材质 / 贴图浏览器”，选择位图，打开“第九章 / 素材 / 橱柜”文件夹，单击“橱柜大理石材质 .jpg”。

案例 1
教学视频

（3）选择“修改器列表”中“UVW 贴图—参数—贴图—长方体”，长度、宽度、高度全部设置为 30。

（4）反射高光—高光级别设为 65，光泽度设为 32，将材质赋予橱柜台面。

（5）编辑工具栏—反选，选中橱柜箱体，用上述方法设置贴图—橱柜木纹材质，高光级别 65，光泽度 47，UVW 贴图—参数—贴图—长方体，长度、宽度设置为 100，高度设置为 71，并将材质赋予橱柜箱体。橱柜效果如图 6-20 所示。

图 6-20　橱柜效果图

案例 2　包装盒材质

案例步骤（见图 6-21 ~ 图 6-23）见二维码。

案例 2　操作步骤

二、V-Ray 材质

V-Ray 不仅是一个渲染系统，还拥有独立的材质和灯光系统，通过合理地搭配 V-Ray 材质可以制作出美妙绝伦的效果。

VRayMtl 是 V-Ray 专有材质中最重要的材质类型，合理设置该材质类型中的各种参数可以创建出各种类型的材质效果。通过“基本参数”卷展栏（见图 6-24）可以设置 V-Ray 材质的漫反射、反射、折射及透明度等参数，效果如图 6-25 所示。

V-Ray 材质包裹器不是一种独立的材质，该材质类型只是在其他材质类型上增加 V-Ray 散射和 V-Ray 全局照明效果，其参数卷展栏如图 6-26 所示。

V-Ray 双面材质通常用于透明或者半透明空心物体或者双面物体，可以分别设置外层和内层材质（见图 6-27、图 6-28）。

V-Ray 灯光材质是一种很简单的材质类型，设置这种材质可以模拟发光的效果，同 3ds Max 标准材质中的自发光效果相似。

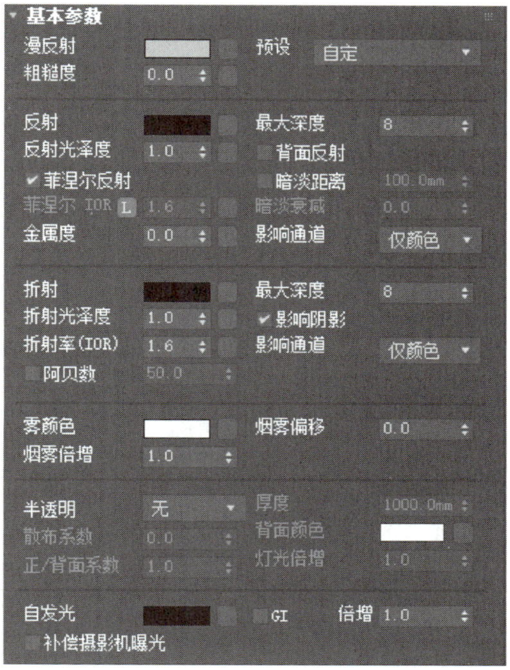

图 6-24　“基本参数”卷展栏

图 6-25　VRayMtl 材质效果

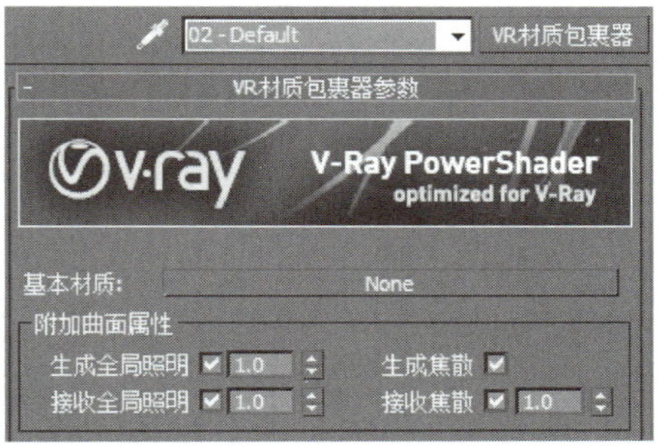

图 6-26　V-Ray 材质包裹器

图 6-27　V-Ray 双面贴图效果

图 6-28　V-Ray 双面材质

案例 1　玻璃材质

技术掌握：常用玻璃材质的设置方法。

案例步骤：

（1）清玻璃材质，打开材质编辑器，选择一个空白材质球，选择 VRayMtl 材质，反射 RGB230，勾选菲涅尔反射，折射 RGB255，折射率 1.5，效果如图 6-29 所示。

（2）有色玻璃材质—反射 RGB230，勾选菲涅尔反射，折射 RGB255，折射率 1.5，烟雾颜色 RGB247，勾选影响阴影，颜色太深改烟雾倍增 0.6，效果如图 6-30 所示。

（3）磨砂玻璃材质—反射 RGB230，勾选菲涅尔反射，折射 RGB255，折射率 1.5，烟雾颜色 RGB255，取消 L 勾选，高光光泽 0.8，光泽度 0.9，折射光泽度 0.9，效果如图 6-31 所示。

图 6-29　清玻璃材质

图 6-30　有色玻璃材质

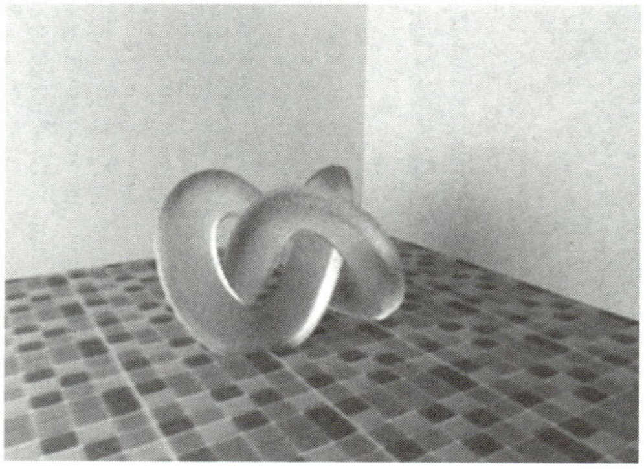

图 6-31　磨砂玻璃材质

案例 2　地毯材质

技术掌握：置换材质贴图的使用方法。

案例步骤：

（1）打开素材文件中的“第六章 / 素材 / 地毯 .max”。

（2）在地毯物体上添加“VRay 置换模式”修改器（见图 6-32）。选择“2D 贴图（横向）”，修改数量为 10 mm（见图 6-33）。

（3）把置换的图片拖到材质编辑器，以便修改置换的参数。

（4）为置换地毯添加表面贴图。

图 6-32　地毯完成效果图

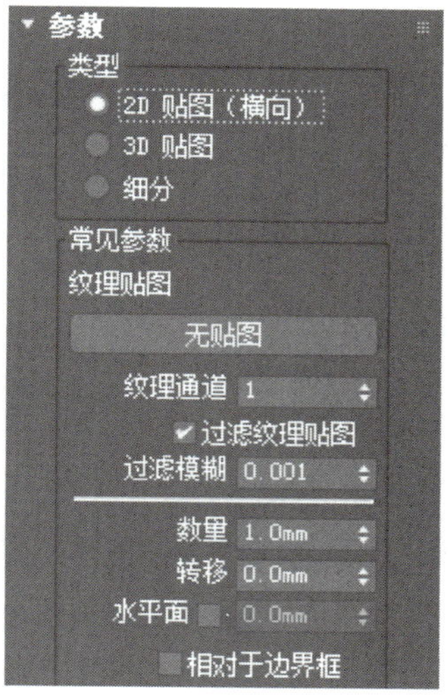

图 6-33　“VRay 置换模式”修改器

案例 3　金属材质

案例步骤（见图 3-34 ~ 图 3-36）见二维码。

案例 3　操作步骤

三、3ds Max 灯光

1. 标准灯光

标准灯光是计算机模拟的照明对象，涵盖家用、办公室照明、舞台及电影制作中的灯光设备，以及自然光源如太阳光。这些灯光对象以不同方式投射光线，模拟多样化的光源效果。与光度学灯光相比，标准灯光不具备基于物理学的强度值。

点击“创建”命令面板，点击“灯光”进入灯光子面板，从下拉列表中选择“标准”选项，即可打开标准灯光的创建面板。该面板展示了 8 种标准灯光的创建按钮（见图 6-37）。

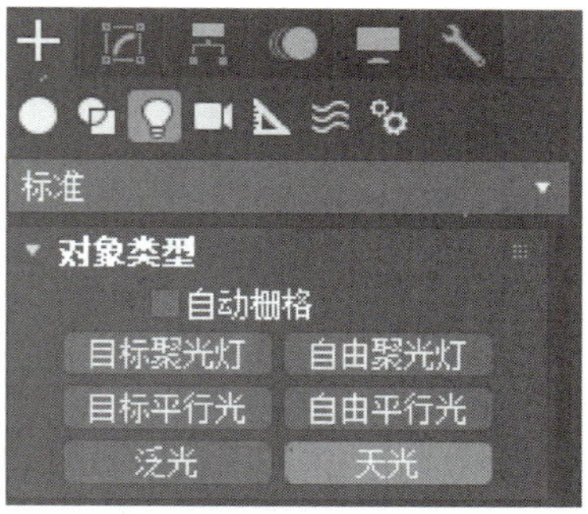

图 6-37　标准灯光创建

在 3ds Max 中，只需点击标准灯光面板上的相应命令按钮，即可在视图中创建 8 种标准灯光：目标聚光灯、自由聚光灯、目标平行光、自由平行光、泛光、天光、mr 区域泛光以及 mr 区域聚光。

目标聚光灯自一个点源投射出锥形光束。它由目标点和光源两部分构成，常用于模拟舞台灯光或马路上路灯的照射情景（见图 6-38、图 6-39）。

平行光发出的光线呈圆形或矩形的平行照射。根据是否存在目标点，平行光可分为目标平行光和自由平行光。目标平行光的发光点和目标点可以灵活调整，常用于模拟太阳光、探照灯、激光束等效果；而自由平行光没有目标点，因此使用起来较为不便。

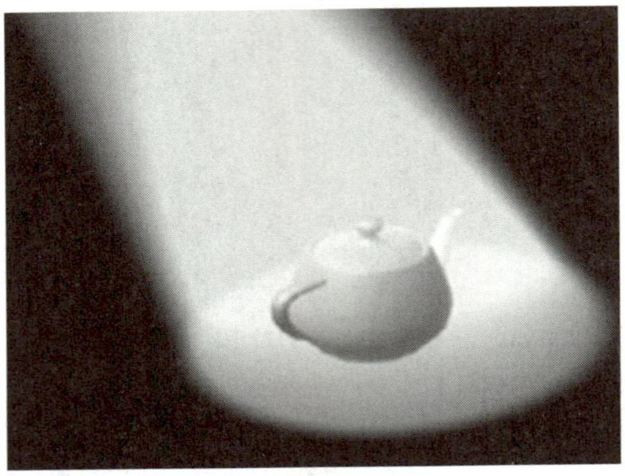

图 6-38　目标聚光灯效果

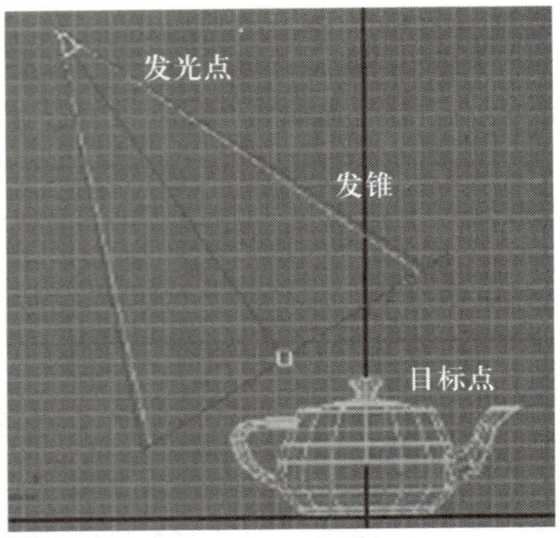

图 6-39　目标聚光灯

泛光灯属于点光源类型，能够向周围均匀发射光线，具有较大的照射范围且无方向性。它常用于照亮整个场景，或模拟灯泡、吊灯等光源效果。

天光是能从各个方向同时照射到物体的光源，能够产生类似穹顶灯的柔和阴影，其缺点是无法呈现物体表面的高光效果，通常用于模拟自然光照或制作室外建筑的照明效果。

案例 1　三点布光

技术掌握：标准灯光设置方法。

案例步骤：

三点照明通过主光、背光和辅光三个光源来提供照明。最基本的光源是主光，它负责照亮大部分场景并产生阴影；背光通常放置在场景主要对象的后上方，强度低于主光，作用是使主要对象从暗背景中突出，增强纵深感；辅光一般位于主光的左侧，主要用来填补主光未照亮的阴影区域，效果如图 6-40 所示。

（1）打开素材文件“第六章 / 素材 / 三点布光 .max”。

（2）创建聚光灯，选择“主光源—聚光灯—强度 1.0 或 0.9”（见图 6-41），调整位置（见图 6-42）。

图 6-40　完成后效果图

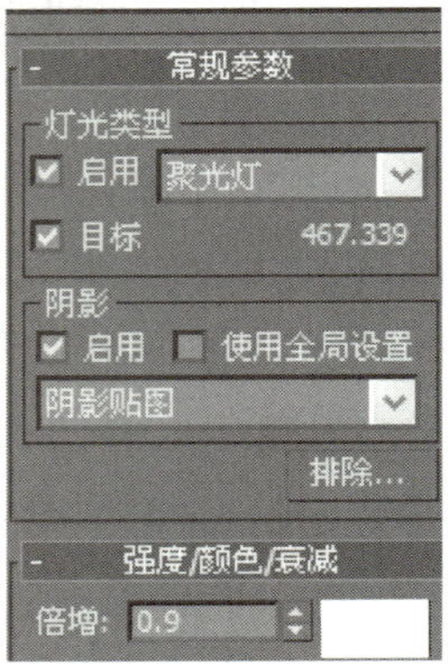

图 6-41　创建聚光灯

（3）添加辅助光（见图 6-43），调整倍增值参数为 0.49。

（4）添加泛光灯为背面辅助光（见图 6-44），倍增值调整为 0.3。

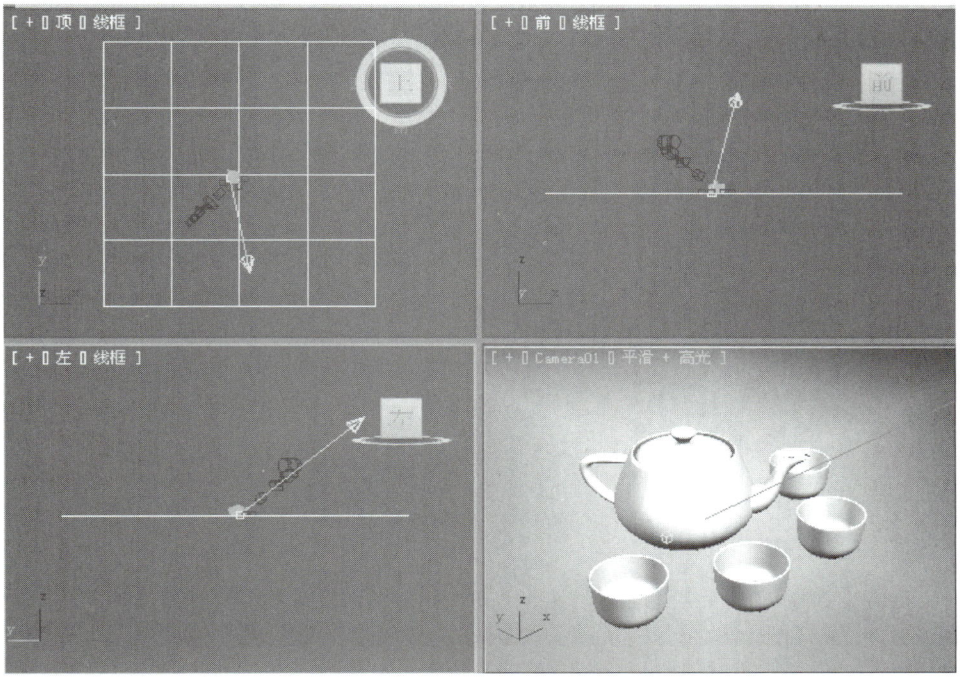

图 6-42　调整聚光灯位置

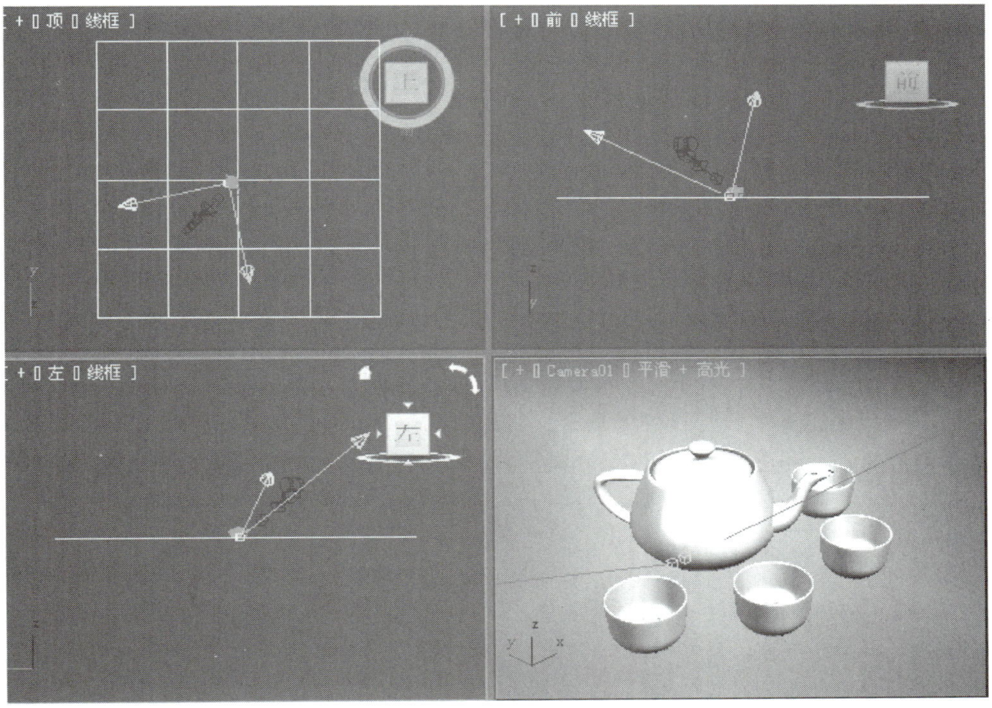

图 6-43　添加辅助光

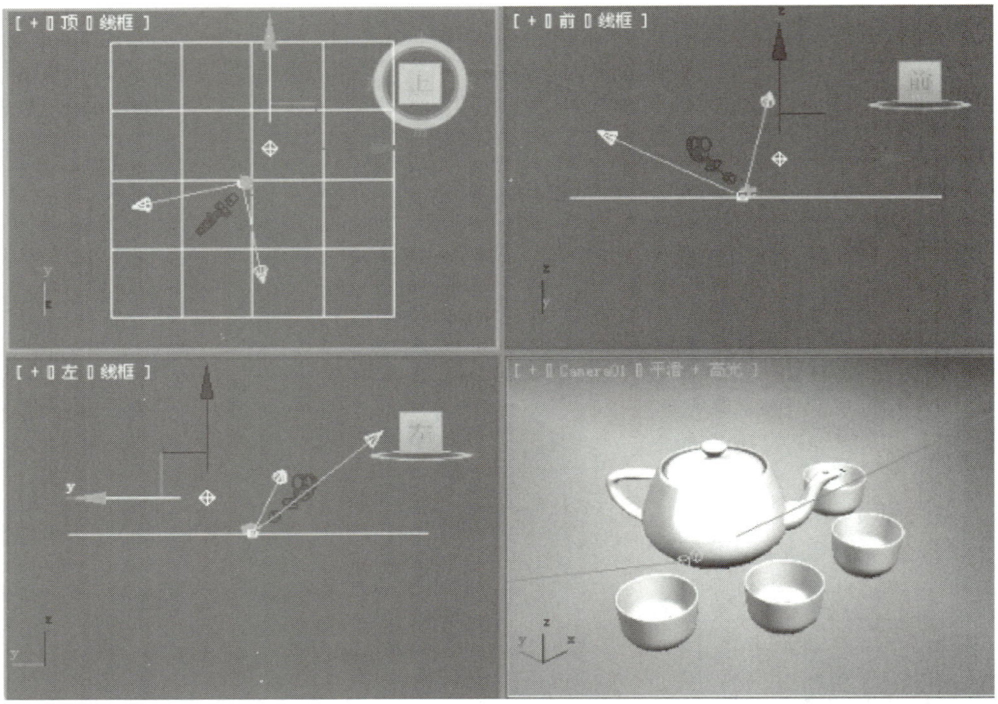

图 6-44　添加背面泛光灯

（5）调整位置，如图 6-45 所示。

（6）选择两个泛光灯分别排除（见图 6-46），排除地面灯光。

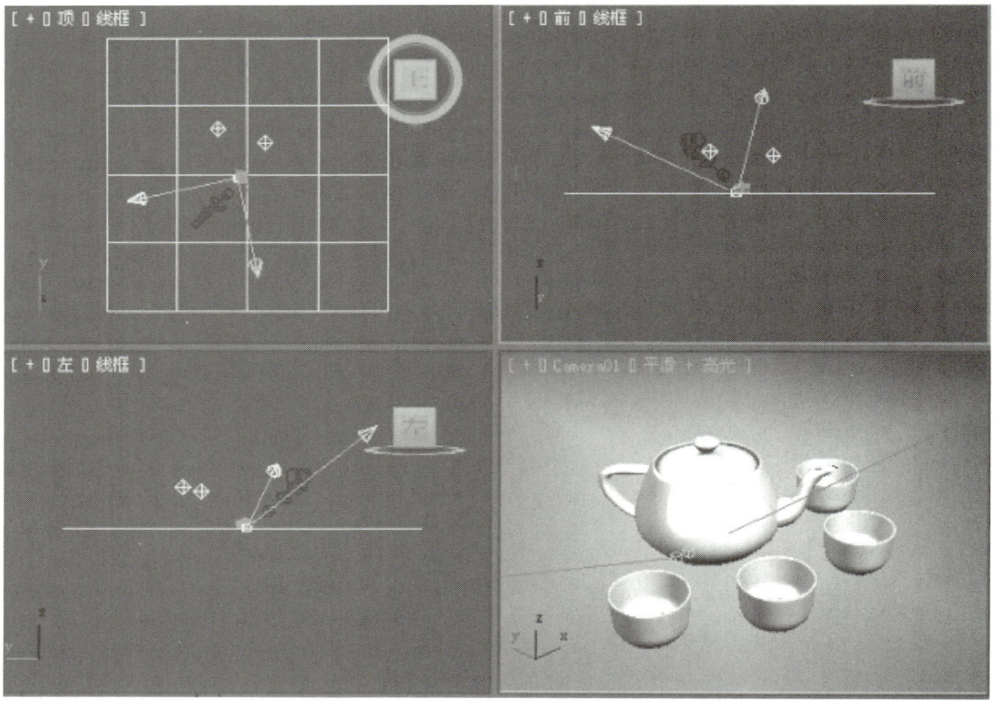

图 6-45　调整位置

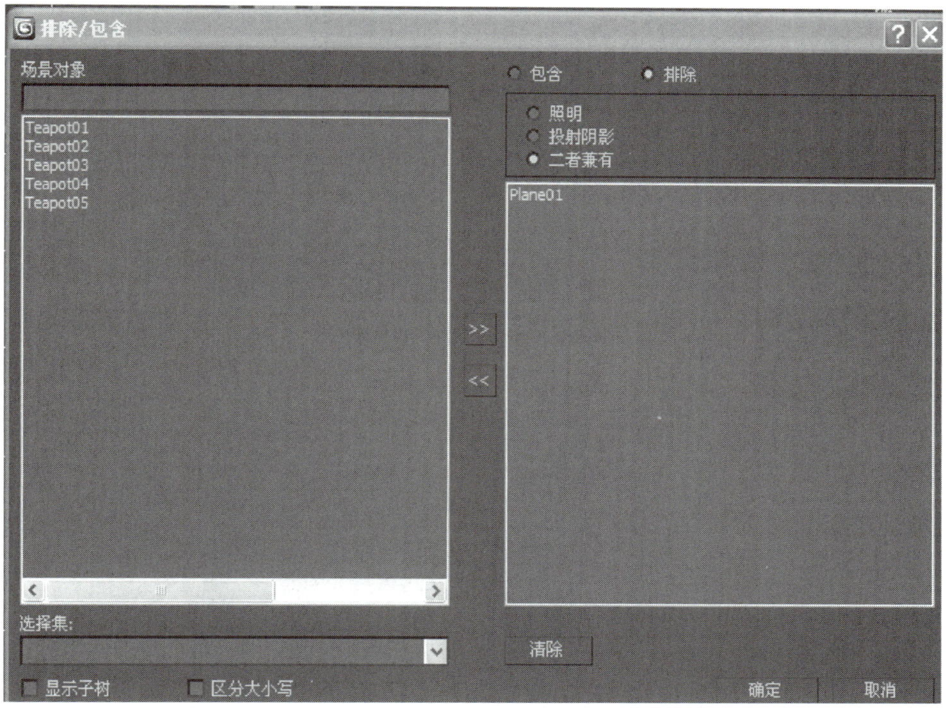

图 6-46　灯光排除设置

案例 2　阁楼灯光

技术掌握：平行光和体积光的使用方法。

案例步骤：

（1）打开素材文件。

（2）左视图创建目标平行光，勾选阴影，使用光线跟踪阴影（见图 6-47），强度倍增值 0.8（见图 6-48），调整平行光参数（见图 6-49），调整灯光位置，如图 6-50 所示。

案例 2
教学视频

（3）创建泛光灯，选择“左视图—创建泛光灯—倍增值 0.4”（见图 6-51），使用远距衰减。

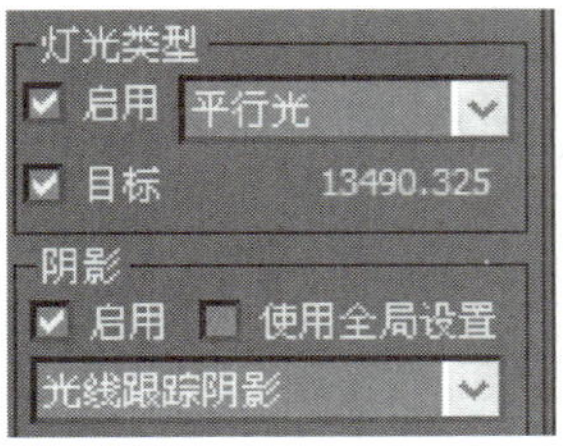

图 6-47　创建平行光

图 6-48　调整强度倍增值

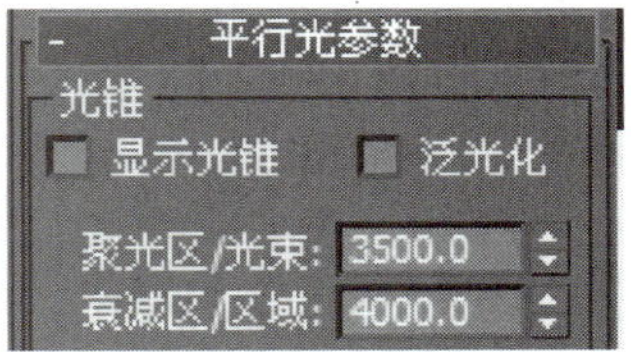

图 6-49　平行光参数调整

（4）复制目标平行光并放置在右边，复制右边灯并放置在第一盏平行光的左边，复制方式为实例。

（5）修改右边平行光参数（见图 6-52），调整灯光位置（见图 6-53）。

（6）打开大气和效果，添加体积光，选择平行光 2 设置体积光，选择平行光 3 设置体积光，选择设置弹出对话框（见图 6-54）。

（7）分别将两个平行光、体积光参数密度修改为 1，渲染后保存，完成效果如图 6-55 所示。

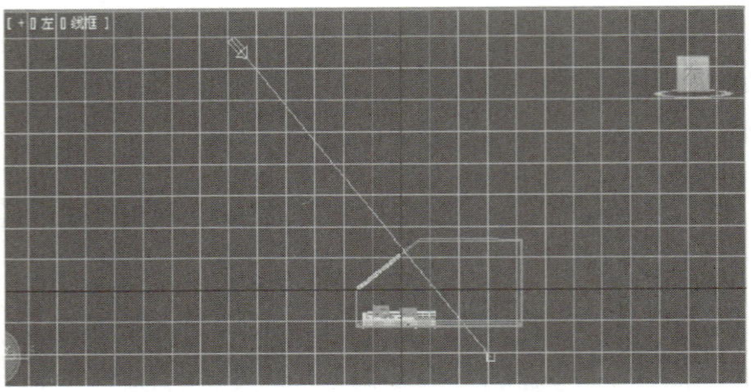

图 6-50　平行光参数位置调整

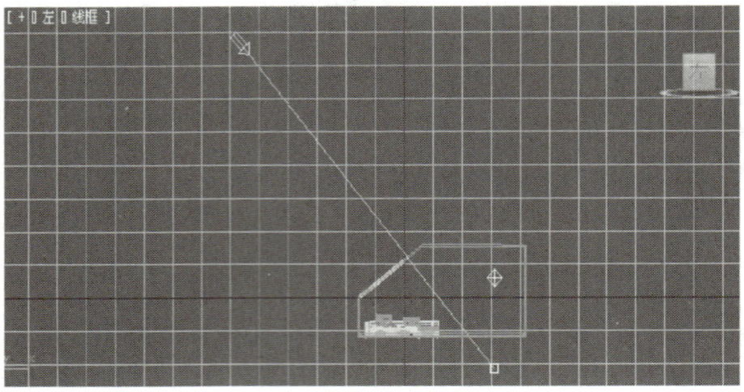

图 6-51　创建泛光灯

图 6-52　平行光参数调整

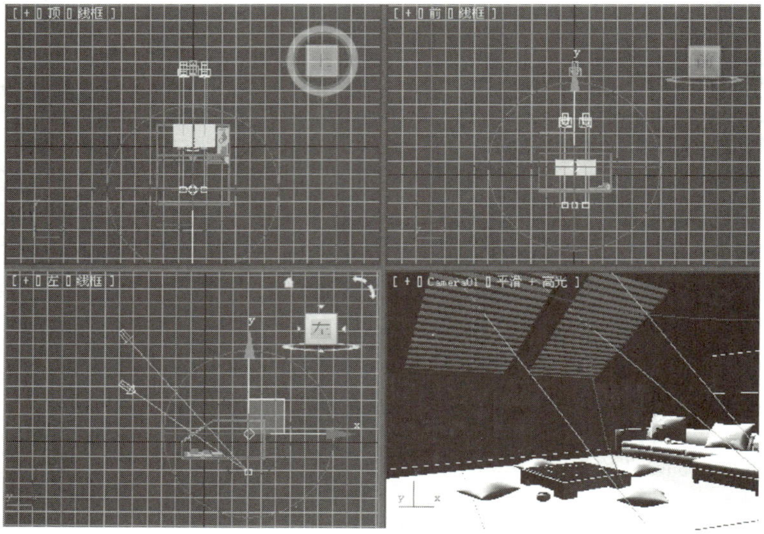

图 6-53　平行光位置调整

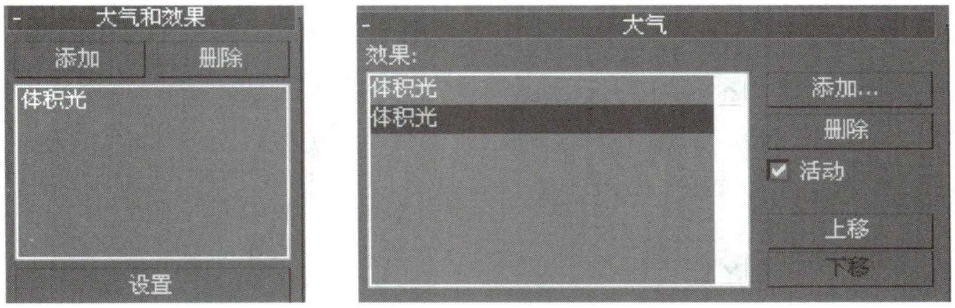

图 6-54　大气和效果设置

图 6-55　阁楼完成效果图

2. 光度学灯光

光度学灯光允许用户使用现实中的计量单位来精确定义光源的照射效果，从而更真实地模拟实际场景中的灯光（见图 6-56）。光度学灯光包括点光源、线光源和面光源等类型（见图 6-57、图 6-58）。

（1）点光源：光线从光源所在的点向四周发射，类似于标准灯光中的泛光灯，常用于模拟灯泡、吊灯等光源的照射效果。

（2）线光源：光线从一条线段向四周发射，常用于模拟灯带、日光灯等光源效果。

（3）面光源：光线从一个矩形区域向四周发射，常用于模拟灯箱的照明效果。

图 6-56　光度学灯光效果

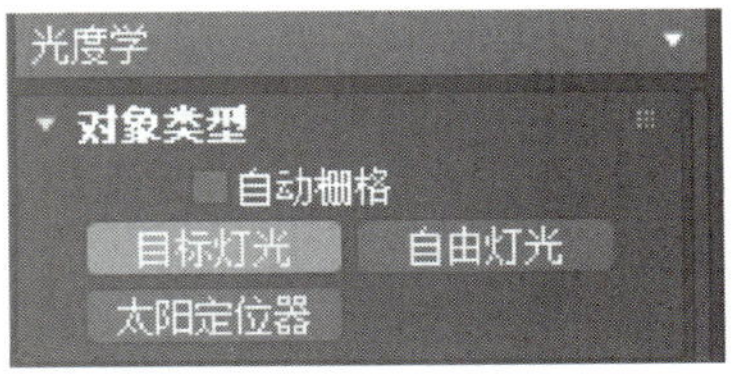

图 6-57　光度学灯光面板

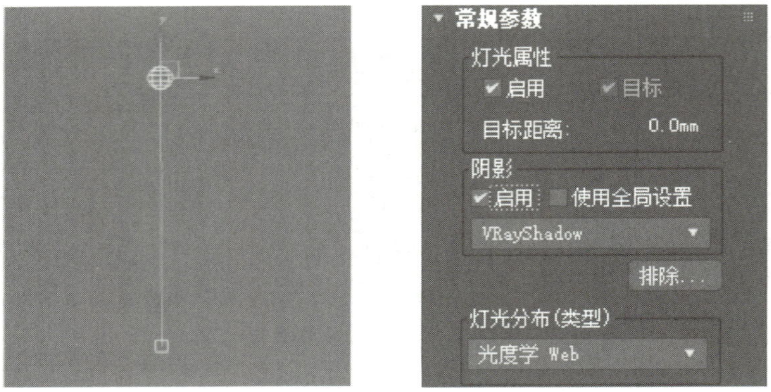

图 6-58　光度学目标灯光

案例练习　客厅光域网

技术掌握：客厅光域网的使用方法。

案例步骤（见图 6-59～图 6-75）见二维码。

案例练习
操作步骤

四、V-Ray 灯光

V-Ray 灯光主要用来模拟室内光源，是效果图制作中使用频率最高的一种灯光。将 V-Ray 软件包安装到 3ds Max 目录中后，启动 3ds Max 就可以在灯光创建面板的“标准”下拉列表中找到 V-Ray 灯光类型。

案例 1　异形灯带

技术掌握：异形灯带的制作方法。

案例步骤：

（1）打开素材文件。

（2）在广告牌后面制作两条曲线，设置其属性为可渲染，将其厚度加粗。

（3）将其捕捉对齐到异形暗槽内。

（4）为该物体赋予一个材质。

（5）设成 V-Ray 自发光材质（VRayLight）。

（6）更改其颜色，适当增加倍增 10（见图 6-76）。

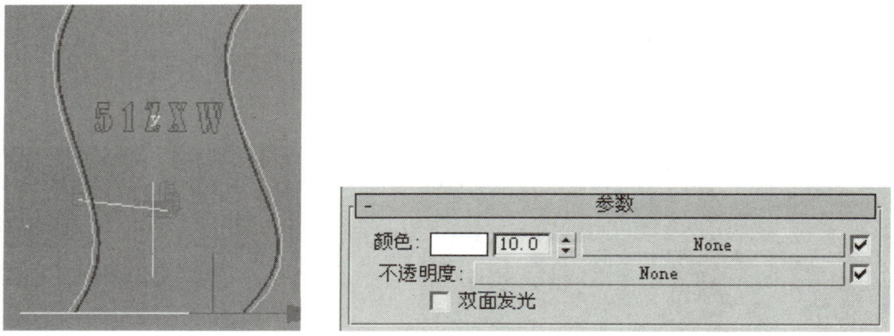

图 6-76　异形灯带设置

（7）右击该对象，选择对象属性将产生阴影，接受阴影，关闭灯的可见性，渲染效果图（见图 6-77）。

图 6-77　异形灯带效果图

案例 2　太阳光

技术掌握：太阳光的设置方法。

案例步骤：

（1）打开素材文件“第六章 / 素材 / 太阳光 .max”。

（2）顶视图创建天光，倍增参数为 1.3（见图 6-78）。

（3）调整天光四个视图的位置（见图 6-79）。

（4）完成后效果如图 6-80 所示。

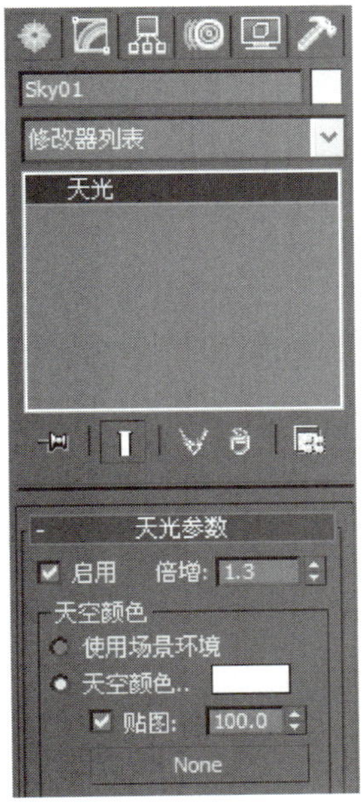

图 6-78　调整参数

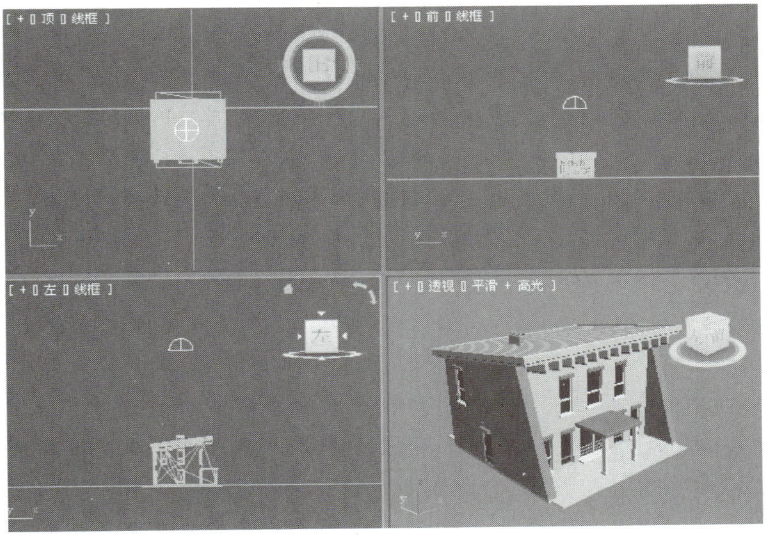

图 6-79　调整天光位置

图 6-80　完成后效果图

案例 3　客厅布光

技术掌握：客厅布光的设置方法。

案例步骤：

（1）打开素材文件。

（2）设置环境色为白色（见图 6-81）。

（3）设置天光。左视图创建 VRay 灯，左边 VRay 灯倍增值为 5，右边 VRay 灯倍增值为 9（见图 6-82）。

（4）设置暗藏灯。前视图和左视图创建 VRay 灯倍增值为 4，将灯光放置于灯槽（见图 6-83），灯带完成效果如图 6-84 所示。

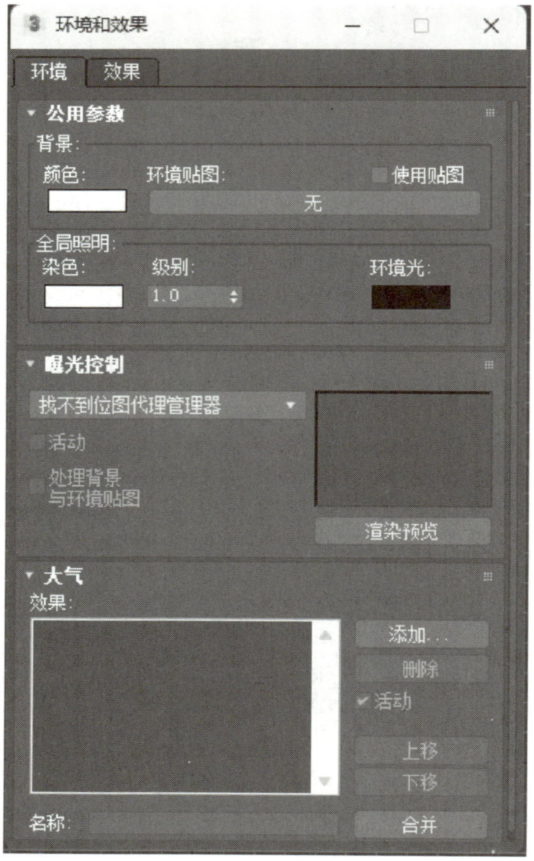

图 6-81　设置环境色

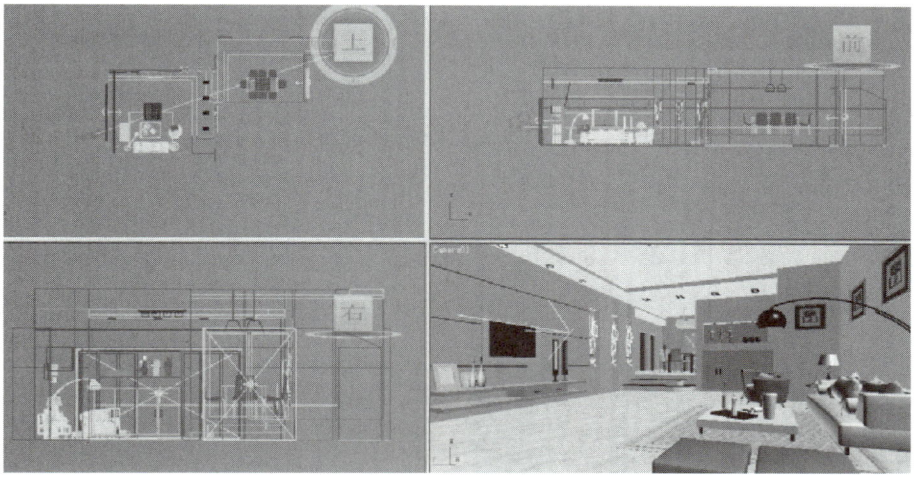

图 6-82　创建天光

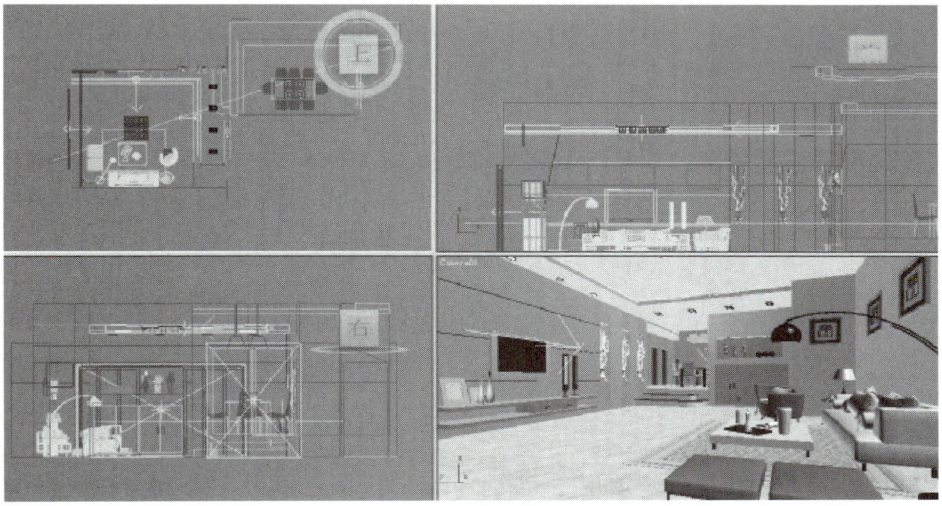

图 6-83　设置暗藏灯

图 6-84　灯带完成效果

（5）设置筒灯。光度学目标灯光，启用阴影，调入“11.ies”文件，强度为 250cd 或 500cd（见图 6-85），筒灯完成效果如图 6-86 所示。

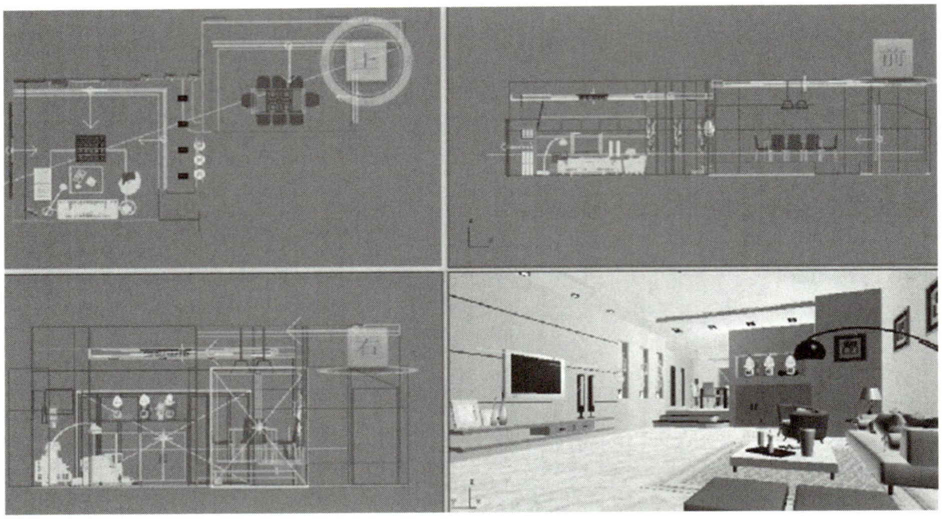

图 6-85　创建筒灯

图 6-86　筒灯完成效果

（6）设置辅助灯光。天花吊灯—顶视图，创建 VRay 灯，倍增值为 5 或 10，将灯光放置好位置（见图 6-87）。给场景物体赋予材质，渲染出图参数，完成效果如图 6-88 所示。

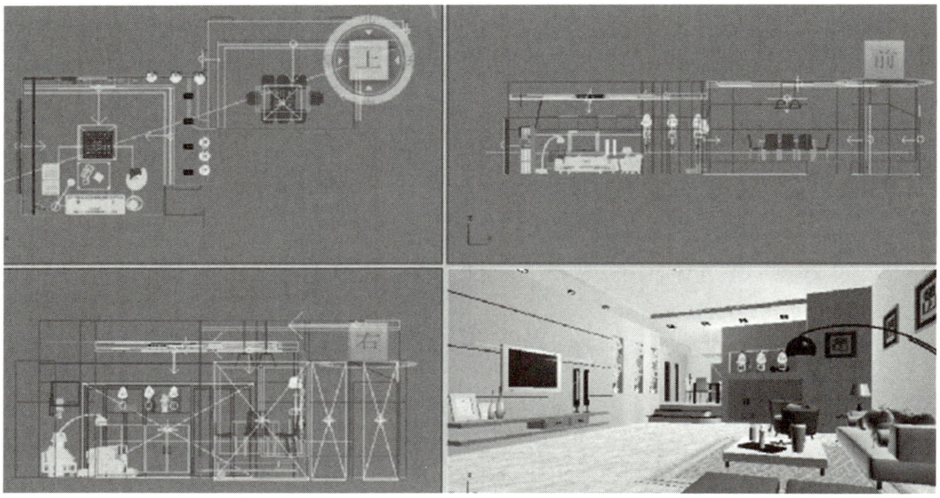

图 6-87　创建辅助灯光

图 6-88 辅助灯光完成效果

五、总结思考

1. 总结

本章介绍了 3ds Max 和 V-Ray 的材质和灯光系统的创建方法，可以模拟现实生活中不同类型对象的材质和光源，使之尽量与客观事物一致，模拟出近似真实的三维世界。

2. 思考

（1）如何为物体设置贴图？

（2）如何为物体设置玻璃和金属材质？

（3）标准灯光有哪些类型？

（4）如何调节灯光的强度和颜色？

（5）如何排除场景中物体灯光产生的照明作用？

六、实战练习

1. 国际象棋

创建如图 6-89 所示的国际象棋。

图 6-89 国际象棋完成效果

（1）打开素材文件。

（2）棋盘—漫反射贴棋盘格，参数如图 6-90 ~ 图 6-93 所示。

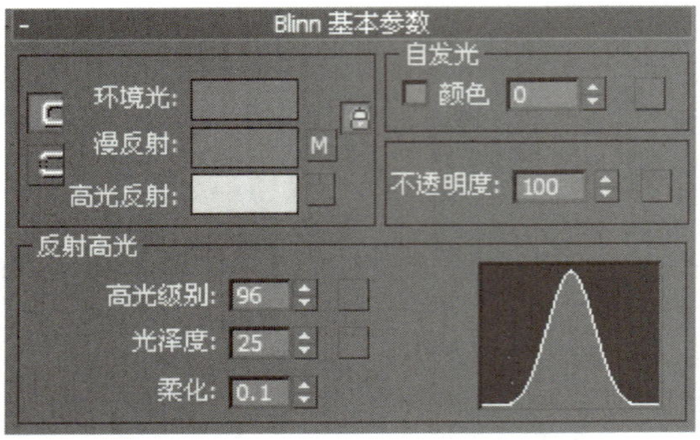

图 6-90　棋盘材质参数设置

图 6-91　棋盘格材质参数设置

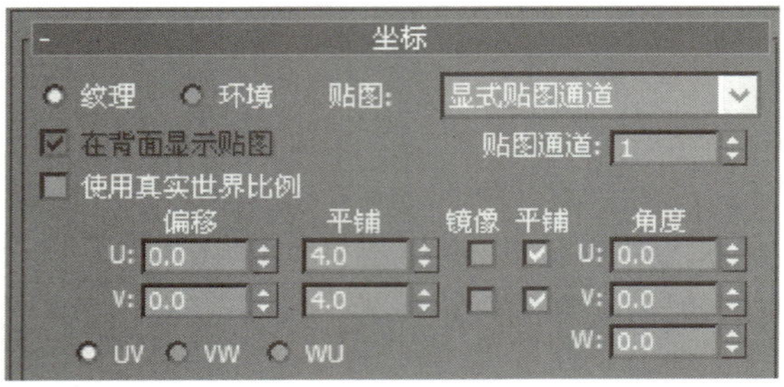

图 6-92　棋盘坐标参数设置

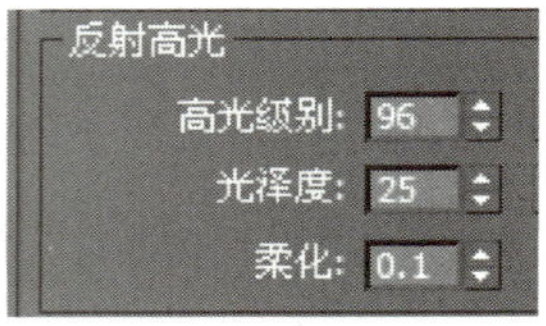

图 6-93　反射调高光设置

（3）棋子贴位图。

2. 书房材质及灯光创建

技术掌握：书房灯光的使用方法。

案例步骤（见图 6-94 ~ 图 6-100）：

（1）打开素材文件“第六章 / 素材 / 书房材质及灯光创建 .max”。

（2）设置测试参数。

实战练习
教学视频

全局开关面板：关闭 3D 默认的灯光，打开覆盖材质，生成白模。

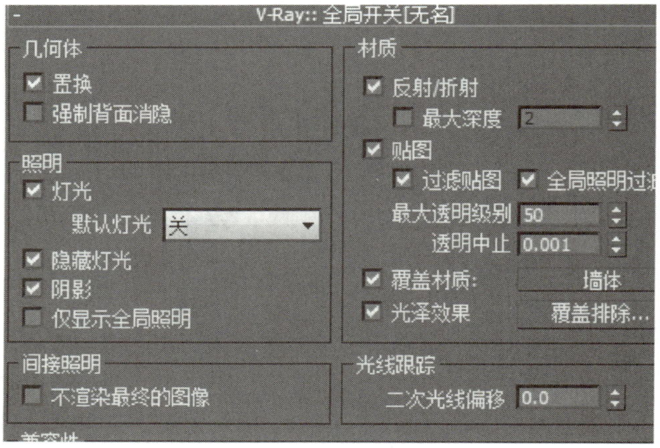

图 6-94　V-Ray 全局开关设置

打开图像采样器，选择固定区域。首次光照引擎—发光贴图：预设“非常低”，模型细分 30，插补采样 10。二次光照引擎—灯光缓冲：细分 100。RQMC 采样器：适应数量 0.95，噪波阈值：0.5，最小采样值：8，全局细分倍增器：1。灯光和材质的细分值都降低 5 ~ 8。

最后利用目标平行光模拟太阳光，添加 V-Ray 灯光或 VRaysky 模拟天光照射效果。

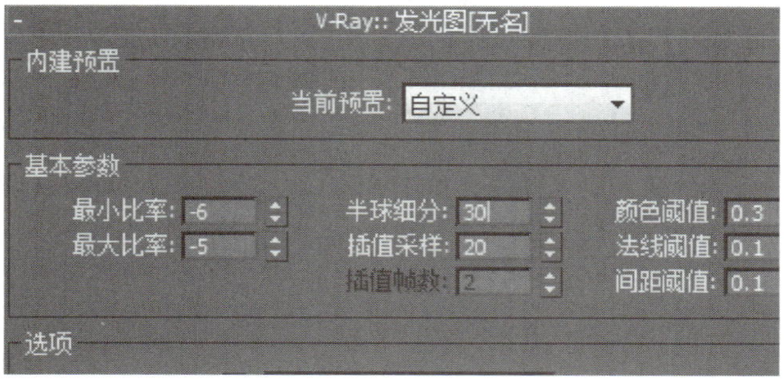

图 6-95　V-Ray 发光图设置

图 6-96　设置环境色

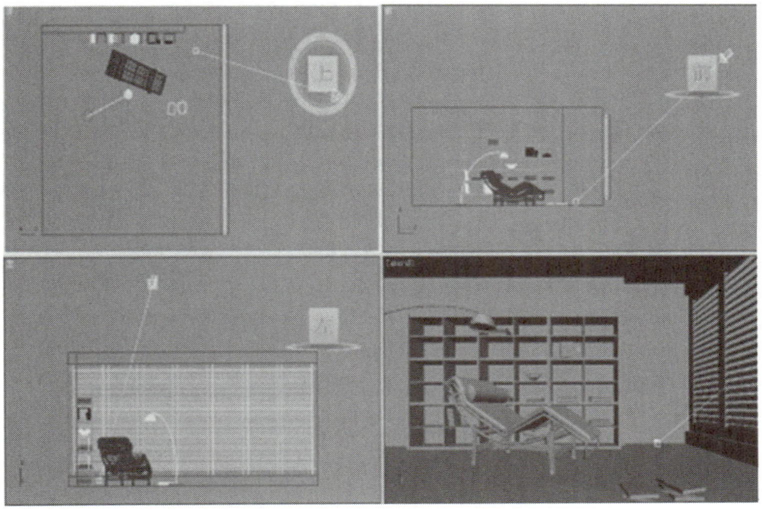

图 6-97　创建目标平行光

图 6-98　渲染效果

图 6-99　添加 V-Ray 灯光

图 6-100　最终渲染效果图

第七章

Chapter 7

适老化家装实例：客厅室内效果图

Examples of Age-Appropriate Home Decoration: Living Room Interior Renderings

本章主要讲解客厅室内家装效果图（见图 7-1）的制作流程及方法。客厅是日常生活中人们使用最频繁的空间，集会客、聚会、娱乐等多种功能于一体，也是老年人日常生活、娱乐中最重要的活动空间。优秀的客厅装饰和设计可以让老年人拓展交际空间，吸引更多的朋友来做客、交流，从而减轻老年人的孤独感，提升幸福感。建模、摄影机、材质、灯光和渲染的制作是本章的学习重点。

图 7-1　客厅室内效果图

一、客厅建模

在制作效果图之前，首先设置系统参数，如单位、捕捉设置等。

（1）设置单位。点击菜单栏自定义，选择“单位设置”，设置“显示单位比例”为“公制”，设置公制单位为“毫米”（见图 7-2）。

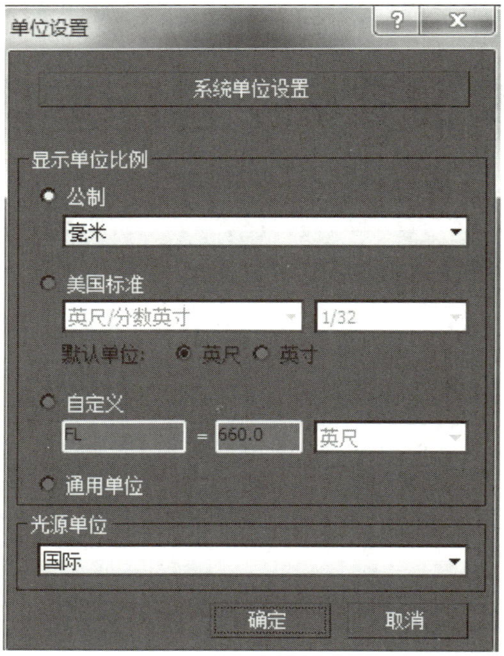

图 7-2　“单位设置”对话框

（2）在“单位设置”对话框中单击“系统单位设置”按钮，“系统单位比例”为“1 单位 = 1 毫米”（见图 7-3）。

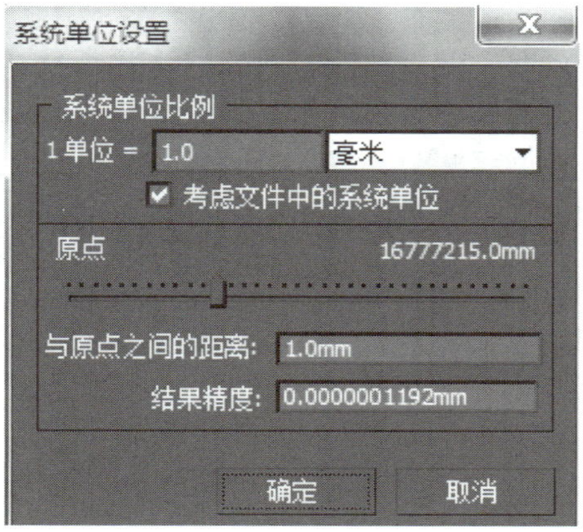

图 7-3　“系统单位设置”对话框

（3）用鼠标右键单击“捕捉开关”按钮，打开“捕捉”选项卡，接着勾选“顶点”“端点”复选框，（见图 7-4）。

（4）单击“选项”卡，勾选“捕捉到冻结对象”复选框（见图 7-5）。

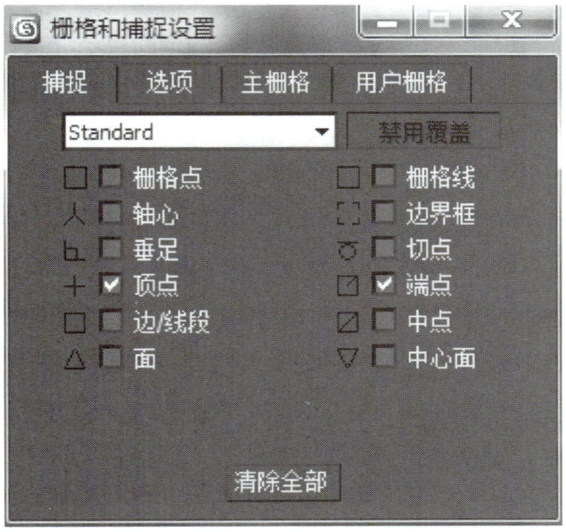

图 7-4　“栅格和捕捉设置”对话框

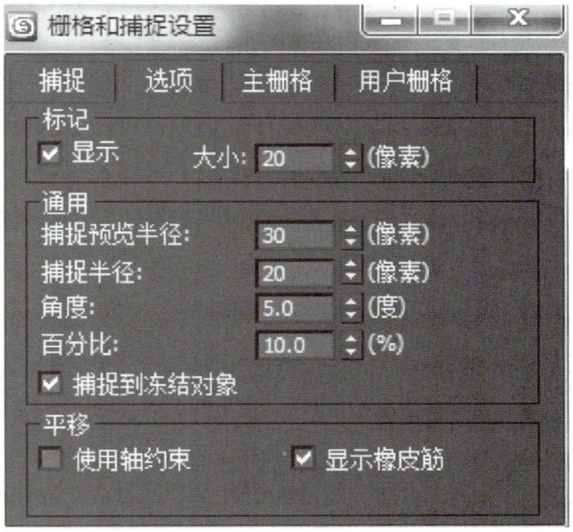

图 7-5　选项卡对话框

二、墙体建模

（1）执行“导入文件”菜单命令，选择 CAD 文件，导入 3ds Max 的场景中，将多余的样条线删除，完成效果如图 7-6 所示。

（2）选择导入的 CAD 图形对象，点击右键鼠标，选择“冻结选择对象”命令，将 CAD 图冻结（见图 7-7）。

（3）墙体的创建。激活捕捉工具按钮，通过捕捉冻结 CAD 平面图，用线描出内墙面的样条线，当墙体线型闭合时弹出“样条线”对话框，单击“是”按钮（见图 7-8）。在“修改器列表”中选择“挤出”命令，挤出 2800 mm（见图 7-9）。

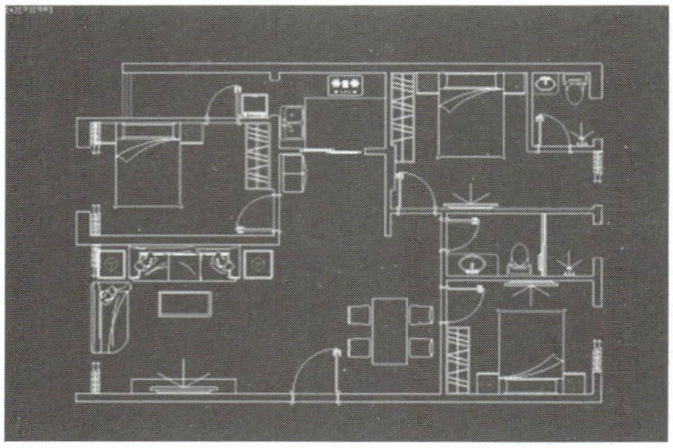

图 7-6　CAD 平面图

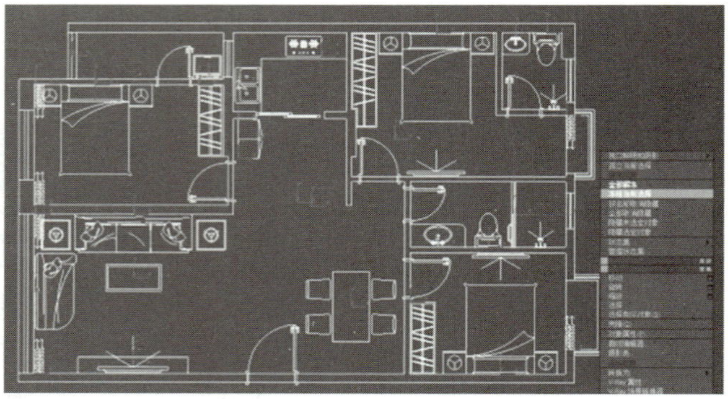

图 7-7　CAD 图冻结

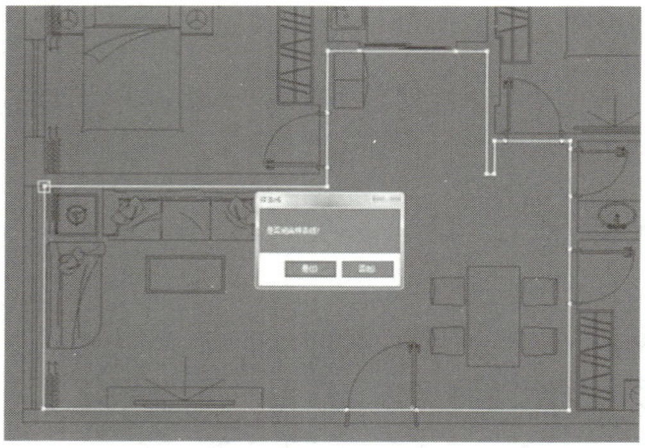

图 7-8　创建墙面样条线

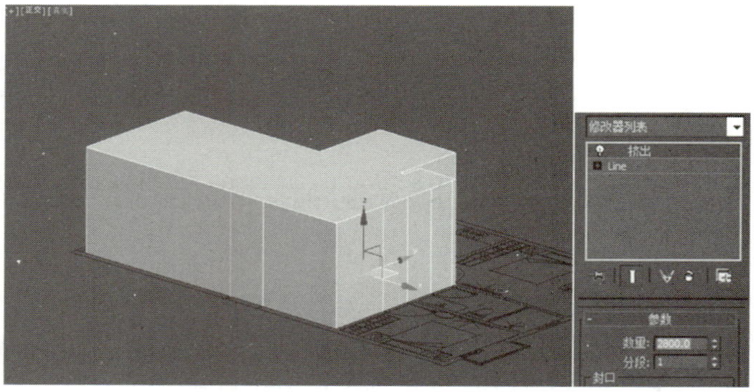

图 7-9　挤出墙体

三、门窗洞口创建

（1）右键转为“可编辑多边形”（见图 7-10），选择“边”命令（见图 7-11）；选取门边，按 Ctrl 键选取另一边，在“编辑边”选择“连接”的右侧小方框，在弹出的对话框中选择“分段”，参数设为“1”（见图 7-12、图 7-13）；将视图下方“Z”坐标轴参数改为“2200”，为门框高度（见图 7-14）。

（2）在“修改器列表”中选择“多边形”命令，选中门洞，在“编辑多边形”列表中选择“挤出”选项的右侧方框，在弹出的对话框内设置参数为“120”（见图 7-15），最后单击确定，完成门洞建模。

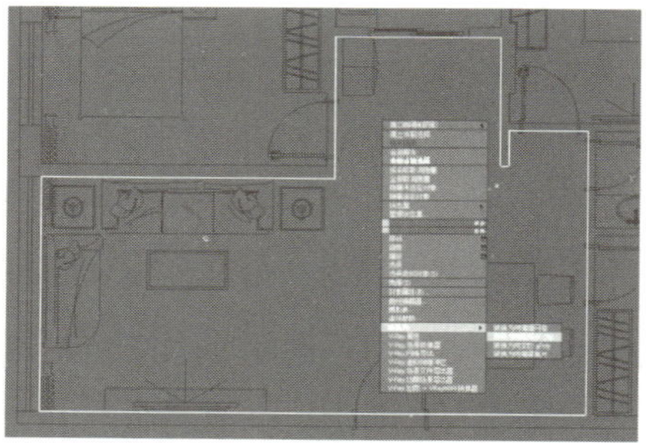

图 7-10　编辑多边形

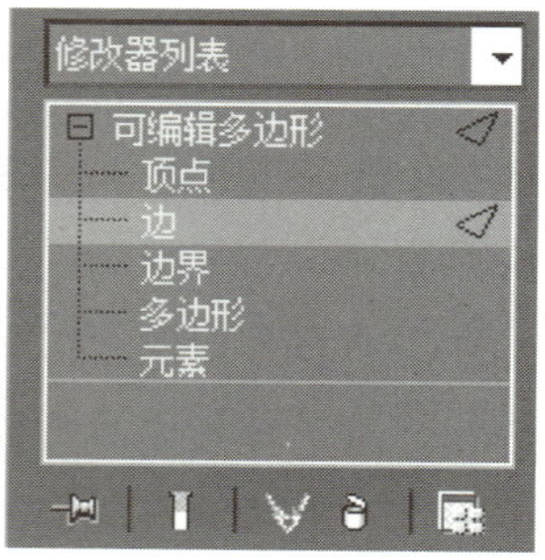

图 7-11　边层级

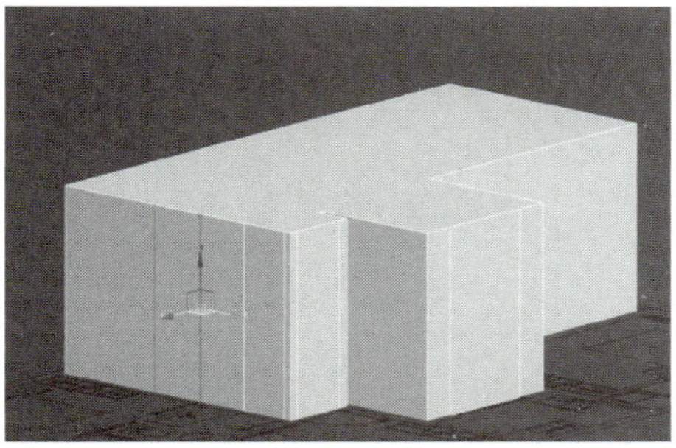

图 7-12　编辑边

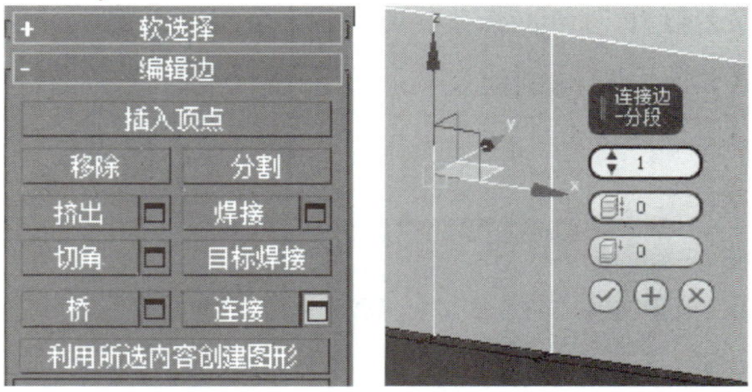

图 7-13　编辑边参数

图 7-14　门框高度

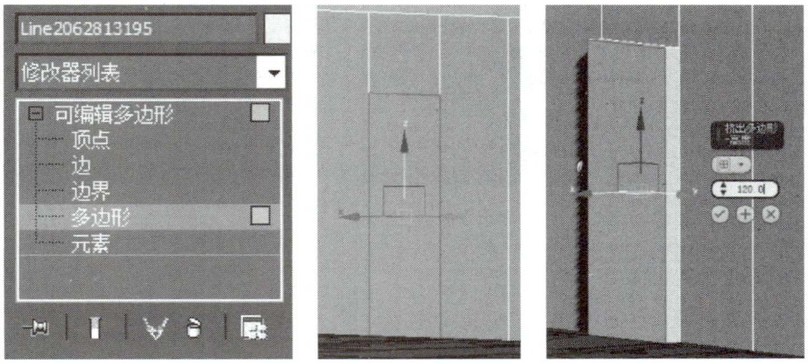

图 7-15　门洞建模

四、天花建模

（1）打开“捕捉开关”，用“矩形”画出天花范围，单击鼠标右键，选择“转换为可编辑样条线”（见图 7-16）；选择“样条线”命令，设置“轮廓”参数为“400”（见图 7-17）。

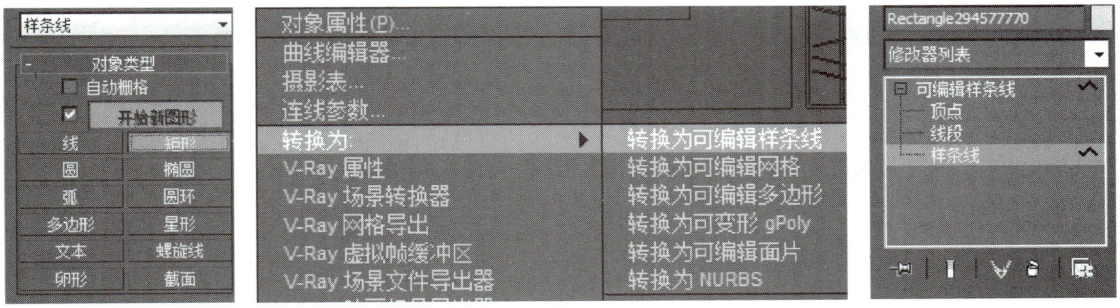

图 7-16　创建天花样条线

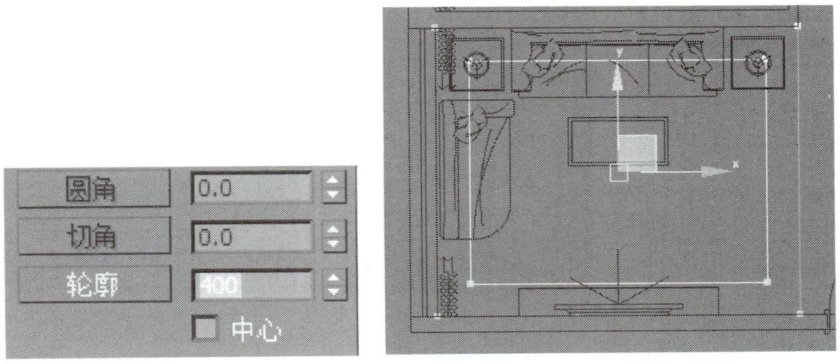

图 7-17　添加轮廓

（2）打开“修改器列表”，选择“挤出”，参数为“100”（见图 7-18）。

（3）窗帘口的创建。在顶视图中绘制一个长方体（见图 7-19）。

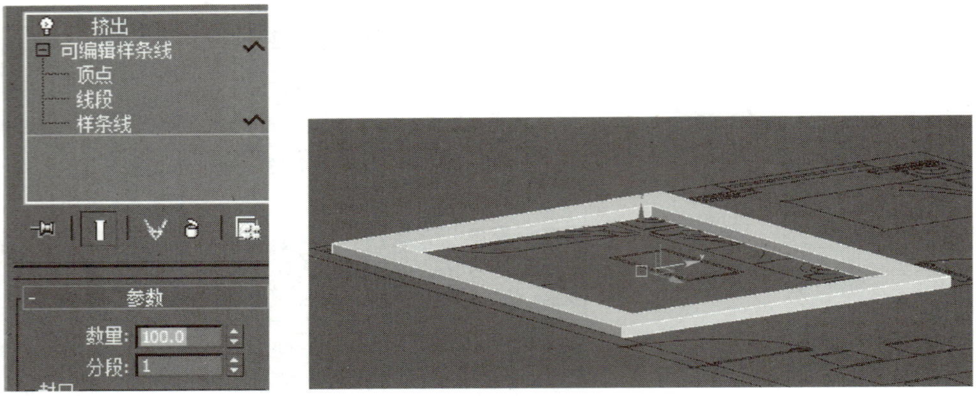

图 7-18　挤出轮廓

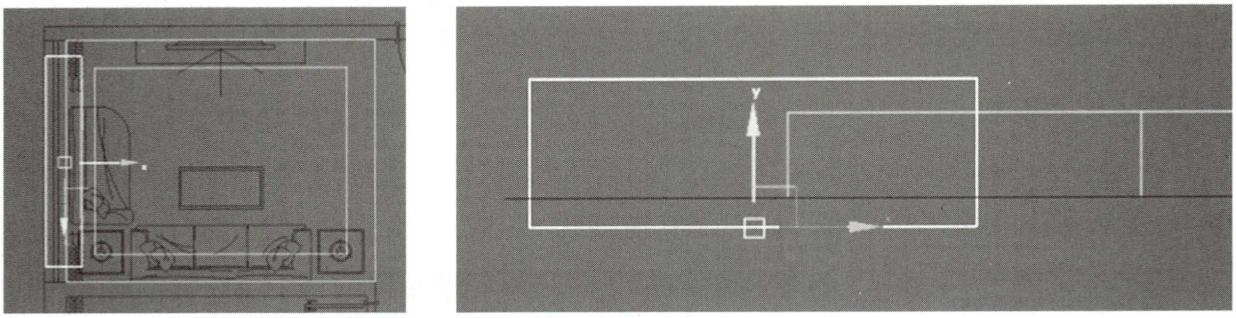

图 7-19　绘制长方体

（4）在“创建面板”选择“几何体”面板下的“复合对象”，依次选择“布尔”“拾取操作对象”命令，拾取长方体（见图 7-20）。

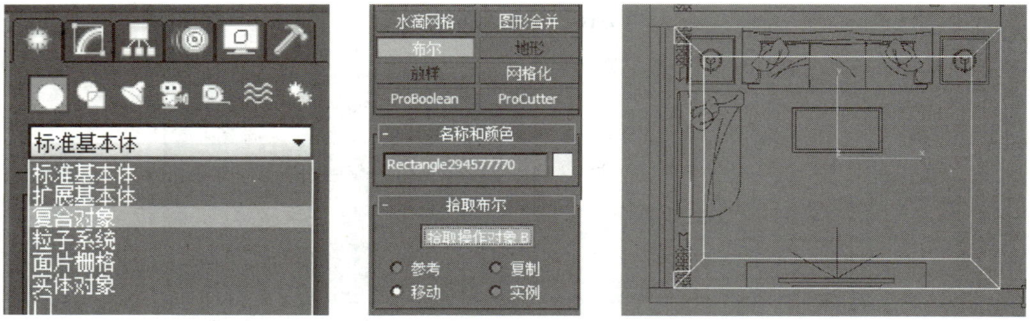

图 7-20　复合对象拾取

五、建立摄影机

在“创建面板”选择“摄影机”，在顶视图绘制摄影机（见图 7-21），摄影机高度为“1100”。

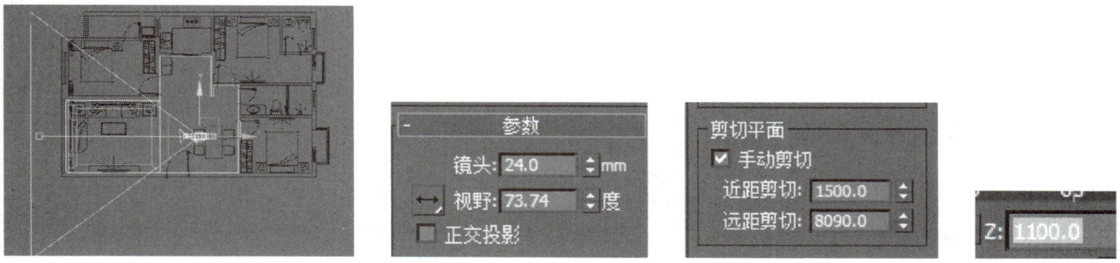

图 7-21　绘制摄影机

六、模型的合并与导入

（1）3ds Max 支持多种文件的合并与导入，常用的文件类型有 MAX、3DS、SKP 等。单击菜单栏“文件 / 合并”命令，选择需要合并的 Max 模型。单击“文件 / 导入”命令，选择导入的模型。

（2）室内场景建模完成后，根据场景风格进行家具搭配，为了减少室内家居、配饰的建模制图时间，通常选择模型进行合并（见图 7-22）。

图 7-22　模型的导入与合并

七、灯光材质

（1）打开材质编辑器，选择一个材质球，选择“Standard”命令，在弹出的对话框中选择“VRayMtl”材质（见图 7-23）。

（2）单击“漫反射”，在弹出的对话框中设置参数（见图 7-24）。

（3）将编辑好的材质赋予天花、墙壁以及吊顶（见图 7-25）。

（4）设置背景。在顶视图绘制一个长方体，打开材质编辑器，选择一个材质球，单击“Standard”按钮将材质切换为“VRay 灯光材质”。单击“颜色”右侧的贴图通道，添加一张室外适合效果图氛围的背景贴图（见图 7-26）。

（5）将设置好的背景材质赋予给场景中的对象，在“修改”命令面板中为它添加“UVW 贴图”修改器。

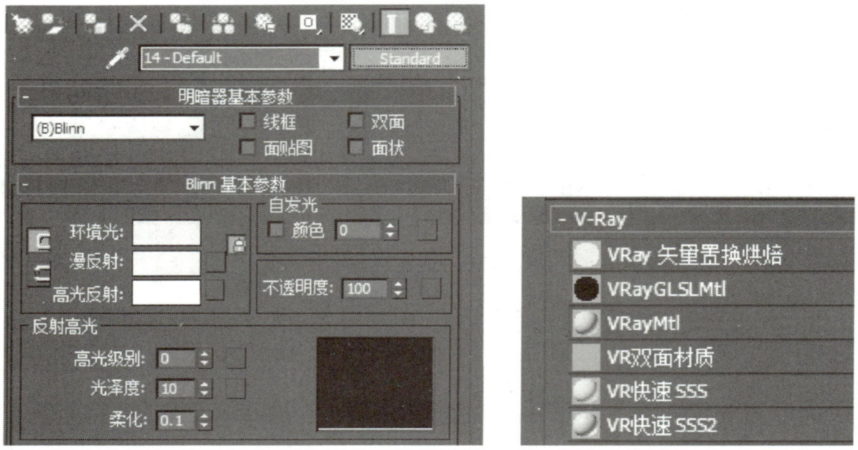

图 7-23　编辑材质球

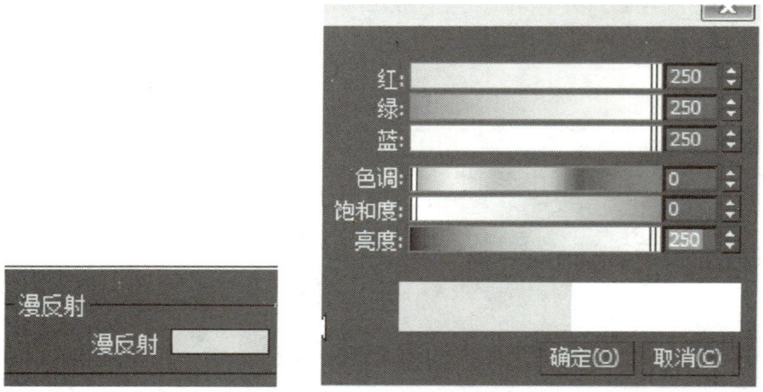

图 7-24　材质球参数

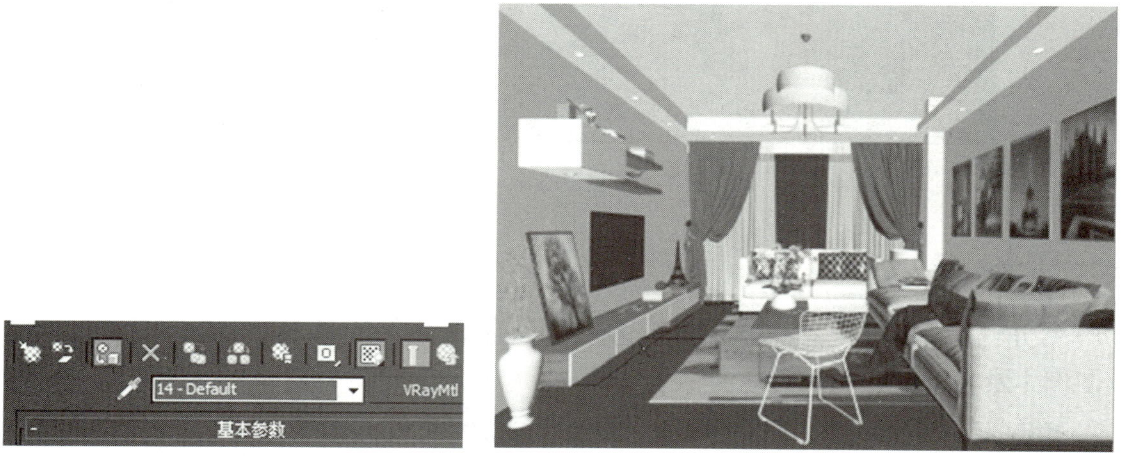

图 7-25　材质赋予

图 7-26　背景材质

（6）创建天花灯光。在顶视图创建片光灯，打开“创建”面板中的“灯光”，选择“VRay”，切换到顶视图，绘制装饰光带（见图 7-27）。选择全部装饰光带，镜像“Y”轴，移动到天花位置（见图 7-28），右键选择“隐藏所选定对象”。

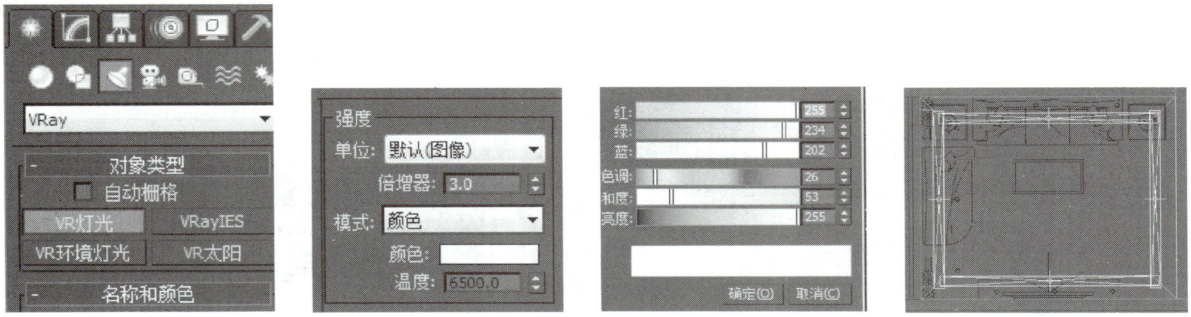

图 7-27　创建装饰光带

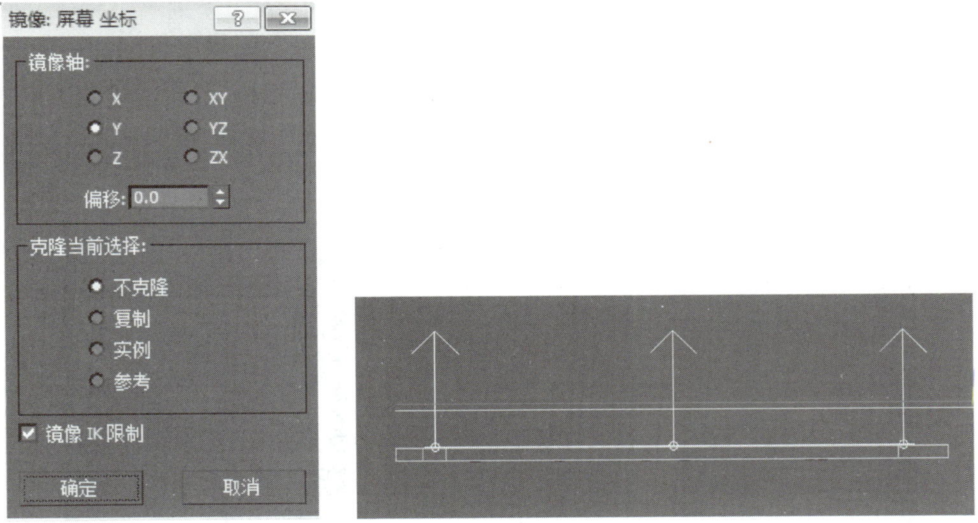

图 7-28　调整装饰光带位置

（7）创建台灯灯光。选择“V-Ray”灯光，类型选择“球体”，在顶视图绘制灯光（见图 7-29），倍增器 50，“颜色”RGB 参数分别为 255，186，77，移动到台灯位置。

（8）创建筒灯。

① 选择“目标灯光”，在顶视图绘制“目标灯光”（见图 7-30）。

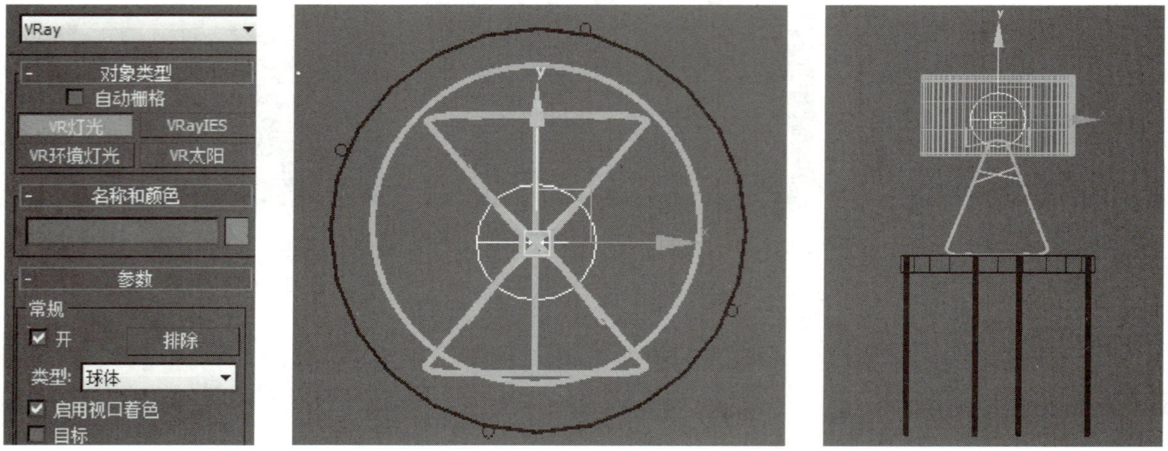

图 7-29　台灯灯光创建

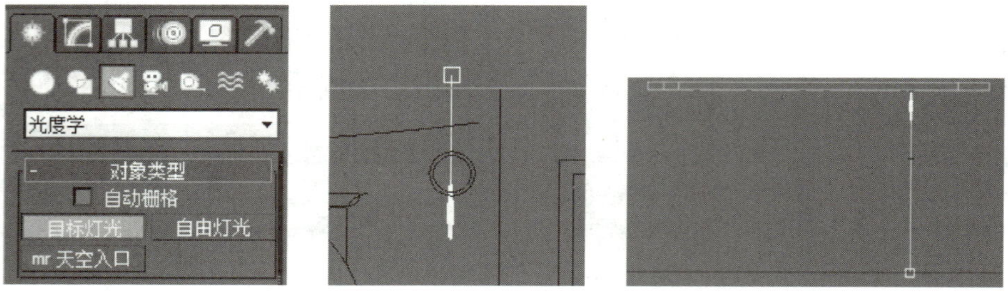

图 7-30　创建目标灯光

② 选择 “V-Ray 阴影”,“灯光分布(类型)” 选择 “光度学 Web”,灯光材质选择 “中间亮”,“过滤颜色” 为默认白色,强度 cd “34000”(见图 7-31)。

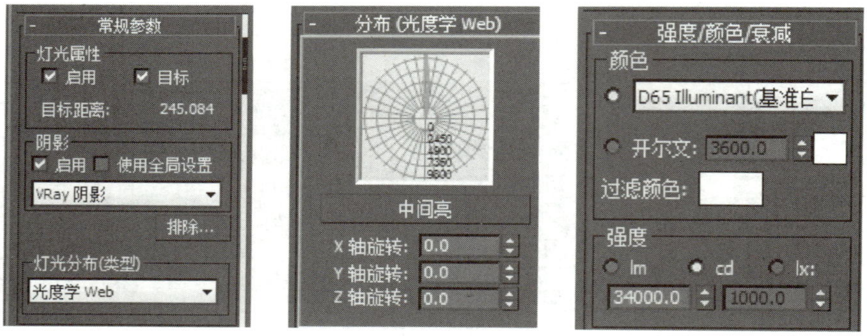

图 7-31　设置光度学 Web

③ 实例复制 “目标灯光”,完成筒灯创建(见图 7-32)。

④ 创建吊灯。选择 “V-Ray” 灯光,在顶视图绘制灯光,倍增器为 8,颜色 RGB 为 255,240,213(见图 7-33)。

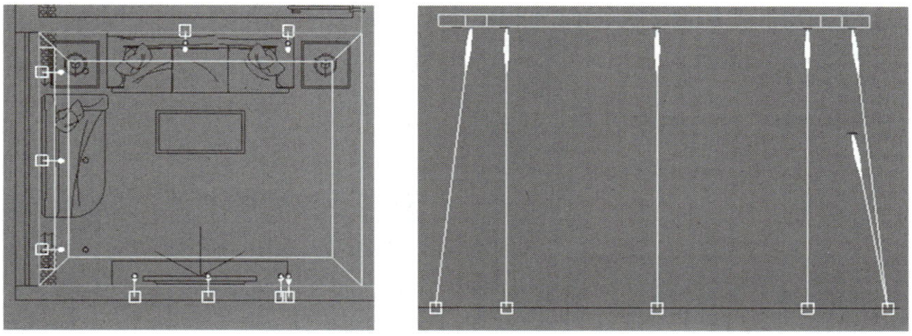

图 7-32　完成筒灯创建

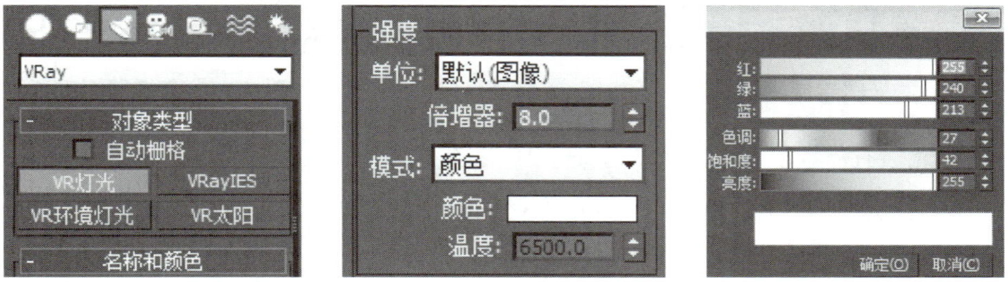

图 7-33　创建吊灯

八、渲染设置

（1）按快捷键 F10，打开“渲染设置”对话框，在“公用参数”卷展栏下设置“宽度”为 2000，“高度”为 1500，指定渲染器，“产品级”改为“V-Ray Adv 2.40.03”（见图 7-34）。

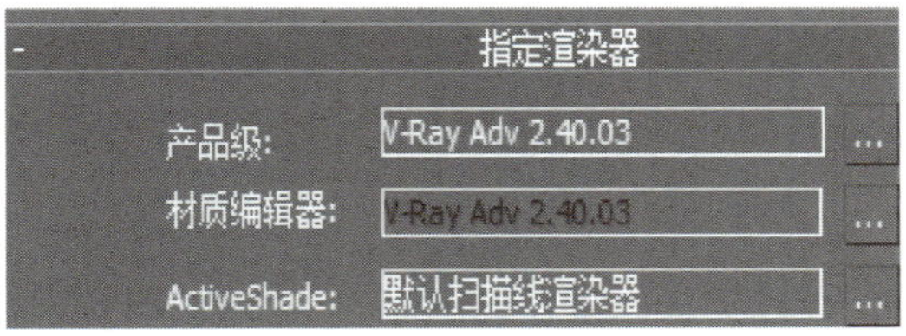

图 7-34　指定渲染器

（2）在 V-Ray 选项卡中，“默认灯光”设为“关”，“图像采样器（反锯齿）”卷展栏下设置“图像采样器”的类型为“固定”，“抗锯齿过滤器”为“区域”（见图 7-35），全局照明环境设置如图 7-36 所示。

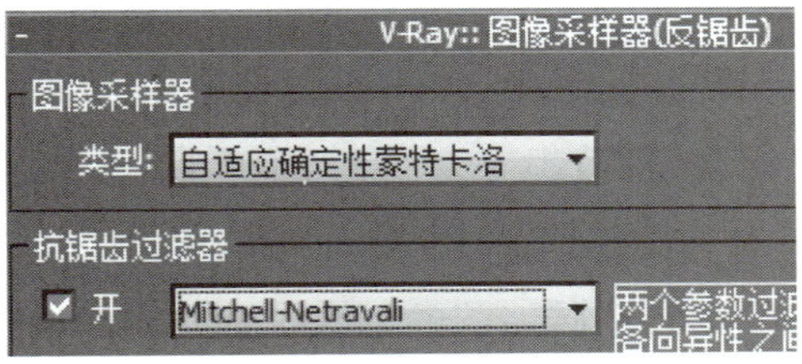

图 7-35　图像采样器设置

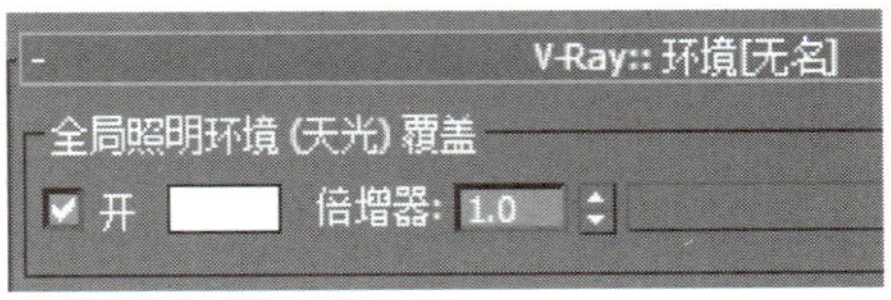

图 7-36　全局照明环境设置

（3）单击“间接照明”选项卡，并勾选“开”选项。在“发光图”卷展栏下，将“当前预置”设置为“中等”。然后，进行基本参数的调整，将“半球细分”设置为 60，同时将“插值采样”设置为 30（见图 7-37）；“间接照明”选项卡下勾选“开”，“首次反弹”的“全局照明引擎”为“发光图”，“二次反弹”的倍增值 1.0，“全局照明引擎”为“BF 算法”（见图 7-38）。

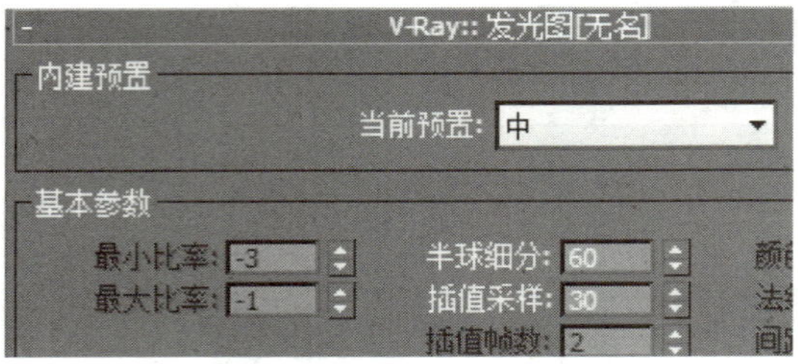

图 7-37　发光图卷展栏设置

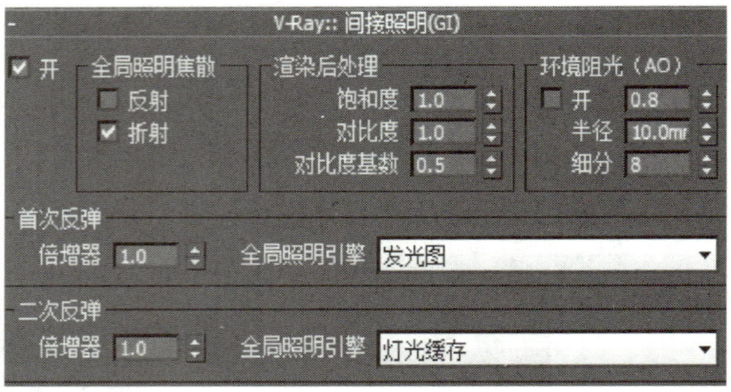

图 7-38　间接照明设置

（4）展开“灯光缓存”卷展栏，选择细分 1000（见图 7-39）。

（5）单击“设置”选项卡，在“DMC 采样器”卷展栏中，设置“噪波阈值”为 0.005（见图 7-40）。

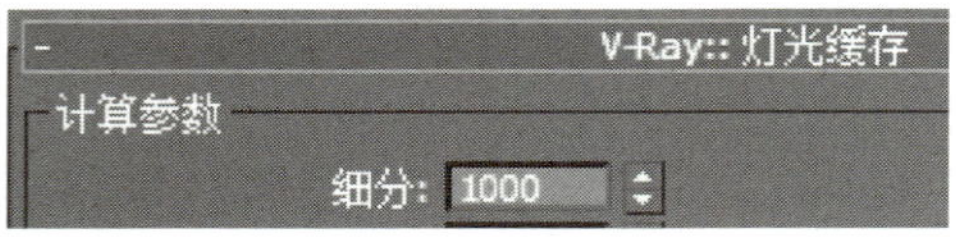

图 7-39　“灯光缓存”卷展栏

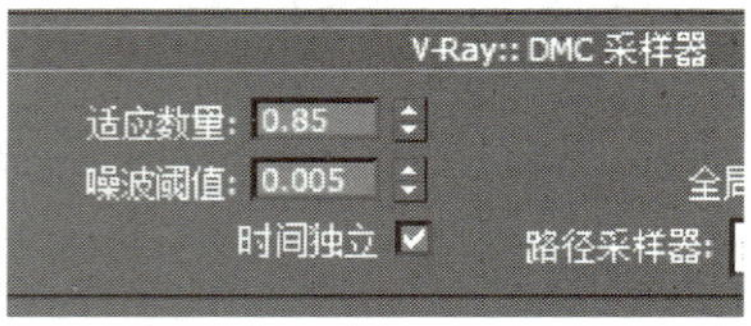

图 7-40　“DMC 采样器”卷展栏

（6）按 F9 键测试渲染当前场景。

（7）效果图后期。打开 Photoshop 将渲染出来的文件拖入场景，调节场景的亮度对比度、色阶、饱和度等。

九、总结

本章的案例场景在效果图制作中是常见的，案例制作分为 8 个步骤：导入 CAD 图纸、墙体建模、门窗洞口创建、天花建模、建立摄影机、模型的合并与导入、灯光材质、后期处理；灯光是效果图制作的难点，场景氛围是靠灯光渲染。

十、实战练习

1. 厨房效果图

在 3ds Max 中，创建厨房模型需要导入厨房家具，设置灯光、材质，还原厨房每个物件的细节，使整个场景栩栩如生。在灯光设计上，V-Ray 采用多种灯光组合，打造出丰富而真实的光影效果，为整个厨房注入生动的氛围。材质的精细调整是打造逼真效果的关键，V-Ray 的强大功能使我们能够呈现出各种表面的真实质感，如地砖的光泽、不锈钢器具的反光，以及瓷砖墙壁的细腻纹理。厨房模型效果如图 7-41 所示。

图 7-41　厨房效果图

（1）设置系统参数。设置系统单位为毫米、捕捉 2.5（顶点）。

（2）墙体建模。导入 CAD 文件并冻结，用二维线绘制厨房和餐厅墙体，并挤出 2750 mm。转换为可编辑多边形（见图 7-42、图 7-43）。

（3）创建厨房的窗户，窗户下沿高度 1000 mm，上沿高度 2100 mm，挤出 210 mm，删除挤出面。餐厅的窗户也按照同样方法设置（见图 7-44、图 7-45）。

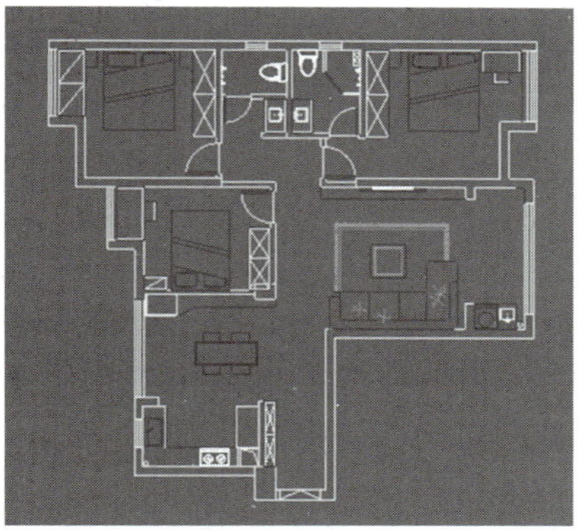

图 7-42　导入 CAD 平面图

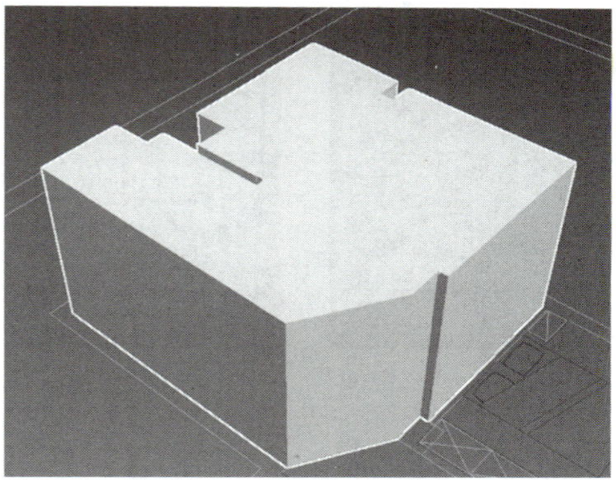

图 7-43　二维线挤出房屋高度

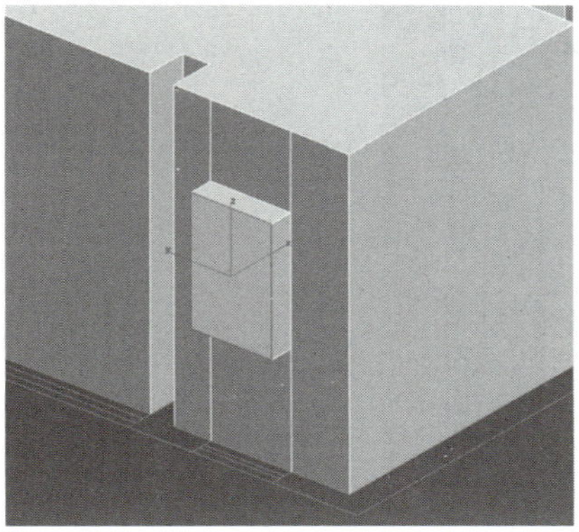

图 7-44　挤出窗户

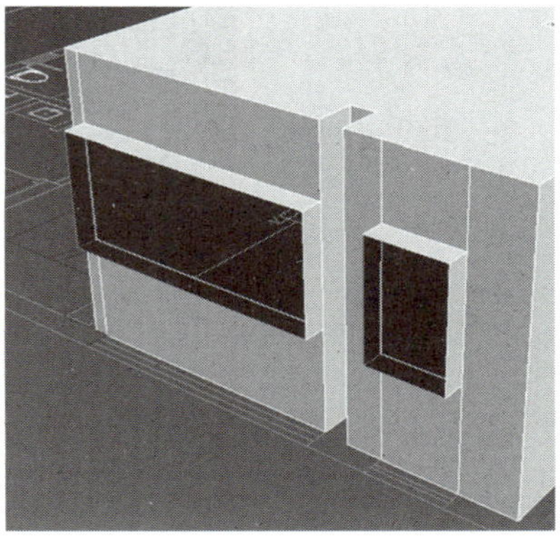

图 7-45　删除挤出窗户的面

（4）选择多边形元素，点击多边形模型处于选择状态（呈现红色状态），点击翻转按钮，翻转模型法线。右键点击模型，选择对象属性，点击背面消隐，呈现出内部视角（见图 7-46、图 7-47）。

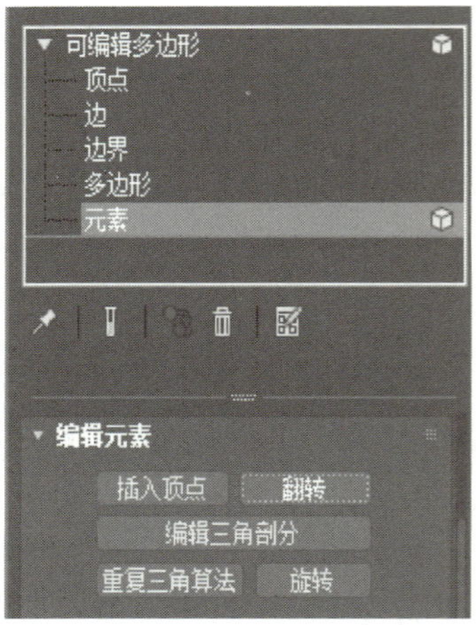

图 7-46　翻转法线

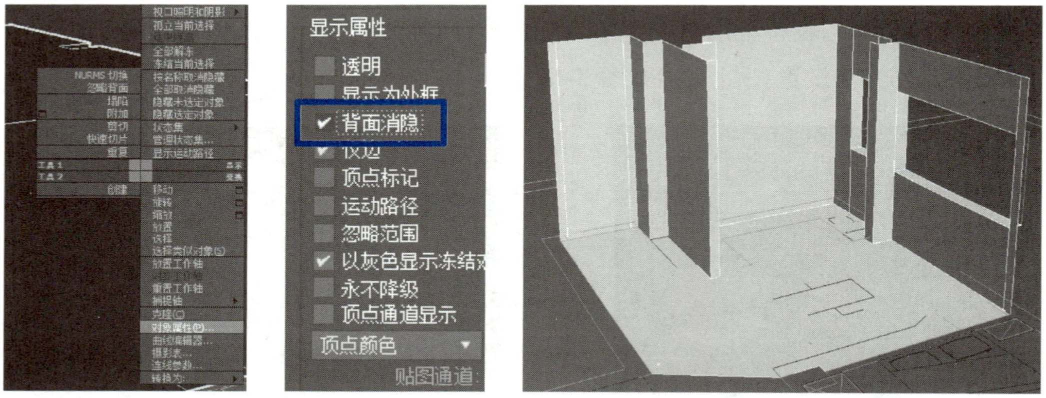

图 7-47　设置背面消隐

（5）创建吊顶。根据厨房的尺寸创建矩形，挤出 240 mm，调整到厨房顶面（见图 7-48）。

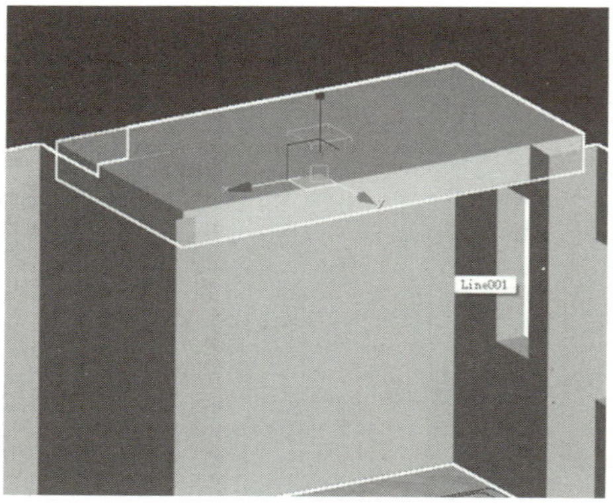

图 7-48　创建吊顶

（6）导入模型。选择“文件 / 导入 / 合并”，选择厨房家具。

（7）创建摄像机，高度 1200，镜头 43（见图 7-49）。

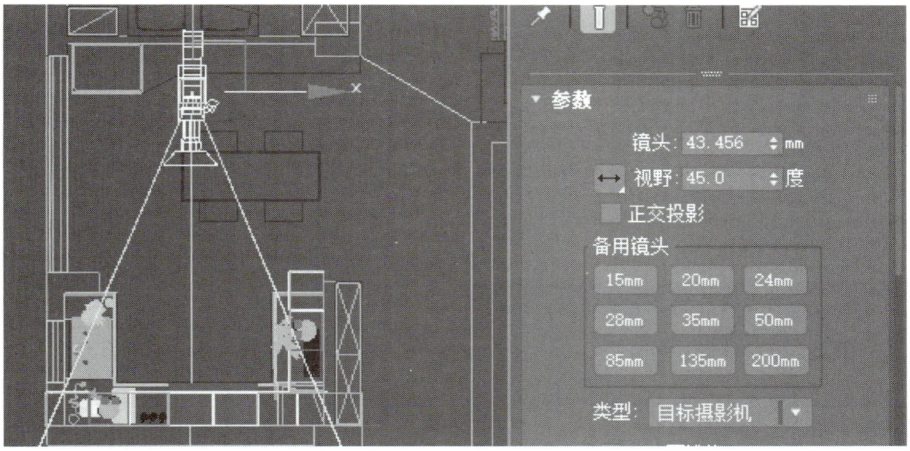

图 7-49　设置摄像机

（8）创建 V-Ray 太阳光，强度倍增 0.02，大小倍增 10。在窗口创建 V-Ray 灯光，倍增 3，勾选不可见。吊顶下创建 2 个 V-Ray 灯光，尺寸 300 mm × 300 mm，倍增 10（见图 7-50）。

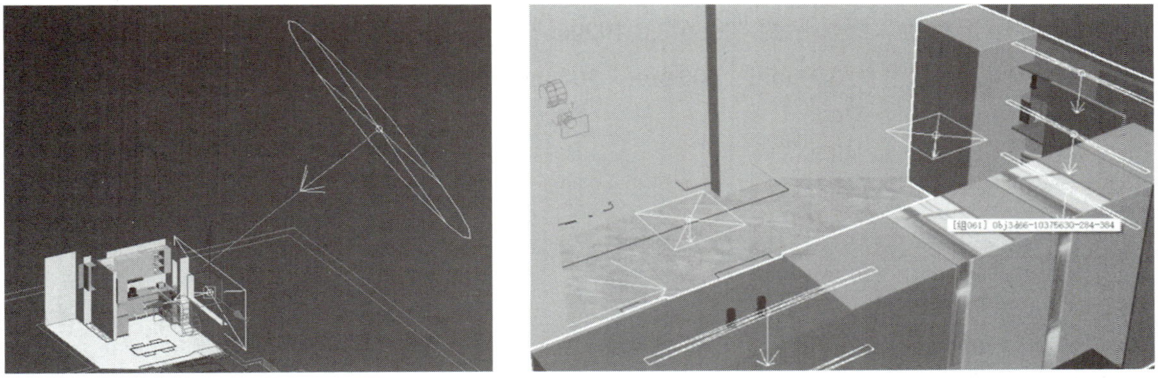

图 7-50　创建室内外灯光

（9）设置地面大理石材质。漫反射贴图为“3d66Mat-10206110-maps-2”。反射 255，光泽度为 0.98，勾选菲涅尔反射。地面模型设置 UVW 贴图尺寸为 1600 mm × 1600 mm × 800 mm（见图 7-51、图 7-52）。

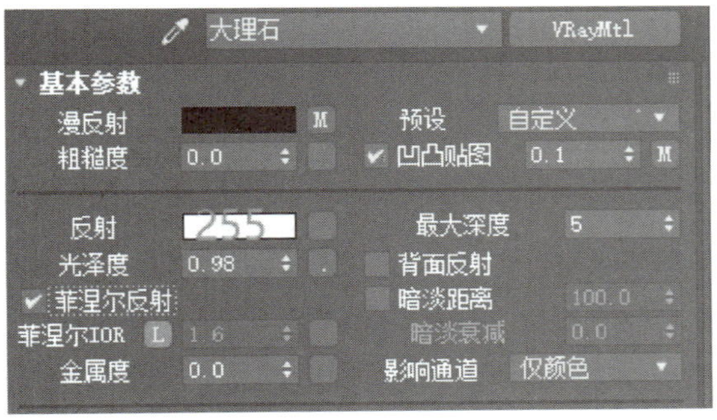

图 7-51　大理石材质制作

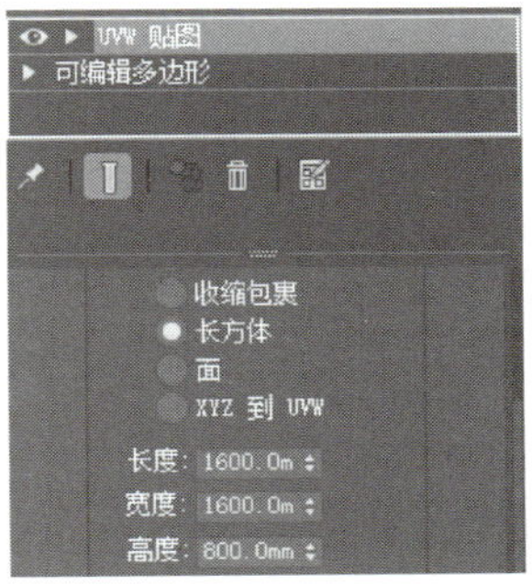

图 7-52　添加 UVW 贴图

（10）设置墙面瓷砖贴图。漫反射颜色 168，贴图选择平铺，图案设置的预设类型为堆栈砌合，砖缝水平和垂直间距设置 0.1（见图 7-53、图 7-54）。

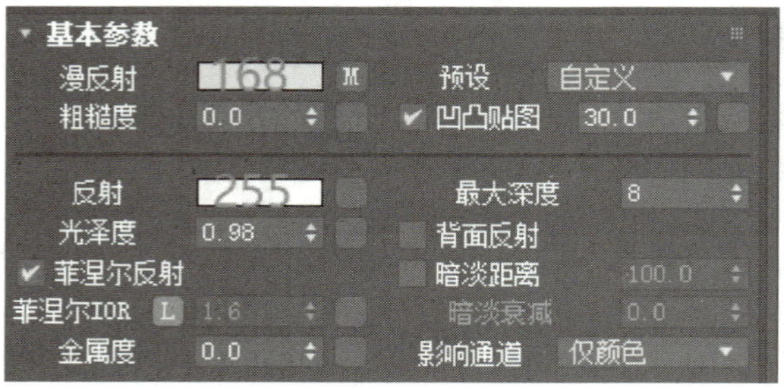

图 7-53　墙面瓷砖参数设置

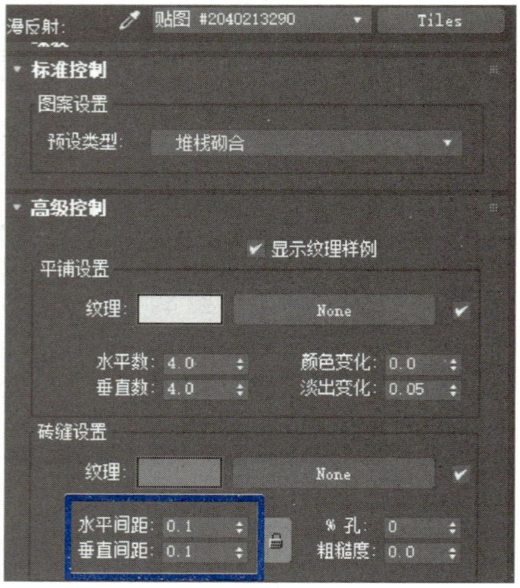

图 7-54　平铺贴图参数设置

（11）创建吊顶材质。添加贴图“3d66Mat-10206632-maps-2”，反射 255，勾选菲涅尔反射。给吊顶模型添加 UVW 贴图，尺寸为 300 mm × 300 mm × 300 mm（见图 7-55、图 7-56）。

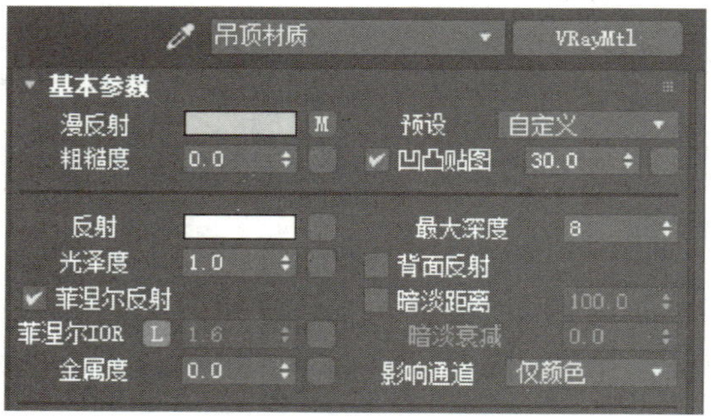

图 7-55　大理石材质制作

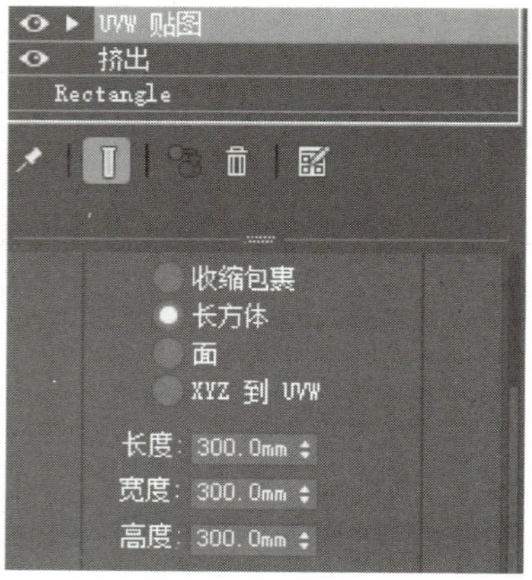

图 7-56　添加 UVW 贴图

（12）根据实际需求设置 V-Ray 渲染参数，渲染尺寸 1000 mm × 1000 mm（图像纵横比为 1 ∶ 1）。

2. 餐厅效果图

在 3ds Max 中，借助 V-Ray 渲染插件进行餐厅效果图的创作实践。创建摄像机，进行合理的构图设计；V-Ray 提供了丰富的光源类型，包括 V-Ray 阳光、V-Ray 片光源、VRayIES、自发光等，为餐厅注入生动而丰富的光影。V-Ray 材质的运用则使得每个物体都拥有真实的质感，比如木质桌面的温润、餐椅皮革的光泽。最终，利用 V-Ray 的渲染技术，将这些元素融合在一起，创造出引人入胜的餐厅效果图（见图 7-57）。这个实践案例不仅是技术的演练，更是对艺术表达的探索，为餐厅设计带来了崭新的视觉体验。

图 7-57　餐厅效果图

（1）打开餐厅模型，创建目标摄像机，相机高度 1 290（见图 7-58）。

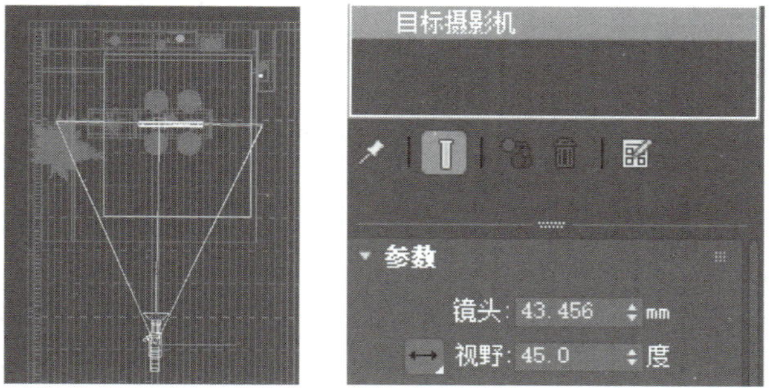

图 7-58　相机位置及参数

（2）设置渲染器测试参数。图像尺寸 640 mm × 480 mm，图像采样器类型为渲染块，渲染块图像采样器最大细分 8。颜色映射类型为指数，暗部倍增 1.5，亮部倍增 3.0。全局照明引擎组合为暴力计算和灯光缓存，灯光缓存细分为 400。图像过滤器设置为 V-Ray Lanczos Filter（见图 7-59）。

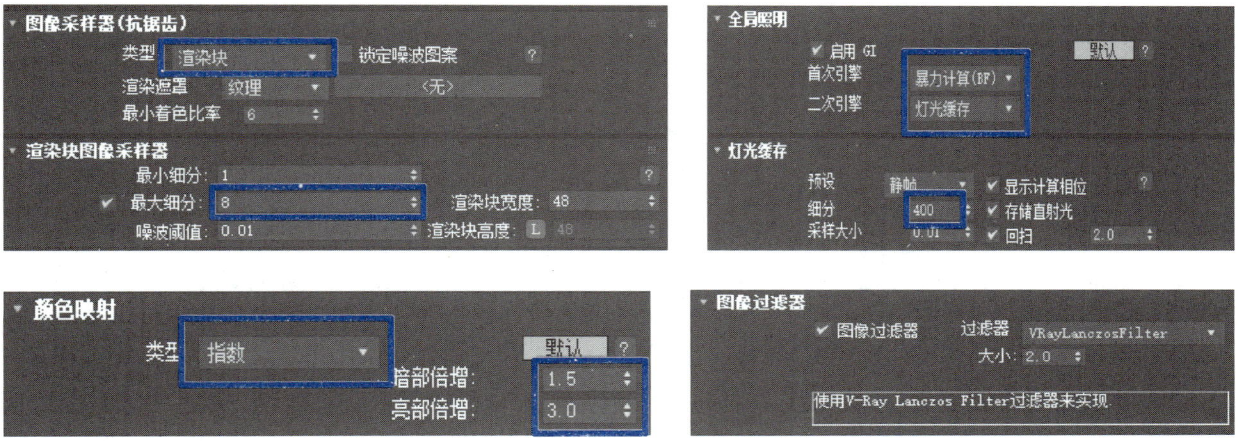

图 7-59　渲染器测试参数设置

（3）创建 V-Ray 太阳光。强度倍增 0.02，大小倍增 10（见图 7-60）。

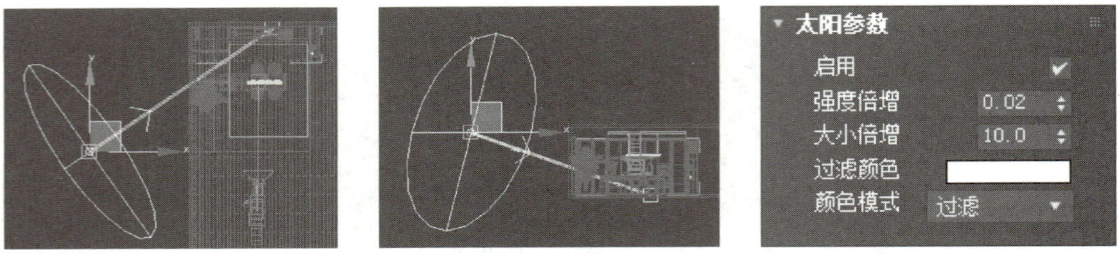

图 7-60　V-Ray 太阳位置及参数

（4）在窗口外创建 V-Ray 灯光，增加室内的亮度。倍增 5，RGB 颜色 235，244，255（见图 7-61）。

（5）在室内右侧创建 V-Ray 灯光，减弱室内物体的阴影。侧面补光强度 0.5，颜色为白色（见图 7-62）。

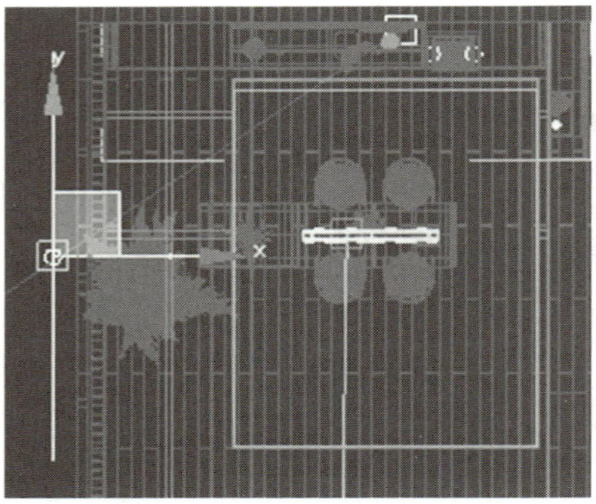

图 7-61　窗外灯光位置示意图

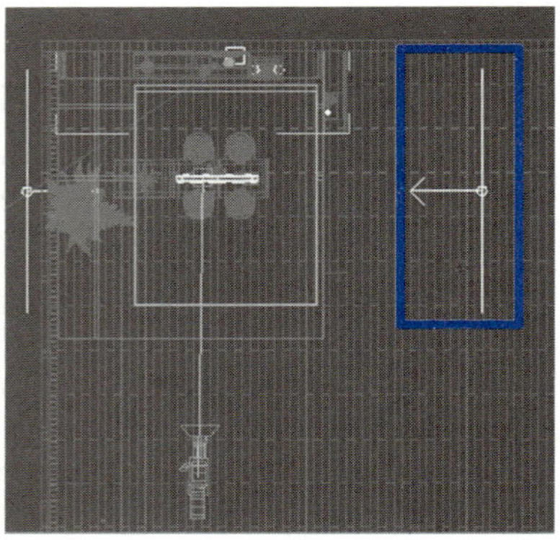

图 7-62　室内右侧灯光位置示意图

（6）用 V-Ray 灯光创建顶棚灯带，倍增 1，RGB 颜色 251，202，138（见图 7-63）。

（7）吊顶材质。RGB 颜色 255，255，255。

（8）白色柜门材质。RGB 颜色 200，198，191。反射 8，光泽度 0.88，取消勾选菲涅尔反射（见图 7-64）。

图 7-63　顶棚灯带位置示意图

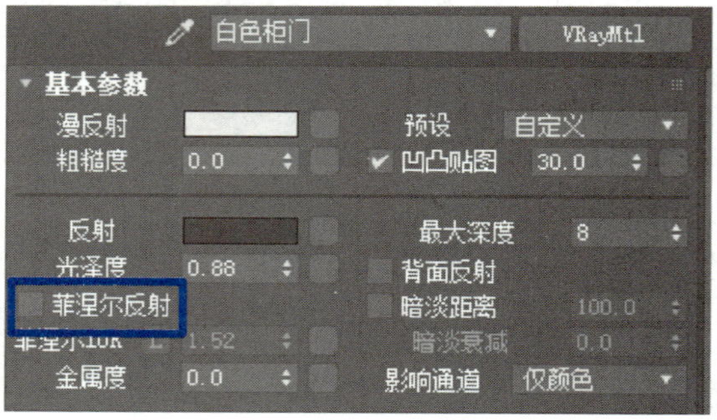

图 7-64　白色柜门参数

（9）绿色柜门材质。RGB 颜色 98，102，82。反射 8，光泽度 0.88，取消勾选菲涅尔反射。

（10）大理石材质。添加大理石贴图，反射 50，光泽度 0.95，取消勾选菲涅尔反射（见图 7-65、图 7-66）。

（11）桌面木纹材质。添加木纹贴图。反射 20，光泽度 0.88，取消勾选菲涅尔反射（见图 7-67）。

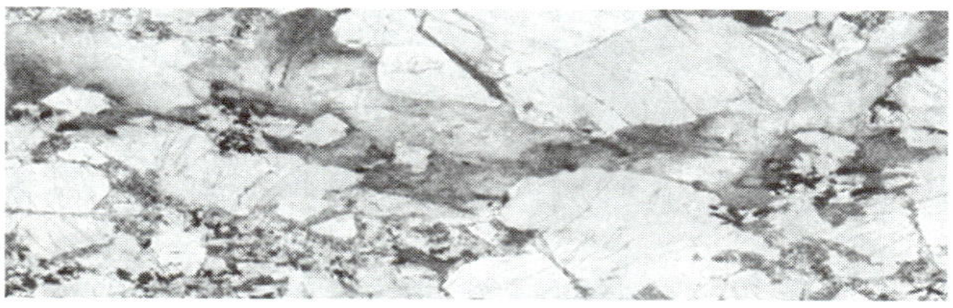

图 7-65　大理石材质漫反射贴图

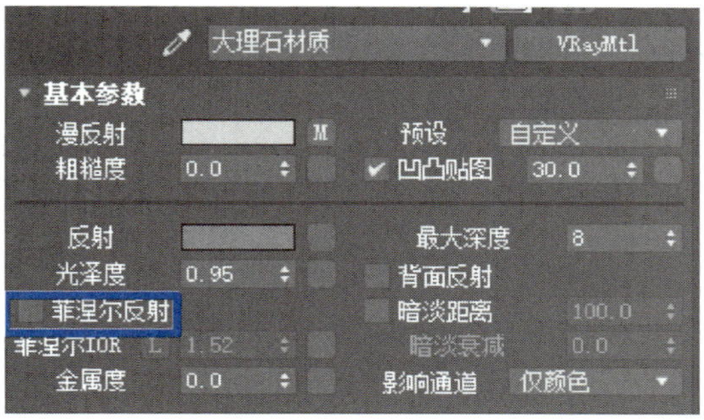

图 7-66　大理石材质参数

图 7-67　桌面木纹漫反射贴图

（12）黑色椅子材质。颜色为黑色，反射 255，光泽度 0.7，勾选菲涅尔反射。

（13）椅面材质。在漫反射添加衰减贴图，在黑色贴图添加 RGB 倍增贴图。在 RGB 倍增颜色 1#，添加一张灰色纹理贴图“znzmoModel-1111060777-0020”，把颜色 2# 更改 RGB 颜色为 230，160，86。返回到衰减贴图层级，把白色贴图添加到输出贴图。在输出贴图的位置，先复制衰减黑色贴图的 RGB 倍增，然后粘贴到输出贴图（见图 7-68）。

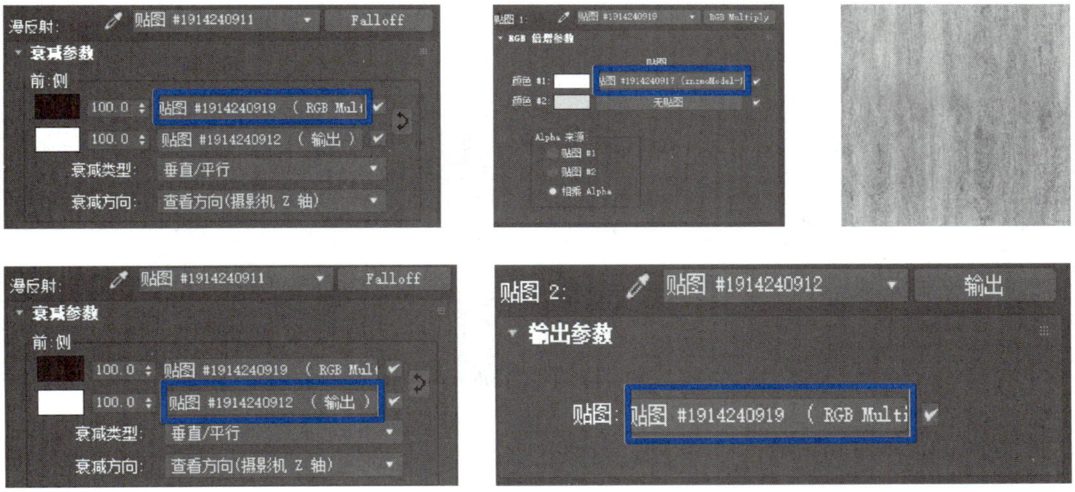

图 7-68　椅面材质参数

（14）吊灯材质。选择“VRay_ 混合材质”，基本材质选择“VRay_ 灯光材质”。RGB 颜色为 245，186，92，倍增 2.5。涂层材质选择 V-Ray 基础材质，颜色白色，反射 255，光泽度 1，勾选菲涅尔反射（见图 7-69）。

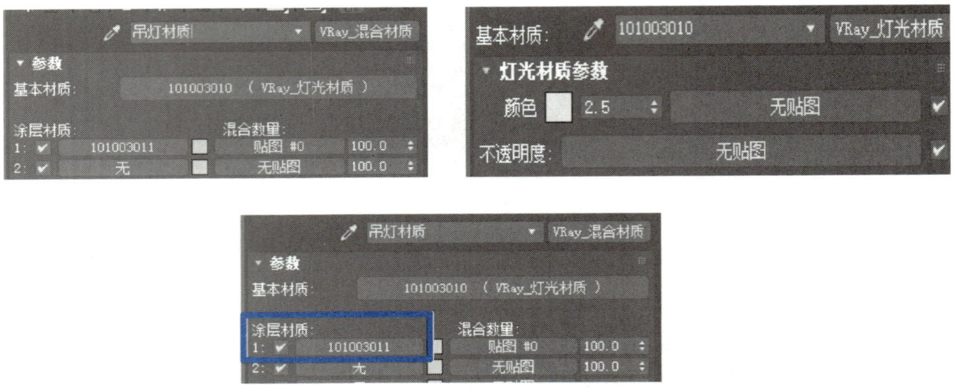

图 7-69　吊灯材质参数

（15）地板材质。添加地板贴图，裁剪选取其中一部分贴图。反射 255，光泽度 0.65，勾选菲涅尔反射。更改漫反射 RGB 颜色为 42，31，21。在贴图展卷栏，把漫反射数值设置为 40（见图 7-70）。

图 7-70　地板材质参数

（16）设置出图参数。设置出图尺寸 2000 mm × 1500 mm。设置图像采样器中的最小着色比率为 16，渲染块图像采样器最小细分为 2，最大细分为 16，噪波阈值为 0.005。灯光缓存细分为 1500（见图 7-71）。

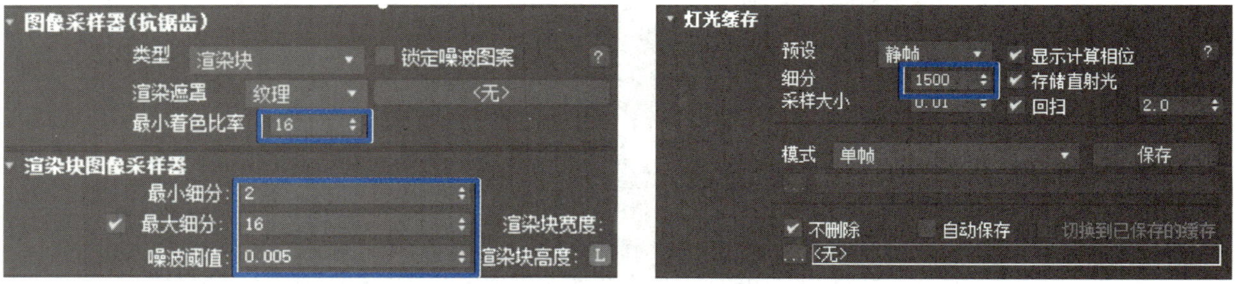

图 7-71　出图参数设置

第八章

Chapter 8

360 度全景 VR 效果图制作

Panoramic VR Rendering Production

360 度全景效果图可以更好地展示室内三维空间的装修风格，全面地观看空间布局细节，并能分享至微信朋友圈，是效果图发展的一大趋势。本章讲解 360 全景效果图的制作技术，以及插入音乐、图片、交互热点等方法和技巧。

一、360 度全景效果图

360 度全景效果图是将三维效果图，通过相机 360 度拍摄的多组照片拼接成一个全景图像，结合 Pano2VR 软件等模拟出一个用户可以通过鼠标任意放大和缩小，如亲临现场般动态地选择环视、俯瞰和仰视等观看角度，可交互、有真实感的虚拟三维空间场景。

二、3ds Max 参数设置

打开素材“第十三章 / 场景 / 简洁卧室 .max”。将主工具栏的选择过滤器改为 C-摄影机。前视图添加一个自由摄像机（或标准摄像机、V-Ray 物理相机），左视图将摄像机高度设为 1 100 mm，顶视图将摄像机放置在房间内中间位置（见图 8-1）。

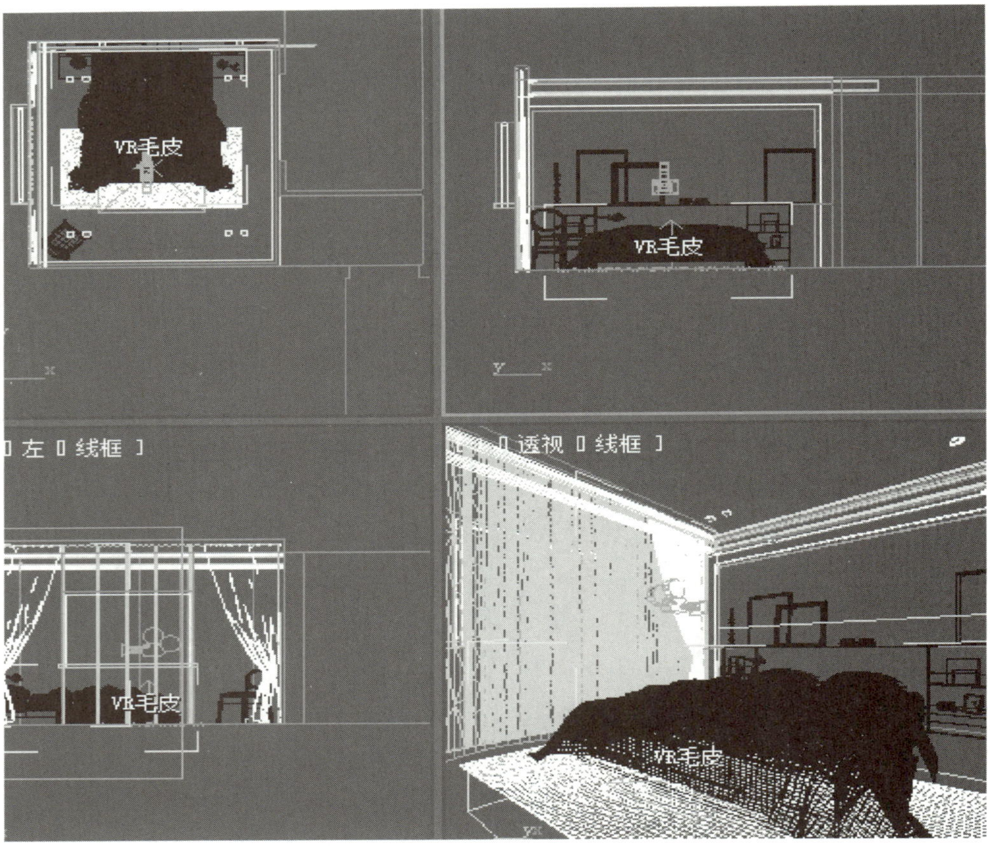

图 8-1　创建摄影机

在透视窗口按快捷键 C 进入摄影机视窗（见图 8-2、图 8-3）。

调整镜头参数为 15 mm（见图 8-4）。在顶视图，旋转摄影机预览 360 度渲染效果，并放置在合适位置（见图 8-5）。

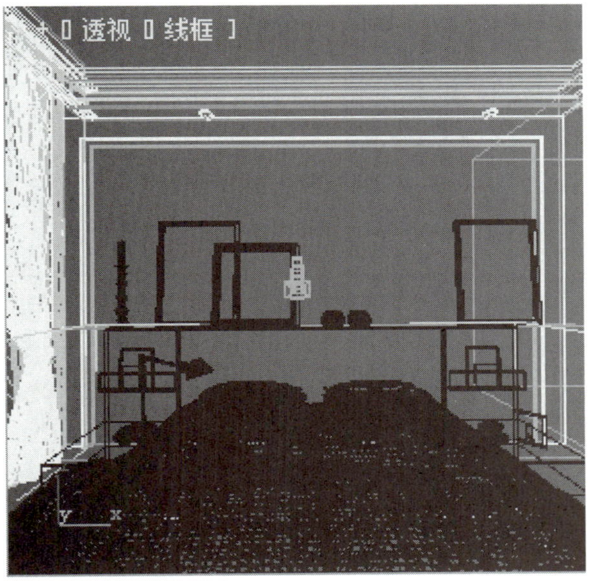

图 8-2　透视视窗

图 8-3　摄影机视窗

图 8-4　调整参数

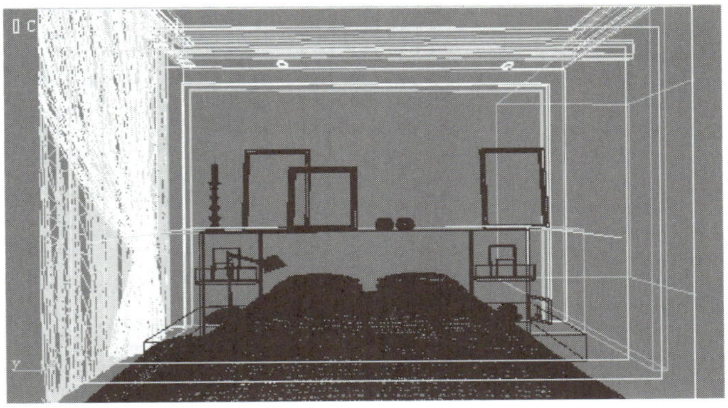

图 8-5　调整后摄影机视窗

三、全景图出图参数设置

V-Ray 渲染器设置。单击 渲染设置按钮或按 F10 键，打开“渲染设置”对话框，进入 V-Ray 渲染器，测试阶段“公用参数”卷展栏下设置“宽度”为 2000，“高度”为 1000，渲染输出大小的图像纵横比为 2.0，并锁定。（见图 8-6）

注意：正式出图别墅需要设置“宽度”为 6000，“高度”为 3000；小户型需要设置“宽度”为 4000，“高度”为 2000。

在渲染面板中单击 V-Ray 选项，然后打开“V-Ray 摄像机”卷展栏，将“摄影机类型”从“默认”改为“球形”，勾选“覆盖视野”，输入“视野”参数为“360”（见图 8-7）。

渲染设置参数同 V-Ray 正式出图一样，精度要求高可将“发光图”改为“高”，“灯光缓存”细分值改为“2000”，渲染出图（见图 8-8）。出图后，存储文件为 *tif 文件格式。

注意：如果系统内存不够，可以在渲染设置内“设置—V-Ray 系统—动态内存限制改为系统默认最大值 3000 MB 或以上”。

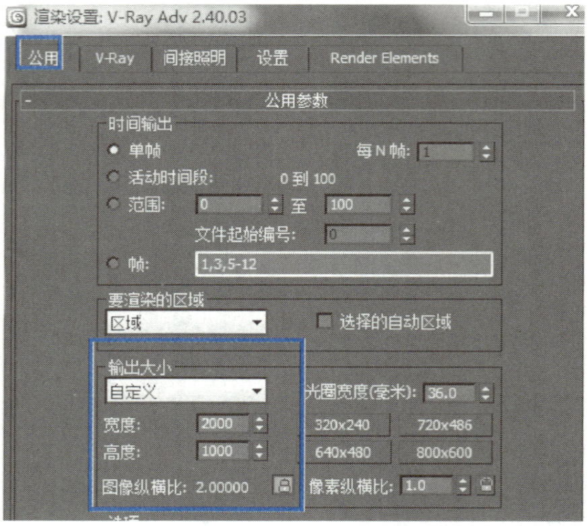

图 8-6　设置渲染输出大小

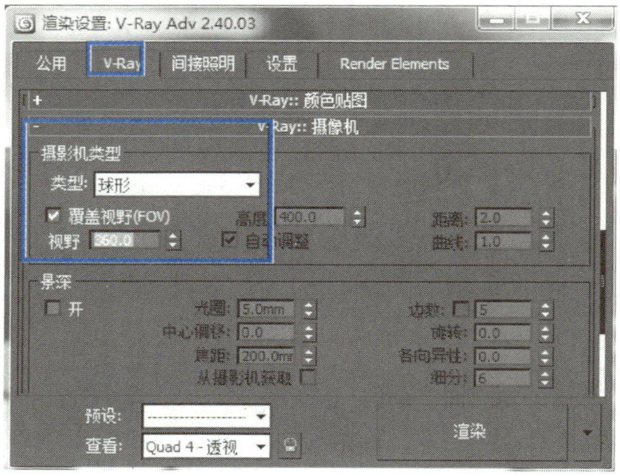

图 8-7　渲染器 V-Ray 摄像机设置

图 8-8　渲染后出图

四、全景图的后期处理

运用 Photoshop 对渲染结束效果图进行图片美化处理。

在 Photoshop 内打开效果图，选择“图像—调整—色阶”，提高图片的亮度；选择“图像—调整—匹配”，增加颜色明亮度和颜色强度。复制一个背景图层，将正常改为滤色，填充改为 30%（见图 8-9）。再复制一个背景图层，将正常改为柔光，填充改为 30%（见图 8-10）。合并可见层，存储为 *jpg 格式。

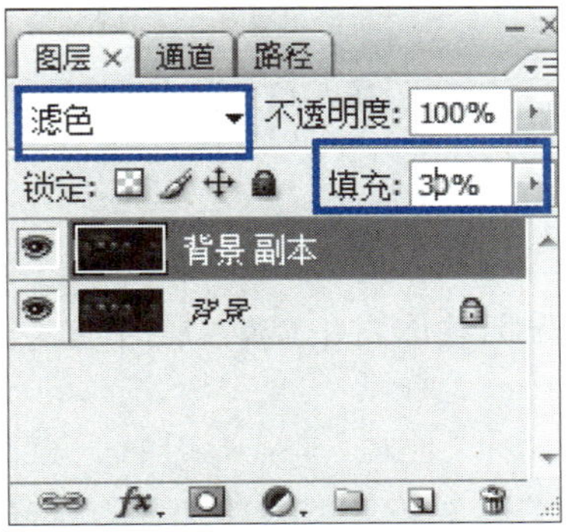

图 8-9　图层改滤色

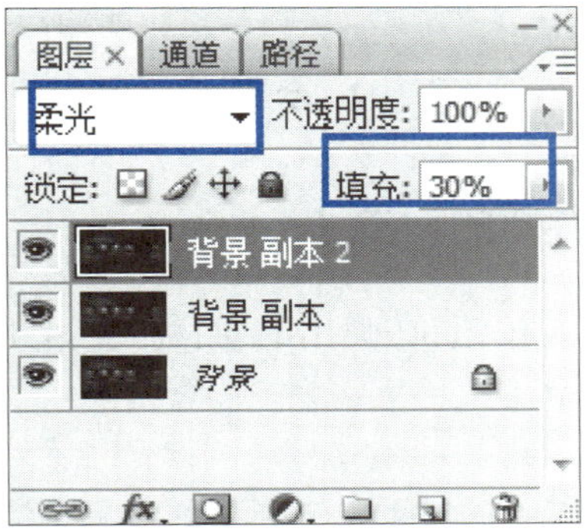

图 8-10　图层改柔光

五、在合成软件中插入静帧图片

打开 Pano2VR 软件，弹出“软件编辑框”窗口（见图 8-11）。

单击 选择输入 按钮，选择全景图路径，将全景图输入至场景（见图 8-12）。漫游浏览器内增加场景图片的方法，是直接用鼠标将图片从原存储路径拖至漫游浏览器空白处（见图 8-13）。

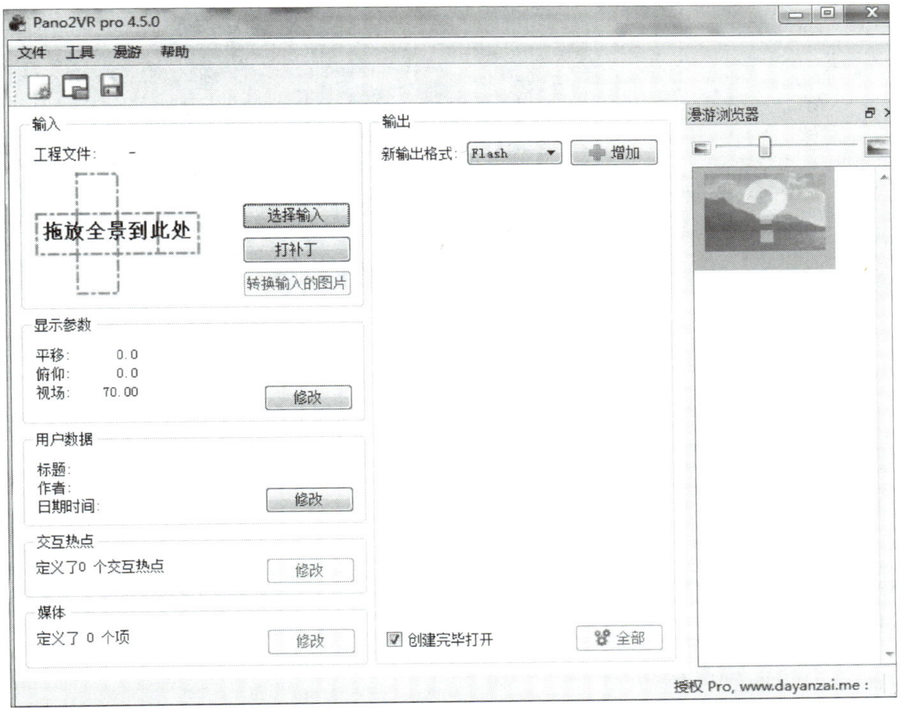

图 8-11　Pano2VR 软件编辑框

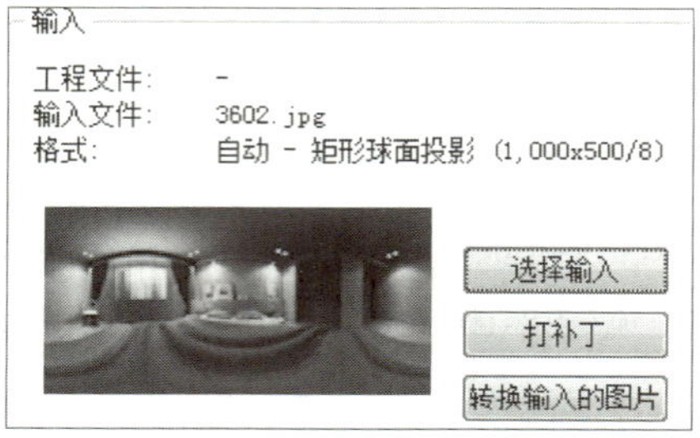

图 8-12　全景图输入至场景

图 8-13　漫游浏览器

六、显示参数的设置

单击 修改 按钮，在弹出的对话框图片框内，拖曳光标可以自由旋转，软件已为图片生成 360 度全景（见图 8-14）。

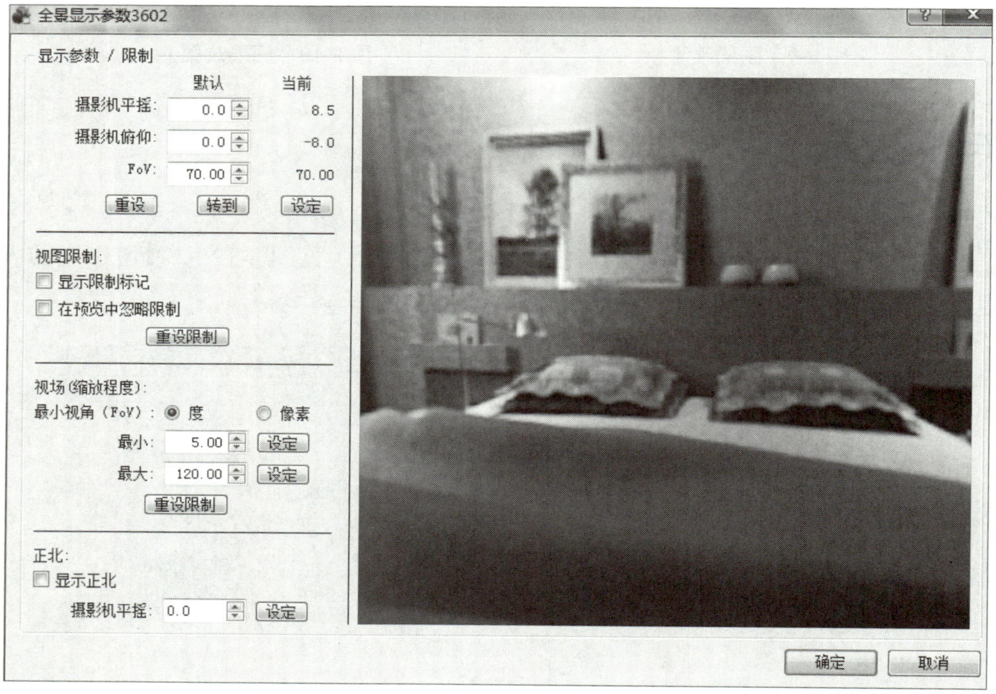

图 8-14　修改编辑框

显示参数 / 限制如图 8-15 所示。

摄影机平摇：左右平行移动的位置参数。

摄影机俯仰：上下移动的位置参数。

FoV：滚动鼠标中键视角移动位置参数。

重设：回到默认原始值。

转到：修改浏览窗口回到原始值。

设定：修改浏览全景图的默认视角。

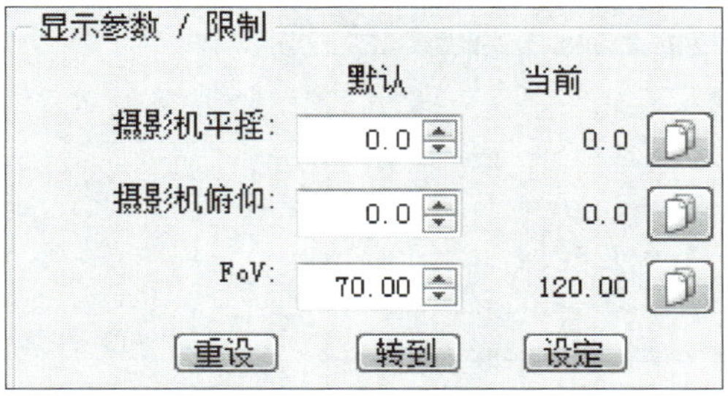

图 8-15　显示参数 / 限制

渲染全景图:输出—单击 增加 ,在弹出的对话框中选择 HTML ,模版选择 fullscreen(全屏模式),模版参数选择 Borderless Fullscreen(无边框)(见图 8-16、图 8-17)。创建保存文件名,确定完成渲染后,即可看到全景图。

图 8-16　模版选框

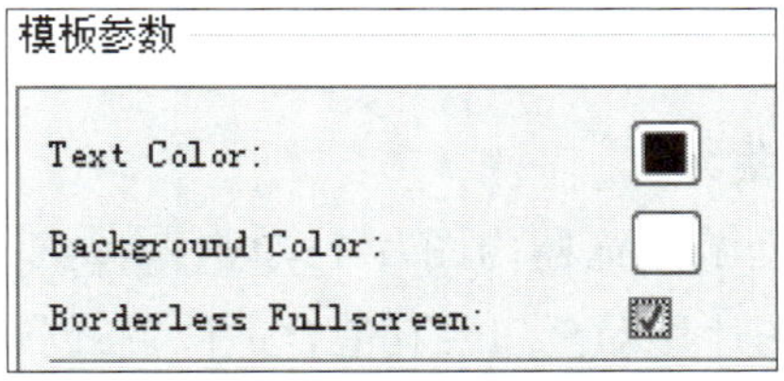

图 8-17　模版参数框

七、常用功能介绍

(1)视图限制主要是限制观察视图(见图 8-18)。

(2)视场(缩放程度)限制视图的视角(见图 8-19)。

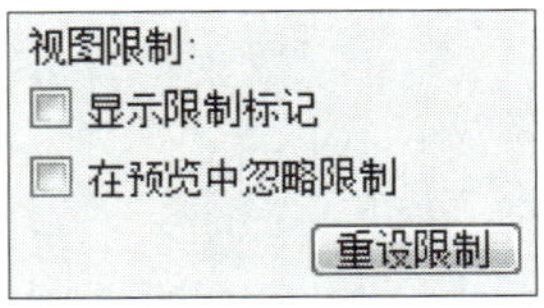

图 8-18　视图限制功能框

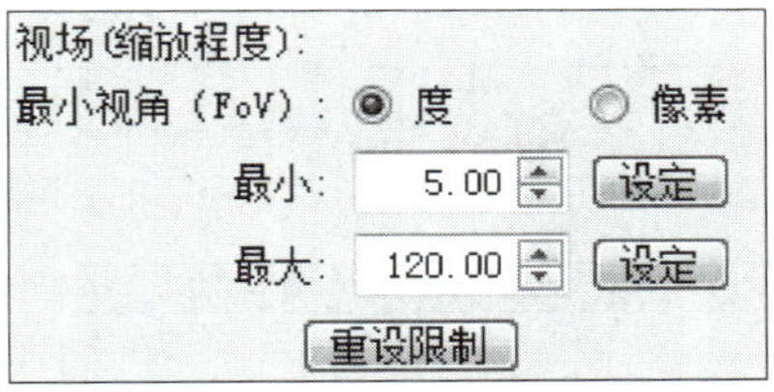

图 8-19　视场功能框

(3)用户数据,单击 修改 按钮,可以输入标题、描述、作者、日期等信息(见图 8-20、图 8-21),无全屏显示时,出现在左下角方框。

(4)交互热点用于两个或两个以上全景图片之间的交互切换(见图 8-22)。交互热点类型为点型 和多边型 。

图 8-20　用户数据功能框

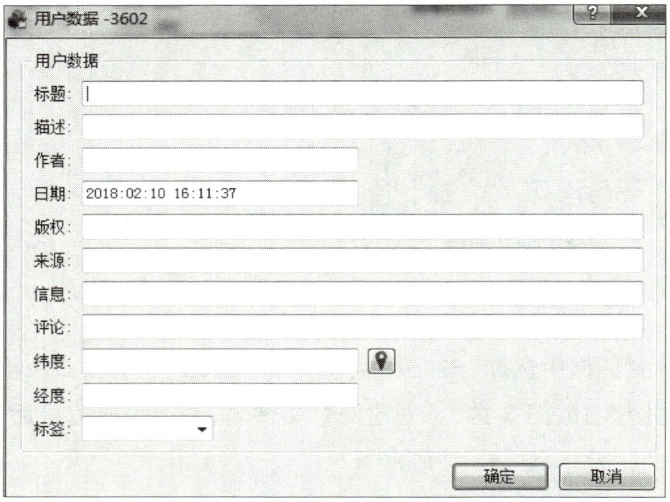

图 8-21　用户数据编辑框

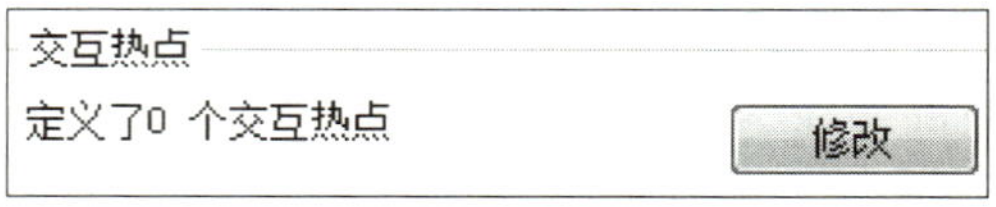

图 8-22　交互热点功能框

交互热点操作步骤：

第一步，选择漫游浏览器内图片 1，单击 修改 按钮，进入弹出的交互修改框，选择点型，在预览场景中，鼠标拖曳图片移动至门或其他合适位置，创建一个点型热点（见图 8-23）。

第二步，输入 ID、皮肤 ID、标题、URL（下拉菜单找链接目标图片 2），单击确定按钮，完成图片 1 的交互设置（见图 8-23）。

第三步，选择漫游浏览器内图片 2，重复第一、二步的操作，URL（下拉菜单找链接目标图片 1），单击确定按钮，完成图片 2 的交互设置。

第四步，渲染输出全景图。

5. 媒体用于在场景中增加音乐、视频等媒体元素（见图 8-24）。

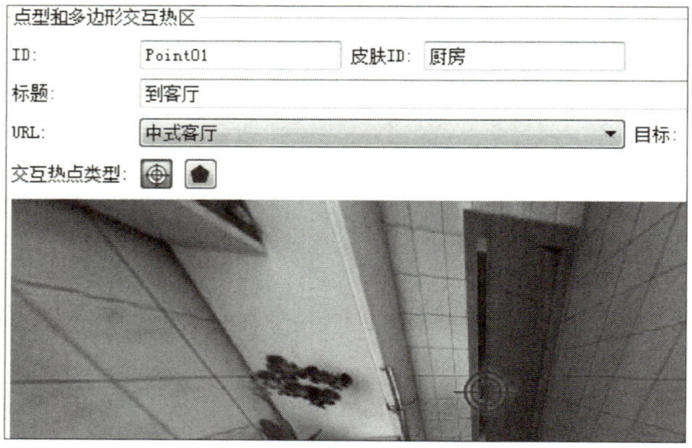

图 8-23　交互热区编辑框

图 8-24　媒体功能框

媒体中插入音乐的操作步骤：

选择漫游浏览器内图片 1，单击 修改 按钮，进入弹出的媒体修改框，双击图片，选择一个 MP3 文件，在预览场景中，鼠标拖曳音频图标移动至合适位置，创建一个媒体图标（见图 8-25），单击确定按钮完成。

媒体中插入图片的操作步骤：

第一步，选择漫游浏览器内图片 1，单击 修改 按钮，进入弹出的媒体修改框，双击图片，选择一个图片文件，在预览场景中，鼠标拖曳图片调整大小，移动至合适位置，创建一个媒体图片（见图 8-26），单击确定按钮完成。

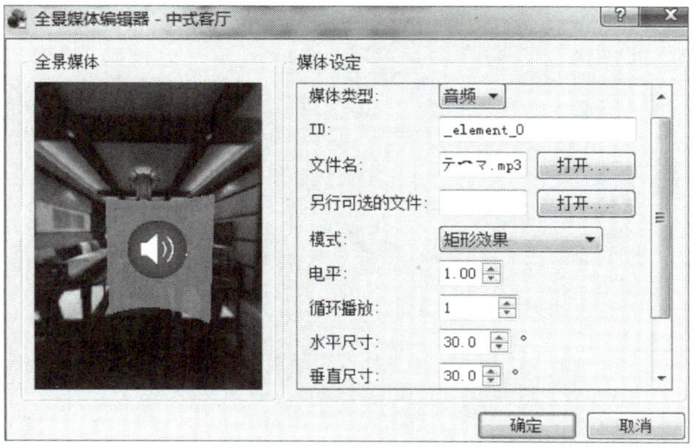

图 8-25　媒体音频编辑框

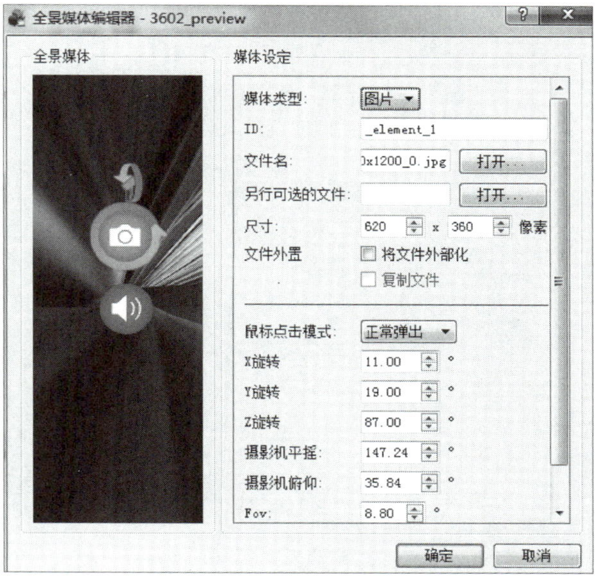

图 8-26　媒体图片编辑框

第二步，选择鼠标点击模式，有 4 种模式：无、播放 / 暂停、正常弹出、100% 弹出（见图 8-27）。

第三步，图片形状、角度、拉伸参数调整，如图 8-28 所示。

第四步，单击确定按钮，完成媒体插入，渲染输出全景图。

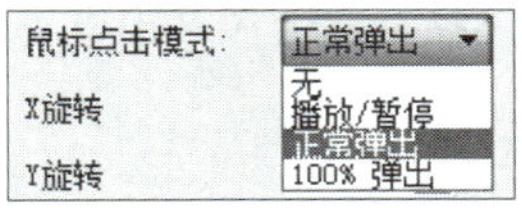

图 8-27　媒体鼠标控制

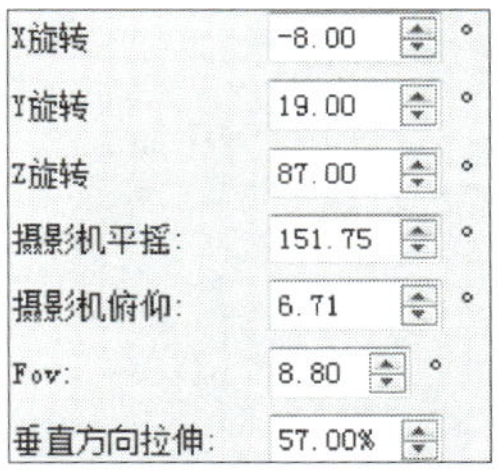

图 8-28　图片修改形状

八、总结思考

1. 总结

本章节介绍了 360 度全景效果图制作技术，以及插入音乐、图片、交互热点等方法和技巧，重点介绍 3ds Max 渲染全景图时精度把握和动态内存的使用，以及 Pano2VR 软件全景图的设置。

2. 思考

（1）怎样在合成软件中插入图片？

（2）怎样设置交互热点？

九、实战练习

根据本章所学内容，制作一个客厅和卧室的全景图，需要使用 Pano2VR 软件插入音乐、图片、交互热点等。

实战练习
教学视频

第九章

Chapter 9

初识 SketchUp

Introduction to SketchUp

SketchUp，简称“SU”，是一款直观、灵活、易于使用的三维设计软件，相当于计算机设计中的“铅笔”，被誉为“草图大师”。SketchUp 是一款专为设计构思阶段打造的设计软件，它不仅能够精确传达设计师的理念，还能充分满足设计师与客户之间实时沟通的需求。这款软件让设计师能够在电脑上实现直观的创意构思，堪称三维设计领域的卓越工具。

一、SketchUp 软件介绍

SketchUp 的界面简洁直观，主要工具都集中在左侧的工具栏中，如图 9-1 所示，命令简单实用，大大提高了工作效率。SketchUp 专注于设计流程，具备快速、直观且即时展现的特点。该软件提供了高效的实时展示功能，如基于视角控制的“照相机”工具，允许用户从多种角度和多种比例查看建筑形态与空间效果。此外，实时处理完成后的视觉效果与最终渲染图像完全匹配，确保了“所见即所得”的体验，无需耗时等待渲染过程，如图 9-2 所示。

图 9-1　SketchUp 界面

图 9-2　SketchUp 效果图

SketchUp 表现样式多种多样，有多种模型显示模式，如“线框”模式、“隐藏线”模式、“阴影”模式、“阴影纹理”模式等，这些模式是根据辅助设计侧重点的不同而设置的。表现风格也是多种多样，如水粉、马克笔、钢笔、油画风格等。例如，“X 光透视”模式的效果如图 9-3 所示。SketchUp 材质和贴图使用更方便，如图 9-4 所示，通过调节“材质”面板里的相关参数就可以对颜色和材质进行修改。同时 SketchUp 与众多软件具有极佳的数据兼容性，它不仅能够与 AutoCAD、3ds Max、Revit 等图形处理软件交换数据，以补充自身的功能，还能与 V-Ray、Piranesi、Artlantis 等渲染软件无缝集成，创造出丰富多彩的视觉效果。

图 9-3 SketchUp“X 光透视”模式效果

图 9-4 赋予材质贴图

SketchUp 可以非常方便地生成各种空间的剖切图，如图 9-5 所示。剖面图不仅能展示空间之间的关联，还能清晰准确地揭示复杂空间构造的细节。此外，通过与页面功能的结合，SketchUp 还能够制作剖面动画，以动态方式展现模型内部空间的关系，或是用于规划场景中的发展变化动画等。

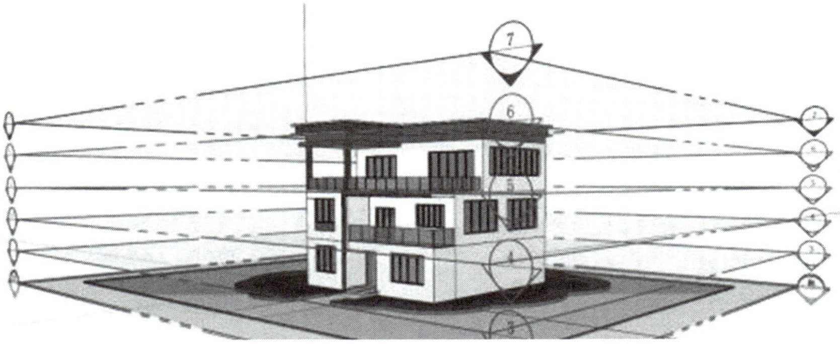

图 9-5 产生剖面

尽管 SketchUp 软件持续进行版本更新，但由于其本身存在的兼容性问题，仍不可避免地存在一些缺陷。SketchUp 主要侧重于设计构思阶段的展现，而在后期的精确工程绘图和仿真效果图的表现上相对不足。对于质量要求较高的效果图，通常需要将其导出，并使用 Photoshop 等专业图像编辑软件进行完善和优化。

在曲线建模方面，SketchUp 的表现力略显不足。因此，在处理特殊形状，尤其是曲线形状的物体时，建议首先在 AutoCAD 中绘制好轮廓线或剖面，然后再导入 SketchUp 进行深入操作。SketchUp 自带的渲染功能较为有限，最佳的使用方式是与其他软件如 Piranesi 和 Artlantis 配合使用。

二、SketchUp 应用领域

1. SketchUp 在建筑设计中的应用

SketchUp 在建筑领域得到了广泛的应用，它涵盖了从项目初期的场地建模，到建筑基本形态的确立，以及建筑外观和立面设计等多个阶段。凭借其直观和高效的特点，SketchUp 逐渐替代了其他三维建模工具，成为建筑师在方案设计阶段偏好的软件。此外，在建筑内部空间的构思、光影与日照分析、建筑色彩和质感的研究、方案动态演示以及对比分析等方面，SketchUp 都能够提供便捷且直观的展示功能，图 9-6、图 9-7 所示为结合 SketchUp 构建的两种建筑方案。

图 9-6　建筑设计方案表达 1

图 9-7　建筑设计方案表达 2

2. SketchUp 在城市规划中的应用

在规划行业，SketchUp 因其直观性和易用性而备受规划师的青睐。无论是大规模的城市空间布局，还是小规模、更具体的规划设计，SketchUp 的辅助建模与分析功能显著拓宽了设计师的思考范围，增强了规划编制的科学性和合理性。目前，SketchUp 被广泛运用于控制性详细规划、城市设计、修建性详细设计和概念性规划等多种规划项目类型中。图 9-8 和图 9-9 展示了利用 SketchUp 创建的两个规划场景示例。

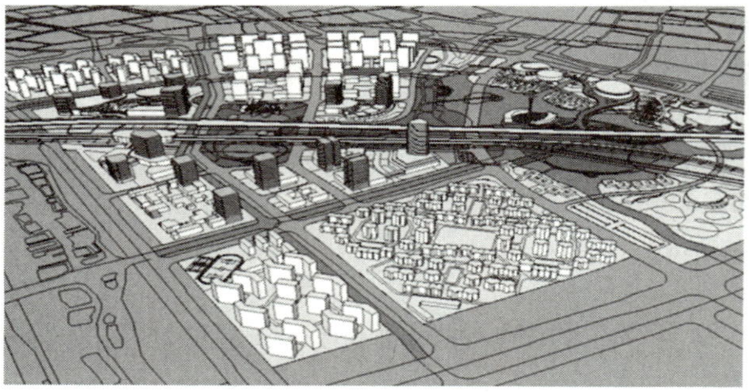

图 9-8　城市规划设计方案表达 1

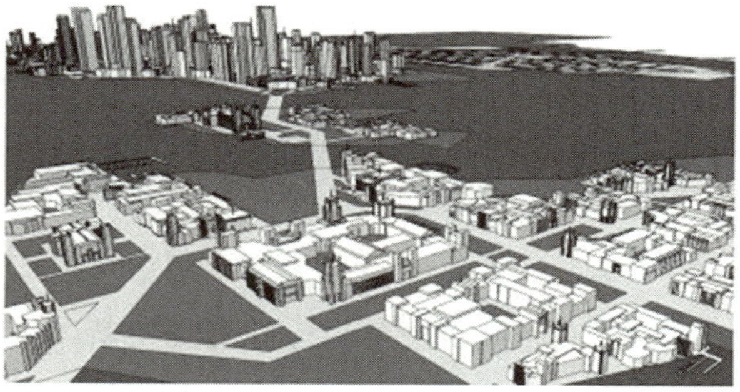

图 9-9　城市规划设计方案表达 2

3. SketchUp 在园林景观设计中的应用

从园林景观设计师的视角来看，SketchUp 在园林景观设计领域的应用与它在建筑设计和室内设计中的应用有所区别，它主要是以实际的景观工程项目为依据，能够直接应用于现实场景之中。SketchUp 的使用在一定程度上提升了设计工作的效率与品质。随着插件功能和软件本身的持续更新，SketchUp

在方案构思阶段对设计方案的细化能力不断增强，使得使用 SketchUp 进行景观设计变得更加广泛。图 9-10 和图 9-11 是利用 SketchUp 构建的两个简易园林景观场景。

图 9-10 园林景观设计方案表达 1

图 9-11 园林景观设计方案表达 2

4. SketchUp 在室内设计中的应用

室内设计的核心目标是打造满足人们物质及精神需求的室内空间，这包括视觉和生理两个层面的环境。设计的总体风格和装饰细节在很大程度上受到业主个人偏好和性格特点的影响。传统的二维室内设计表达方式常常使业主难以理解设计师的构思，而 3ds Max 等三维室内效果图软件在设计的灵活性调整上有所不足。SketchUp 则能够在现有的户型图基础上迅速搭建三维模型，方便添加门窗、家具、电器等元素，并为其贴上地板和墙面的材质，从而直观地向业主展示室内设计的实际效果。图 9-12 和图 9-13 展示了使用 SketchUp 创建的两个室内场景效果，当然，若经过渲染处理，将能得到更佳的商业级效果图。

图 9-12 室内设计方案表达 1

图 9-13 室内设计方案表达 2

5. SketchUp 在工业设计中的应用

工业设计是一项综合性的设计活动，它以工程学、美学和经济学为基本原则，针对工业产品进行设计。工业设计的对象是大规模生产的产品，通过专业训练、技术知识、经验、视觉及心理感知，为产品的材质、结构、构造、形态、颜色、表面处理和装饰等方面赋予新的品质和标准。SketchUp 在工业设计领域的应用日渐广泛，涵盖了机械产品设计、橱窗设计以及展览馆展示设计等多个方面，图 9-14、图 9-15 为工业设计的两个案例。

图 9-14　工业设计方案表达 1

图 9-15　工业设计方案表达 2

三、SketchUp 工作界面

1. 标题栏

标题栏位于界面最顶部，最左端是 SketchUp 的标志，往右依次是当前编辑的文件名称、软件版本和窗口控制按钮，如果文件还没有命名，则显示为“无标题”，如图 9-16 所示。

图 9-16　标题栏

2. 菜单栏

菜单栏位于标题栏下方，SketchUp 2019 菜单栏由“文件”“编辑”“视图”“相机”“绘图”“工具”“窗口”及“帮助”8 个菜单项构成，单击这些菜单按钮，可以打开相应的子菜单以及次级子菜单，如图 9-17 所示。

图 9-17　菜单栏

文件（F）：用于管理场景中的文件，主要包含“新建”“保存”“导入”“导出”“打印”“3D 模型库”及“最近打开记录”等命令。

编辑（E）：用于对场景中的模型进行编辑操作，主要包含具体操作过程中的“撤销返回”“剪切复制”“隐藏锁定”和“组件编辑”等命令。

视图（V）：用于控制模型显示，主要包含“显示样式”“隐藏物体”“显示剖面”“阴影”“动画”及“工具栏选择”等命令。

相机（C）：用于改变模型视角，包含“视图模式”“观察模式”“镜头定位”等命令。

绘图（R）：包含六个基本的绘图命令和沙箱地形工具。

工具（T）：主要包括对物体进行操作的常用命令，如测量和各种类型的辅助、修改工具。

窗口（W）：打开或关闭相应的面板，如“基本设置”“材料组件”“阴影雾化”“扩充工具”等。

帮助（H）：可以打开帮助文件，了解软件各个部分的详细信息和学习数据。

3. 工具栏

默认状态下 SketchUp 2019 仅显示横向工具栏，主要包括“绘图”“编辑”“建筑施工”“相机”“仓库”等工具组按钮，如图 9-18 所示。

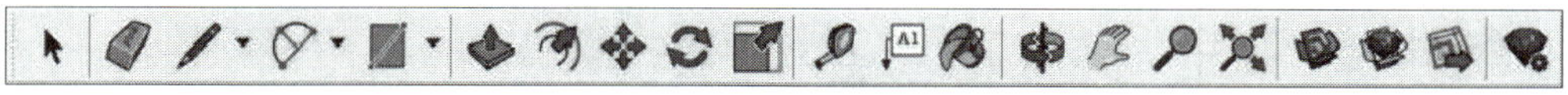

图 9-18　工具栏

在工具栏上单击鼠标右键，将出现如图 9-19 所示的工具栏快捷菜单，在快捷菜单中可以快速调出或关闭某个工具栏，其中左侧有“√”标记的，表示该工具已经在工具栏中显示。

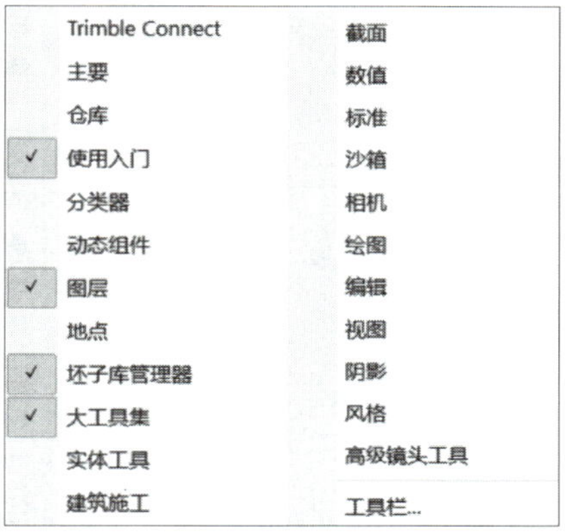

图 9-19　工具栏快捷菜单

4. 绘图区

绘图区又叫绘图窗口，占据了用户界面的大部分空间。在此区域内，用户能够进行模型的创建与编辑操作，同时也允许对视图进行相应的调整。在绘图窗口内，还能观察到绘图坐标轴，它们分别以红色、绿色和蓝色来表示。

为了方便观察视图的效果，有时需要将坐标轴隐藏。执行“视图”“坐标轴”菜单命令，即可控制坐标轴的显示与隐藏，如图 9-20 所示。

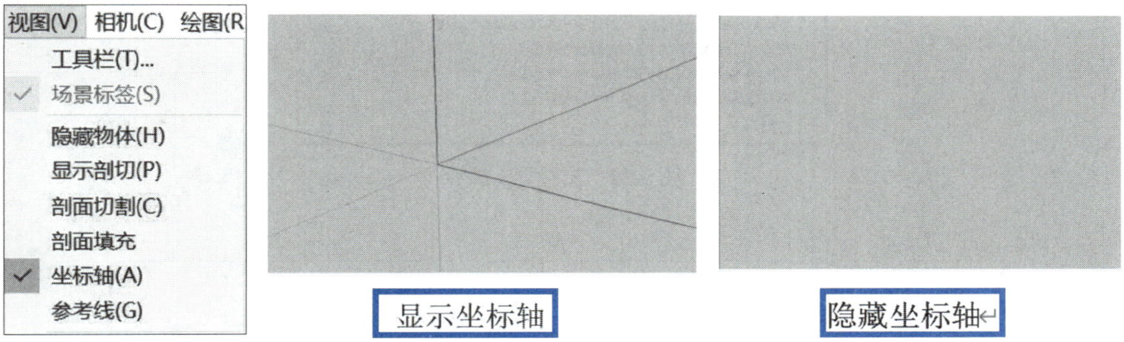

图 9-20　坐标轴显示与隐藏

5. 状态栏

状态栏位于界面的最下方，当用户在绘图区域执行任何操作时，状态栏将显示相应的文字信息。依据这些信息提示，用户能够更加精确地执行操作，如图 9-21 所示。

图 9-21　状态栏

四、SketchUp 文件导入与导出

1. 导入 AutoCAD 文件

（1）启动 SketchUp 2019 软件，执行“文件—导入”命令，选择“CAD”文件，选择文件类型为“AutoCAD 文件”，如图 9-22 和图 9-23 所示。

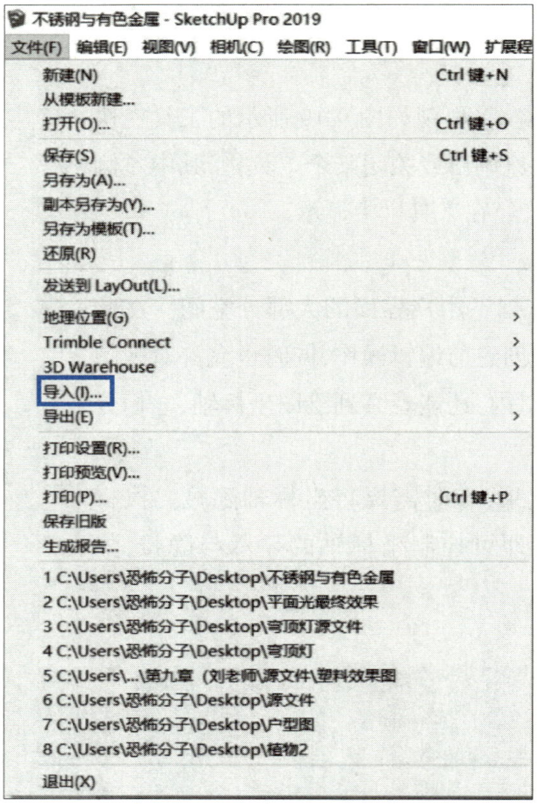

图 9-22　文件导入命令

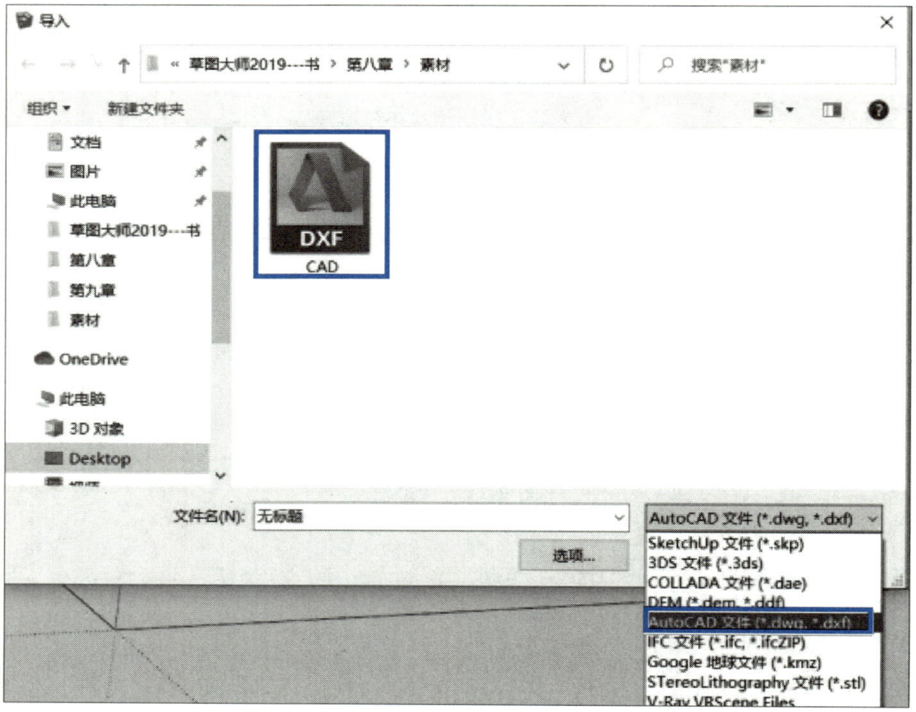

图 9-23　导入 AutoCAD 文件

（2）单击“选项”按钮，打开“导入 AutoCAD DWG/DXF 选项”对话框，如图 9-24 所示。

（3）文件成功导入后，将弹出“导入结果”对话框，单击“关闭”按钮，如图 9-25 和图 9-26 所示。

2. 导出 AutoCAD 文件

（1）启动 SketchUp 2019 软件，执行“文件—导入”命令，选择“CAD”文件，如图 9-27 所示。

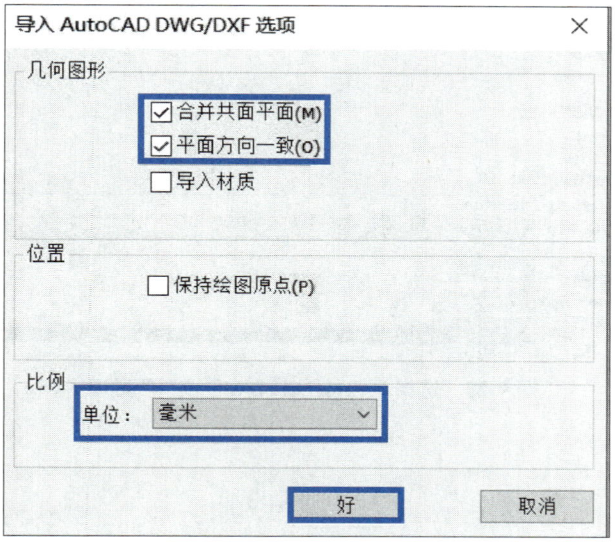

图 9-24 “导入 AutoCAD DWG/DXF 选项”对话框

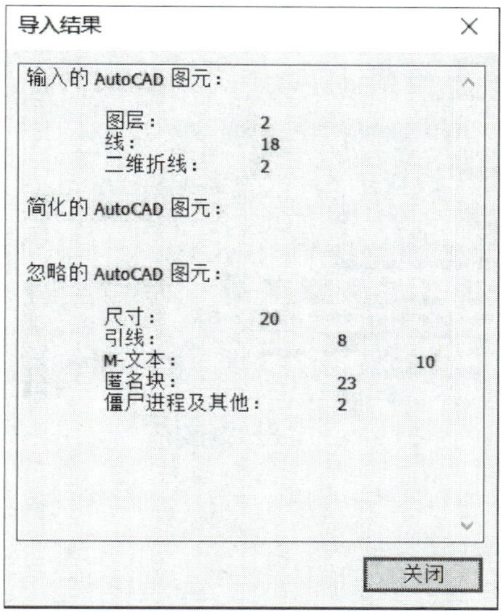

图 9-25 “导入结果”对话框

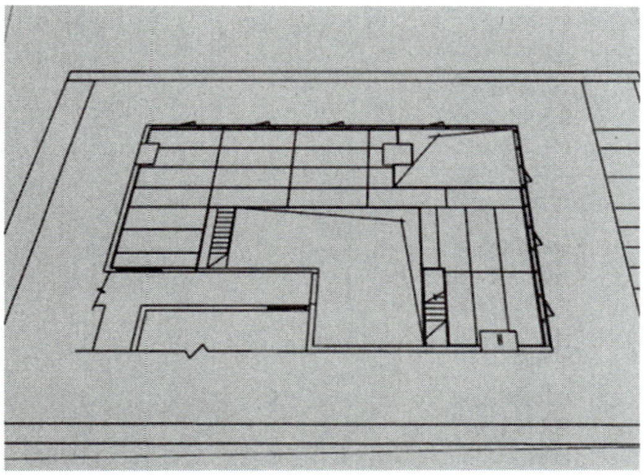

图 9-26 SketchUp 导入结果

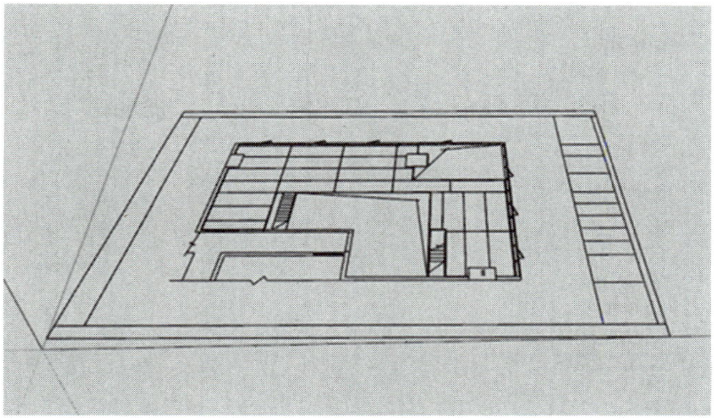

图 9-27 导入 CAD 文件

（2）执行“文件—导出—二维图形”命令，打开“导出二维图形”对话框，选择“AutoCAD DWG 文件”类型，如图 9-28 和图 9-29 所示。

（3）单击“选项”按钮，即可弹出“DWG/DXF 消隐选项”对话框，对输出文件进行相关设置，然后单击“导出”按钮，如图 9-30 所示。

3. 导入二维图形

（1）启动 SketchUp 软件，执行“文件—导入”命令，选择“图片”文件，选择文件类型为“JPEG 图像”，如图 9-31 和图 9-32 所示。

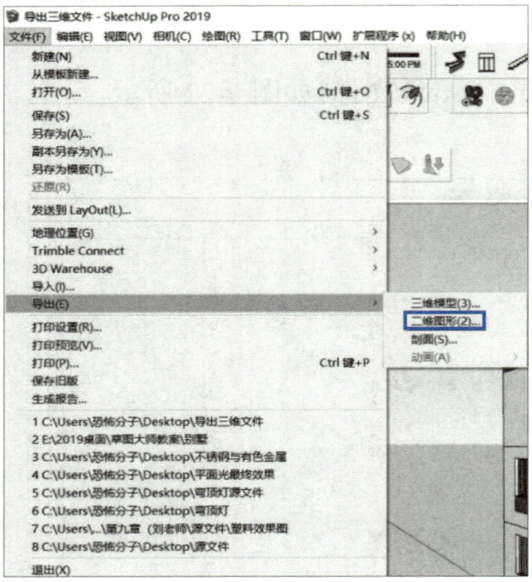

图 9-28　导出二维图形

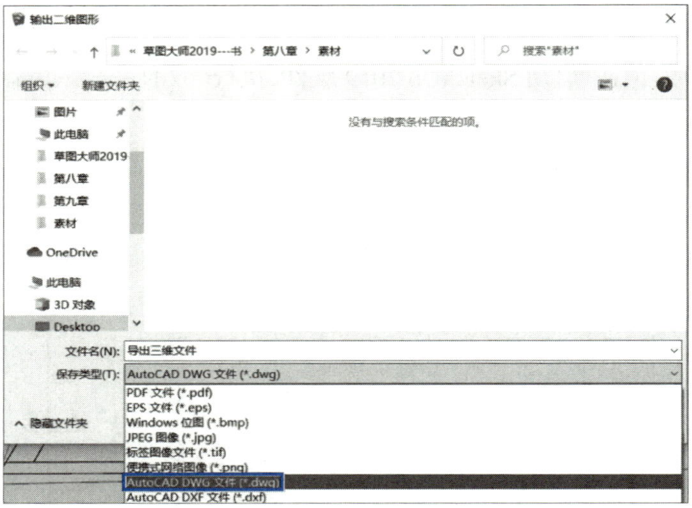

图 9-29　选择“AutoCAD DWG 文件”类型

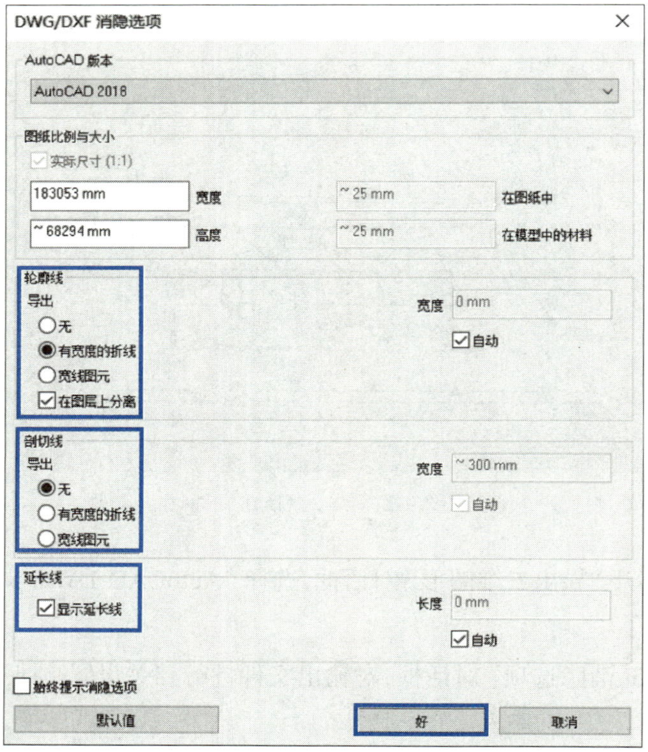

图 9-30　“DWG/DXF 消隐选项”对话框二维图形的导入与导出

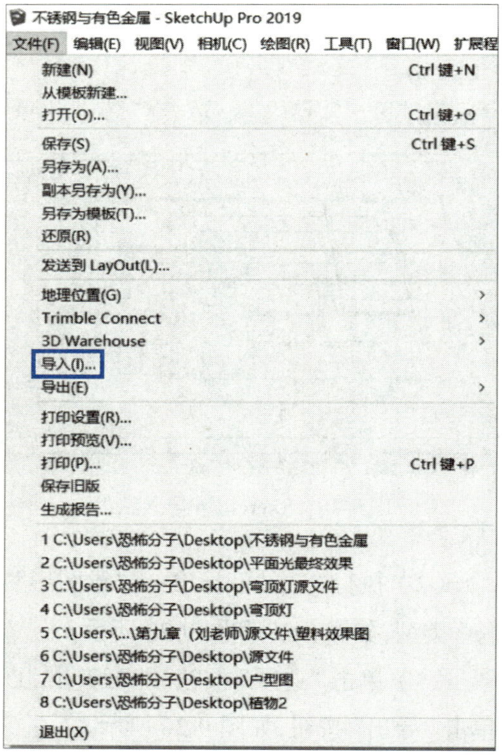

图 9-31　文件导入命令

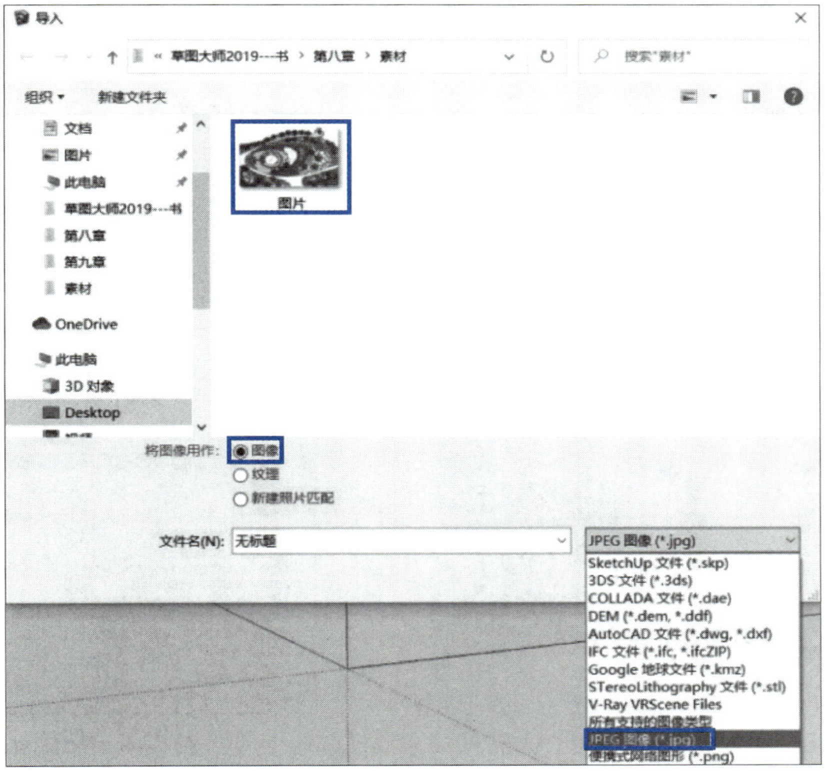

图 9-32　导入 JPEG 图像

（2）选择图片导入类型后，可以在"导入"对话框下方选择图片导入功能，如图 9-33 所示，此处保持默认"图像"选择。

（3）单击"导入"按钮，拖曳光标调整好位置和大小，按 Enter 键确定，如图 9-34 所示。

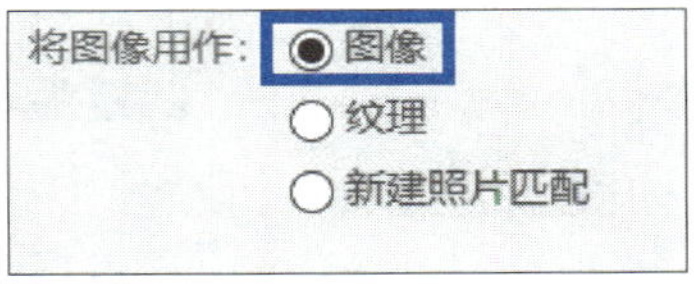

图 9-33　选择二维图形导入功能

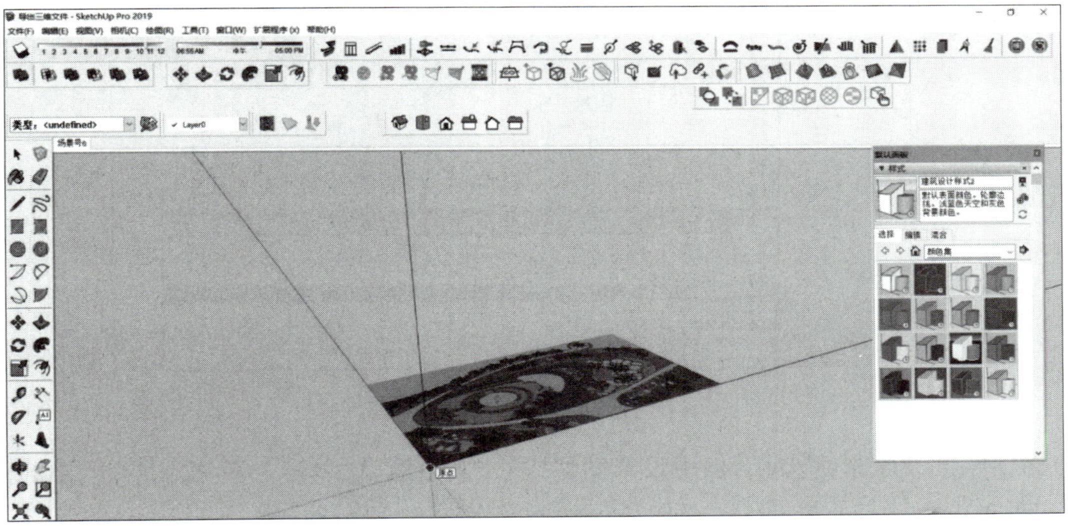

图 9-34　导入图片

4. 导出二维图形

（1）启动 SketchUp 软件，执行“文件—导入”命令，选择“场景”文件，如图 9-35 所示。

（2）执行“文件—导出—二维图形”命令，打开“导出二维图形”对话框，选择“JPEG 图像”类型，如图 9-36 和图 9-37 所示。

图 9-35　导入场景

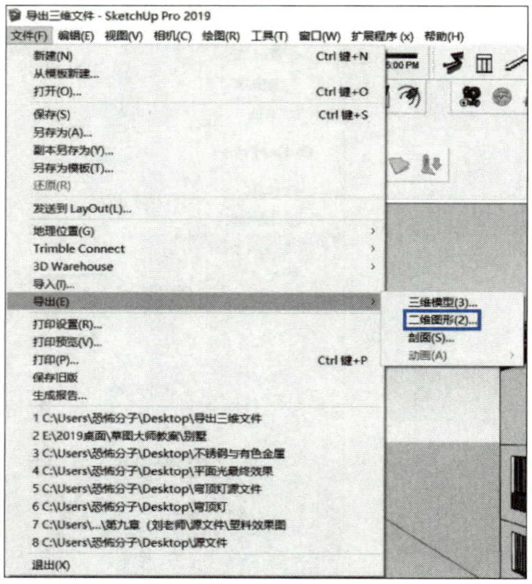

图 9-36　导出二维图形

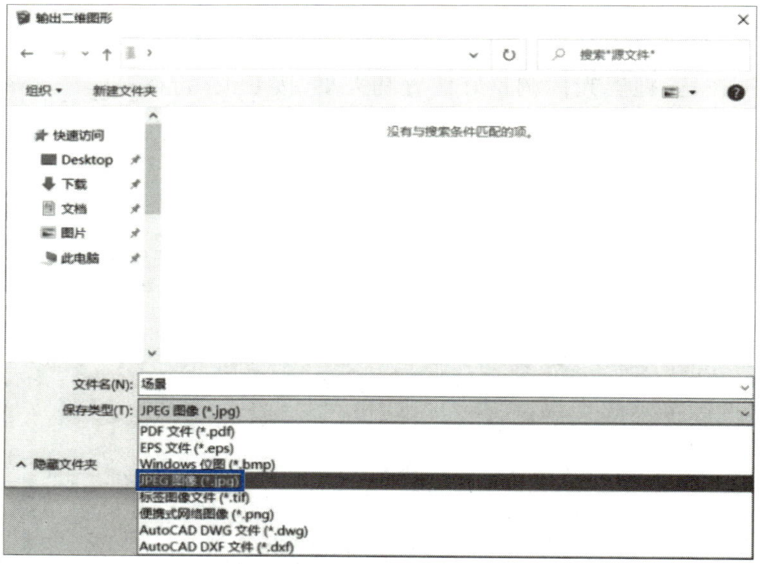

图 9-37　导出 JPEG 图像

（3）在“导出 JPG 选项”对话框中设置图像大小，其余默认，单击“好”按钮导出二维图形，如图 9-38 和图 9-39 所示。单击“导入”按钮，如图 9-40 和图 9-41 所示。

（4）成功导入文件的效果，如图 9-42 所示。

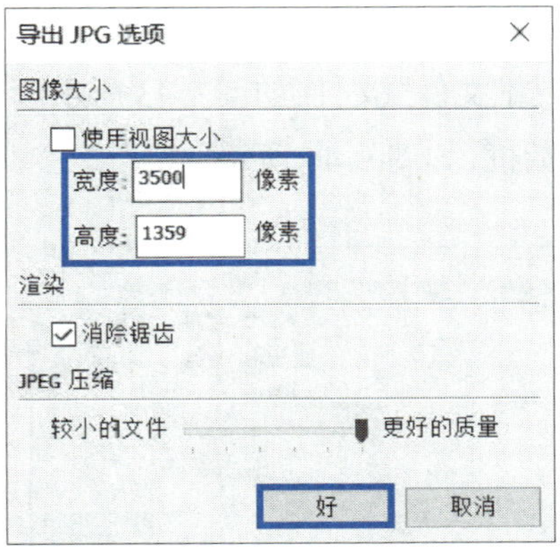

图 9-38　“导出 JPG 选项”对话框

图 9-39　导出的 JPG 文件

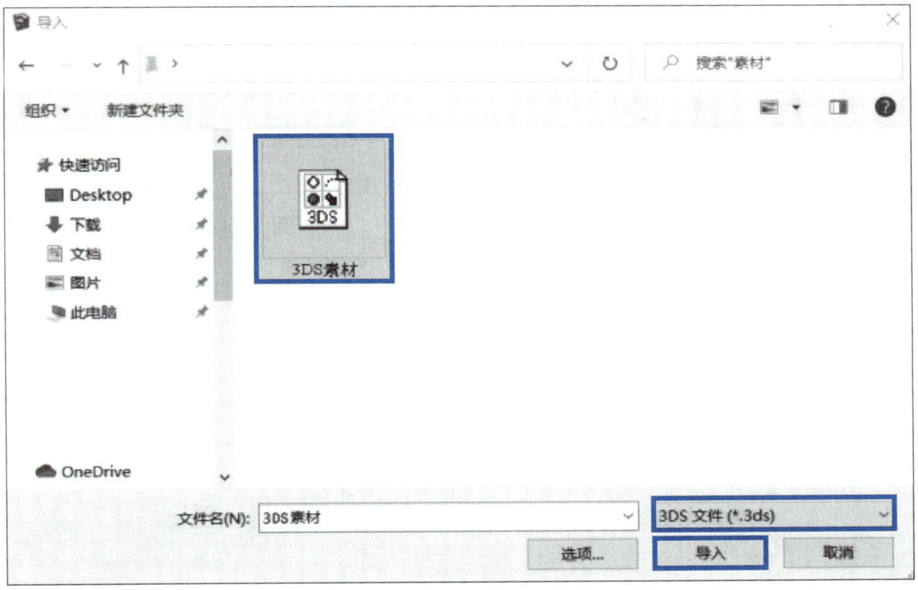

图 9-40　打开导入文件

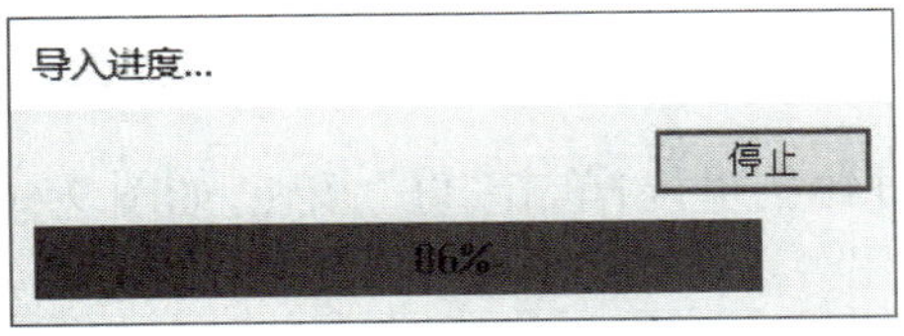

图 9-41　“3DS 素材”文件导入进度

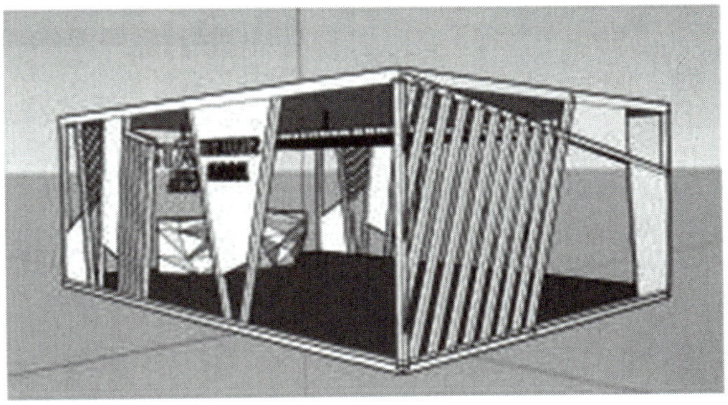

图 9-42　导入完成效果

5. 导出 3DS 文件

（1）启动 SketchUp 2019 软件，执行“文件—导入”命令，选择“三维文件”文件，如图 9-43 所示。

（2）执行“文件—导出—三维模型”命令，打开“输出模型”对话框，如图 9-44 所示。

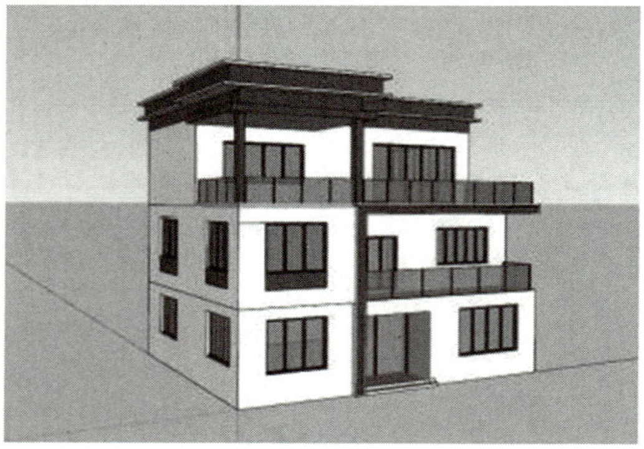

图 9-43　打开场景

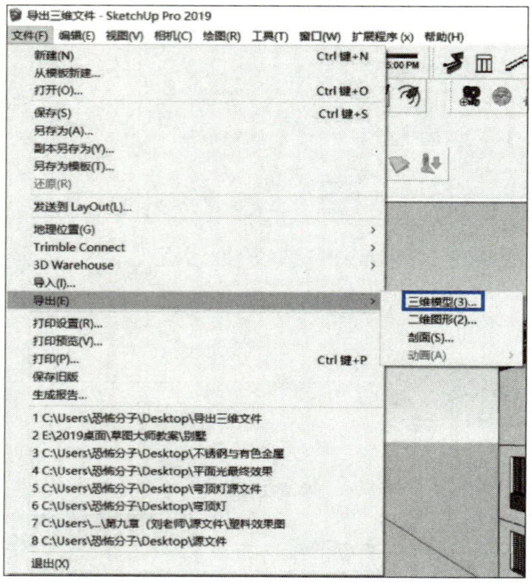

图 9-44　导出三维模型操作

（3）选择导出文件类型为“3DS 文件”，如图 9-45 所示。

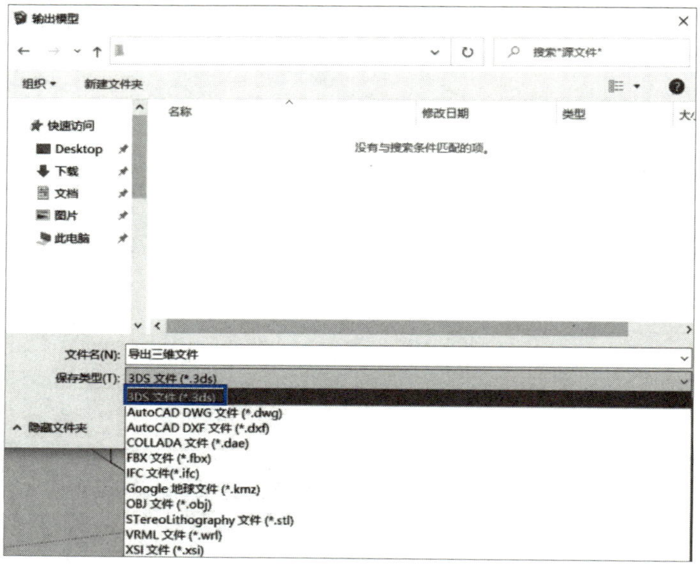

图 9-45　选择“3DS 文件”类型

（4）单击“选项”按钮，弹出“3DS 导出选项”对话框，选择好比例单位，单击“好”按钮，如图 9-46 所示。

（5）成功导出 3DS 文件后，弹出“3DS 导出结果”对话框，罗列导出的详细信息，如图 9-47 所示。

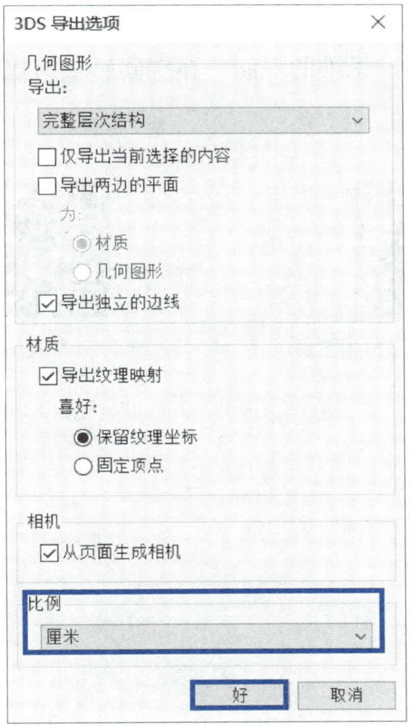

图 9-46　“3DS 导出选项”对话框

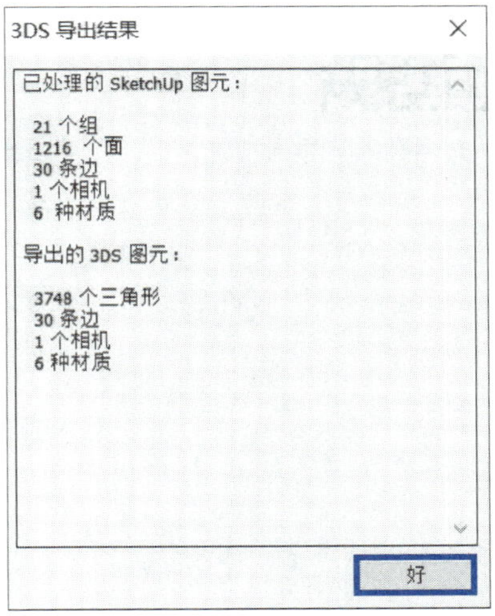

图 9-47　“3DS 导出结果”对话框

（6）在导出路径中找到导出的文件，即可使用 3ds Max 打开，如图 9-48 所示。

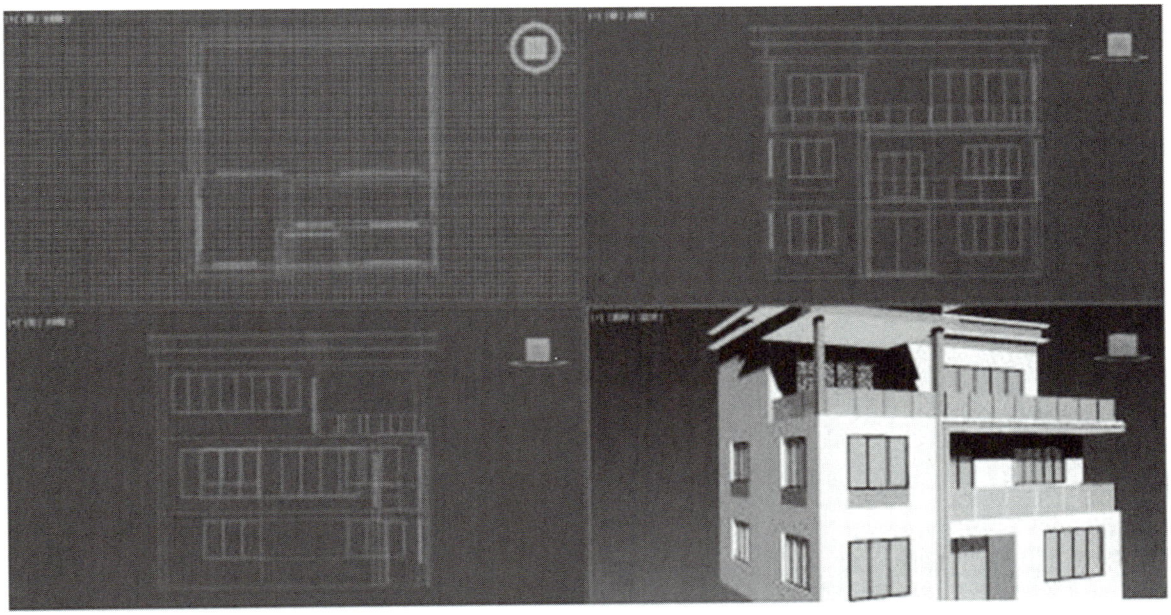

图 9-48　3ds Max 软件打开文件效果

五、总结

本章内容包括 SketchUp 软件介绍、应用的领域工作界面、文件导入与导出等。SketchUp 软件具有操作简单、功能强大等特点，已被广泛应用于室内设计、景观设计、家具设计、机械、建筑、电子、航天、造船等领域。对于艺术设计专业的学生和从业人员来说，通过掌握 SketchUp 能够快速制作草图，提出独特、新颖且具有实用价值的设计概念和方案，突破传统设计思维的限制。在空间感知与规划能力上合理规划和组织空间，使功能设计更加完善以满足人们的需求。

AutoCAD 文件导入与导出视频　　二维图形导入与导出视频　　三维图形导入与导出视频

第十章

Chapter 10

SketchUp 绘图及辅助工具

SketchUp Drawing & Auxiliary Tools

一、选择工具

在 SketchUp 中，“选择”图形工具像是指挥棒，告诉其他工具要对哪个图形进行使用。将空格键修改为“选择”工具的快捷键可大大提升效率。使用“选择”工具选取物体有以下 3 种方法。

1. 窗选

从左边往右边框选一个矩形框，只有完全在这个框里的图形才会被选中，这个框是实线的。

2. 框选

从右下角往左上角划框，除框里的图形外，碰到框边的图形也会被选中，选框呈虚线显示。

3. 点选

点选即直接点选想要的图形。点中一个面后再双击它，这个面和构成这个面的线会被一起选中。如果在一个面上连点三下或更多，那么和这个面有关的所有面、线，甚至隐藏的虚线都会被选中（组和组件除外），如图 10-1 所示。

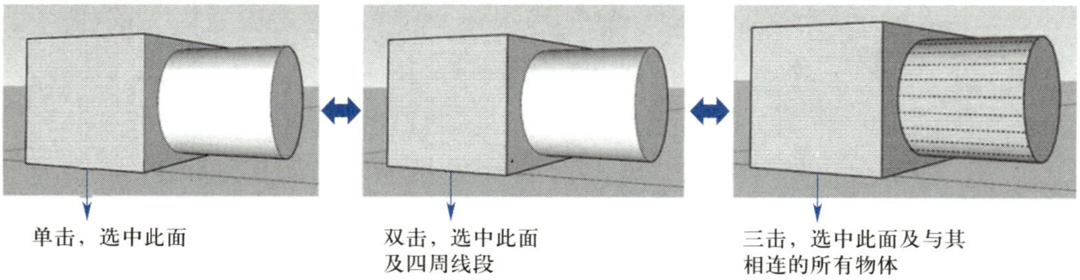

图 10-1　点选面的三种方式

二、基本绘图工具

“绘图”工具栏里包含了创建模型的一系列常用工具，如图 10-2 所示。

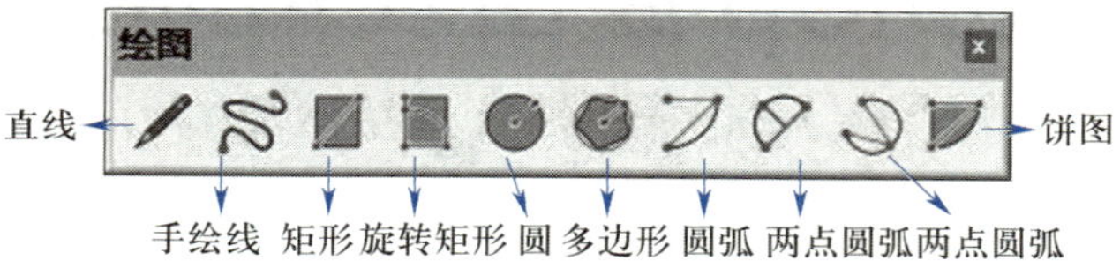

图 10-2　基本绘图工具

1.“矩形”工具

“矩形”工具的使用方式是通过指定矩形的对角点，绘制出矩形表面。其具体操作步骤如下：

执行“绘图—矩形”菜单命令；或直接单击绘图工具栏上的“矩形”按钮。将光标移至绘图区，此时鼠标指针会变化为。在绘图区单击鼠标左键，确定矩形的第一个角点，接着按住鼠标左键并拖动，直至确定好矩形的对角点位置后松开鼠标，这样便成功创建出一个矩形表面，如图 10-3 所示。

（1）通过输入参数创建精确尺寸的矩形。在绘制矩形时，能够通过输入参数来创建具有精确尺寸的矩形。当进行矩形绘制操作时，矩形的尺寸会实时动态地显示在数值文本框里。用户既可以在确定矩形第一个角点之后，也能在刚刚完成矩形绘制后，通过键盘在数值文本框中输入精确的尺寸数值，输入效果如图 10-4 所示。此外，用户不仅能输入单纯的数字，还能够根据实际需求输入对应的单位，比如毫米（mm）、米（m）等，如图 10-5 所示。

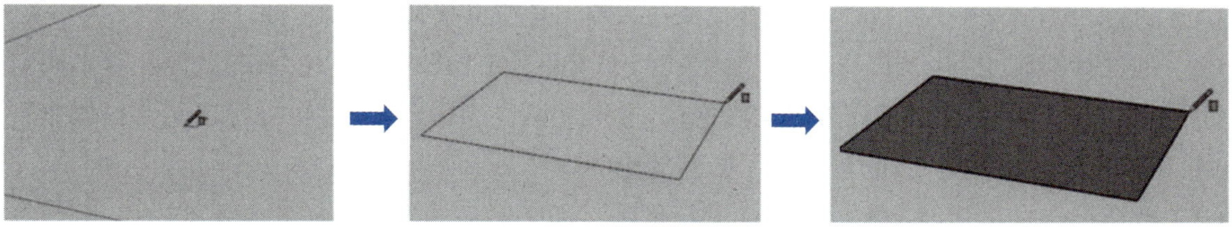

图 10-3　创建矩形表面

图 10-4　直接输入数值

图 10-5　直接相应单位

（2）根据提示创建矩形。在绘制矩形时，当出现一条对角虚线，同时伴有“正方形”的提示时，表明所绘制图形为正方形；若显示的是“黄金分割”提示，那就意味着绘制的是符合黄金分割比例的矩形，如图 10-6 所示。

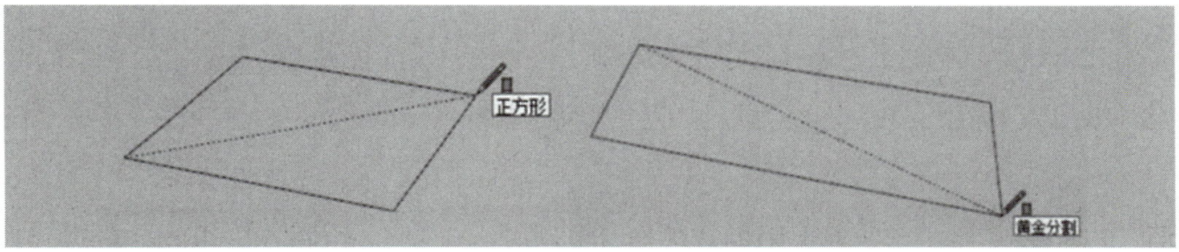

图 10-6　根据提示创建矩形

2.“直线”工具

“直线”工具既能绘制单段直线、多段连接线，以及构建闭合的形体，还能用于分割表面，或者修复已被删除的表面。以下是绘制线条的详细操作步骤：

（1）有两种方式可开启直线绘制功能，一是点击菜单栏，依次选择“绘图—直线”命令；二是直接在绘图工具栏中，点击“直线”按钮。

（2）将光标移至绘图区，此时鼠标指针会呈现特定样式。在绘图区单击鼠标左键，确定直线的起始点，接着按住鼠标左键并拖动，直至合适位置松开，确定直线的终点，这样就能成功创建一条直线，如图 10-7 所示。

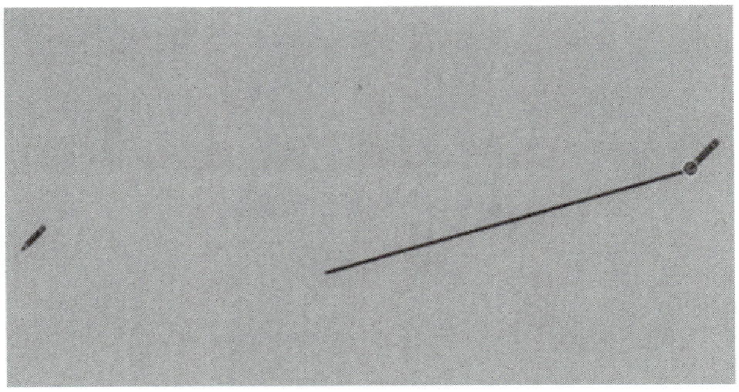

图 10-7　绘制直线

3. “圆”工具

“圆”工具主要应用于绘制圆形，具体操作步骤如下。

（1）执行“绘图—圆”菜单命令，或者直接在绘图工具栏里找到并点击“圆”按钮。

（2）把光标移到绘图区域，这时鼠标指针会变成。在绘图区内，通过单击鼠标左键来确定圆的圆心位置，然后按住鼠标左键并向外或向内拖动，这个过程中，圆的半径会随之改变，待半径调整到预期大小时，再次单击鼠标左键，就初步完成了圆形的绘制。

（3）数值控制框会实时动态展示圆的半径数值。如果对拖动调整半径的方式不满意，也可以直接在键盘上输入一个精确的半径数值，比如“250 mm”，输入完成后，按下 Enter 回车键，便能精准完成圆的绘制，如图 10-8 所示。

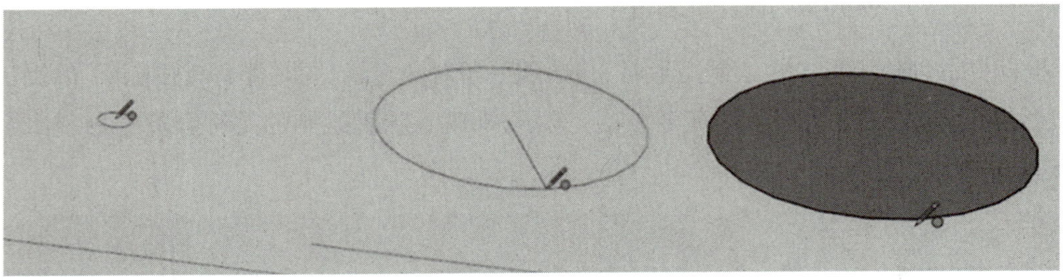

图 10-8　圆的绘制

4. “扇形”工具

“扇形”工具主要用于绘制封闭的圆弧面，同“圆弧”工具绘制方法相似。在执行“扇形”命令后，鼠标指针旁会出现一个量角尺图标。操作时，先通过单击鼠标左键确定扇形的中心点，随后分别指定圆弧的起点和终点，这样就能绘制出一个封闭的圆弧，并且系统会自动将其转化为一个面，如图 10-9 所示。

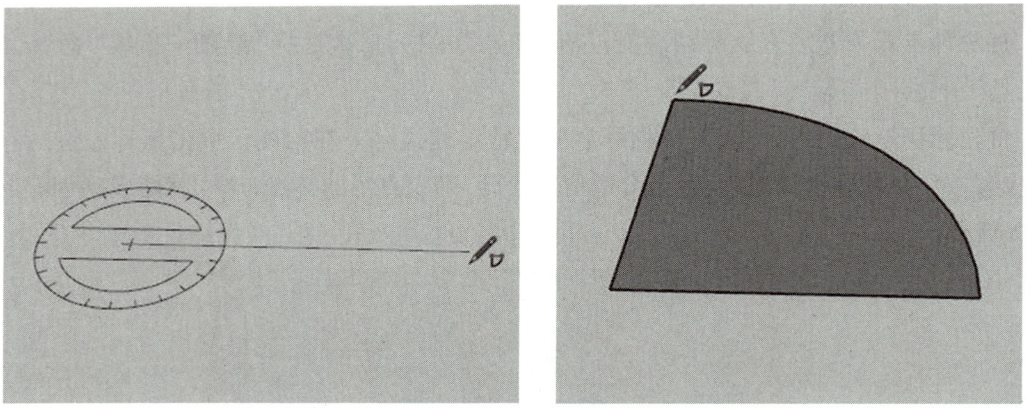

图 10-9　扇形绘制圆弧

三、SketchUp 编辑工具

SketchUp 软件提供了强大的绘图工具，绘制较为复杂的图形对象还需要掌握相应的图形编辑工具。

1. “推拉”工具

使用“推拉”工具 ◆（快捷键 P）能够让图形表面朝着自身垂直方向进行拉伸，从而得到所期望的高度。操作步骤如下：

（1）执行“工具—推拉”菜单命令，或者直接在修改工具栏上找到并点击“推拉”按钮 ◆。

（2）光标移到图形表面，此时光标会变成特定样式。用鼠标左键单击选中该表面，接着按住鼠标左键，拖动到期望的高度后再次单击；如果需要精确控制高度，也可以直接输入具体数值，按下 Enter 回车键确认，这样就能完成对面的推拉操作了，如图 10-10 所示。

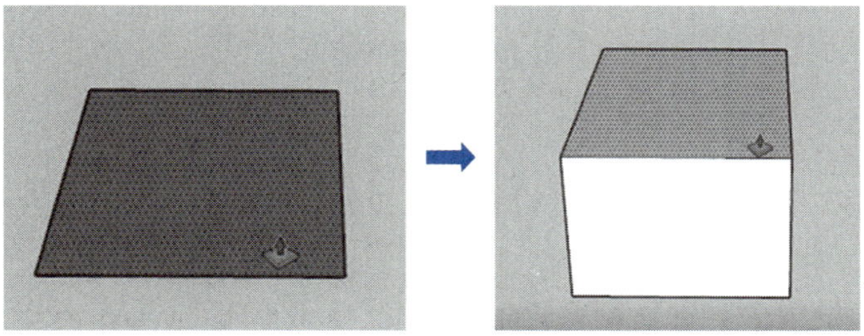

图 10-10　推拉工具建立正方体

2. “移动”工具

使用“移动”工具 ✥ 可以移动、拉伸和复制几何体，其命令执行快捷键是 M。执行移动命令的具体操作步骤如下：

（1）执行“工具—移动”菜单命令，或者直接在修改工具栏里找到并点击“移动”按钮 ✥。

（2）当鼠标指针移动到物体的点、边线或者表面时，这些对象会被激活。此时，继续移动鼠标指针，被激活对象的位置与形状就会相应发生改变。图 10-11 所示为同一个长方体各位置的移动。

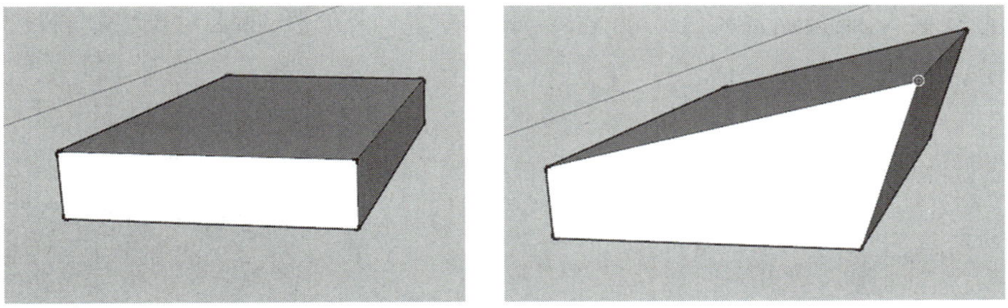

图 10-11　移动物体（点、线和面）

3. “旋转”工具

“旋转”工具 ↻ 的功能十分强大，它不仅能在同一旋转平面内旋转物体中的元素，还可以对单个或多个物体进行旋转操作。此外，通过配合功能键，还能实现旋转复制功能。具体操作步骤如下：

（1）执行“工具—旋转”菜单命令，或者直接在修改工具栏上找到并点击“旋转”按钮。

（2）鼠标指针变为 ↻，移动鼠标指针并调整位置，以此确定旋转平面，确定好后单击鼠标，进而确定旋转轴心点和轴线。

（3）拖动鼠标指针即可对物体进行旋转，在旋转过程中，为了精准确定旋转角度，既可以观察数值框中实时显示的数值，也可以直接手动输入所需的旋转角度，最后单击鼠标左键，即可完成旋转操作，如图 10-12 所示。

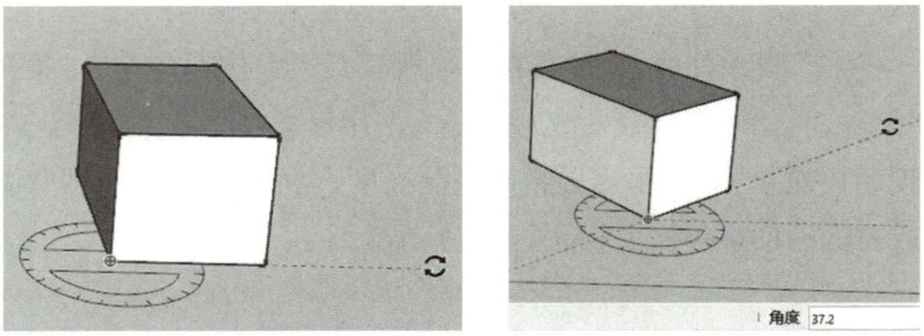

图 10-12　旋转复制

4. “缩放”工具

“缩放”工具能够对已选中的物体进行缩放或拉伸处理，助力用户灵活调整物体的尺寸和形状。其具体操作步骤如下：

（1）选择需要缩放的物体，然后执行“工具—缩放”菜单命令，或者在修改工具栏中，直接找到并点击“缩放”按钮。

（2）被选中物体的外围会出现缩放栅格，通过鼠标选择栅格点，并按住鼠标左键进行拖曳，即可按照需求对物体进行缩放操作，如图 10-13 所示。

5. “偏移”工具

“偏移”工具主要用于对表面或一组共面的线执行偏移复制操作，借助该工具，用户能够将对象朝内侧或外侧偏移复制，并且在偏移完成后会生成全新的表面，其具体操作步骤如下：

（1）执行“工具”—“偏移”菜单命令，或者直接在修改工具栏中找到并点击“偏移”按钮。

（2）在所选表面的任意一条边上单击鼠标左键，此时通过拖动鼠标光标，便能直观地定义偏移的距离。用户也可直接输入偏移值，需要注意的是，若输入的是一个负值，那么对象将朝着反方向进行偏移，如图 10-14 所示。

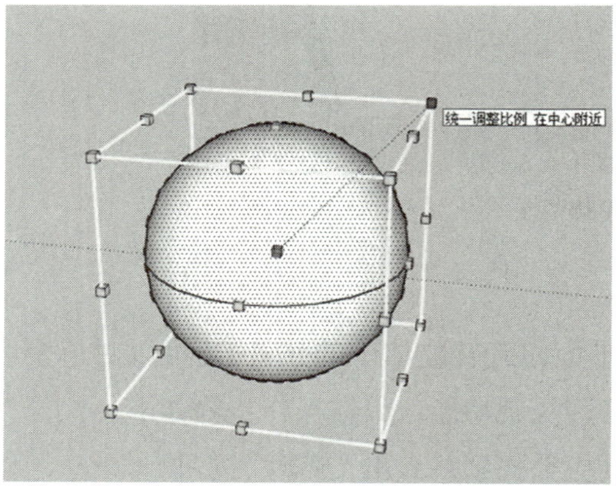

图 10-13　缩放物体

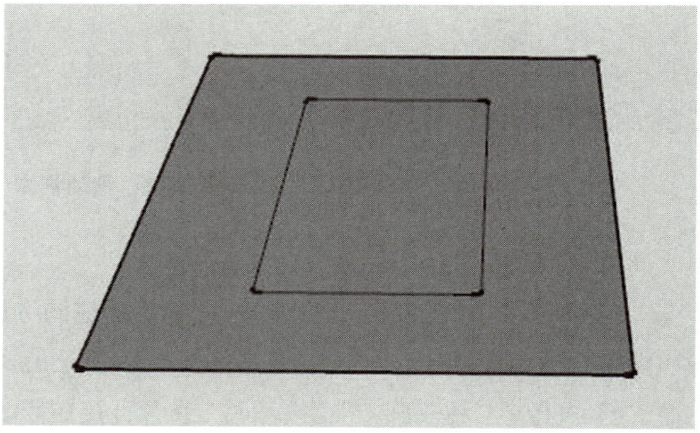

图 10-14　偏移

四、SketchUp 测量与标注工具

“建筑施工”工具栏主要包含一系列用于对模型进行测量与标注的工具，通过这些工具，能够精确获取模型的尺寸信息，并在模型上进行直观的标注展示，为建筑施工相关的设计、分析等工作提供有力支持，如图 10-15 所示。

1. 卷尺工具

“卷尺工具”主要用于执行与物体尺寸相关的操作，涵盖测量两点间距离、绘制辅助线以及缩放整个模型。此处着重介绍测量功能和缩放功能。

（1）测量两点间的距离。

激活“卷尺工具”后，在需要测量的物体上点击选取一点作为测量起点，此时拖动鼠标，会出现一条类似参考线的“测量带”。这条“测量带”的颜色会根据平行的坐标轴而改变，同时数值控制框会实时显示“测量带”的长度。确定好测量终点位置后，再次单击鼠标选取该点，此时测得的两点间距离就会清晰显示在数值控制框中，如图 10-16 所示。

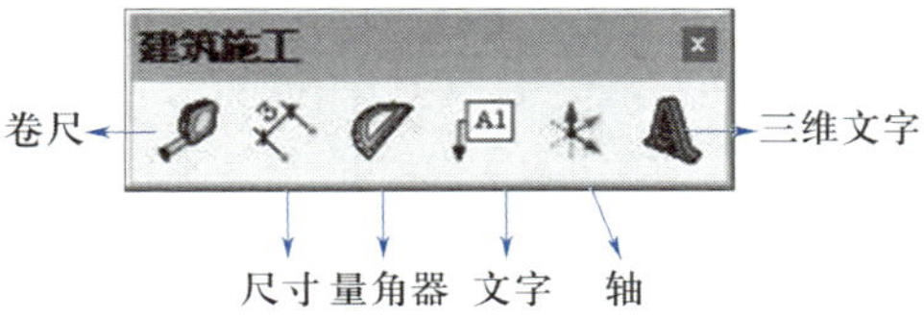

图 10-15　建筑施工工具栏

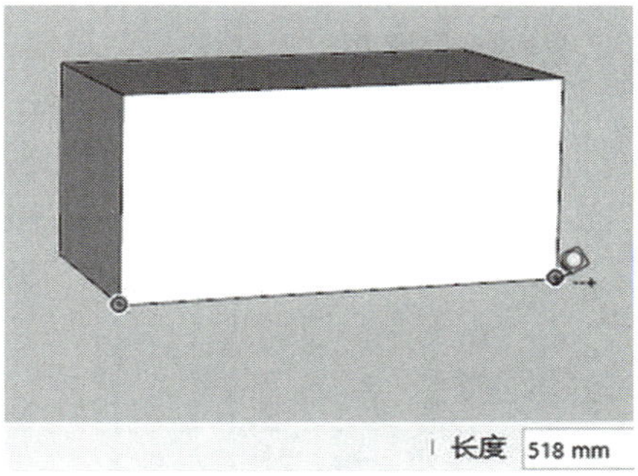

图 10-16　测量数据

（2）绘制辅助线。

使用“卷尺工具”能够绘制出精确距离的辅助线，这些辅助线呈无限延长状态，对精确建模帮助极大。激活“卷尺工具”后，在边线上单击选取一点作为参考点，此时光标处会出现一条辅助线，随着光标移动，鼠标上会实时显示辅助线与参考点之间的距离。若想确定辅助线位置，可单击鼠标左键，或者直接输入期望的距离数值，即可成功绘制一条辅助线，如图 10-17 所示。

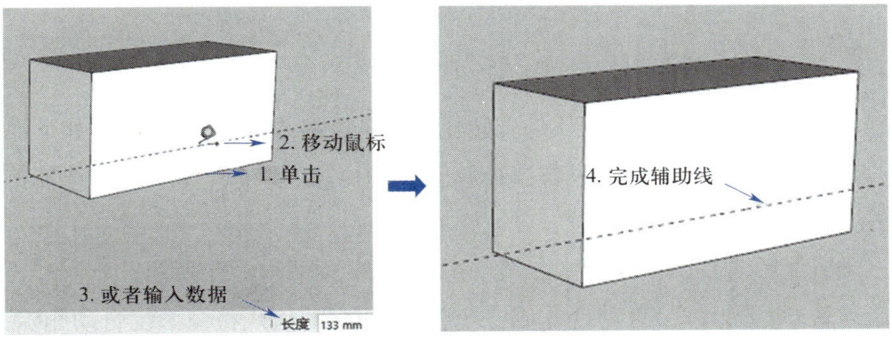

图 10-17　绘制辅助线

2. 尺寸标注与文字标注工具

“尺寸”标注工具 专门用于对模型进行尺寸标注。在 SketchUp 中，适合标注的点包含端点、中点、边线上的点、交点以及圆或圆弧的圆心。在进行标注操作时，有时为了使标注能清晰地展示在需要表达的平面上，需要对模型进行旋转。

尺寸标注的样式可以在“模型信息”管理器的“尺寸”面板中进行个性化设置，如图 10-18 所示。

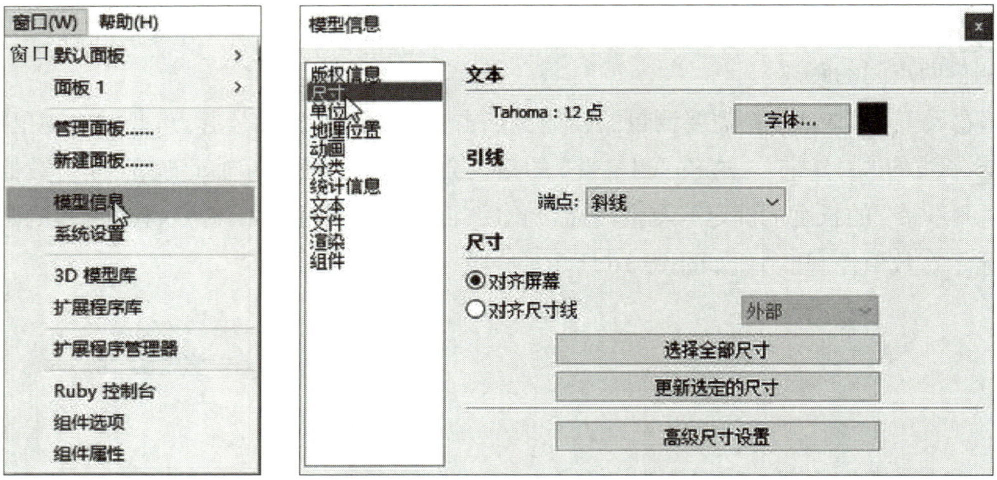

图 10-18　模型信息

五、实体工具

利用 SketchUp 2019 强大的实体编辑功能，用户能够在组与组之间轻松进行并集、交集等布尔运算，通过这些运算可以灵活塑造模型的形态，极大地拓展了模型创建的可能性，如图 10-19 所示。

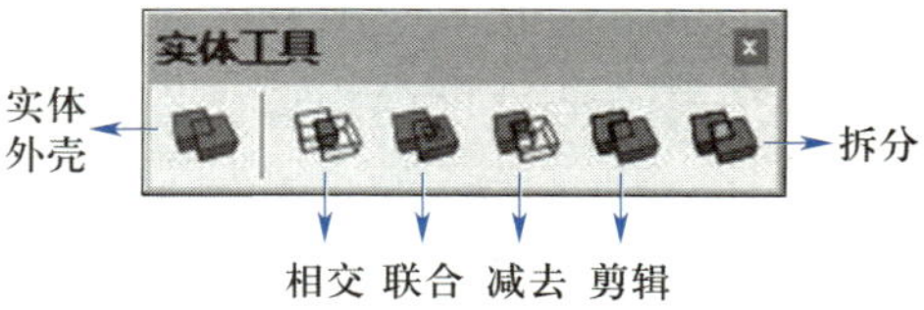

图 10-19　实体工具栏

1. “实体外壳”工具

“实体外壳”工具能够将指定的几何体外壳转化为一个群组或组件，操作步骤如下：

（1）激活“实体外壳”工具 ，此时将鼠标移至绘图区域，系统会提示用户选择第一组对象或组件，如图 10-20 所示。

（2）选择一个组件后，提示用户选择第二个六边体组件，如图 10-21 所示。

（3）完成选择后，所选组件会自动合并成一个整体，相交的边线将被系统自动删除，最终自动生成一个全新组件，如图 10-22 所示。

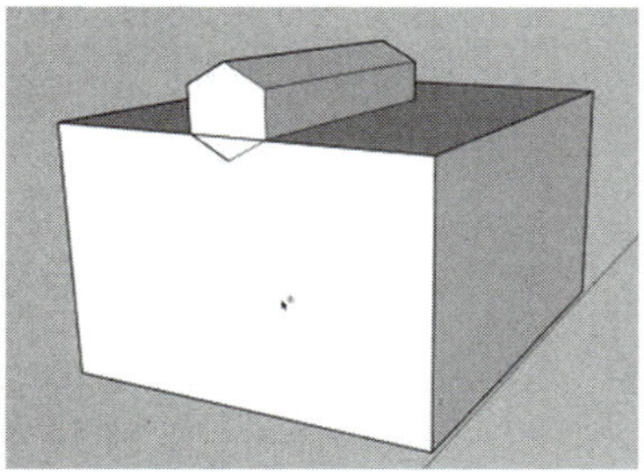

图 10-20 选择立方体

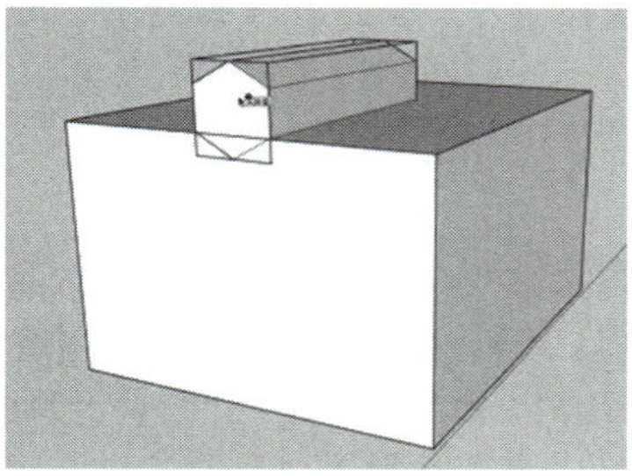

图 10-21 选择六边体

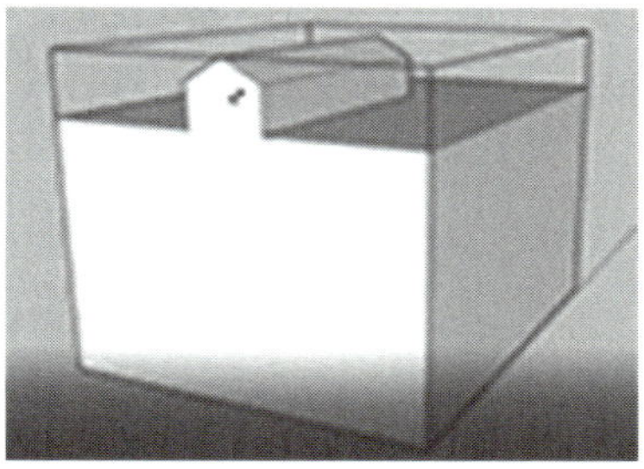

图 10-22 几何体合并

2. "相交"工具

"相交"工具的作用是保留实体之间相互交叠的部分，同时去除未相交的部分。当激活"相交"工具后，鼠标指针旁会出现提示，引导选择第一个物体，紧接着再选择第二个物体。待两个物体都选定后，系统会自动处理，仅保留二者相交的区域，如图 10-23 所示。

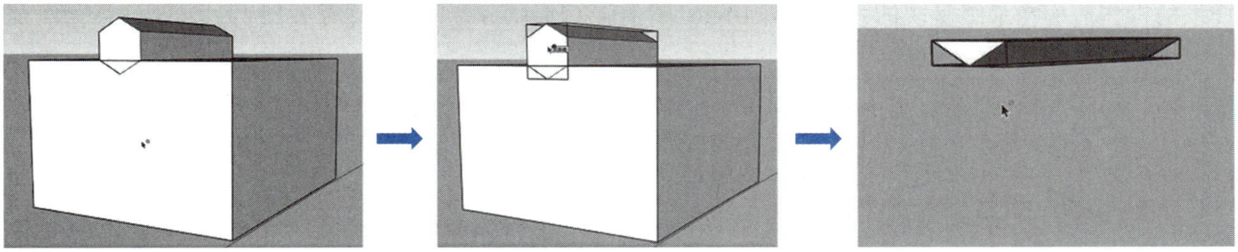

图 10-23 相交工具操作

3. "并集"工具

"并集"工具的功能是把两个物体合并为一个整体，在合并过程中，两个物体相交的部分会被自动删除，运算结束后，原本的两个物体就会成为一个全新的物体。从最终呈现的效果来看，"并集"工具和"实体外壳"工具是一致的，如图 10-24 所示。

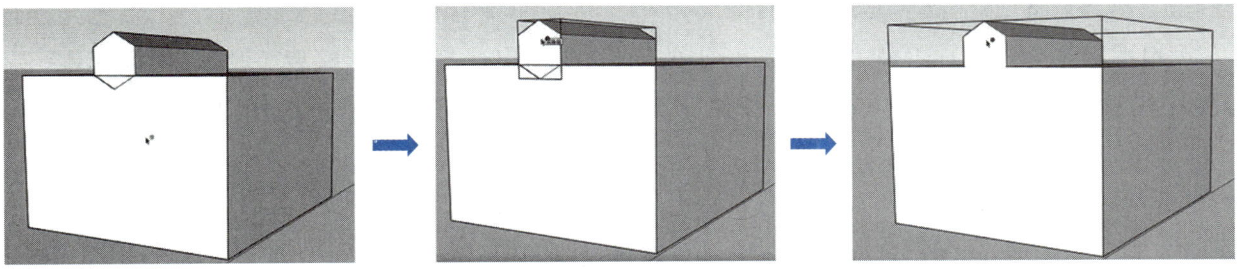

图 10-24 并集工具操作

六、"沙盒"工具

在 SketchUp 2019 软件里，"沙盒"工具属于一款插件，它运用 Ruby 语言，结合 SketchUp Ruby API 编写而成，并且对其源文件做了加密处理。

“沙盒”工具栏内包含了 7 个工具，依次为“根据等高线创建”工具、“根据网格创建”工具、“曲面起伏”工具、“曲面平整”工具、“曲面投射”工具、“添加细部”工具以及“对调角线”工具，如图 10-25 所示。

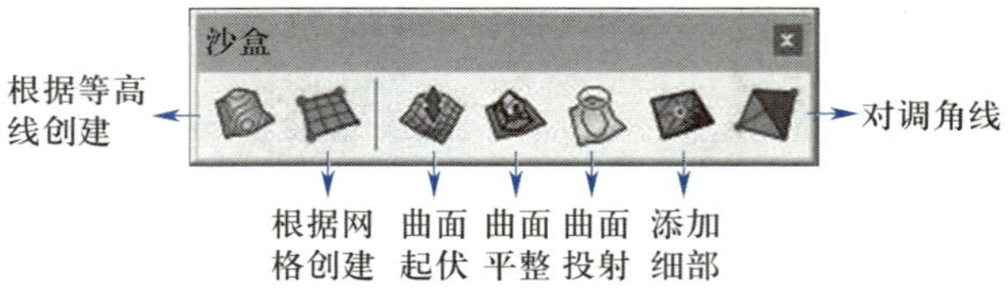

图 10-25 “沙盒”工具栏

1. “根据等高线创建”工具

“根据等高线创建”工具拥有强大的地形塑造能力。运用这个工具，能把相互邻接且封闭的等高线巧妙转化为三角面。这里所说的等高线类型丰富，直线、圆弧、圆、曲线等都涵盖其中。在使用该工具后，无论是闭合的线条，还是尚未闭合的线条都能被封闭成面，进而构建出极具真实感的坡地地形。详细的操作流程与最终呈现的效果如图 10-26、图 10-27 所示。

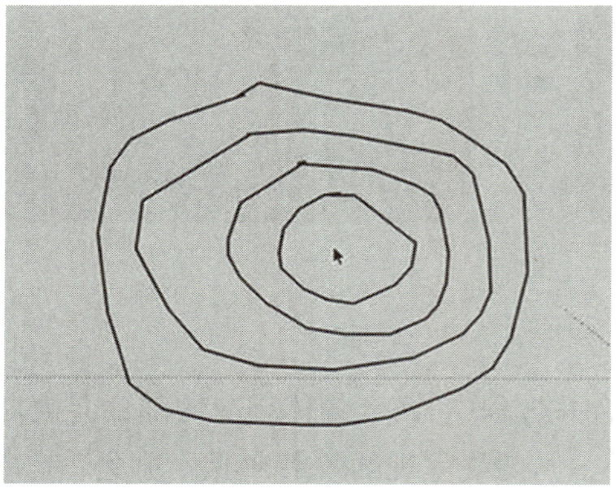

图 10-26 画出等高线

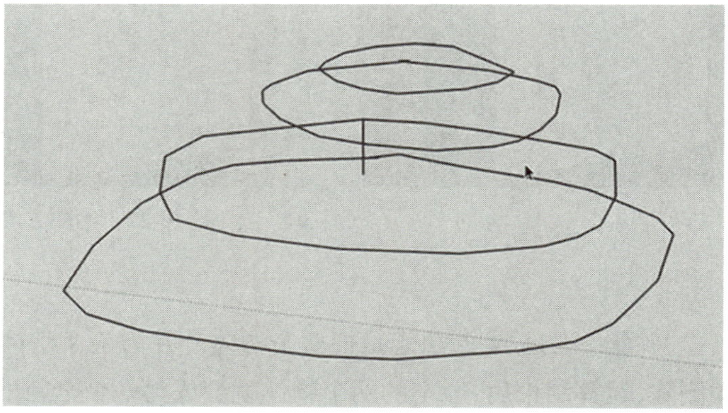

图 10-27 垂直向上移动等高线

2. “根据网格创建”工具与“曲面起伏”工具

“根据网格创建”工具能够依据设定的网格，构建出逼真的地形模型。使用“曲面起伏”工具，能对网格中的特定部分进行曲面拉伸，让地形呈现出更丰富的起伏变化。使用“曲面起伏”工具拉伸网格的具体操作步骤如下。

（1）首先，启动 SketchUp 2019 软件。点击软件界面中的“文件”选项，在弹出的下拉菜单里选择“打开”命令。随后，在文件资源管理器中找到名为“曲面起伏案例”的文件，选中并打开，如图 10-28 所示。

（2）用鼠标“双击”网格平面群组，即可进入到内部编辑状态。倘若双击操作不便，也可以选择将其分解。接着选择“曲面起伏”工具，在数值控制框中输入变形框的半径数值，就能精准控制拉伸效果，如图 10-29 所示。

（3）把鼠标指针移动到已创建的网格平面上，此时会出现一个圆形的变形框。用户只需在变形框范围内选取任意一点，被选取的这一点便会成为变形的基点，进而依据设定的参数对网格进行变形操作，如图 10-30 所示。

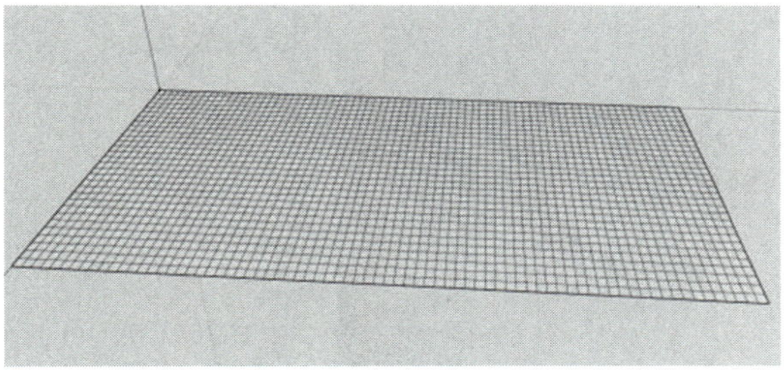

图 10-28　打开文件

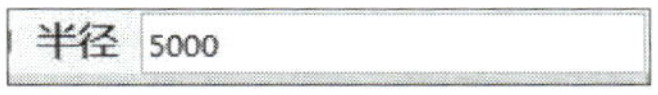

图 10-29　设置半径

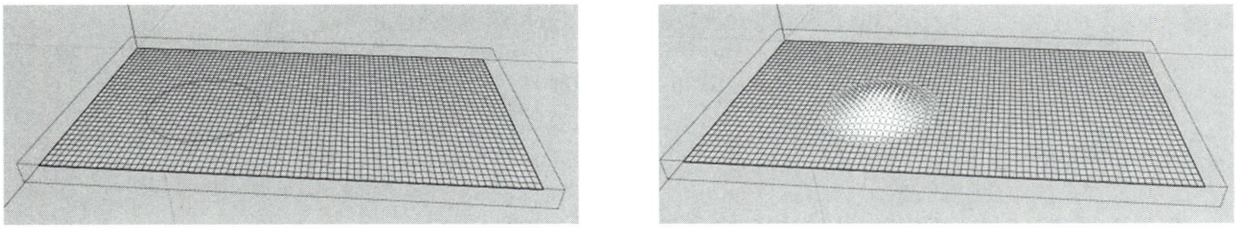

图 10-30　地形拉伸变形

（4）在网格平面上选取不同位置的点，然后按住鼠标左键上下拖动，通过这样的操作来塑造出符合预期的地形效果。如果对于地形高度有精确要求，也可以直接在数值控制框中输入具体数值，以此指定拉伸的高度。完成这一系列操作后，即可成功根据网格创建出地形，如图 10-31 所示。

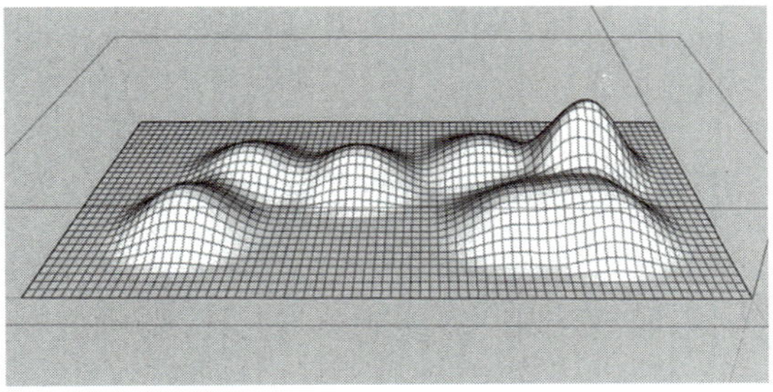

图 10-31　创建地形效果

3. “曲面平整” 工具

在处理复杂地形时，“曲面平整” 工具十分实用，它能在地形表面创建出建筑基面，实现场地平整，让建筑物与地面自然衔接。

选择曲面平整工具，依照提示单击建筑物的底平面，这时会出现一个红色线框，它代表着投影面的外延范围。接着，选中地形部分，再依次点击 “窗口—柔化边线” 菜单命令，随即弹出 “柔化边线” 对话框，把法线之间的角度滑杆拖至最大值，同时勾选下方的 “软化共面” 复选框，如图 10-32 所示。

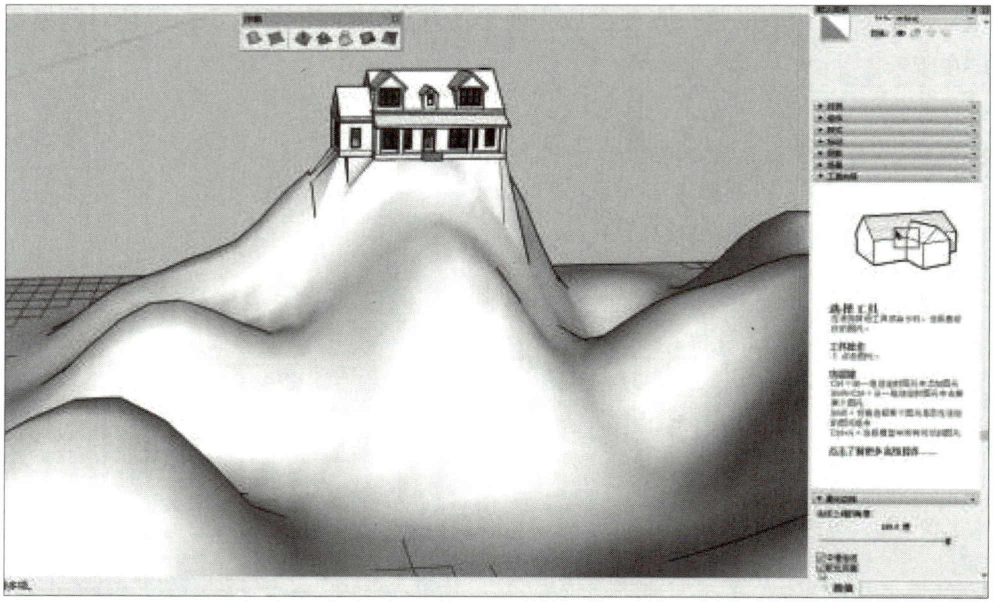

图 10-32　柔化地形

七、“相机”工具

SketchUp 2019 的“相机”工具栏中包含了 9 个工具，如图 10-33 所示。

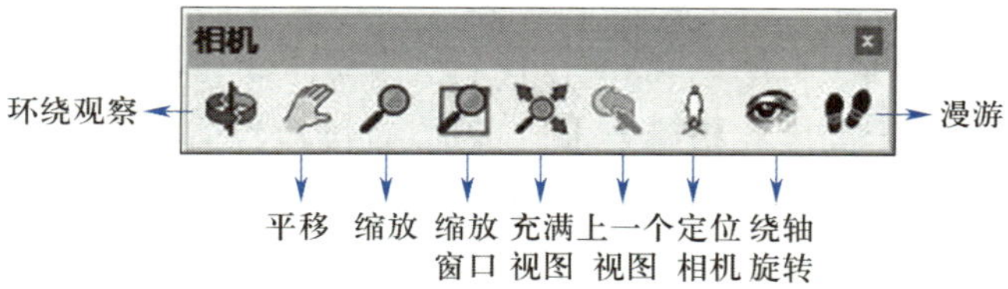

图 10-33　“相机”工具栏

1. “环绕观察”工具

“环绕观察”工具能够实现相机视角围绕模型进行旋转，全方位展示模型细节，其默认快捷键是鼠标中间的滚轮。

以打开“独栋别墅”素材为例，若想启用“环绕观察”工具，则单击“相机”工具栏中的按钮，或依次点击“相机—环绕观察”菜单命令。

启用“环绕观察”工具，既可以按住鼠标左键进行拖动，从而实现视图旋转；也能直接按住鼠标中间的滚轮，快速旋转视图，如图 10-34 所示。

2. “平移”工具

“平移”能在维持当前视图内模型显示大小比例恒定的前提下，对视图进行整体拖动，得以展示当前视窗中未显示的模型部分。

打开“现代椭圆别墅”素材，要启用“平移”工具按钮，或依次点击“相机—平移”菜单命令。当视图中出现抓手图标时，就意味着“平移”工具已成功启用，此时按住鼠标左键并拖曳，便能轻松实现视图在任意方向上的平移，如图 10-35、图 10-36 所示。

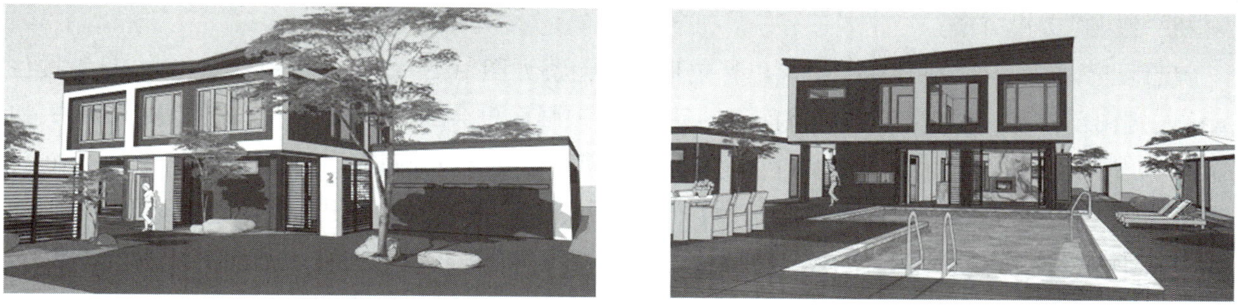

图 10-34　不同旋转角度

图 10-35　向左平移视图

图 10-36　向下平移视图

3. “缩放”工具

“缩放”工具的主要功能是对视图中整个模型的显示大小进行调整。以“中式公共厕所”素材为例，若要使用“缩放”工具，可在“相机”或“镜头”工具栏中，点击“缩放”按钮 。激活该工具后，按住鼠标左键，若从屏幕下方朝上方移动光标，视图将会扩大，模型显示更大；若从屏幕上方往下方移动光标，则会缩小视图，模型显示变小，如图 10-37、图 10-38 所示。

图 10-37　放大视图观察模型细节

图 10-38　缩小视图观察模型整体

4. “漫游”工具

“漫游”工具能够带来沉浸式的模型观察体验，如同在真实场景中散步。使用该工具时，使用者不仅能自由穿梭于模型之中，还能根据需求固定视线高度，以特定视角在模型里漫步。不过需要注意的是，“漫游”工具仅在激活透视模式的情况下才能够正常使用。

启用“漫游”工具的操作十分简便，既可以在“相机”工具栏中点击相应按钮 ，也可以依次点击

“相机—漫游”菜单命令。

启用“漫游”工具后，光标会呈现出特定形状 状，如图 10-39 所示。在视图窗口中，只需按住鼠标左键向前推动，便能模拟摄影机前进的动作，模型画面也会随之推进，产生前进的视觉效果，如图 10-40 所示。同时按住 Shift 键，并上下移动鼠标，就能够灵活地升高或降低相机的视点，如图 10-41 与图 10-42 所示。在操作时按住 Ctrl 键，再推动鼠标，模型就会加速前进，快速切换场景画面，如图 10-43 所示。按住鼠标左键，左右移动光标，模型中的视角会随之改变方向，仿佛你在场景中转身，实现视角的灵活转向，如图 10-44 所示。

图 10-39　启用漫游工具

图 10-40　向前漫游

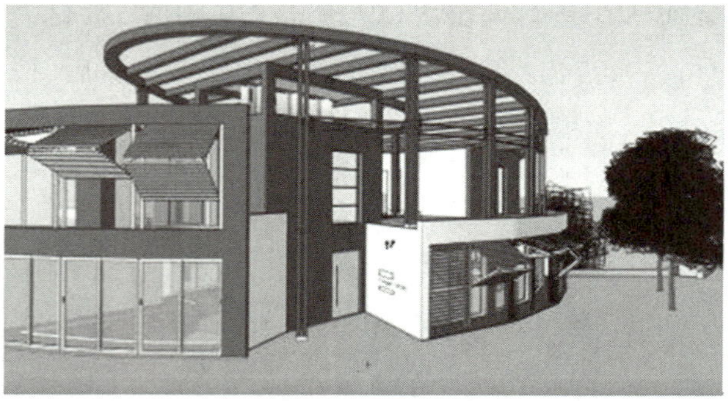

图 10-41　向上漫游

图 10-42　向下调整漫游高度

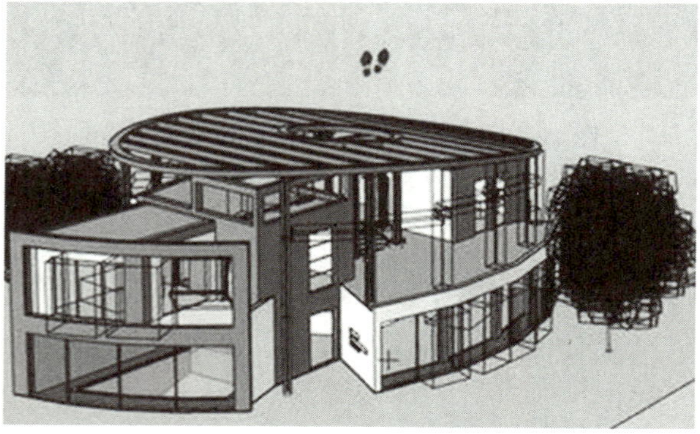

图 10-43　加快漫游速度

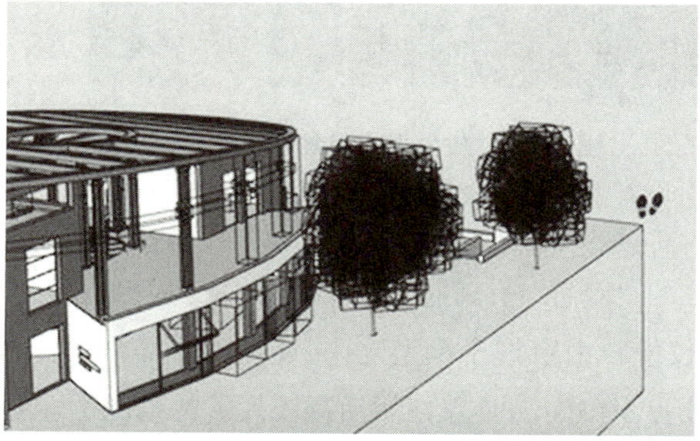

图 10-44　改变漫游方向

八、总结

本章着重介绍 SketchUp 绘图及辅助工具，深入剖析了 SketchUp 软件中多元化的绘图功能，以及各类实用的辅助工具，旨在助力读者更加得心应手地开展建模与设计工作。通过本章学习，使用者能够深度洞悉 SketchUp 绘图工具的运用方法，进而创建出标准的草图三维模型与图形效果。

在学习进程中，使用者可以通过实际操作和练习，熟练掌握 SketchUp 软件里各种基础绘图技巧。本章不仅为使用者提供了丰富多样的工具和实用技巧，帮助他们显著提高建模和设计效率，而且能激发用户对设计的热忱与创造力，为其未来在相关领域的发展筑牢根基。

手机扫码
观看教学视频

第十一章

Chapter 11

SketchUp 插件

SketchUp Plugin

在制作一些复杂的模型时，使用 SketchUp 基本工具来建模较为烦琐，甚至无法自建模型，在此使用第三方的插件会起到事半功倍的效果。本章将介绍在 SketchUp 中应用较多的坯子插件，坯子插件是一款强大的工具集，极大程度上提高了 SketchUp 的建模能力，弥补了 SketchUp 本身的开发缺陷。

一、坯子库插件安装

下面通过实例介绍安装坯子插件的方法。

（1）双击坯子助手 1.5 软件安装程序图标，此时将弹出“安装向导”对话框，如图 11-1 所示，选择相应的 SketchUp 版本，单击“下一步”按钮进入安装程序。

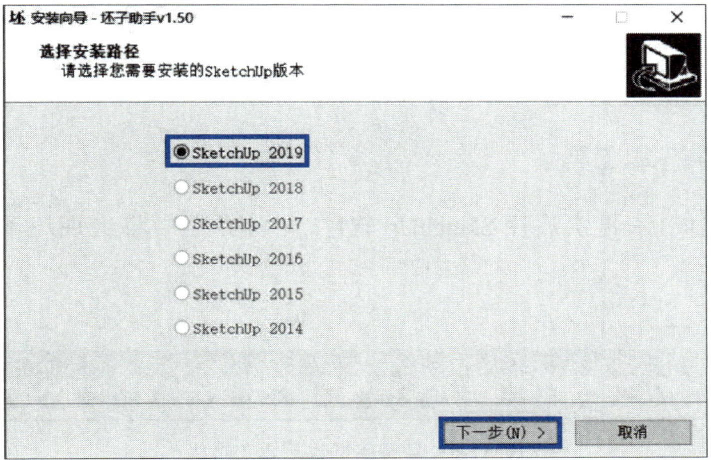

图 11-1　“安装导向”对话框

（2）确认无误后单击“安装”按钮进行安装，如图 11-2 所示。

（3）安装完成后，单击“结束”按钮退出安装，坯子插件即安装完成，如图 11-3 所示。

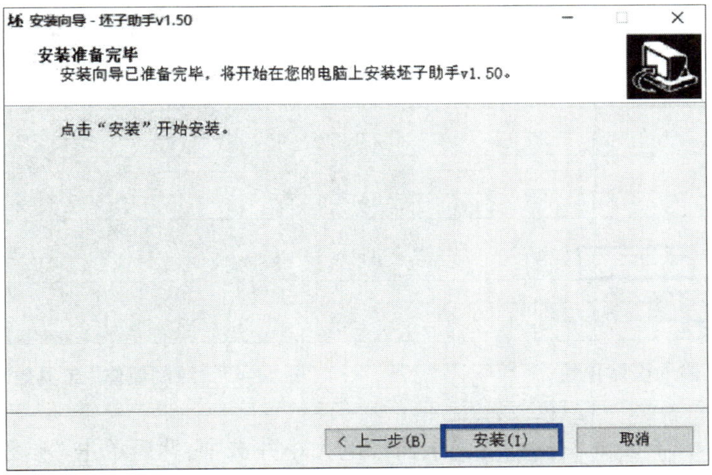

图 11-2　安装准备完成

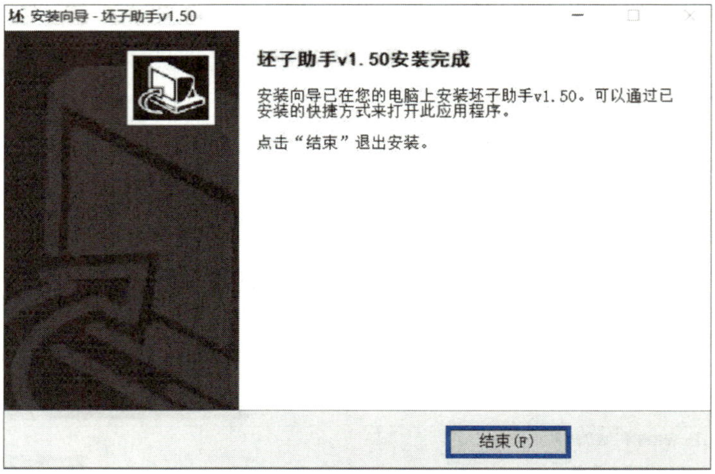

图 11-3　结束安装

二、坯子库插件基本工具

坯子插件安装完成后，再次启用 SketchUp 软件，此时界面中将出现坯子插件基本工具栏，如图 11-4 所示。

图 11-4　坯子库插件基本工具栏

1. 建筑构建工具

“绘制墙体” 工具：选择 “绘制墙体” 工具，按住 Tab 键输入墙体厚度数值即可，如图 11-5 所示。利用 “绘制墙体” 工具即可绘制出墙体，如图 11-6 所示。

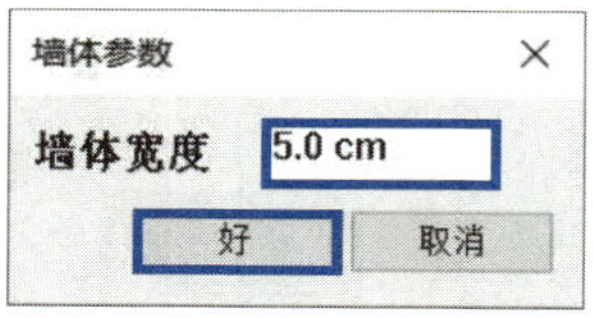

图 11-5　输入墙体参数

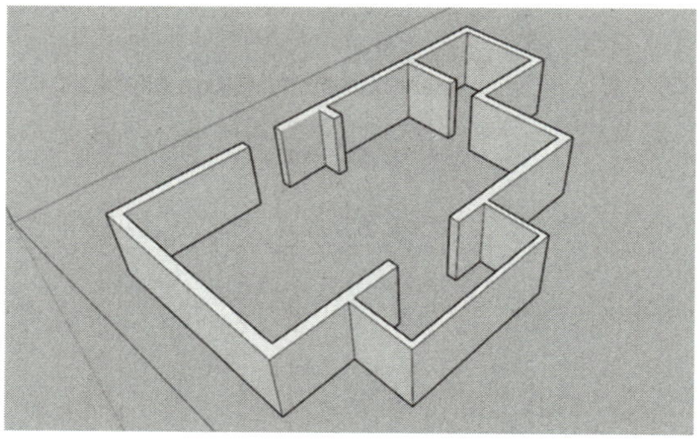

图 11-6　“绘制墙体” 工具效果

“参数开窗” 工具：在需要开窗的墙上画出窗户的大小并选中，然后单击 “参数开窗” 工具按钮，弹出 “参数开窗” 对话框，输入窗户具体参数，单击 “应用” 按钮，如图 11-7 所示。开窗效果如图 11-8 所示。

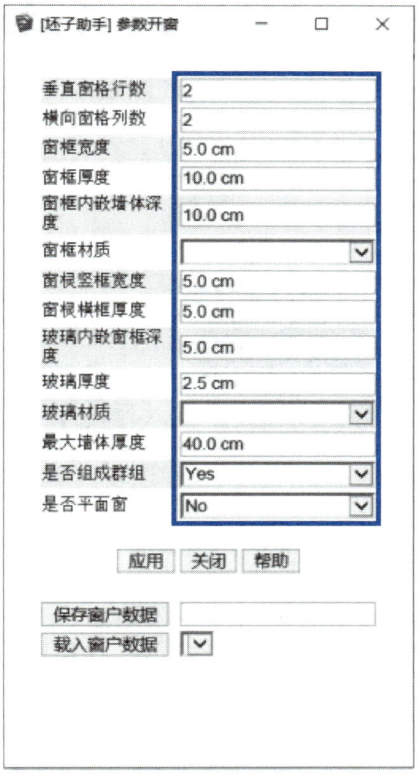

图 11-7 “参数开窗”对话框

图 11-8 开窗效果

“参数楼梯”工具：单击“参数楼梯”工具按钮，弹出“参数楼梯”对话框，选择所需楼梯类型，单击“好”按钮，如图 11-9 所示；弹出“标准楼梯”对话框，输入参数，单击“好”按钮，如图 11-10 所示；即可绘制出不同类型的楼梯，如图 11-11 所示。

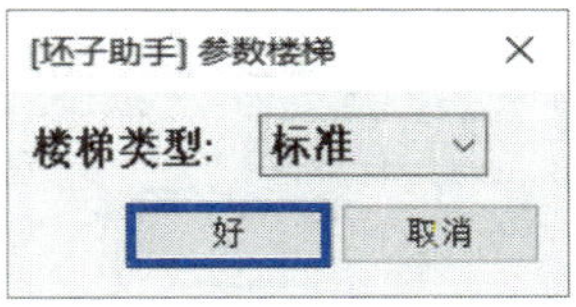

图 11-9 “参数楼梯”对话框

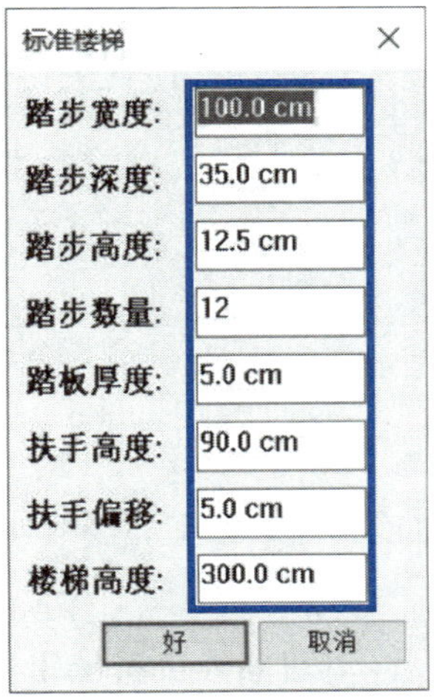

图 11-10 “标准楼梯”对话框

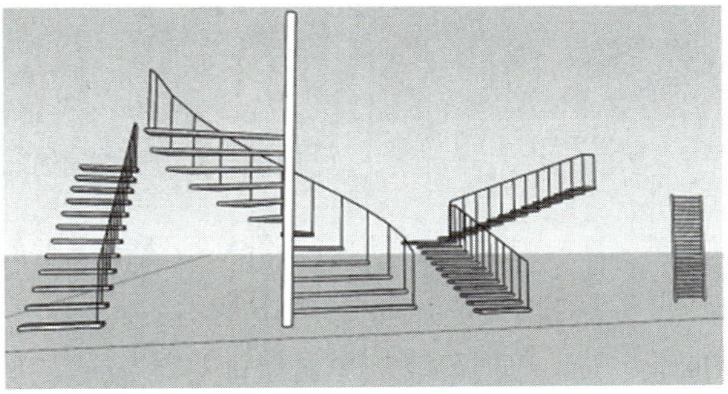

图 11-11 “参数楼梯”工具效果

“梯步推拉”工具：绘制一个梯步，复制多个，选择“梯步推拉”工具，选择第一梯步，以此类推单击所有梯步，效果如图 11-12 所示。

坯子库插件教学视频

2. 线面工具

“Z 轴压平”工具：选定需要压平的对象，选择“Z 轴压平”工具，将物体压到 Z 轴数值为 0 的平面上，如图 11-13 所示。

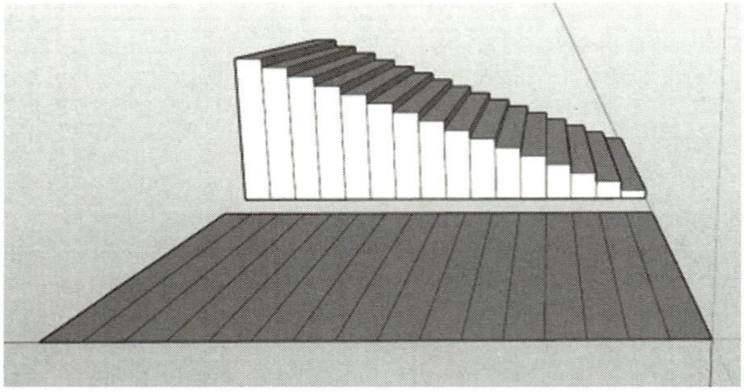

图 11-12 “梯步推拉”工具效果

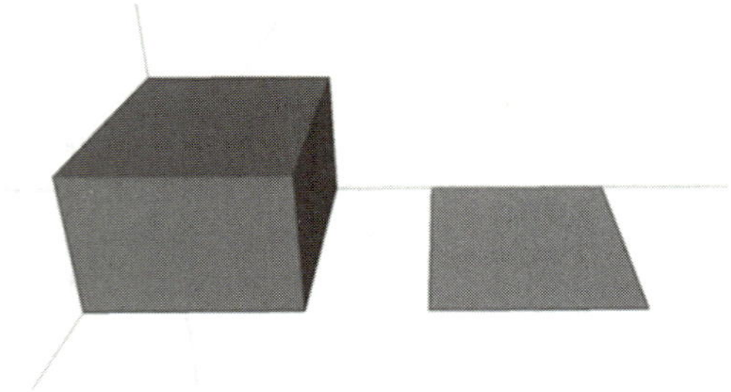

图 11-13 “Z 轴压平”工具效果

“修复直线”工具：批量修复分段的直线，选中需要修复的分段直线，单击“修复直线”工具按钮，效果如图 11-14 所示。

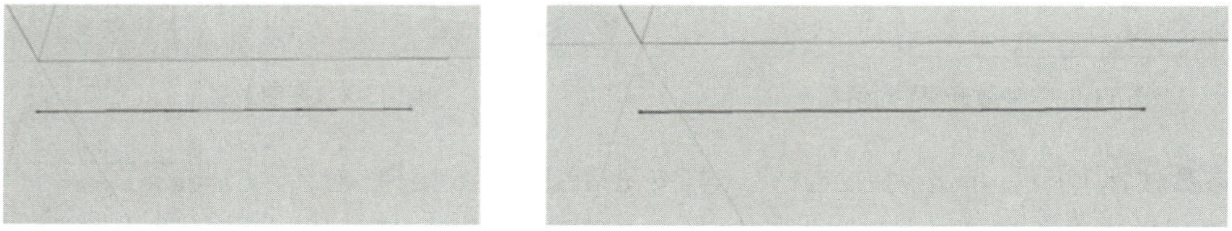

图 11-14 “修复直线”工具效果

“选连续线”工具：无须焊接即可选中选段，用“选连续线”工具单击需要选中的连续分段线即可，如图 11-15 所示。

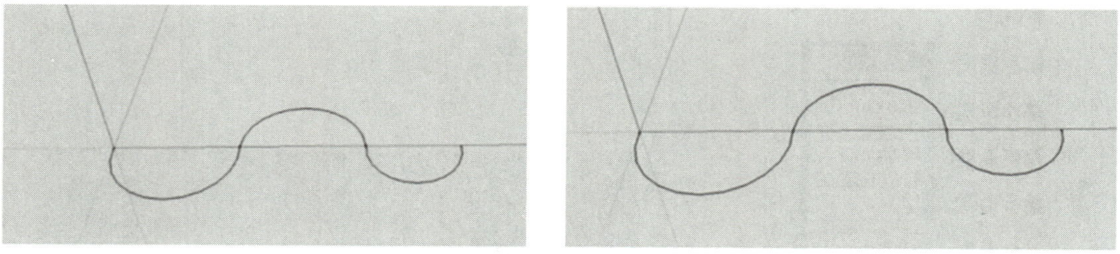

图 11-15 “选连续线”工具效果

“焊接线条”工具：选择批量焊接连续线段生成完整的多段线或曲线，选中需要焊接的连续线段，单击“焊接线条”工具按钮，效果如图 11-16 所示。

“贝兹曲线”工具：选择曲线，单击鼠标右键，选择“贝兹曲线”命令可对曲线进行编辑，如图 11-17 所示。

“空间曲线”工具：选择曲线，单击“空间曲线”工具按钮，可以将平面二维曲线转化为空间三维曲线，如图 11-18 所示。

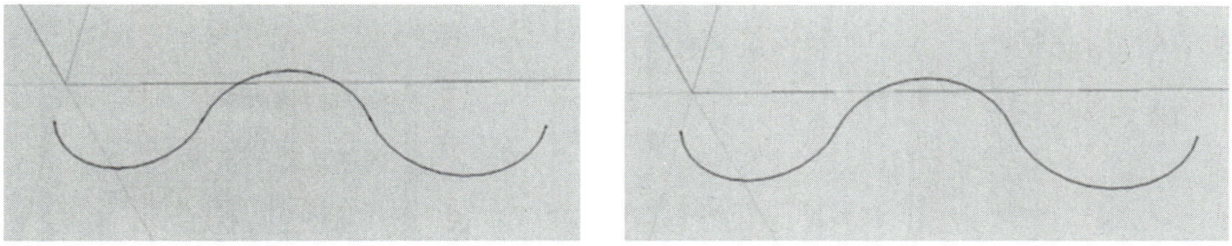

图 11-16 “焊接线条”工具效果

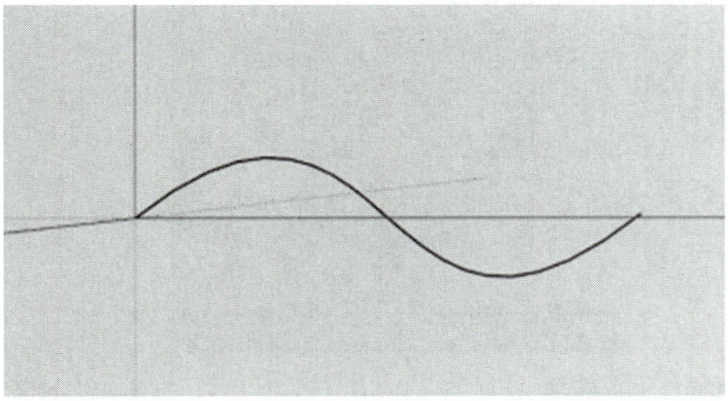

图 11-17 “贝兹曲线”工具效果

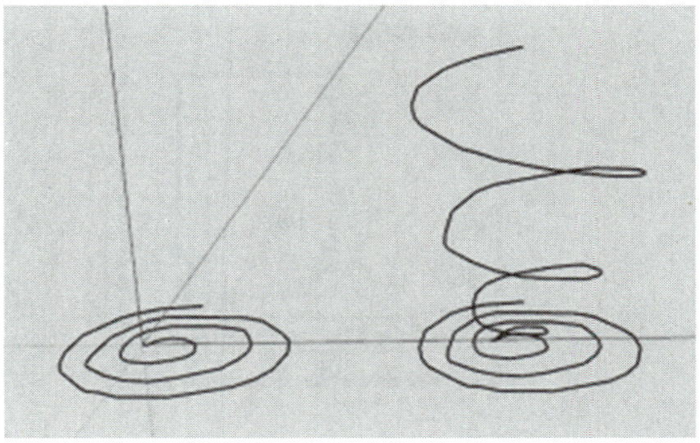

图 11-18 “空间曲线”工具效果

“查找线头”工具：选择“查找线头”工具，单击圆圈即可查找并连接线头，如图 11-19 所示。

“拉线成面”工具：选择“拉线成面”工具，单击所需要编辑的线推拉即可，如图 11-20 所示。

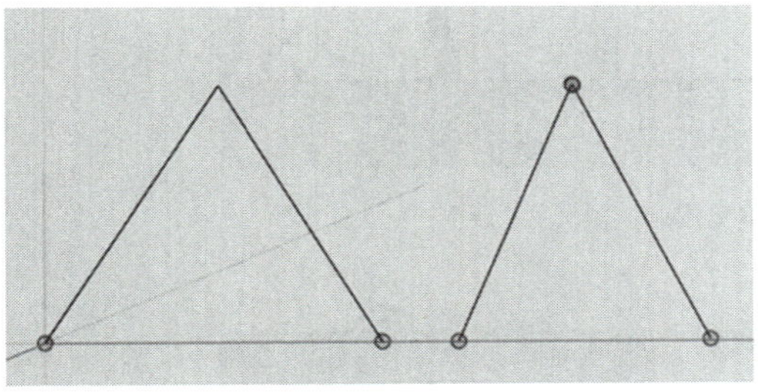

图 11-19 “查找线头”工具效果

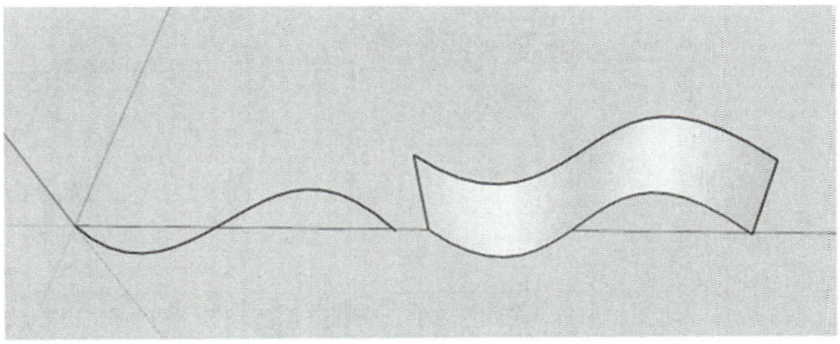

图 11-20 “拉线成面”工具效果

“路径垂直”工具：在绘制好的空间曲线上单击任意一点，可在该点处绘制垂直于该曲线的面，如图 11-21 所示。

“多面偏移”工具：选中需要多面偏移的物体，单击“多面偏移”工具按钮即弹出对话框，如图 11-22 所示。选择偏移方式包括“常规、叠加、序列”，单击“好”按钮即可。在“常规偏移设置”对话框中设置偏移次数、偏移距离、偏移方向、是否删面，如图 11-23 所示。

“批量推拉”工具：选择多个面，单击“批量推拉”工具按钮，沿需要的方向推拉，如图 11-24 所示。

“滑动翻面”工具：单击“滑动翻面”工具按钮，光标滑过的面将自动翻转成正面，如图 11-25 所示。

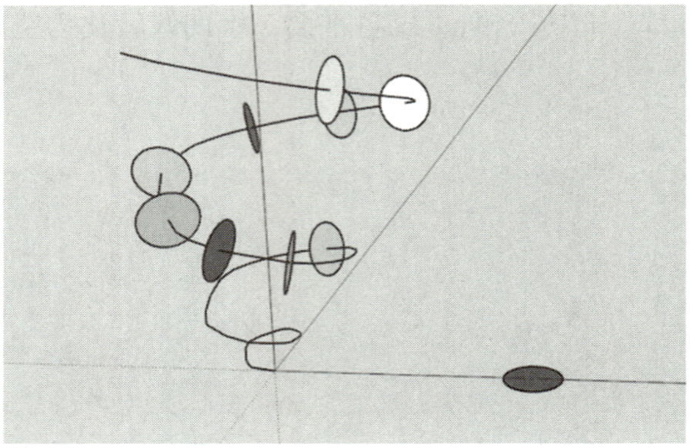

图 11-21 “路径垂直”工具效果

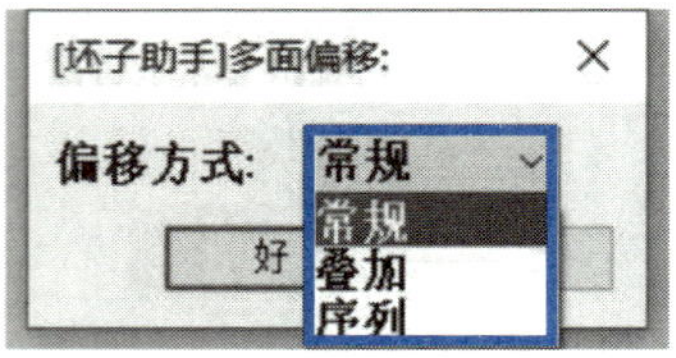

图 11-22 偏移方式选择

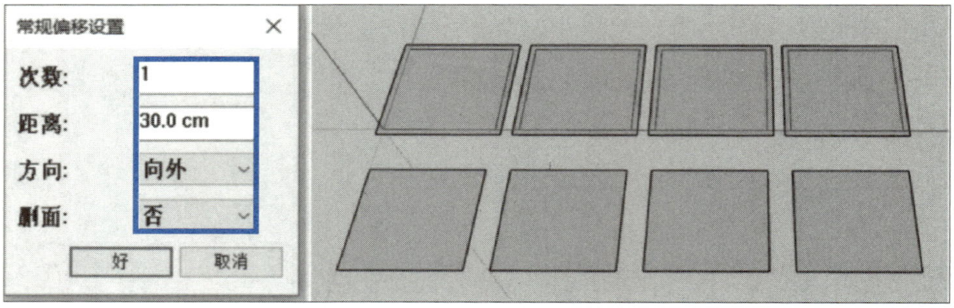

图 11-23 常规偏移设置效果

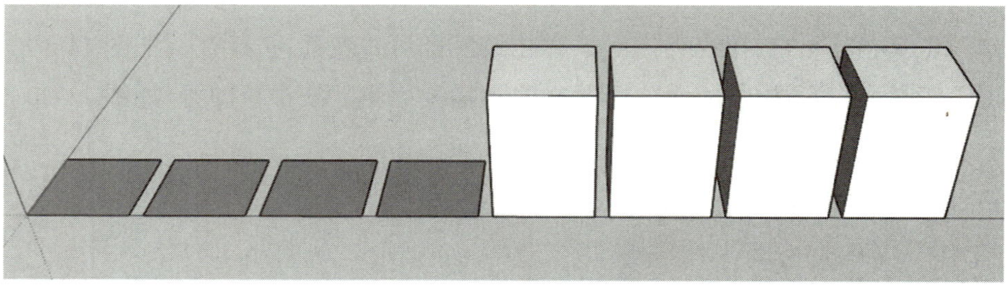

图 11-24 “批量推拉”工具效果

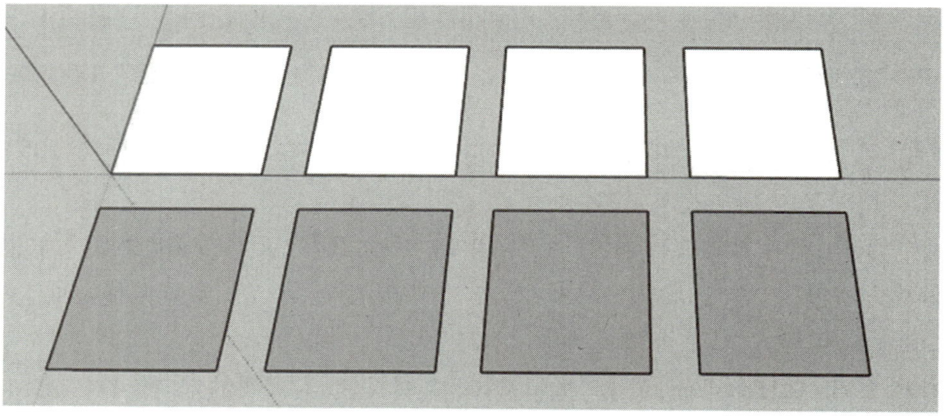

图 11-25 “滑动翻面”工具效果

“快速封面”工具：选择需要快速封面的物体，单击“快速封面”工具按钮即可封面物体，如图 11-26 所示。

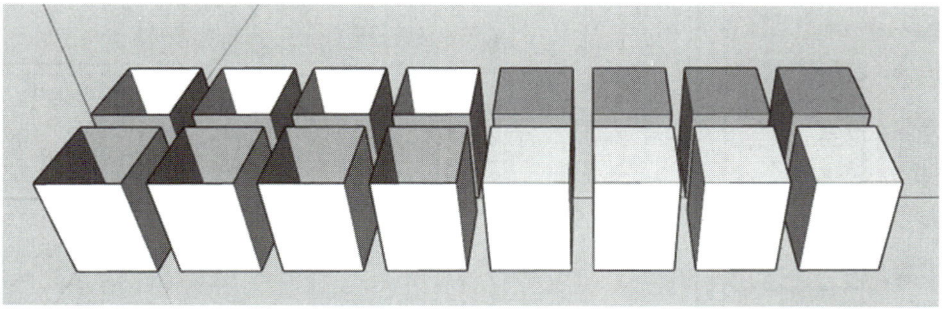

图 11-26 “快速封面”工具效果

3. 三维体量工具

“形体弯曲”工具：将群组或组件按指定曲线弯曲。绘制一条平行于所需要弯曲模型的直线，选中模型（模型必须是群组或组件），选择“形体弯曲”工具，单击“直线”，再单击“曲线路径”，如图 11-27 所示。

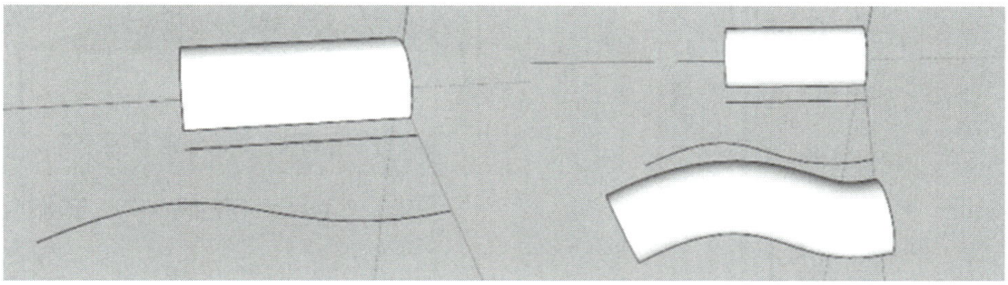

图 11-27 “形体弯曲”工具效果

“路径阵列”工具：将群组或组件按照指定路径阵列。选择“路径阵列”工具，单击路径，然后单击所需要阵列的模型右下角，可输入阵列每一个模型之间的距离，如图 11-28 所示。

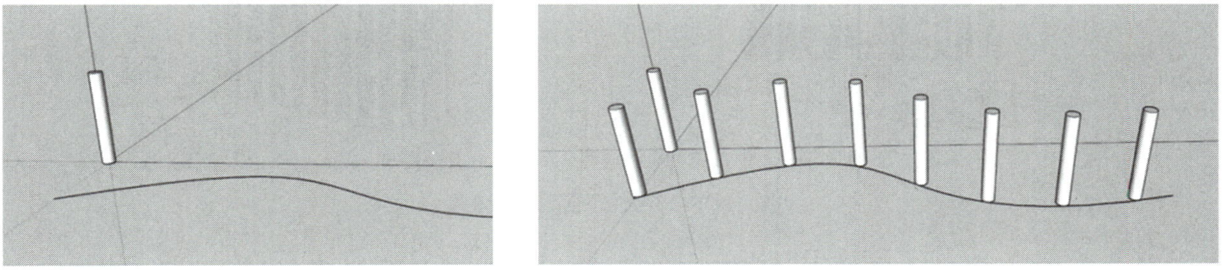

图 11-28 “路径阵列”工具效果

“线转柱体”工具：选择路径，单击“线转柱体”工具按钮，弹出如图 11-29 所示对话框。设置参数生成圆柱或方柱，如图 11-30 所示。

“Z 轴放样”工具：跟随路径时保持截面在 Z 轴上的方向不变，同时选中路径和截面，单击“Z 轴放样”工具按钮(注意面不是组件或群组),如图 11-31 所示。

“模型切割”工具:选择“模型切割”工具,绘制两点切线或切面切割模型,如图 11-32 所示。

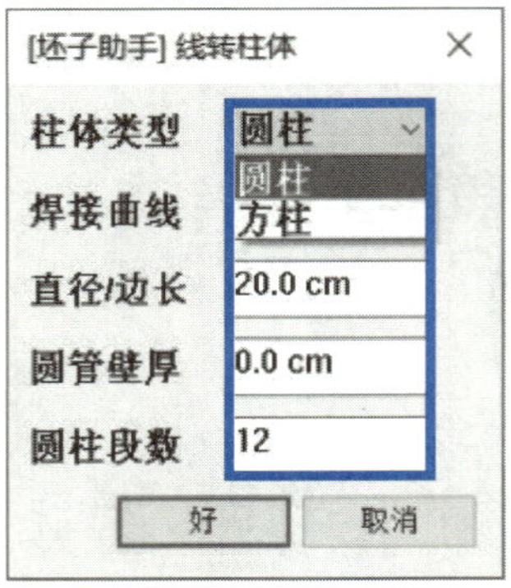

图 11-29　线性柱体参数设置

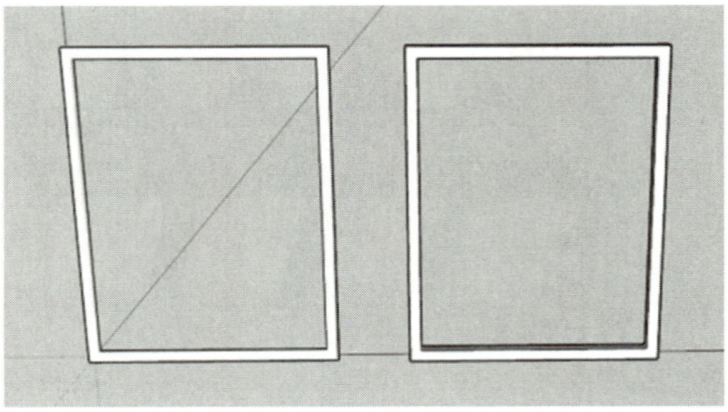

图 11-30　“线转柱体”工具效果

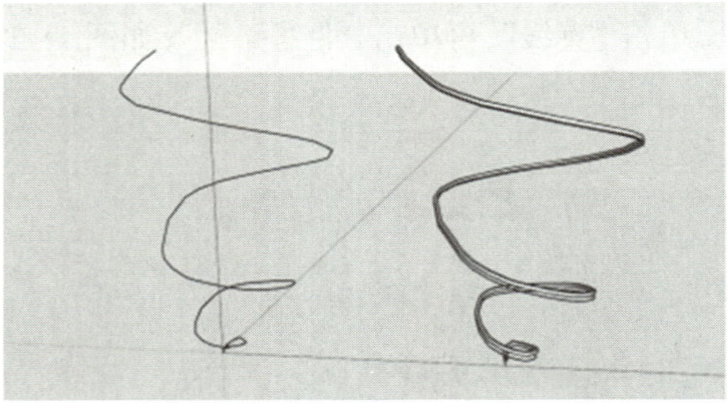

图 11-31　“Z 轴放样”工具效果

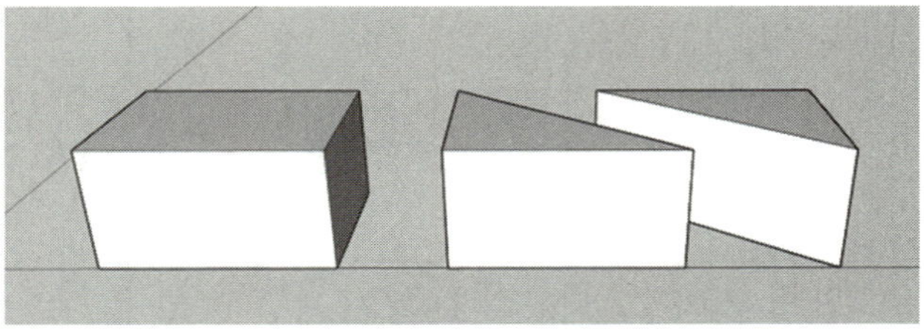

图 11-32　“模型切割”工具效果

“组件下落”工具:选中组件或群组,单击“组件下落”工具按钮即可,如图 11-33 所示。

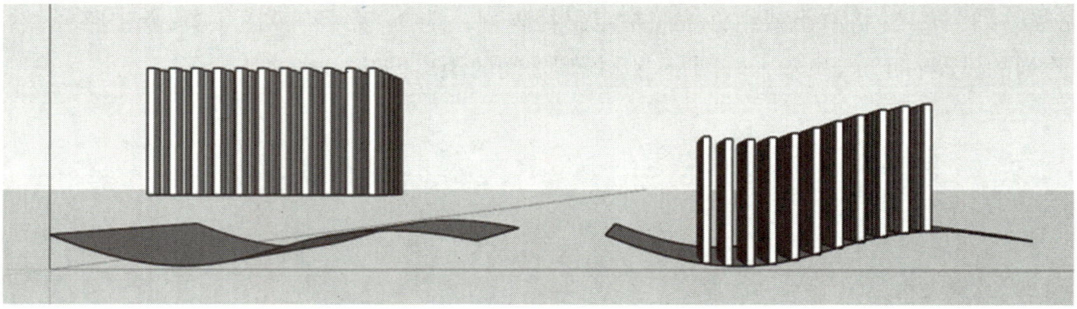

图 11-33　“组件下落”工具效果

“组件置顶”工具:将组件拉伸到上部选定的面上。选中组件和面,单击“组件置顶”工具按钮,原位置不变,只是将组件拉伸到面上,如图 11-34 所示。

4. 辅助工具

“物体镜像”工具:以点、线、面为参考对象,将选择的物体进行镜像。选择物体,单击“物体镜像”工具按钮,选择一个点、线、面,沿任意轴方向单击,再选择一个轴方向确定镜像方向,如图 11-35 所示。

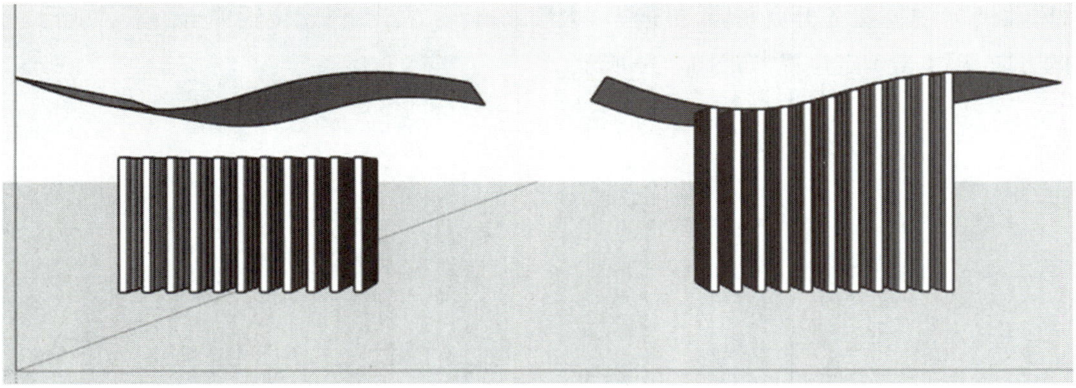

图 11-34　“组件置顶”工具效果

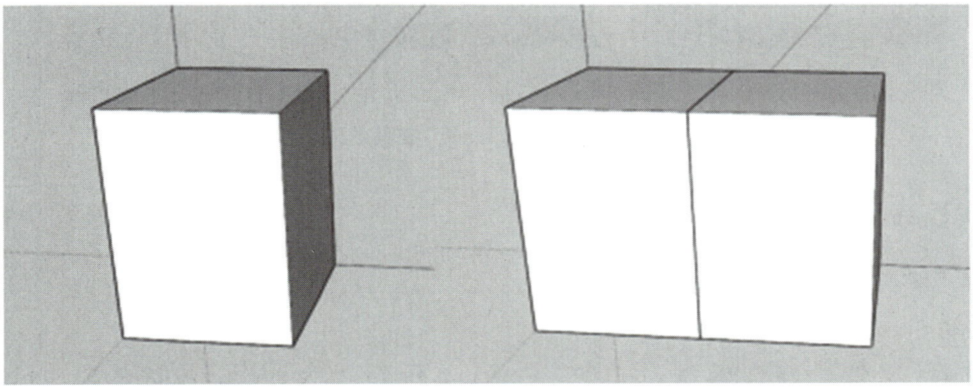

图 11-35　“物体镜像”工具效果

“随机选择”工具:“随机选择”工具对成组物体作用,不成组物体可以选择线和面。选中对象,再选择“随机选择”工具,可以对随机值进行设置,如图 11-36 所示。对选中的物体可以进行移动、旋转、复制、缩放,如图 11-37 所示。

“材质替换”工具:首先选择需要替换的材质,然后单击“材质替换”工具按钮,再单击选择要用的材质。可以用一种材质替换不同物体上的同一种材质,如图 11-38 所示。

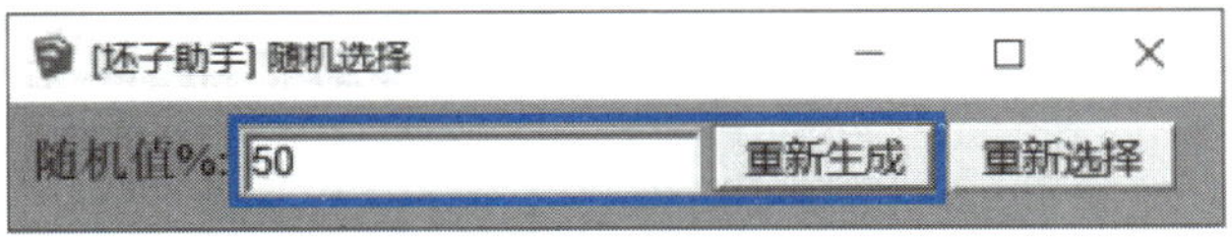

图 11-36　“随机选择”参数设置

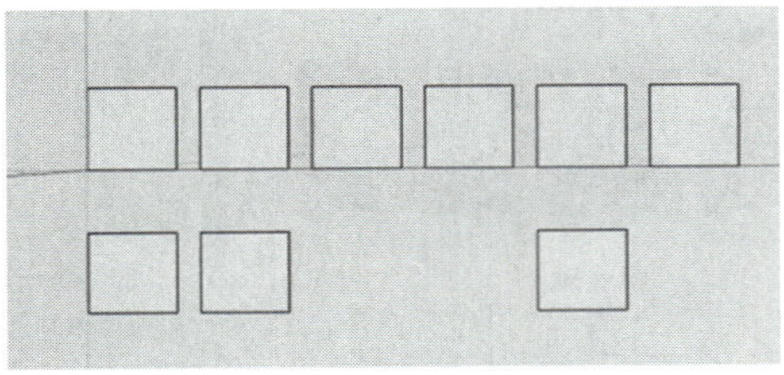

图 11-37　“随机选择”工具效果

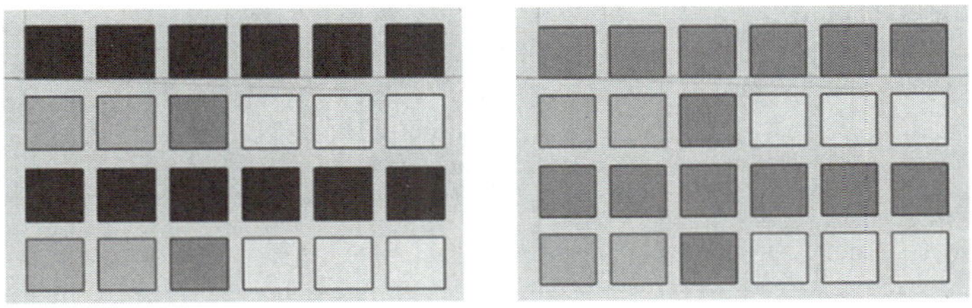

图 11-38　“材质替换”工具效果

“太阳北极”工具：首先开启阴影，再选择“太阳北极”工具，在任意位置单击一下。旋转方位调整至需要的方向，再单击确定位置，如图 11-39 所示。

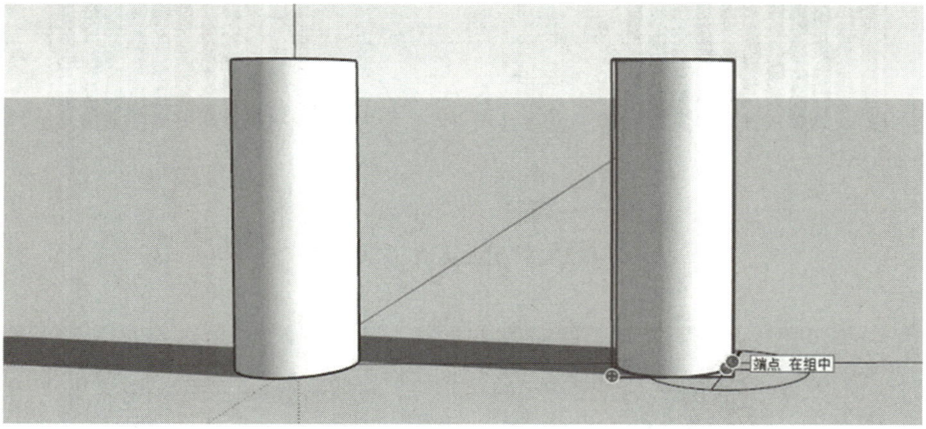

图 11-39 “太阳北极”工具效果

三、实战练习

1. 曲线廊桥实例

（1）启动 SketchUp 2019 软件。

（2）选择“文件—新建模型—建筑”命令，单位设置为 cm，单击进入 SketchUp 2019，如图 11-40 所示。

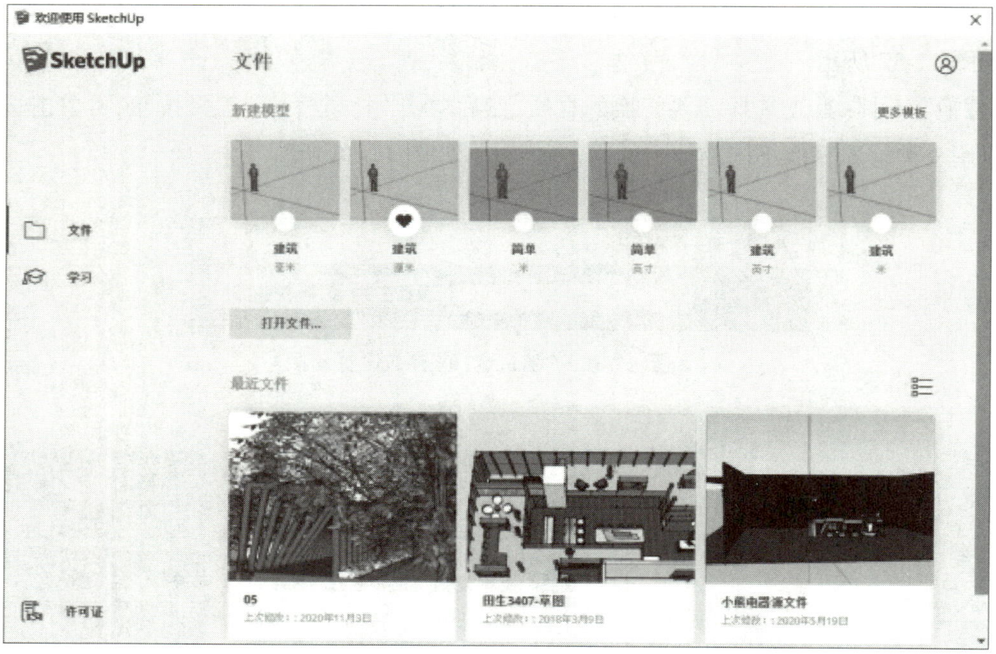

图 11-40 新建模型

（3）选择“圆”工具绘制一个半径为 500 cm 的圆，利用插件“贝兹曲线”工具绘制曲线，如图 11-41 所示。

（4）使用“选择”工具删除圆形，选择“偏移”工具偏移 –20 cm，利用“直线”工具修补两边缺口，如图 11-42 所示。

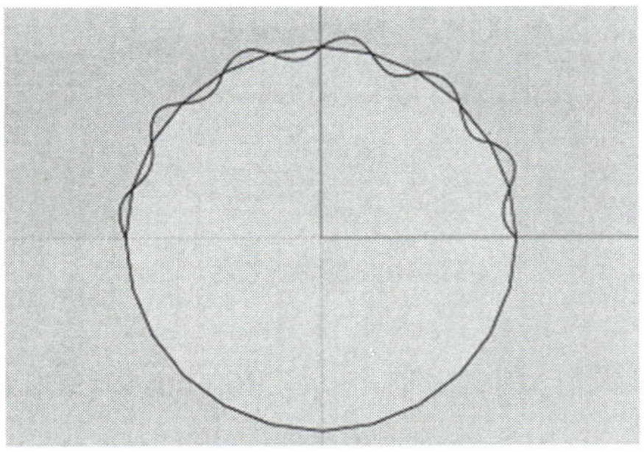

图 11-41　“贝兹曲线”效果

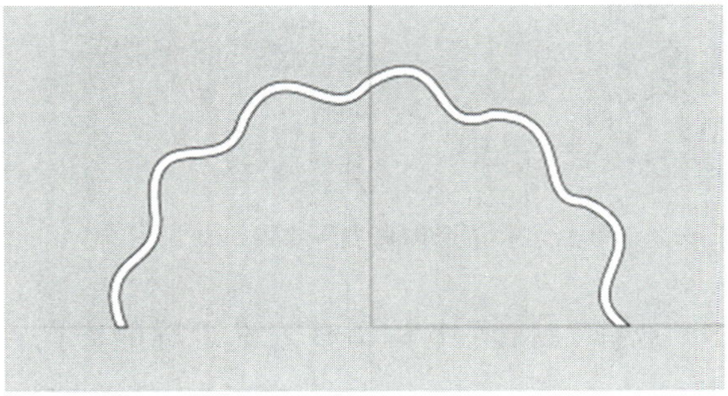

图 11-42　删除后效果

（5）全选物体，单击鼠标右键新建组件，选择“推拉”工具推出 15 cm，并且复制 50 个，如图 11-43 所示。

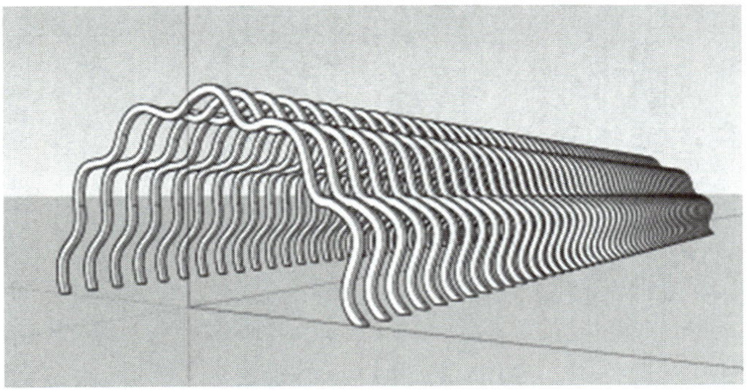

图 11-43　复制效果

（6）选择“矩形”工具绘制一个 3800 cm × 1150 cm 的矩形，推拉出 15 cm，使用“直线”工具沿红轴绘一条直线，选择插件“贝兹曲线”工具绘曲线，如图 11-44 所示。

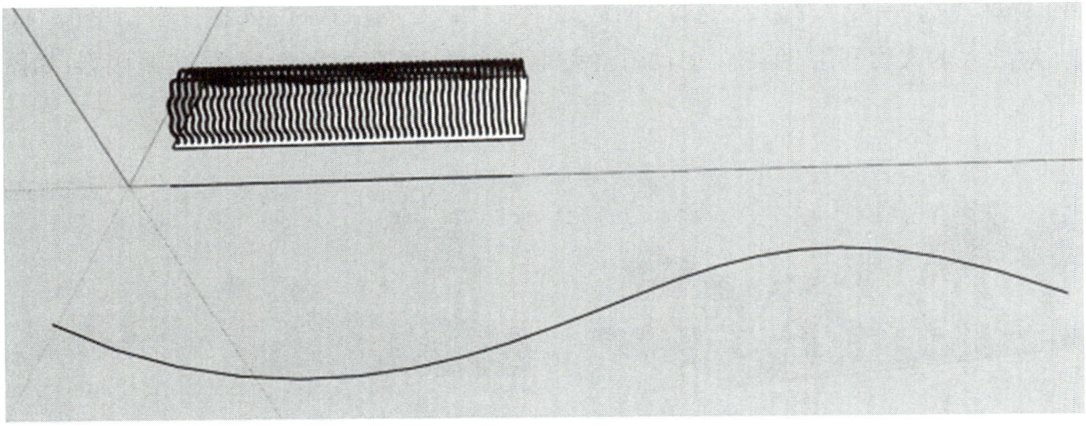

图 11-44　绘制曲线效果

（7）全选物体，单击“形体弯曲”工具按钮，单击红轴直线，再单击曲线，如图 11-45 所示。删除多余物体，利用“缩放”工具调整艺术走廊大小，如图 11-46 所示。

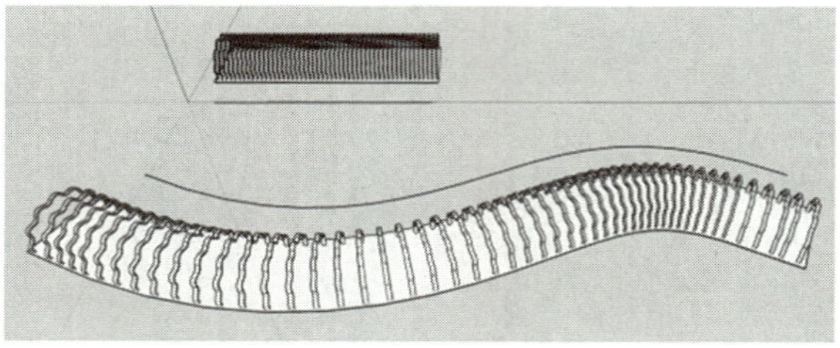

图 11-45 “形体弯曲”效果

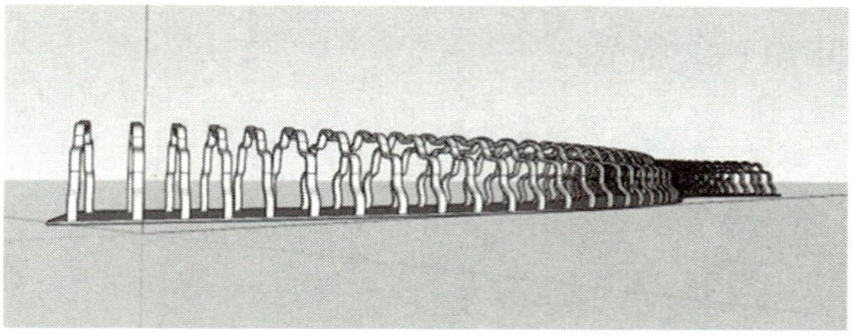

图 11-46 删除效果

（8）选择“旋转”工具调整艺术走廊的方向，利用“矩形”工具，绘制一个 2960 cm × 1900 cm 的矩形，推拉出 15 cm 厚度，为地面填充“人造草被”材质，单击“编辑”按钮，调整纹理尺寸为 100 cm × 100 cm，如图 11-47 所示。

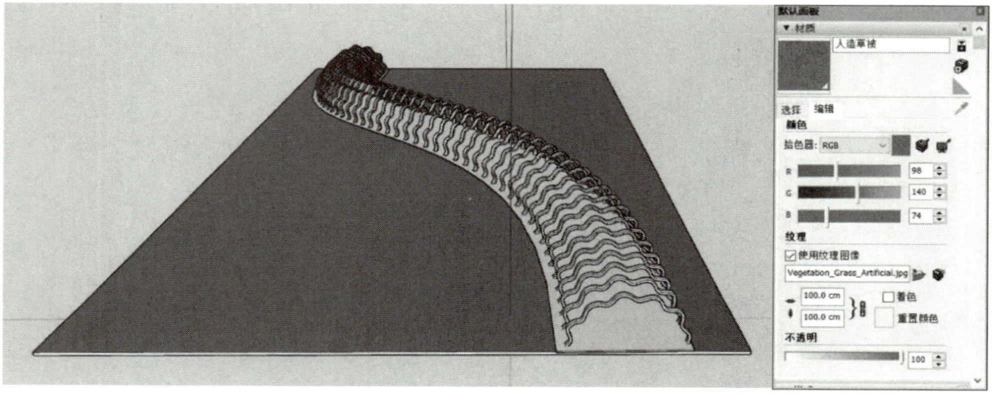

图 11-47 赋予材质效果

（9）选择“文件—导入”命令，选择“网盘文件夹 / 第十一章 / 素材 / 石头”文件，单击“打开”按钮导入；选择“文件—导入”命令，选择“网盘文件夹 / 第十一章 / 素材 / 树木”文件，单击“打开”按钮导入。对导入的石头和树木利用“缩放”工具调整大小和位置，如图 11-48 所示。

（10）选择“文件—导入”命令，选择“网盘文件夹 / 第十一章 / 素材 / 人物”文件，单击“打开”按钮导入。对导入的人物利用“缩放”工具调整大小和位置，取消边线、轮廓线，打开阴影，如图 11-49 所示。

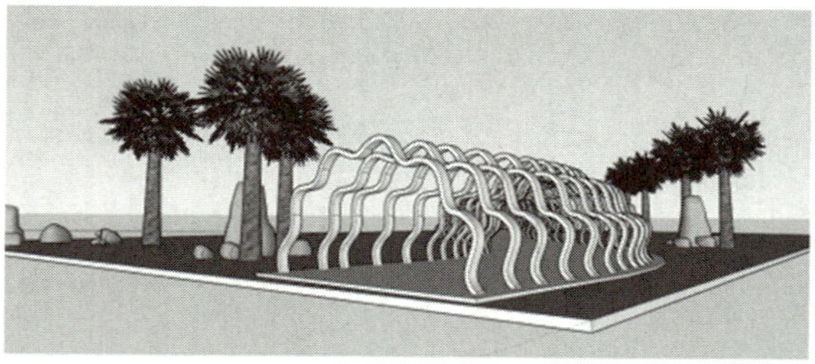

图 11-48 导入石头与树木效果

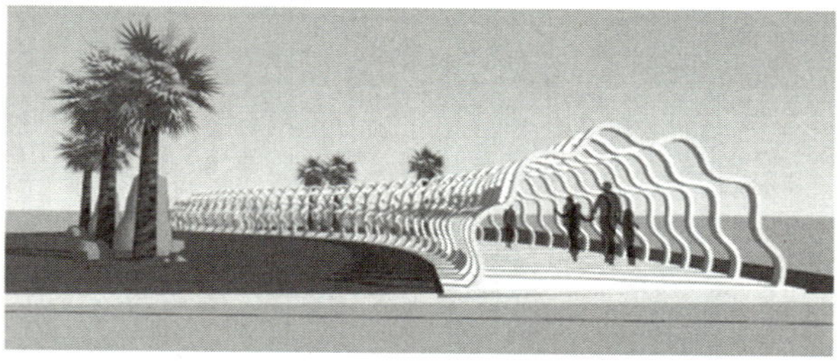

图 11-49 最终效果

2. 方形廊桥实例

（1）启动 SketchUp 2019 软件。

（2）选择“文件—新建模型—建筑”命令，单位设置为 mm，单击进入 SketchUp 2019，如图 11-50 所示。

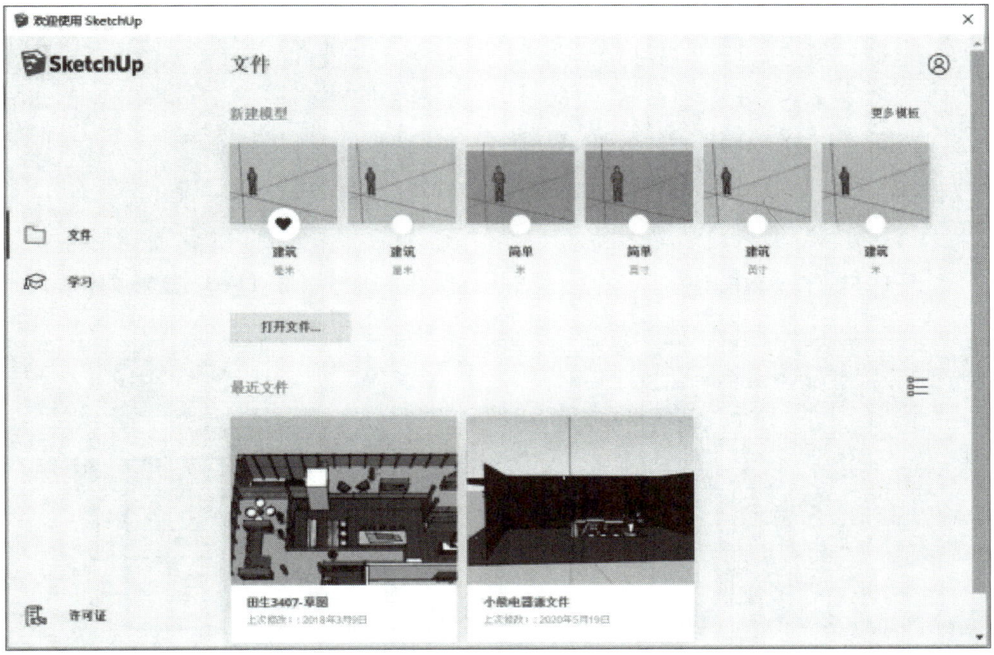

图 11-50 新建模型

（3）选择“矩形”工具，在前视图中绘制一个 250 mm × 250 mm 的长方形，拆分为 11 段，创建群组，复制 5 个，如图 11-51 所示。

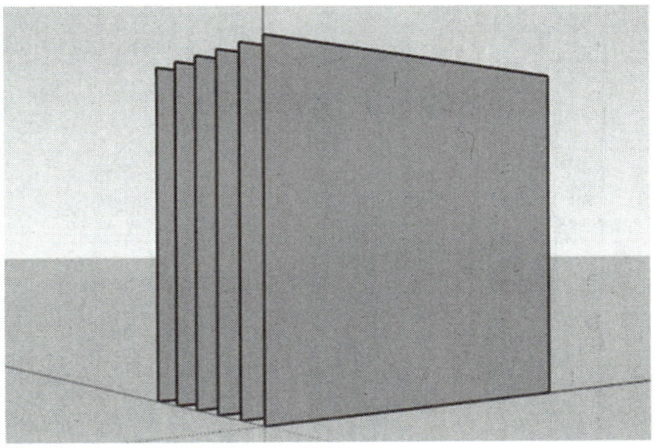

图 11-51 复制效果 1

（4）选择“直线”工具，在前视图中绘制如图 11-52 所示图形，用“擦除”工具去除多余线、面。选择“移动”工具，全选物体复制一份，单击鼠标右键，选择翻转方向为绿轴方向，如图 11-53 所示。

（5）全选物体，单击鼠标右键，选择“炸开模型”命令，选择“线转柱体”工具，设置好参数，如图 11-54 所示。填充材质，全选物体，选择“移动”工具复制，单击鼠标右键，选择翻转方向为绿轴方向，如图 11-55 所示。

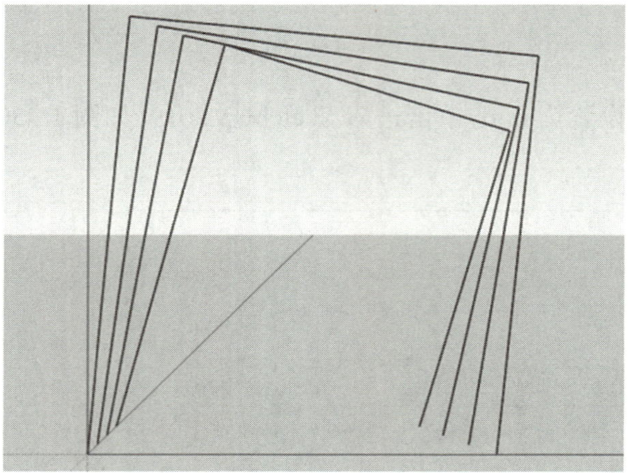

图 11-52　擦除效果 1

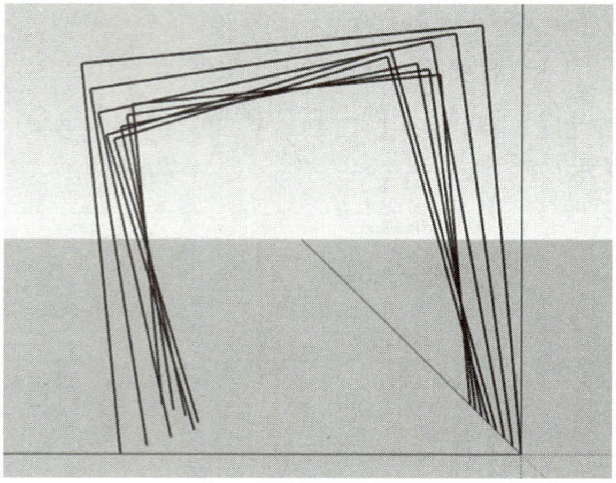

图 11-53　复制效果 2

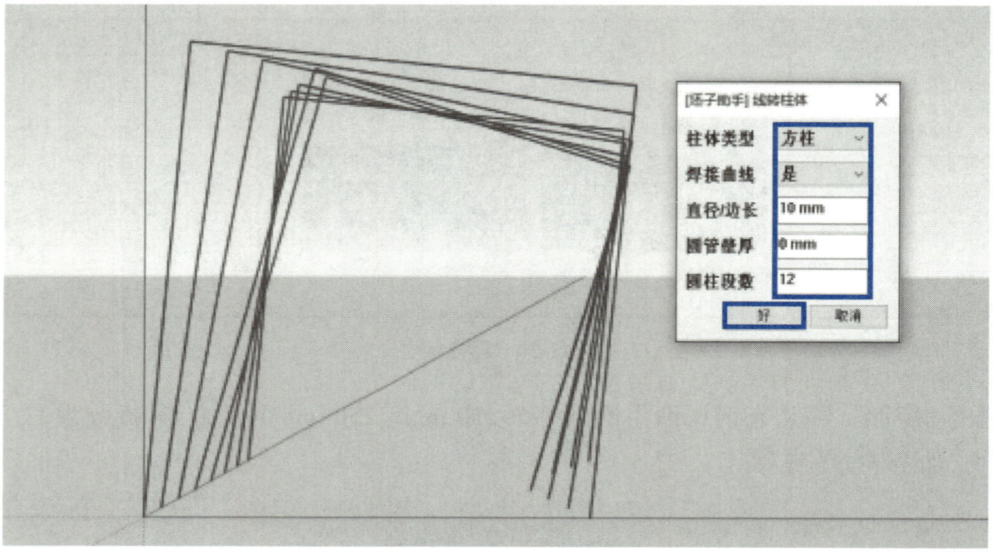

图 11-54　擦除效果 2

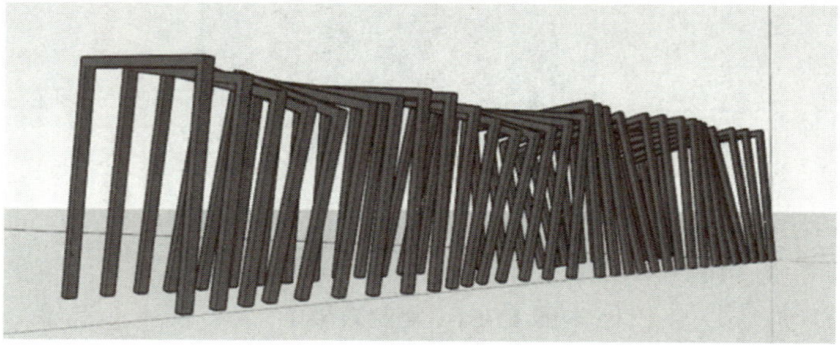

图 11-55　复制效果 3

（6）选择“矩形”工具绘制 160 mm × 11110 mm、1100 mm × 1500 mm 的矩形，推拉出 6 mm 厚度，如图 11-56 所示。

（7）选择“卷尺”工具，两边偏移 100 mm，选择“材质”工具，对物体填充“人造草被”材质和“人字纹绿色铺面”材质，如图 11-57 所示。单击“编辑”按钮，修改纹理尺寸为 50 mm × 48 mm，如图 11-58 所示。

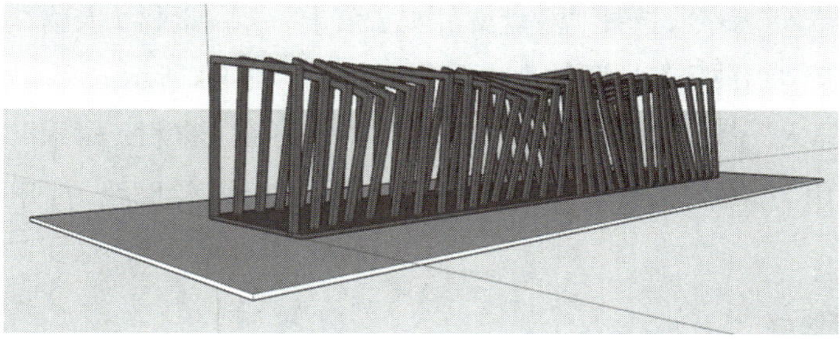

图 11-56　绘制地面效果

图 11-57　选择材质效果

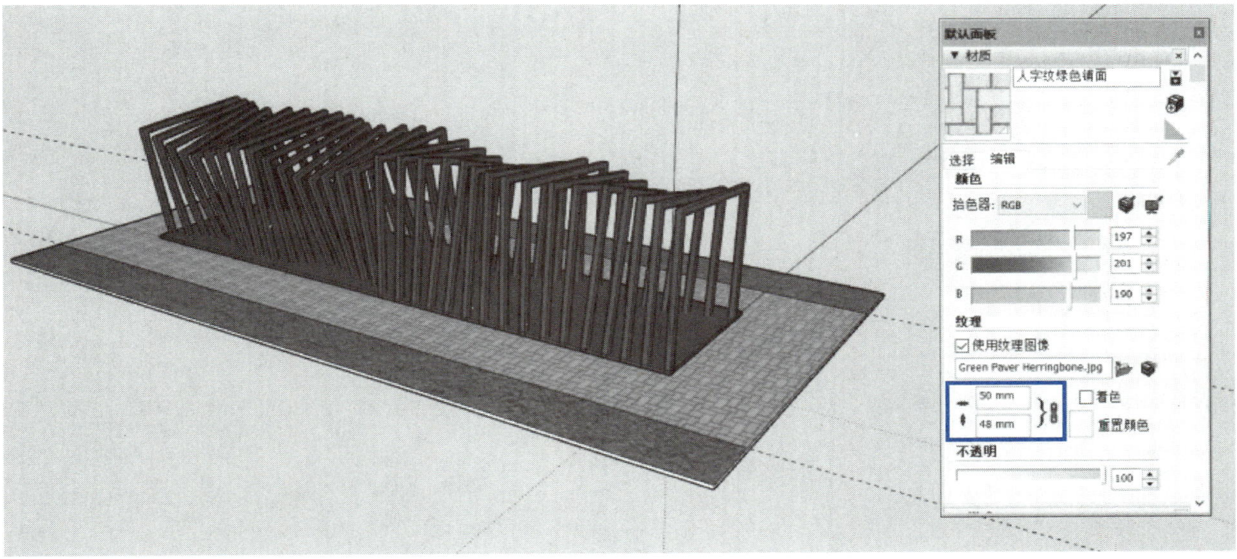

图 11-58　赋予材质效果

（8）选择“文件—导入”命令，选择“网盘文件夹 / 第十一章 / 素材 / 人物”文件，单击“打开”按钮导入。对导入的人物利用“缩放”工具调整大小和位置，如图 11-59 所示。

（9）选择“文件—导入”命令，选择“网盘文件夹 / 第十一章 / 素材 / 树木”文件，单击“打开”按钮导入。对导入的树木利用“缩放”工具调整大小和位置，取消边线、轮廓线，打开阴影，如图 11-60 所示。

图 11-59　导入人物效果

图 11-60　最终效果

第十二章

Chapter 12

V-Ray for SketchUp 材质与灯光

V-Ray for SketchUp Materials and Lighting

本书使用的渲染器是 V-Ray，它由 Chaos Group 和 Asgvis 公司开发，是一款高质量的渲染软件。作为业界最受欢迎的渲染引擎，V-Ray 基于其核心技术开发了多个版本，包括 V-Ray for 3ds Max、Maya、SketchUp、Rhino 等，为各个领域的 3D 建模软件提供了高质量的图像和动画渲染，方便用户进行各种渲染操作。随着软件的迭代，除了推出新的功能外也会对部分功能以及算法进行优化，这意味着在电脑硬件不变的情况下高版本软件能够提供更好的用户体验。本书制图环境软件版本采用 SketchUp Pro 2022，渲染器版本为 V-Ray 6.2003 for SketchUp 2019-2024。

一、V-Ray for SketchUp 简介

V-Ray 6.2003 是 SketchUp 软件（2019-2024 版本）的渲染插件（见图 12-1），旨在提供高质量的渲染效果，增强 SketchUp 的设计性能。它与 SketchUp 软件深度集成，允许用户更有效地设计和渲染。无论是建筑设计、室内设计还是产品设计，V-Ray 6.2003 都是一个值得尝试的渲染工具。

图 12-1　V-Ray for SketchUp

二、V-Ray for SketchUp 安装

（1）下载软件。

（2）在安装 V-Ray 之前，先安装好 SketchUp 软件（2019-2024 版本）（见图 12-2）。

图 12-2　SketchUp 软件安装

（3）软件许可协议同意，点击“I Agree”（见图 12-3）。

（4）默认勾选 SketchUp 草图大师版本，如果电脑有多个版本的 SketchUp，勾选对应版本，然后点击“Install”（见图 12-4）。

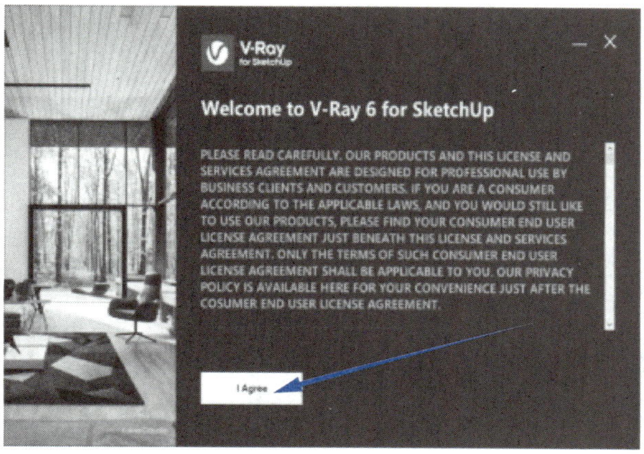

图 12-3　I Agree

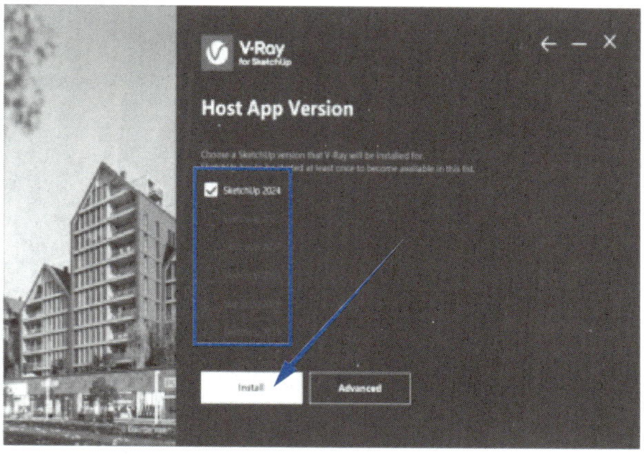

图 12-4　Install

（5）V-Ray 6.2003 正在安装（见图 12-5）。

（6）V-Ray 6.2003 安装完成，点击“Done”（见图 12-6）。

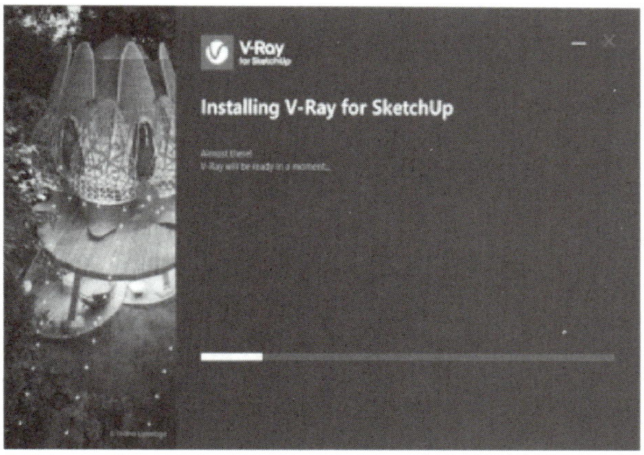

图 12-5　文件安装

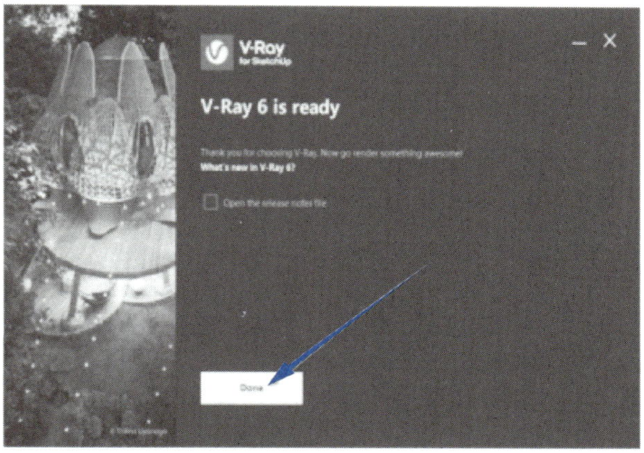

图 12-6　安装完成

（7）打开 SketchUp 软件，在软件界面就可以看到 V-Ray 6.2003 渲染器，或者点击“视图—工具栏”，勾选 V-Ray for SketchUp 完成安装（见图 12-7）。

（8）安装好的 V-Ray 工具栏包括 V-Ray 对象、V-Ray 灯光、V-Ray 实用工具、V-Ray for SketchUp 四个，其中常用工具栏为 V-Ray for SketchUp 与 V-Ray 灯光（具体面板功能介绍见“12.3 材质的应用”和“12.4 灯光的应用”）（见图 12-8）。

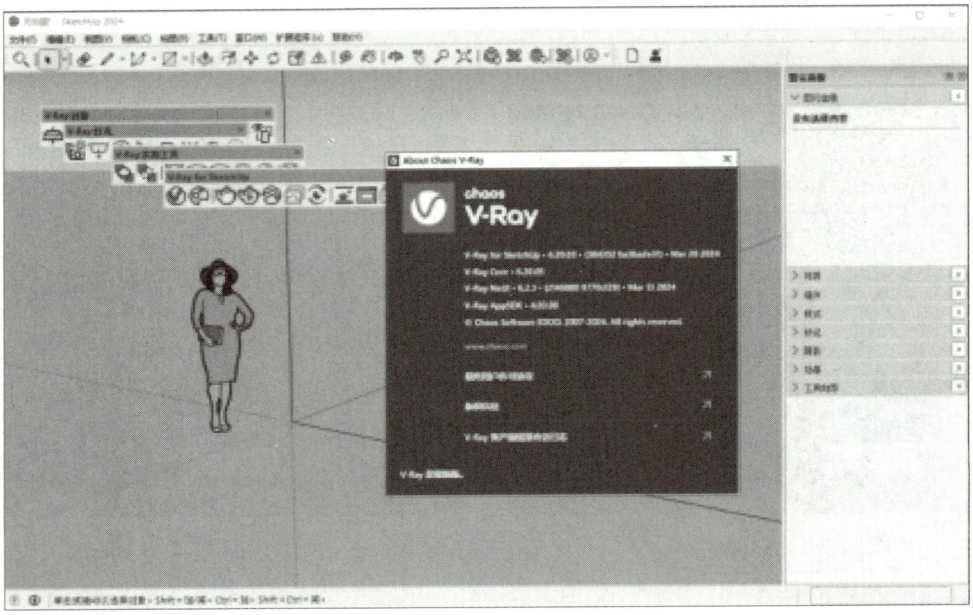

图 12-7　安装完成

图 12-8　V-Ray 工具栏

三、材质的应用

1. 木地板材质的制作

（1）启动 SketchUp Pro 2022 软件，选择“文件—导入”命令，选择“网盘文件夹 / 第十二章 / 素材 / 木地板”文件，单击“导入”按钮导入（见图 12-9）。

（2）单击“V-Ray 资源管理器”工具按钮，选择“创建资源—材质—通用”，修改材质名为“木制地板”（见图 12-10）。

（3）选择“漫反射”，单击“纹理插槽—位图”按钮，选择“网盘文件夹 / 第十二章 / 素材 / 木地板”文件，单击“打开”按钮导入。

（4）选择“反射”，设置反射颜色，将反射光泽度设置为 0.88，选择“地面”，选中“木制地板”，单击鼠标右键，选择“应用到选择”命令（见图 12-11）。

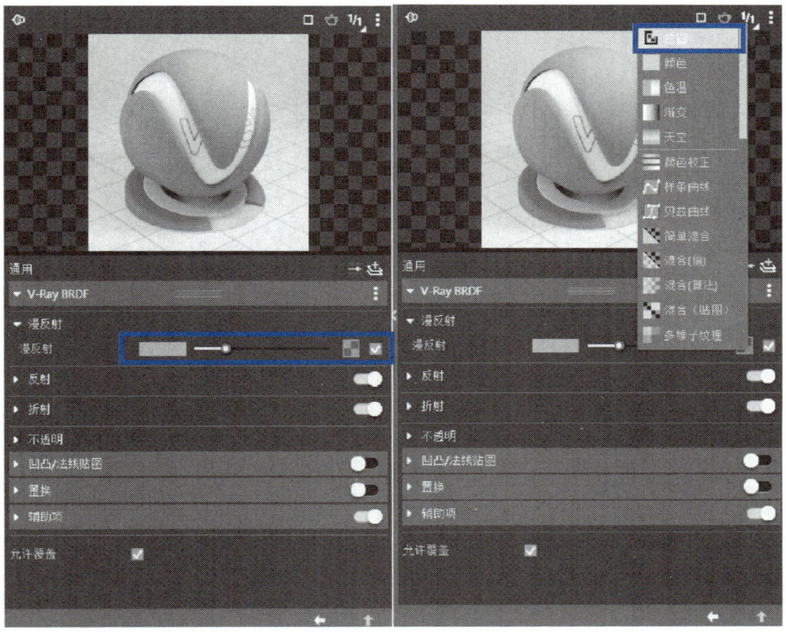

图 12-9　导入素材效果

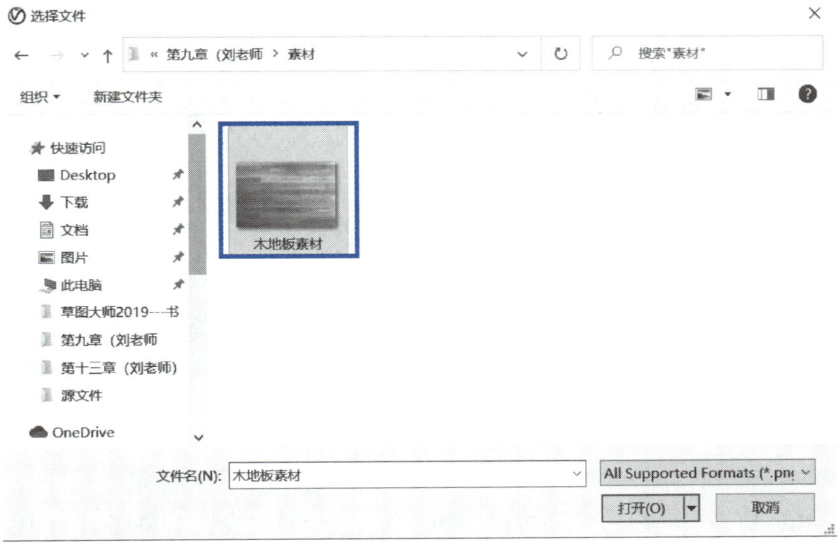

图 12-10　选择“通用”

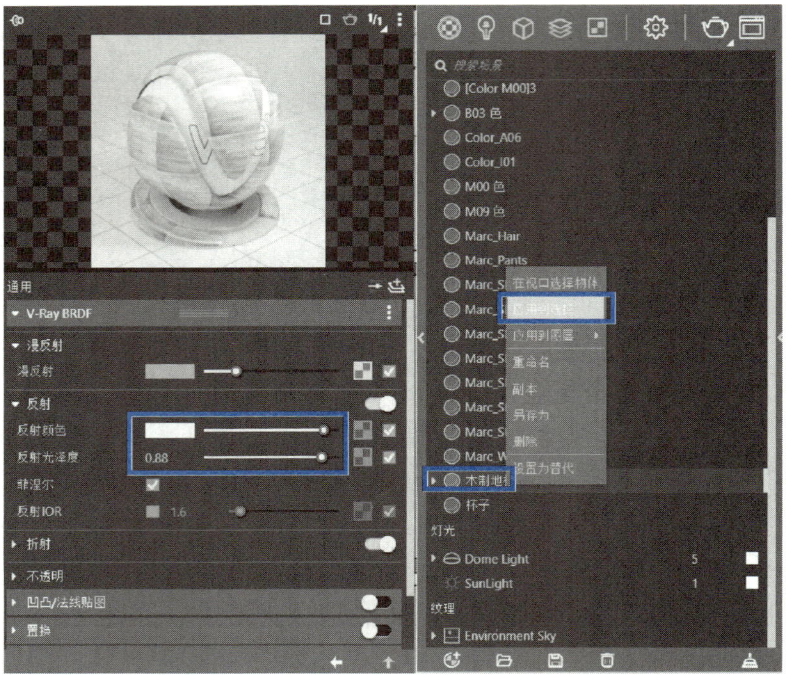

图 12-11　选择赋予

（5）打开默认面板，在“编辑”选项卡中将纹理尺寸设置为 2000 mm × 2000 mm（见图 12-12）。

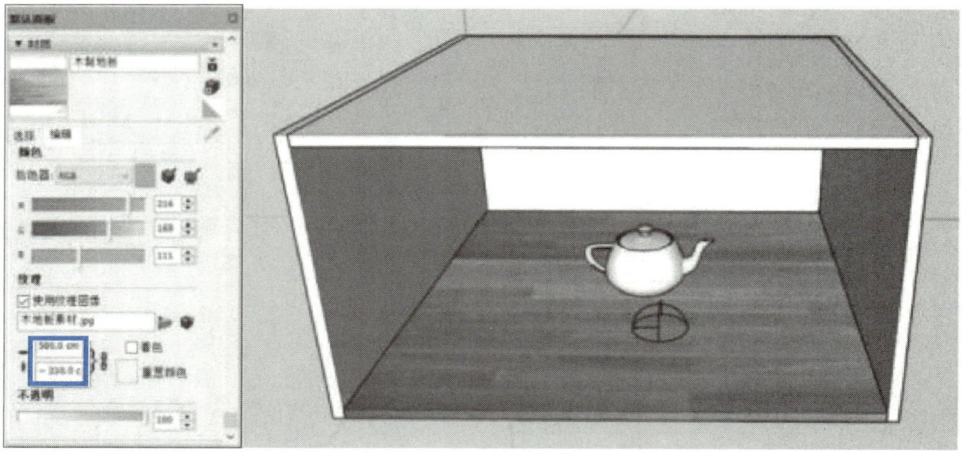
图 12-12　修改纹理尺寸效果

（6）单击“V-Ray 资源管理器”工具按钮，打开“设置”面板，设置渲染质量为“中”，渲染输出图像宽度、高度分别为 3000、1687，全局照明一次光线反弹和二次光线反弹分别为“辐照贴图”和“灯光缓存”（见图 12-13）。

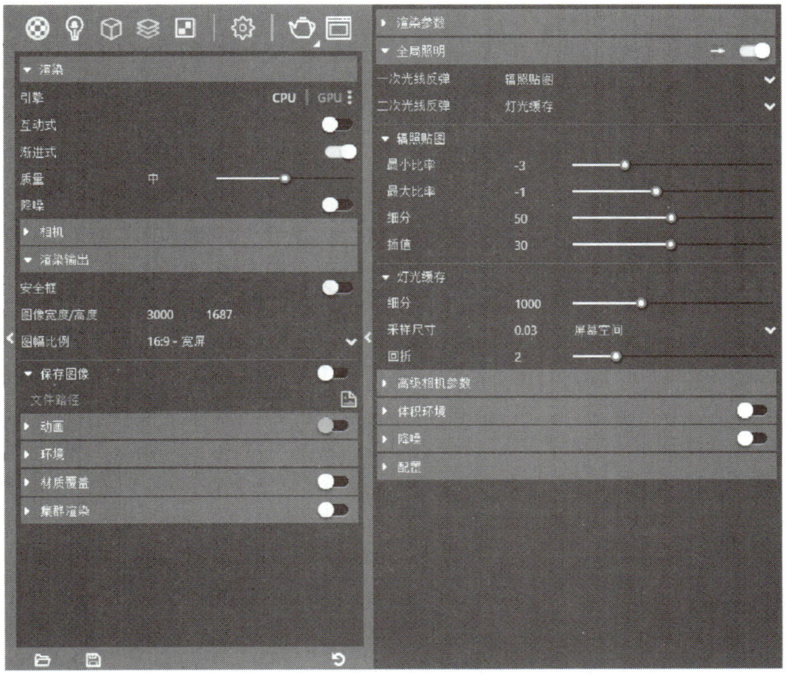

图 12-13　渲染设置

（7）单击“渲染”工具按钮，渲染最终效果图，选择“保存—另存为”命令，重命名后保存（见图 12-14）。

图 12-14　最终效果图

2. 不锈钢与有色金属材质的制作

（1）启动 SketchUp Pro 2022 软件，选择“文件—导入”命令，选择“网盘文件夹 / 第十二章 / 素材 / 不锈钢与有色金属”文件，单击“导入”按钮导入（见图 12-15）。

图 12-15　导入素材效果

（2）单击“V-Ray 资源管理器”工具按钮①，选择“创建资源—材质—通用”，修改材质名为“镜面不锈钢”（见图 12-16）。

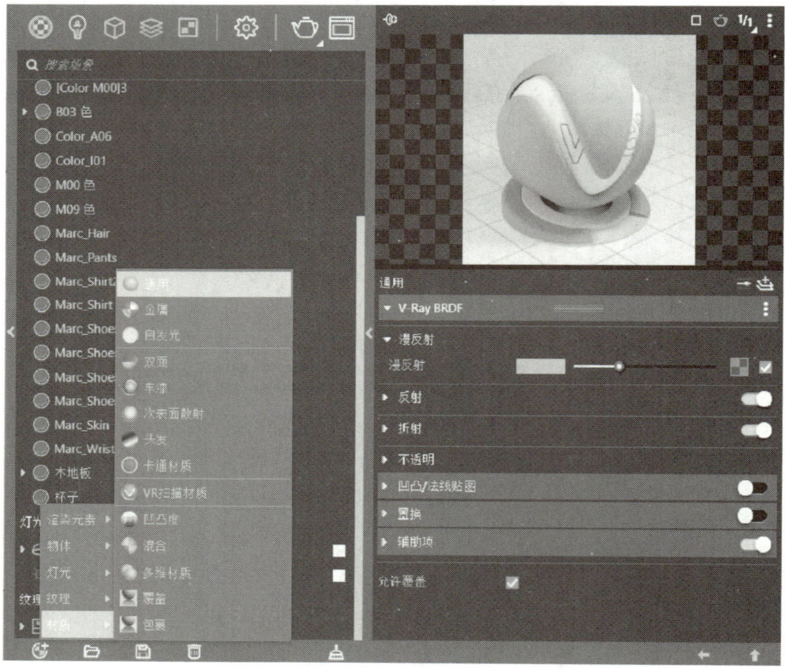

图 12-16　选择“通用”

（3）选择“漫反射”，设置漫反射颜色为黑色，反射光泽度设置为 1，选择茶杯，选中“镜面不锈钢”选项，单击鼠标右键，选择“应用到选择”命令（见图 12-17）。

（4）选择“镜面不锈钢”材质，单击鼠标右键，添加“副本”，修改为“镜面有色金属“。设置漫反射颜色为黄色，选择应用到茶杯（见图 12-18）。

图 12-17 “镜面不锈钢”材质应用

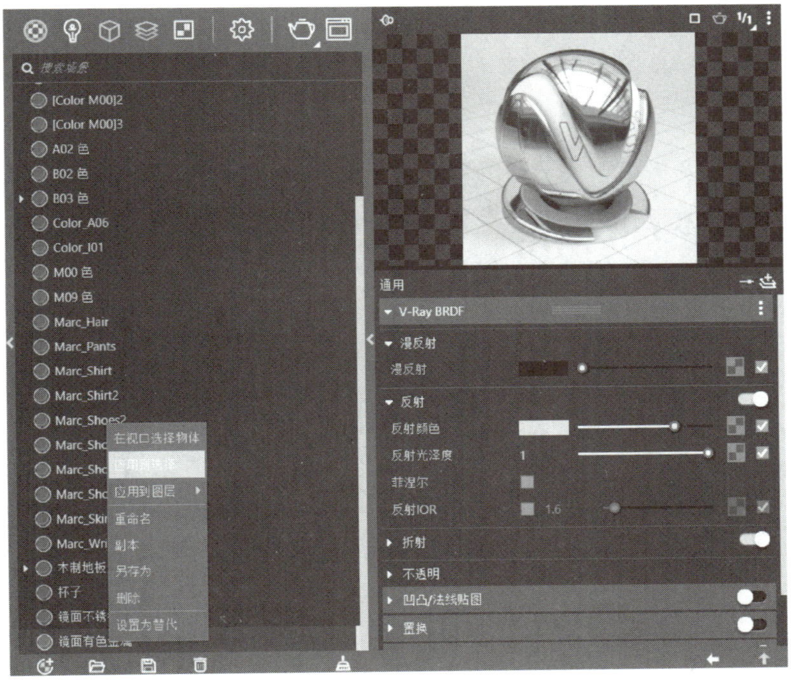

图 12-18 “镜面有色金属”材质应用

（5）单击“V-Ray 资源管理器”工具按钮，打开“设置”面板，设置渲染质量为“中”，渲染输出图像宽度、高度分别设置为 3000、1687，全局照明一次光线反弹和二次光线反弹分别为“辐照贴图”和“灯光缓存”（见图 12-19）。

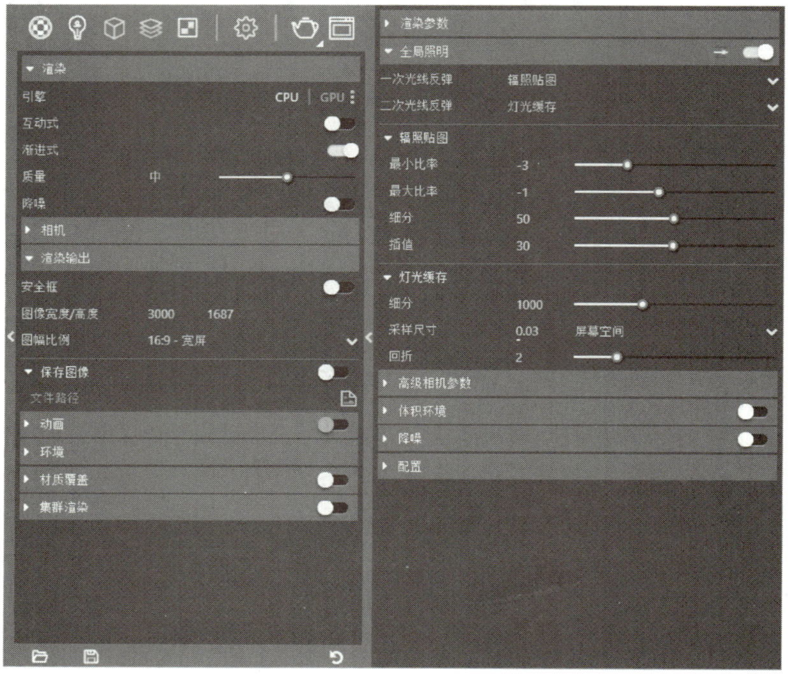

图 12-19　渲染参数设置

（6）单击“渲染”工具按钮口，渲染最终效果图，选择“保存—另存为”命令，重命名后保存（见图 12-20）。

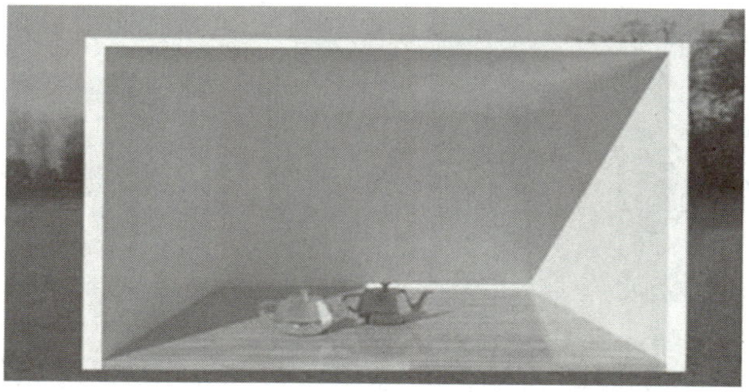
图 12-20　最终效果图

3. 瓷砖材质的制作

（1）启动 SketchUp Pro 2022 软件，选择“文件—导入”命令，选择“网盘文件夹 / 第十二章 / 素材 / 瓷砖”文件，单击“导入”按钮导入（见图 12-21）。

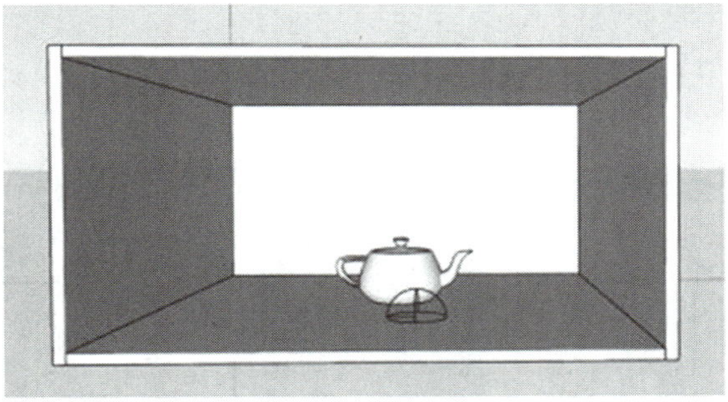

图 12-21　导入素材效果

（2）单击“V-Ray 资源管理器”工具按钮，选择“创建资源—材质—通用”，修改材质名为“亮光瓷砖”（见图 12-22）。

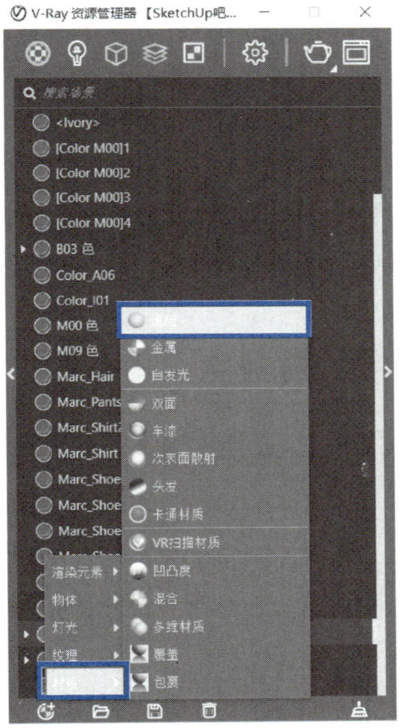

图 12-22　选择“通用”

（3）选择“漫反射”，单击“纹理插槽—位图”按钮，选择“网盘文件夹 / 第十二章 / 素材 / 瓷砖素材”文件，单击“打开”按钮导入（见图 12-23）。

（4）选择“反射”，设置反射颜色，反射光泽度设置为 0.95，选择地面，选中“亮光瓷砖”选项，单击鼠标右键选择“应用到选择”命令（见图 12-24）。

（5）打开默认面板，在“编辑”选项卡中将纹理尺寸设置为 100 cm × 100 cm（见图 12-25）。

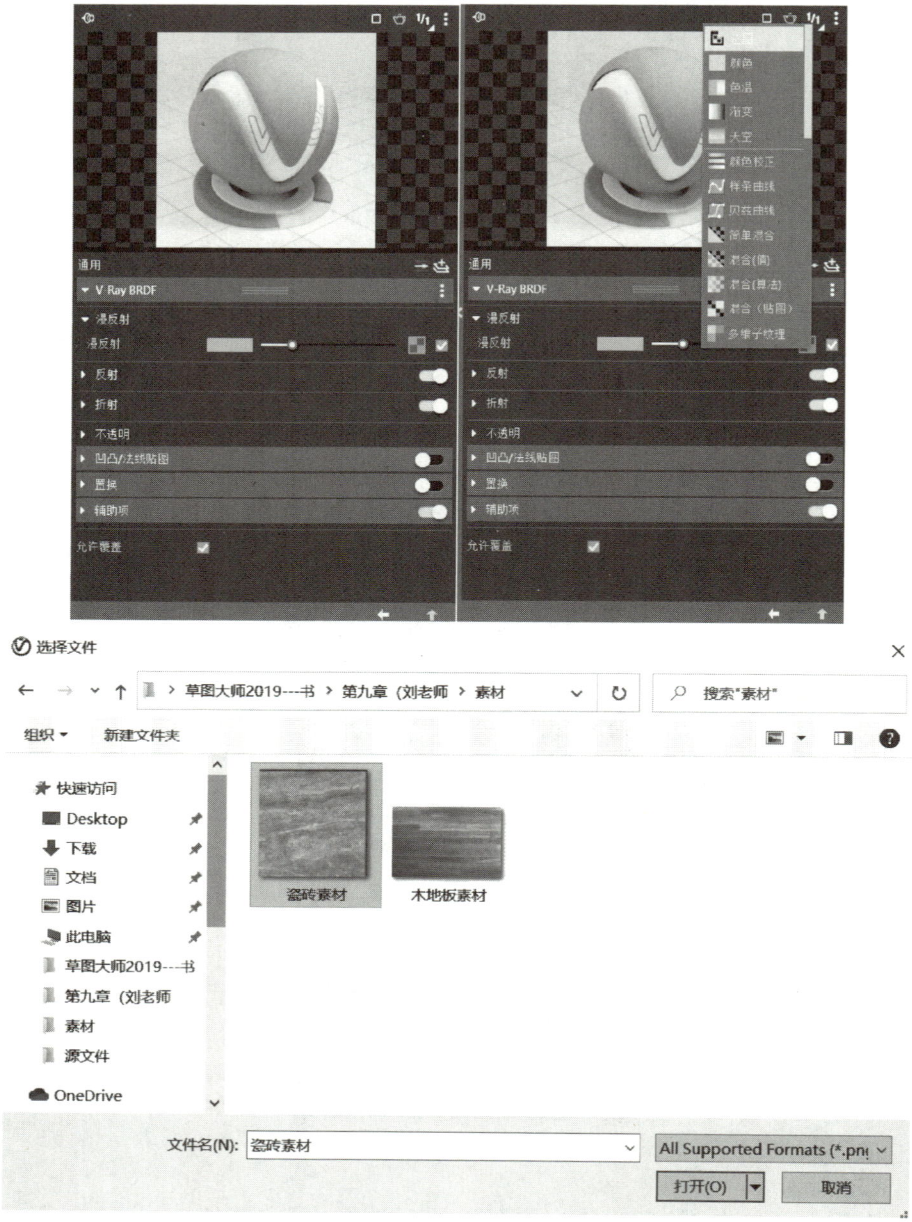
通用
V-Ray BRDF
漫反射
漫反射
反射
折射
不透明
凹凸/法线贴图
置换
辅助项
允许覆盖
颜色
色温
渐变
天空
颜色校正
样条曲线
贝兹曲线
简单混合
混合(圆)
混合(算法)
混合（贴图）
多维子纹理
选择文件
草图大师2019---书
第九章（刘老师
素材
搜索"素材"
组织
新建文件夹
快速访问
Desktop
下载
文档
图片
此电脑
草图大师2019---书
第九章（刘老师
素材
源文件
OneDrive
瓷砖素材
木地板素材
文件名(N):
瓷砖素材
All Supported Formats (*.pn
打开(O)
取消

图 12-23　选择位图

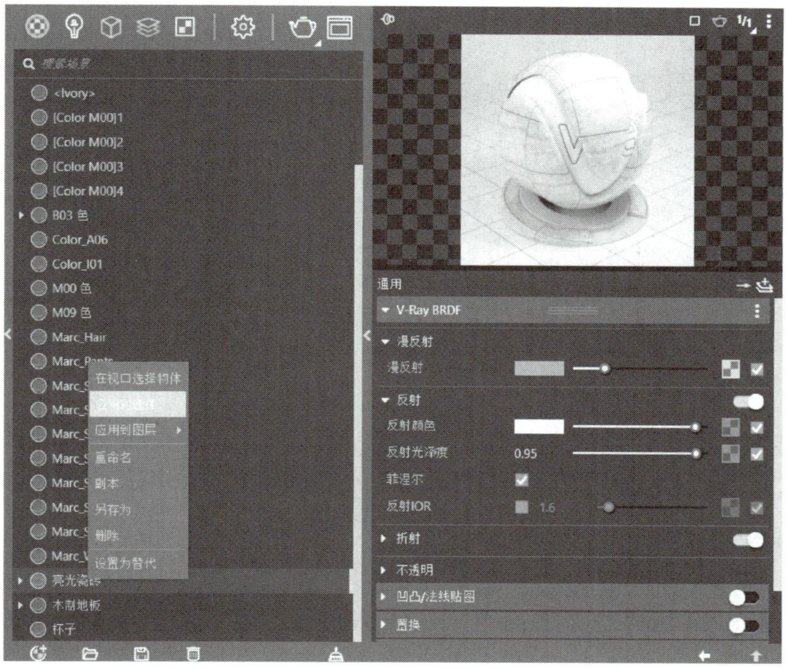

图 12-24　选择赋予材质

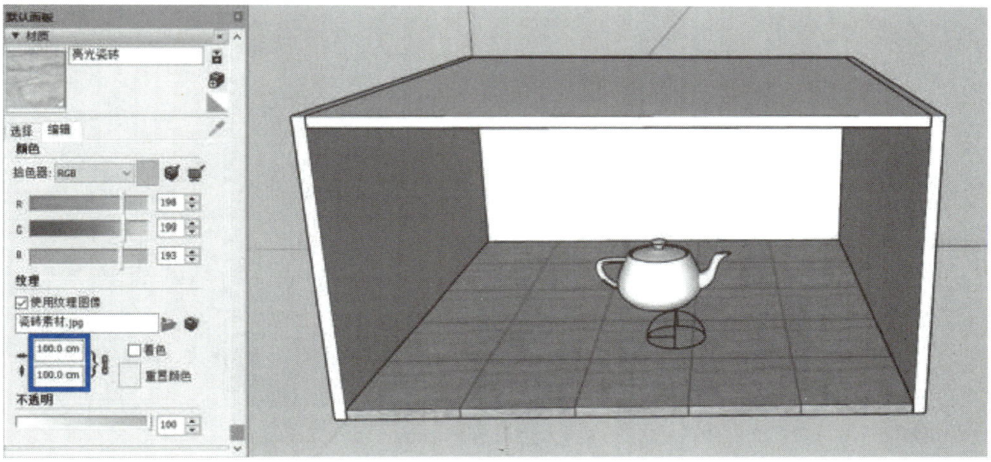

图 12-25　修改纹理尺寸

（6）单击“V-Ray 资源管理器”工具按钮，打开“设置”面板，设置渲染质量为“中”，渲染输出图像宽度、高度分别设置为 3000、1687，全局照明一次光线反弹和二次光线反弹分别为“辐照贴图”和“灯光缓存”（见图 12-26）。

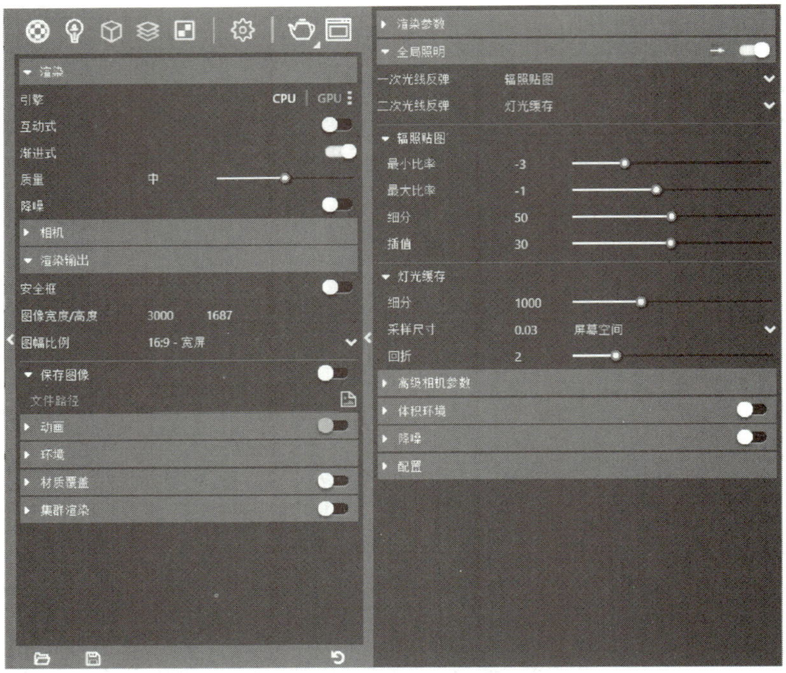

图 12-26 渲染参数设置

（7）单击“渲染”工具按钮，渲染最终效果图，选择“保存—另存为”命令，重命名后保存（见图 12-27）。

图 12-27 最终效果

4. 玻璃材质的制作

（1）启动 SketchUp Pro 2022 软件，选择“文件—导入”命令，选择“网盘文件夹 / 第十二章 / 素材 / 玻璃”文件，单击“导入”按钮（见图 12-28）。

（2）单击“V-Ray 资源管理器”工具按钮，选择“创建资源—材质—通用”，修改材质名为“清玻”“磨砂玻璃”“绿色玻璃”（见图 12-29）。

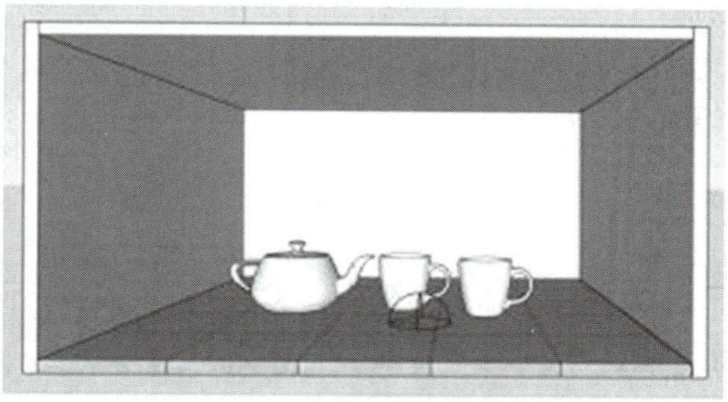

图 12-28 导入素材效果

图 12-29 选择"通用"

（3）设置反射颜色为白色，选择茶杯，选中"清玻"选项，单击鼠标右键，选择"应用到选择"命令（见图 12-30）。

（4）设置反射颜色为白色，折射光泽度为 0.85，选择茶杯，选中"磨砂玻璃"选项，单击鼠标右键，选择"应用到选择"命令（见图 12-31）。

（5）设置反射颜色为白色，设置折射颜色为白色，雾颜色为绿色，雾倍增为 0.2，折射光泽度为 1，选择茶壶，选中"绿色玻璃"选项，单击鼠标右键，选择"应用到选择"命令（见图 12-32）。

（6）单击"V-Ray 资源管理器"工具按钮，打开"设置"面板，设置渲染质量为"中"，渲染输出图像宽度、高度分别设置为 3000、1687，全局照明一次光线反弹和二次光线反弹分别为"辐照贴图"和"灯光缓存"（见图 12-33）。

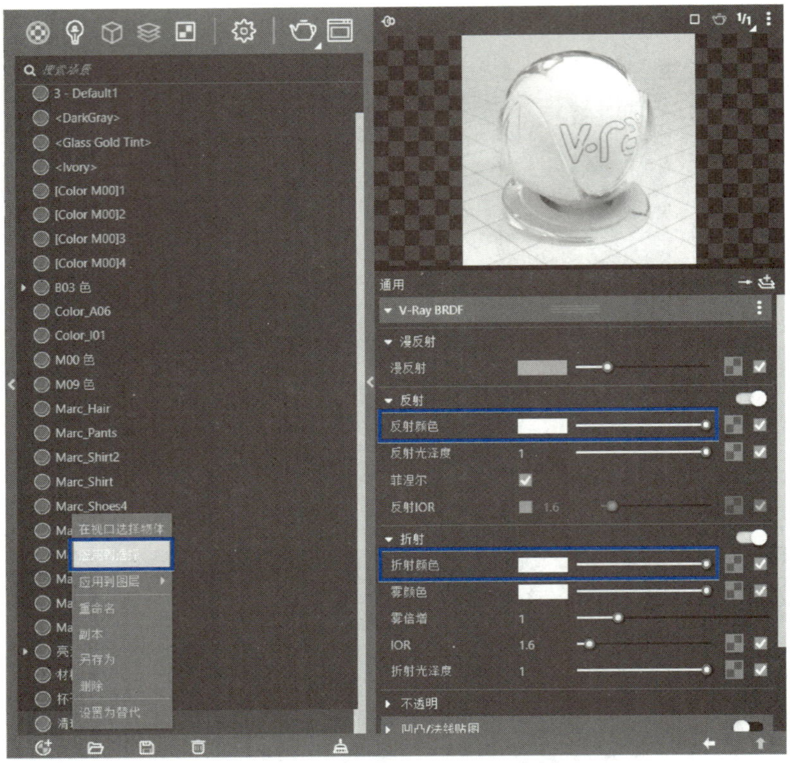

图 12-30 “清玻”材质应用

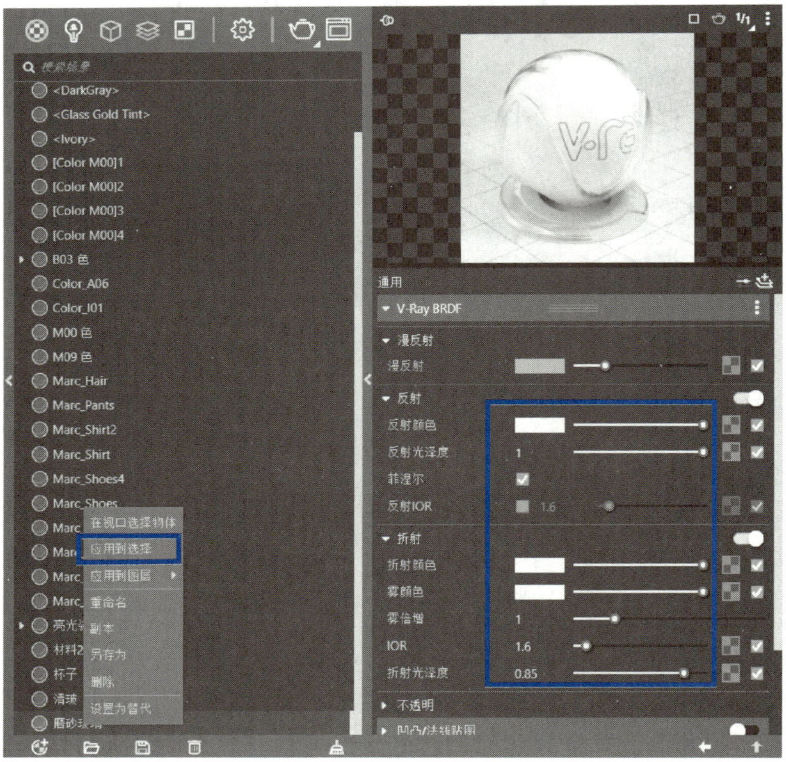

图 12-31 “磨砂玻璃”材质应用

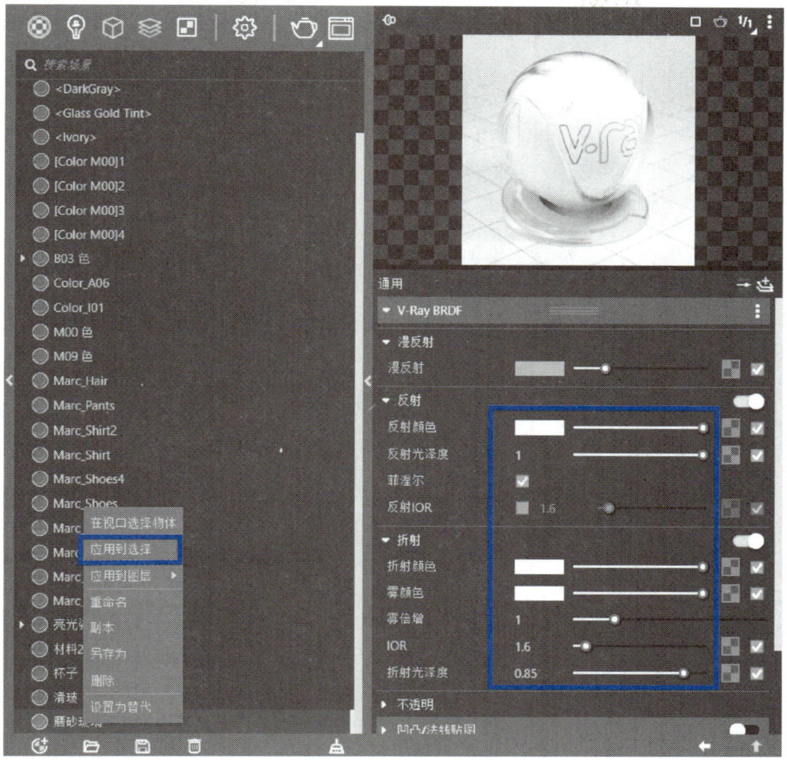

图 12-32 “绿色玻璃”材质应用

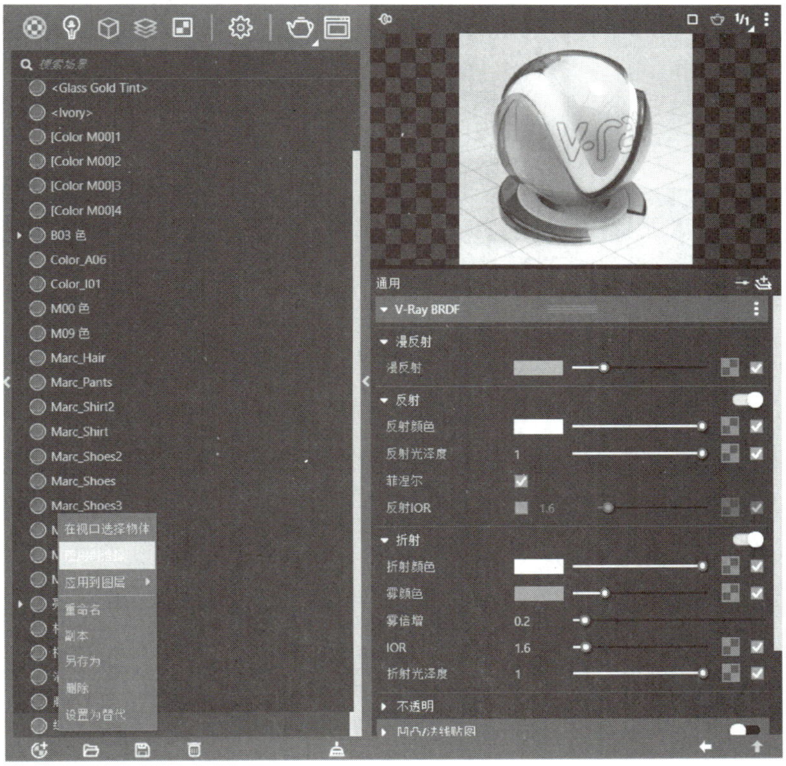

图 12-33 渲染参数设置

（7）单击“渲染”工具按钮，渲染最终效果图，选择“保存—另存为”命令，重命名后保存（见图 12-34）。

图 12-34　最终效果图

四、灯光的应用

1. V-Ray 矩形灯的制作

（1）启动 SketchUp Pro 2022 软件，选择“文件—导入”命令，选择“网盘文件夹 / 第十二章 / 素材 / 矩形灯”文件（见图 12-35）。

（2）选择“矩形灯”工具，绘制一个矩形灯（见图 12-36）。

图 12-35　导入素材效果

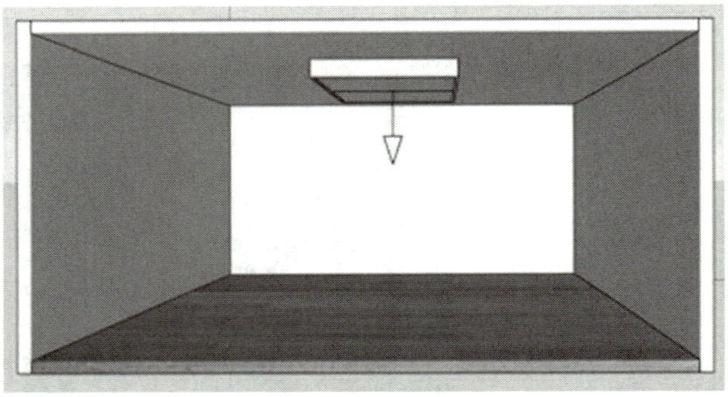

图 12-36　矩形灯效果

（3）单击“V-Ray 资源管理器”工具按钮①，选择“灯光”“RectangleLight（矩形灯）”，强度设置为 200，形状选择“长方形”，取消勾选“不可见”和“无衰减”复选框（见图 12-37）。

（4）单击“V-Ray 资源管理器”工具按钮，打开“设置”面板，设置渲染质量为“高”，渲染输出图像宽度、高度分别设置为 3000、1687，隐藏环境背景色，全局照明一次光线反弹和二次光线反弹分别为“辐照贴图”和“灯光缓存”（见图 12-38）。

（5）单击“渲染”工具按钮，渲染最终效果图，选择“保存—另存为”命令，重命名后保存（见图 12-39）。

2. V-Ray 球形灯的制作

（1）启动 SketchUp Pro 2022 软件，选择“网盘文件夹 / 第十二章 / 素材 / 球形灯”文件（见图 12-40）。

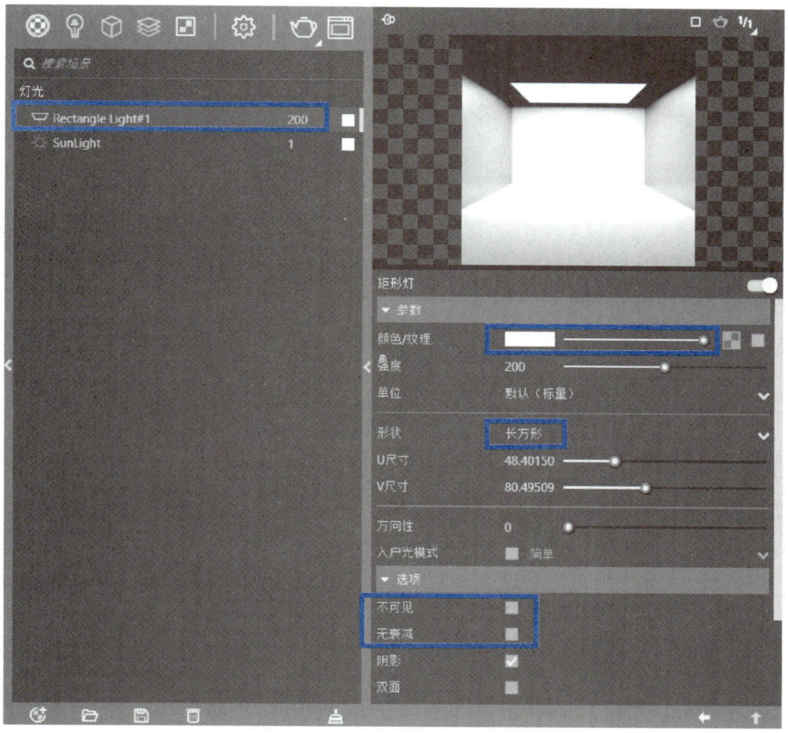

图 12-37 矩形灯设置

图 12-38 渲染设置

图 12-39　最终效果图

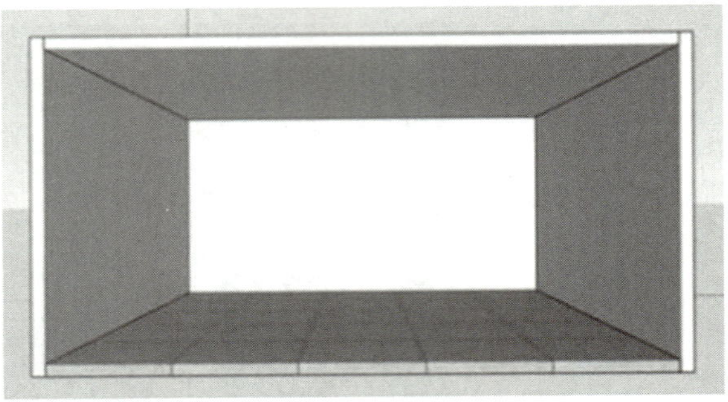

图 12-40　导入素材效果

（2）单击“球形灯”工具按钮，绘制一个球形灯（见图 12-41）。

（3）单击“V-Ray 资源管理器”工具按钮，选择“灯光—SphereLight（球形灯）”，强度设置为 15，取消勾选“不可见”和“无衰减”复选框（见图 12-42）。

（4）单击“V-Ray 资源管理器”工具按钮，打开“设置”面板，设置渲染质量为“高”，渲染输出图像宽度、高度分别设置为 3000、1687，隐藏环境背景色，全局照明一次光线反弹和二次光线反弹分别为“辐照贴图”和“灯光缓存”（见图 12-43）。

图 12-41　球形灯效果

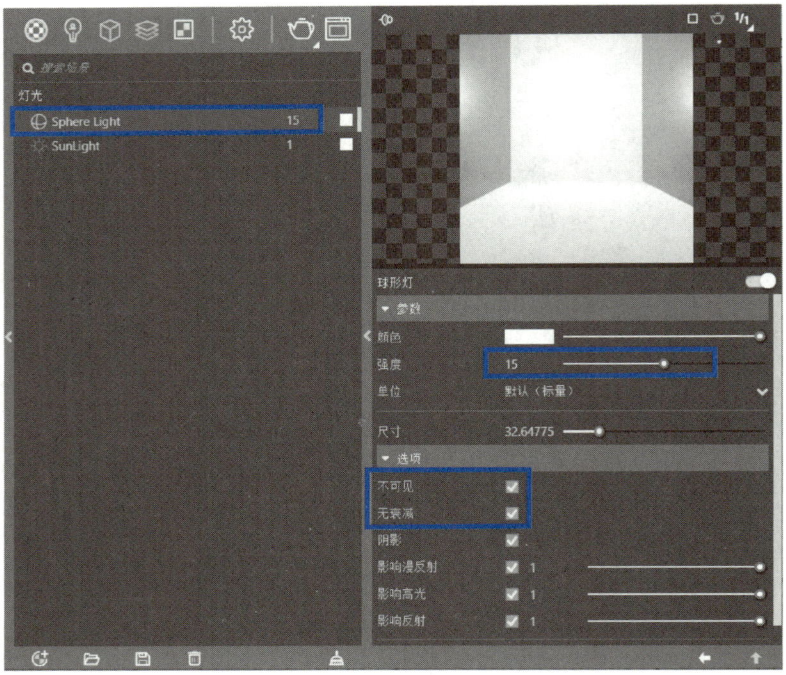

图 12-42　球形灯设置

图 12-43 渲染设置

（5）单击“渲染”工具按钮，渲染最终效果图，选择“保存—另存为”命令，重命名后保存（见图 12-44）。

图 12-44 最终效果图

3. V-Ray 射灯的制作

（1）启动 SketchUp Pro 2022 软件，选择“网盘文件夹 / 第十二章 / 素材 / 射灯”文件（见图 12-45）。

（2）单击“射灯”工具按钮，绘制一个射灯（见图 12-46）。

图 12-45 导入素材效果

图 12-46 射灯效果

（3）单击“V-Ray 资源管理器”工具按钮，选择“灯光—SpotLight（射灯）”，维角设置为 26.3，半影角度设置为 12.47，衰变设置为“反比”（见图 12-47）。

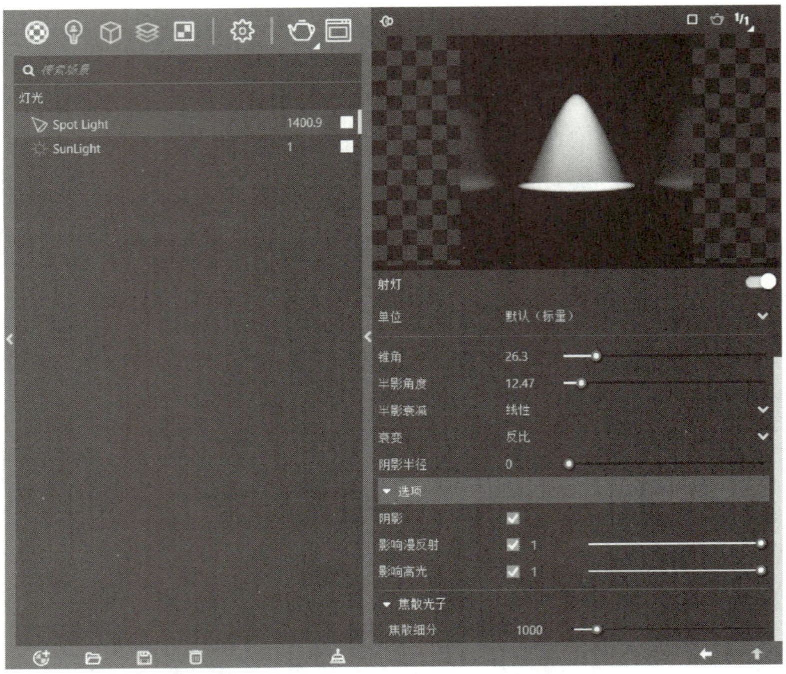

图 12-47　射灯参数设置

（4）单击“V-Ray 资源管理器”工具按钮，打开“设置”面板，设置渲染质量为“高”，渲染输出图像宽度、高度分别设置为 3000、1687，隐藏环境背景色，全局照明一次光线反弹和二次光线反弹分别为“辐照贴图”和“灯光缓存”（见图 12-48）。

图 12-48　渲染参数设置

（5）单击“渲染”工具按钮，渲染最终效果图，选择“保存—另存为”命令，重命名后保存（如图 12-49）。

图 12-49　最终效果图

4. V-Ray IES 灯的制作

（1）启动 SketchUp Pro 2022 软件，选择“网盘文件夹 / 第十二章 / 素材 /IES 灯”文件（见图 12-50）。

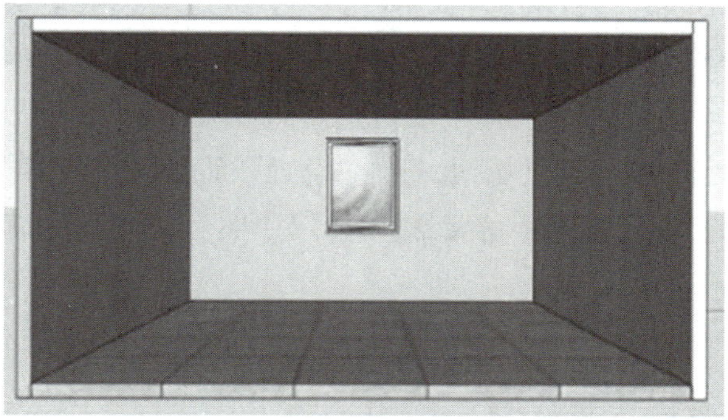

图 12-50　导入素材效果

（2）单击“IES 灯”工具按钮，弹出对话框，选择“网盘文件夹 / 第十二章 / 素材 /30”文件，单击打开，调整 IES 灯位置大小关系（见图 12-51）。

图 12-51　IES 灯效果

（3）单击“V-Ray 资源管理器”工具按钮，选择“灯光—IES Light（IES 灯）”，强度设置为 80000（见图 12-52）。

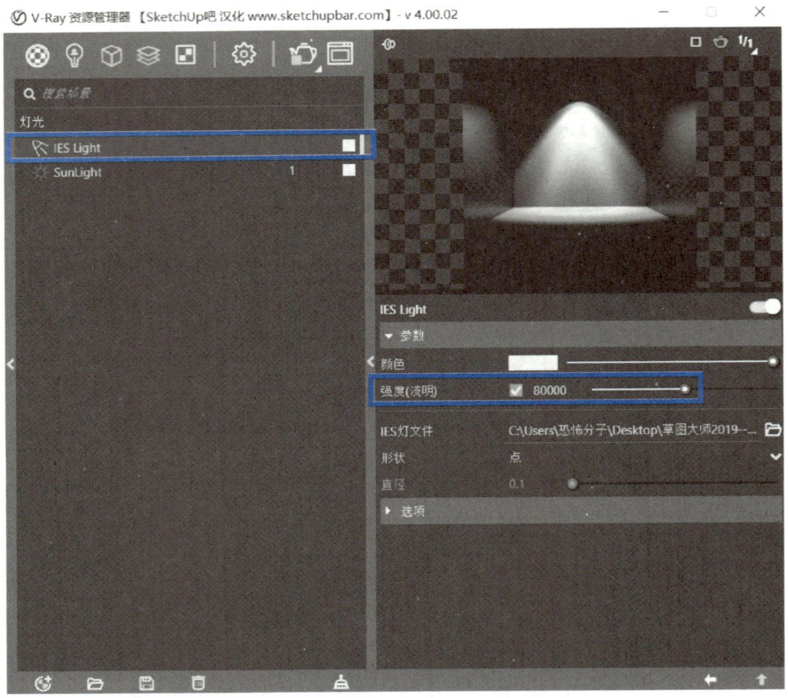

图 12-52 IES 灯参数

（4）单击“V-Ray 资源管理器”工具按钮，打开“设置”面板，设置渲染质量为“高”，渲染输出图像宽度、高度分别设置为 3000、1687，隐藏环境背景色，全局照明一次光线反弹和二次光线反弹分别为“辐照贴图”和“灯光缓存”（见图 12-53）。

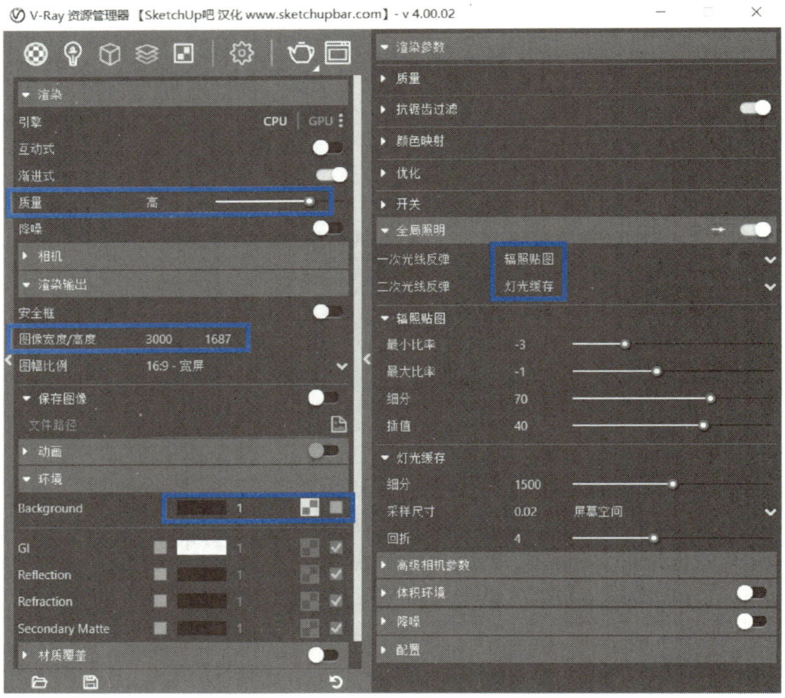

图 12-53 渲染参数设置

（5）单击“渲染”工具按钮，渲染最终效果图，选择“保存—另存为”命令，重命名后保存（见图 12-54）。

图 12-54 最终效果图

5. 灯光制作教学步骤

手机扫码观看教学视频

五、总结

SketchUp 通过其文件导入与导出功能，可以很好地与 AutoCAD、3ds Max、Photoshop 等常用图形图像处理软件紧密协作，提升学生发现问题、分析问题、解决问题的能力，帮助学生进一步树立职业道德观。建立的模型可以使用 V-Ray for SketchUp 进行灯光设置和材质贴图，同时可以精细地调整和渲染输出。

第十三章

Chapter 13

SketchUp 场景与动画

SketchUp Scenes and Animation

一、场景管理器

1. 场景

在菜单栏中单击“窗口”菜单中的“场景”命令即可打开“场景”，如图 13-1 所示，此处可以控制 SketchUp 场景中的各种功能。

（1）“更新场景”按钮：单击该按钮可更新场景，在不保留之前场景的基础上进行更替。

（2）“添加场景”按钮：单击该按钮可添加新的场景到当前文件中，在保留原来场景的基础上增加新场景。

（3）“删除场景”按钮：点击此按钮可将选择的场景删除。

（4）“场景下移”按钮和“场景上移”按钮：单击该按钮可将选中的场景在场景清单中上移或下移，调整场景的先后顺序。

（5）“查看选项”按钮：点击此按钮弹出菜单，在菜单中选择场景清单的显示形式，包括“小缩略图、大图、详细信息和列表”，可针对不同的情况进行选择。

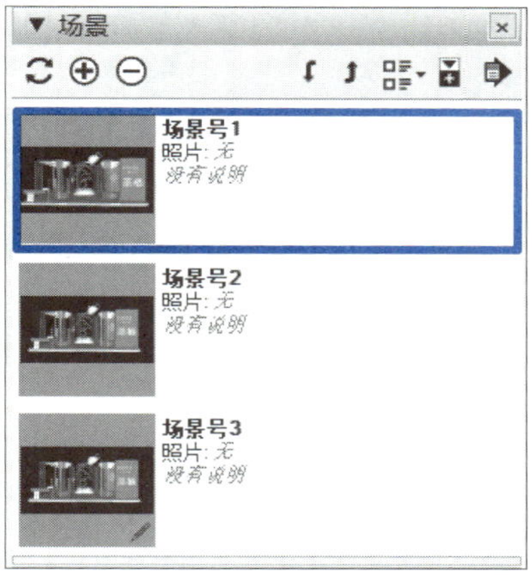

图 13-1　场景面板

（6）“显示详细信息”按钮：单击该按钮，可显示详细信息面板，再次单击则可隐藏面板。在详细信息面板中，用户可以设置场景的名称、说明以及需要保存的属性。

（7）包含在动画中：设置该场景是否包含在动画中使用。

（8）名称：设置当前场景的名称。

（9）说明：对当前场景提供简短的说明。

（10）保存的属性：设置当前场景中要保存的属性，选择的属性将被保存到当前场景，更新属性后需更新场景。

（11）右击缩略图：弹出执行该场景视图的常用命令。

2. 添加场景

打开需设定的文件。在菜单栏单击“窗口”菜单中的“场景”命令，打开“场景”管理器，单击“添加场景”按钮，添加“场景号 1”。调整视图后，再次单击“添加场景”按钮，添加“场景号 2”。同样继续完成其他页面中的添加，最终完成操作。

二、动画

1. 幻灯片演示

首先，添加一系列不同视角的场景，确保相邻场景之间的视角差异不要过大。其次，在菜单栏中选择“视图—动画—播放”，打开“播放”对话框，如图 13-2 所示。最后，点击“播放”按钮即可开始播放场景中的展示动画，点击“停止”按钮则可退出播放。此功能可以预先浏览动画，按照场景的先后顺序进行播放和转换，这也是设计师们常常用来汇报方案的功能之一。

图 13-2　播放动画按钮

在场景标签上右击，选择“播放动画”，即可从选中的场景开始播放动画。

在菜单栏中选择“视图—动画—设置”，打开“模型信息”管理器中的“动画”面板，设置场景转换时间和场景延迟时间，如图 13-3 所示。

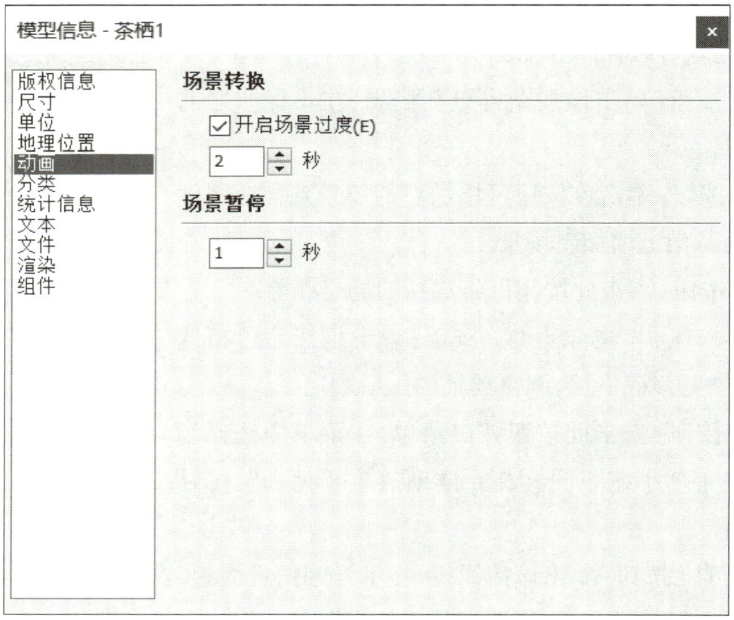

图 13-3　模型信息面板

2. 导出 AVI 格式的动画

在 SketchUp 中能够播放动画，但不能对动画文件进行添加文字、音乐等修饰，也不支持在其他软件中播放，而且当场景过大、过多时画面很难流畅播放，所以在 SketchUp 中完成动画制作后需要将其导出。SketchUp 支持 MP4 格式的动画导出。

在菜单栏中选择“文件—导出—动画—视频”，可弹出“输出动画”，点击“输出动画”中的“选项”按钮，打开“动画导出选项”，如图 13-4 所示。

（1）分辨率：在下拉菜单中选择需要的分辨率，有“1080P Full HD、720PHD、480PSD、Custom”4 种选择。

（2）图像长宽比：在此设置画面尺寸的长宽比，16：9 是宽屏的比例，4：3 是标准屏的比例。

（3）帧尺寸：当“分辨率”与“图像长宽比”都设置为“Custom”时，可自定义每帧画面的尺寸。

（4）预览帧尺寸：单击该按钮可预览帧尺寸。

（5）帧速率：设置每秒钟刷新的图片的帧数，单位为帧 / 秒。帧速率越大，渲染时间越长，输出的视频文件

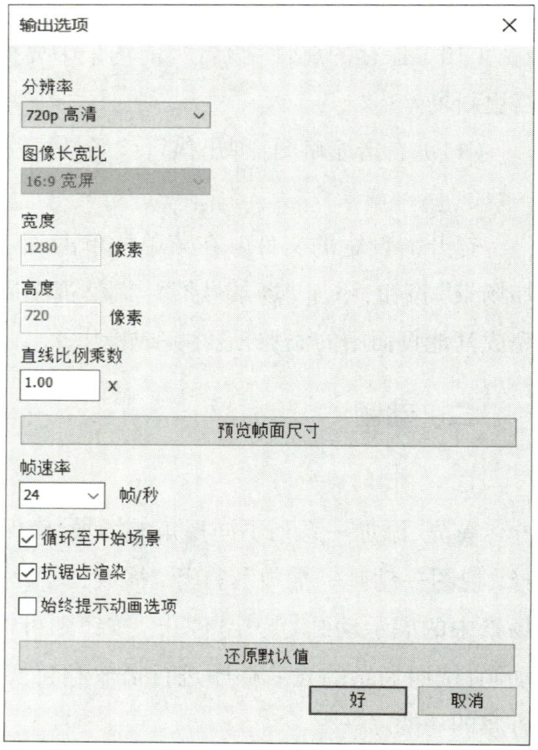

图 13-4　动画输出选项面板

越大。

（6）循环至开始场景：勾选此选项后，动画将从最后一个场景回到第一个场景，形成无限循环的效果。

（7）抗锯齿渲染：勾选该选项可对导出的图像做平滑处理，但需更长时间导出。

（8）始终提示动画选项：勾选此选项将在创建视频文件之前，每次显示“动画导出选项”对话框。完成设置后，点击“好”按钮，返回“输出动画”对话框，设置输出路径，将“输出类型”选择为 AVI 格式，最后点击“导出”按钮即可导出 AVI 格式动画。

3. 导出动画

（1）打开之前完成的“添加场景”文件，将场景导出为动画。

（2）在菜单栏中选择“文件—导出—动画—视频”，弹出“输出动画”对话框，在此设置文件的保存位置和文件名称，设置“输出类型”为 MP4 格式，如图 13-5 所示。

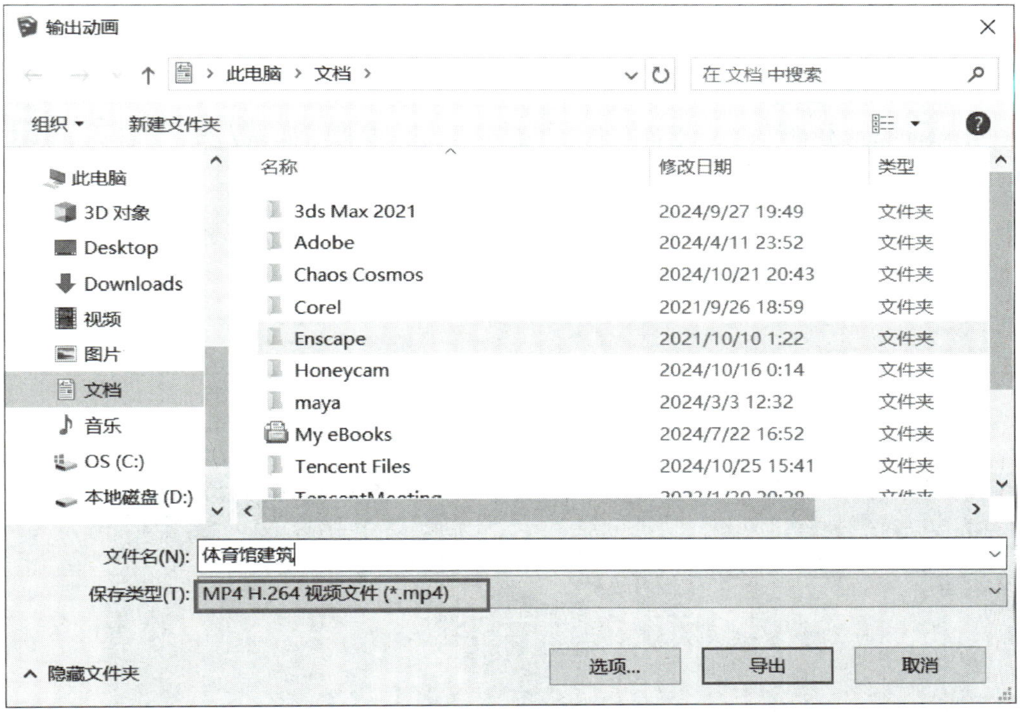

图 13-5 存储类型

（3）单击“选项”按钮，在弹出的“动画导出选项”对话框中设置“分辨率”为 480PSD，“帧速率”为 10 帧 / 秒，勾选“循杯至开始场景”和“抗据齿渲染”选项，设置完成后单击“好”按钮。

（4）单击“导出”按钮，弹出“正在导出动画 ...”对话框，将 MP4 格式动画导出，如图 13-6 所示。

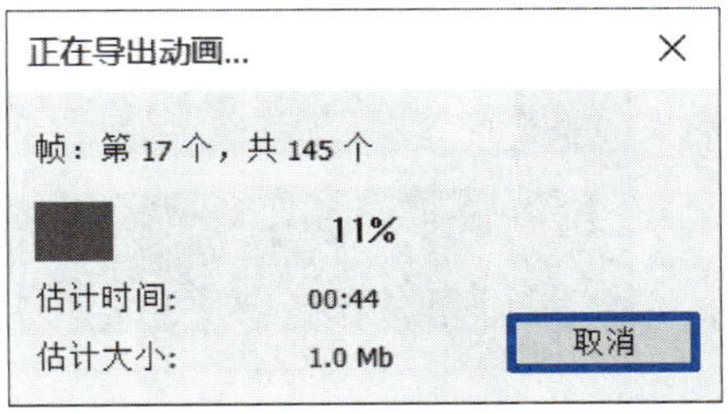

图 13-6 正在导出动画

4. 制作动画

（1）打开相应文件，单击“窗口”菜单中的“阴影命令”，打开“阴影设置”对话框，单击“显示/隐藏阴影”按钮，在此设置日期为11/08，将时间控制滑块拖至最左侧，如图 13-7 所示。

（2）打开“场景管理器”，单击“添加场景”按钮，添加场景 1。

（3）将“阴影设置”对话框中的时间控制滑块拖至最右侧，再添加一个场景。

（4）打开“场景信息”对话框，在“动画”面板中勾选“启用场景转换”选项，设置为 5 秒，“场景暂停”设置为 0 秒。

（5）设置完成后选择“文件—导出—动画—视频”，设置好动画的保存路径和格式即可导出动画。

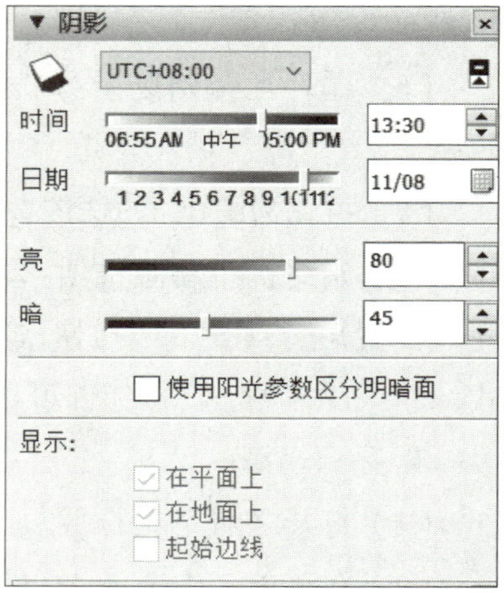

图 13-7　阴影调整面板

三、批量导出图量集

操作步骤（见图 13-8～图 13-13）及教学视频见二维码。

批量导出图量集教学视频及操作步骤

案例 1　会展展台动画制作

（1）打开 SketchUp 软件，执行“文件—打开”命令，打开“网盘文件夹/第十三章/素材/会展展台”文件，如图 13-14 所示。

（2）执行“窗口—场景”命令，在弹出的“场景”面板中点击“添加场景”按钮，“场景号 1”完成添加，如图 13-15 所示。

图 13-14　打开文件

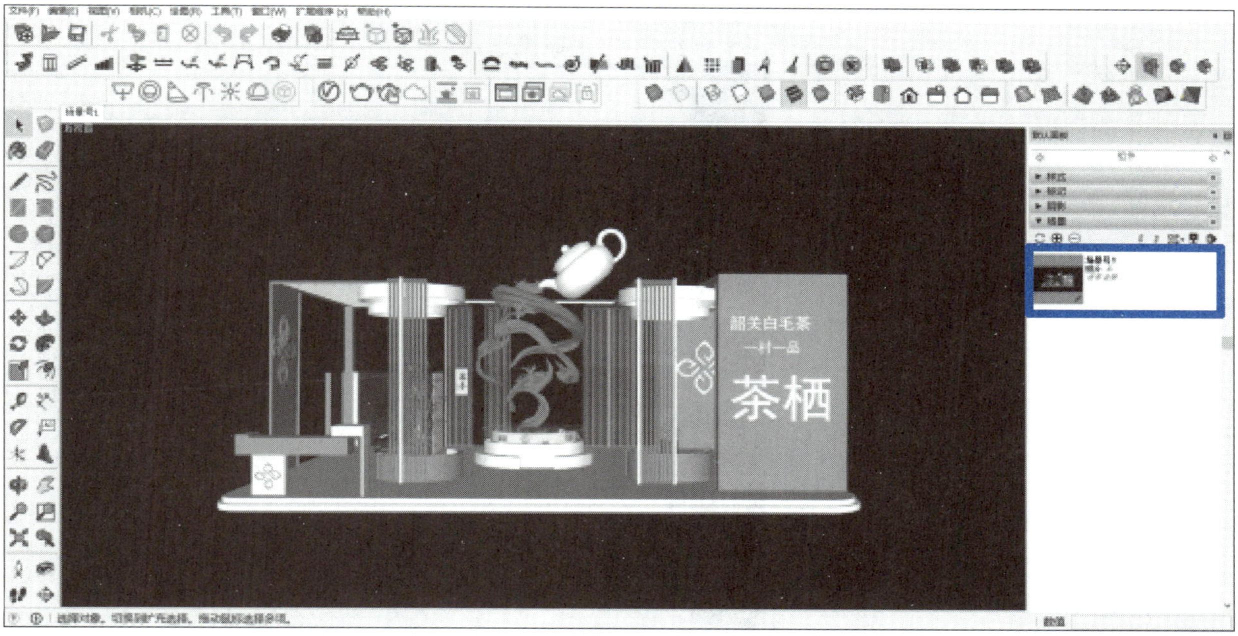

图 13-15 添加场景

（3）用“环绕观察”工具 调整视图，构图重点会展展台整体造型效果，点击“添加场景”按钮 ⊕，场景号 2 完成添加，如图 13-16 所示。

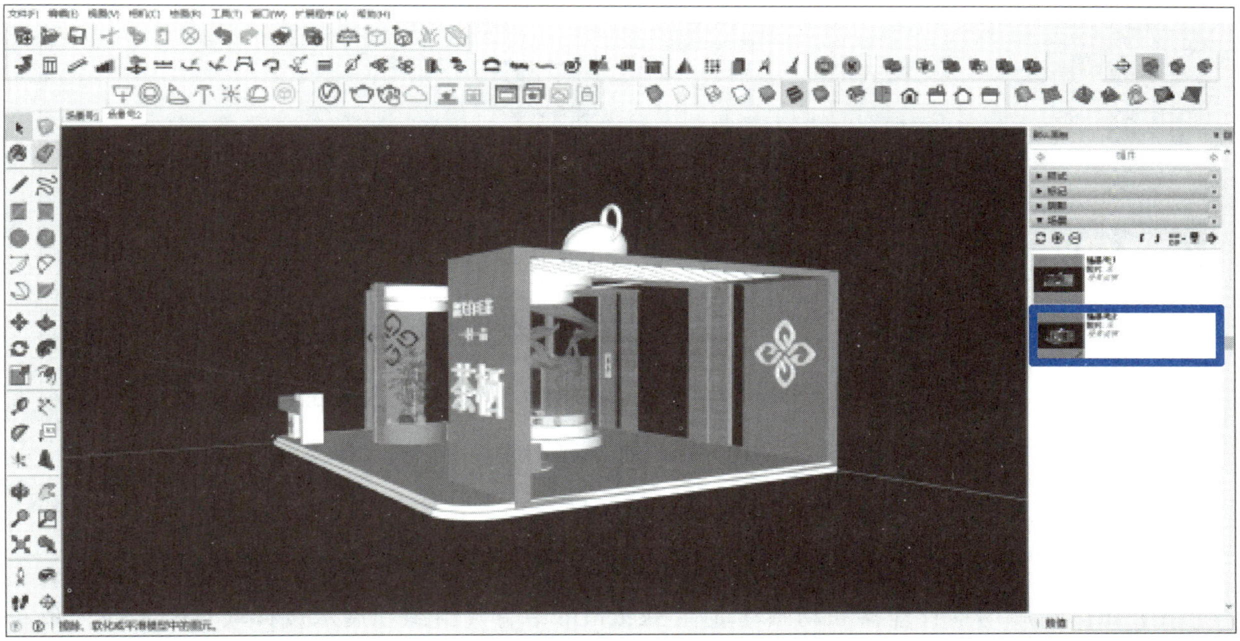

图 13-16 添加场景 2

（4）采用相同的方法完成其他场景添加，如图 13-17 所示。

（5）选择“文件—导出—动画—视频”，设置“输出选项”参数，单击“导出”，如图 13-18 所示。

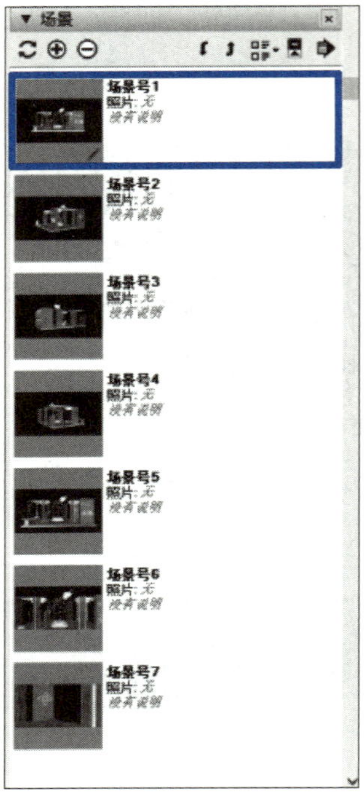

图 13-17　添加多个场景

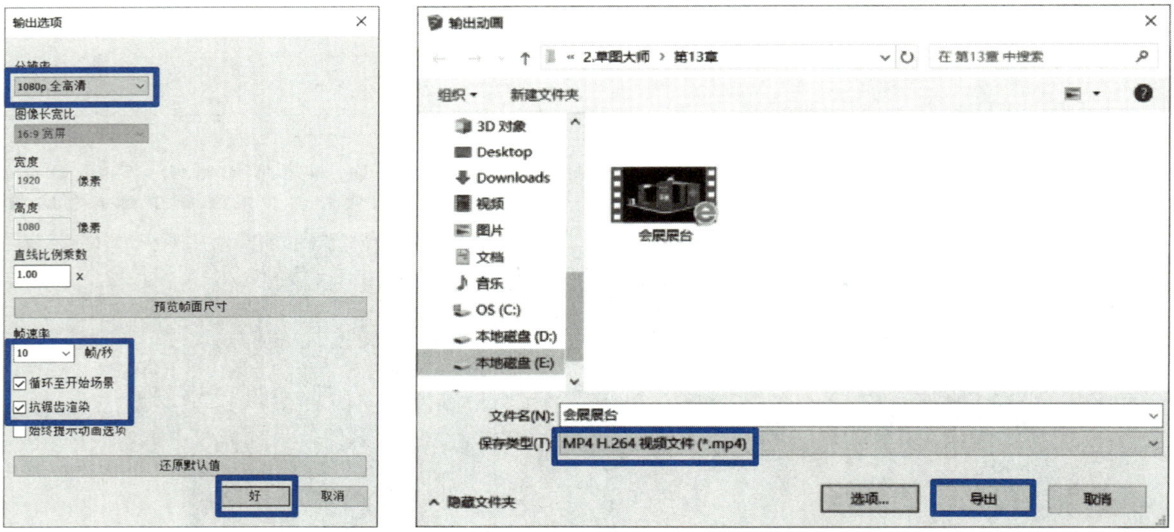

图 13-18　输出动画设置

四、思考

（1）如何利用场景管理器和动画功能在 SketchUp 中有效组织和展示设计项目的不同视角和状态？

（2）在批量导出图量集和制作案例会展展台动画时，你会如何利用 SketchUp 的功能和工具来提升效率并达到预期的设计效果？

第十四章

Chapter 14

室内实例：品牌专卖店效果图制作

Indoor Example: Brand Store Rendering Production

一、导入图纸前期准备

（1）启动 SketchUp 软件。

（2）选择“文件—新建模型—建筑”命令，设置单位为 Centimeter，单击进入 SketchUp，如图 14-1 所示。

（3）执行“窗口—模型信息”菜单命令，弹出“模型信息”对话框，如图 14-2 所示。

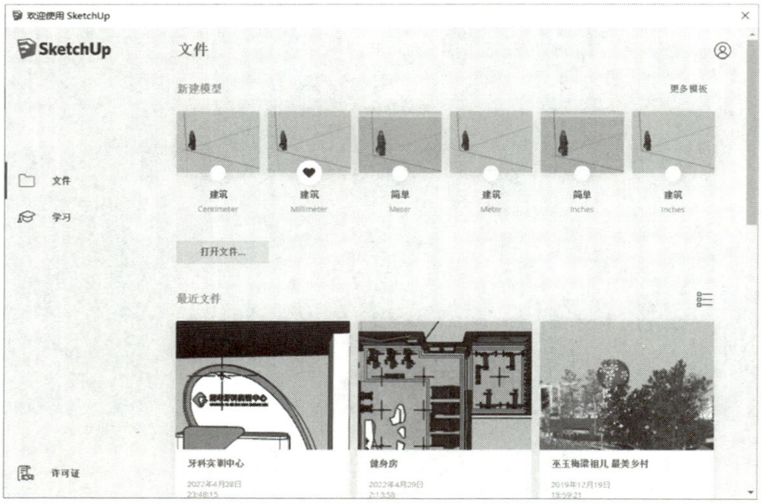

图 14-1　新建模型命令

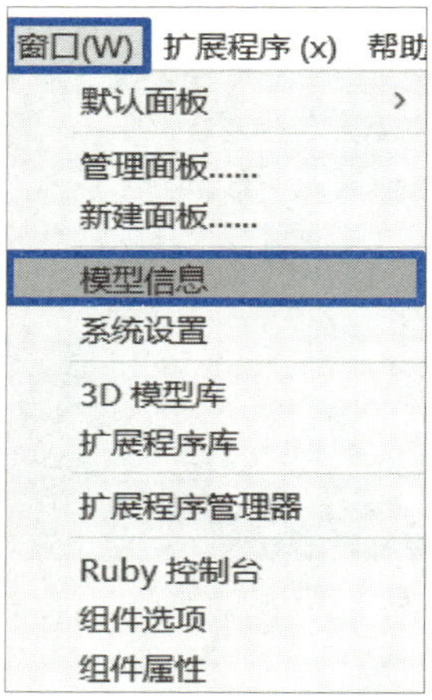

图 14-2　执行“模型信息”命令

（4）在对话框中选择“单位”选项，将“长度单位”格式设置为“十进制”“毫米”，勾选“角度单位”下的“启用角度捕捉”选项，将捕捉精确度更改为“5.0”，如图 14-3 所示。正确的参数设置对后续作图流畅有很大帮助。

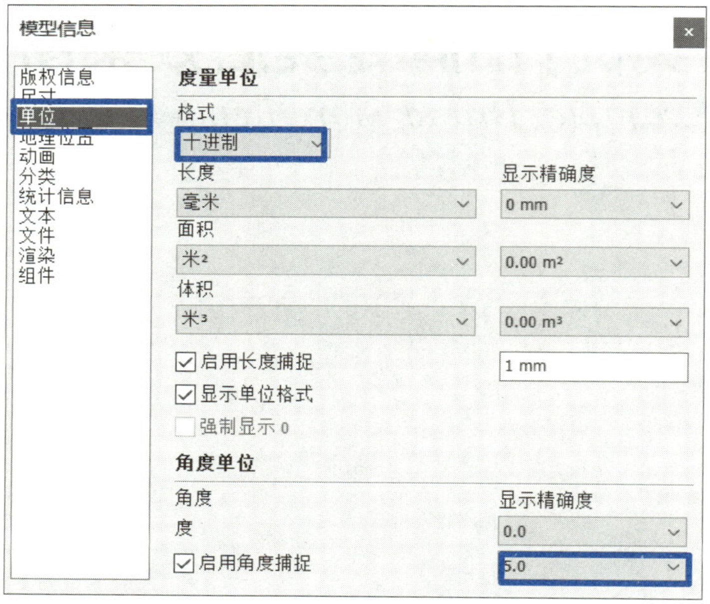

图 14-3　设置“单位”选项板参数

二、制作室内墙体

（1）执行“文件—导入”菜单命令，选择“第十四章 / 素材 / 室内平面图”文件。文件类型设置为 AutoCAD 文件（dwg、dxf），单击“选项”弹出话框，设置参数，如图 14-4 所示。单击“导入”，效果如图 14-5 所示。

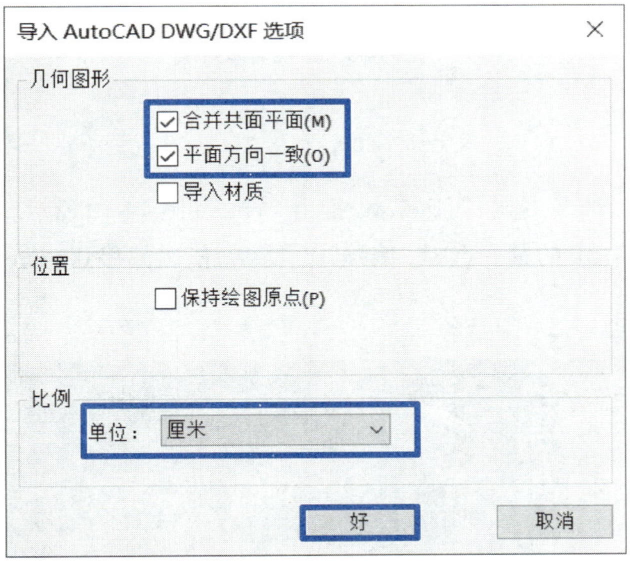

图 14-4　设置导入参数

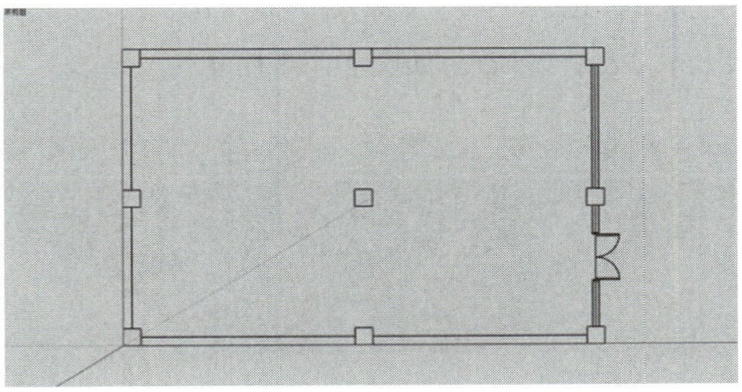

图 14-5　导入平面图

（2）在顶视图中选择“两点圆弧”工具，绘制墙体。选择“偏移”工具，执行偏移 1.3 cm，如图 14-6 所示。

（3）在顶视图中选择“偏移”工具，执行偏移 5 cm，如图 14-7 所示。

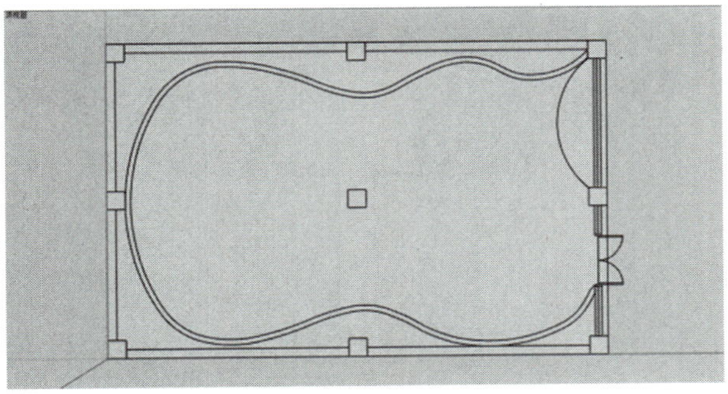

图 14-6　绘制室内墙体

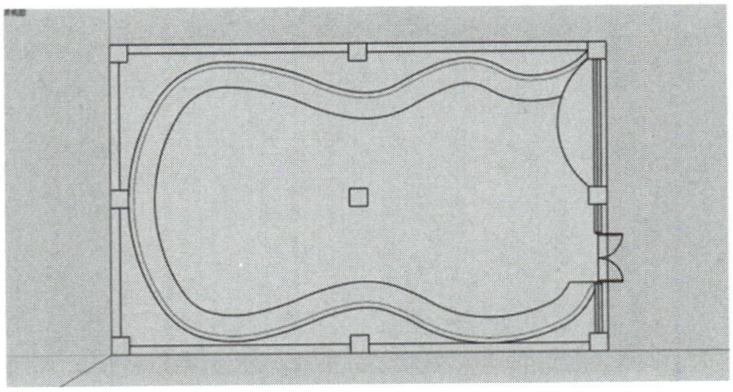

图 14-7　偏移墙体

（4）在顶视图中选择“圆”工具，绘制一个 14 cm 的圆，如图 14-8 所示。

（5）选择“推拉”工具，对规划好的室内墙体推拉出高度与厚度，如图 14-9 所示。

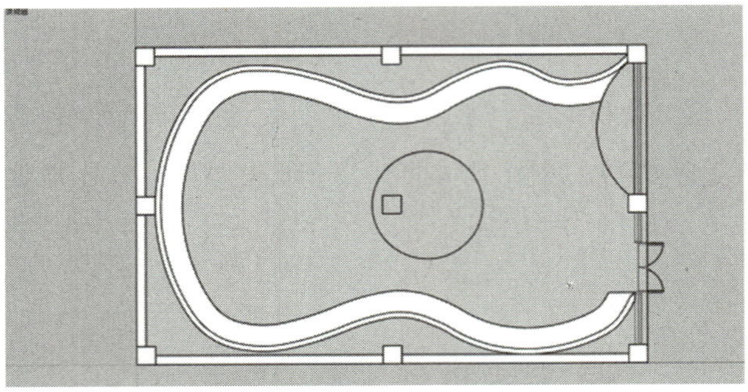

图 14-8　绘制圆形

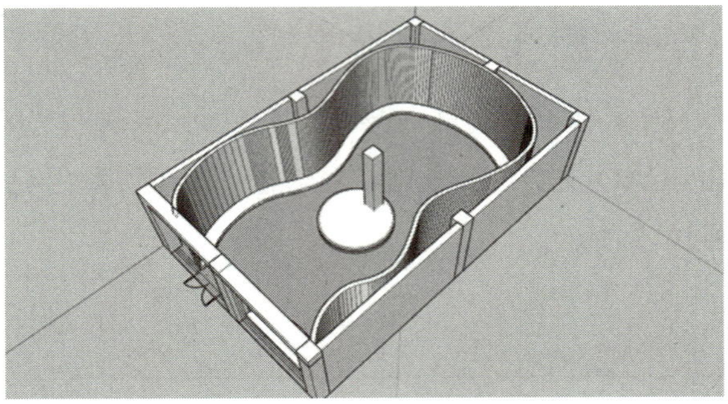

图 14-9　推拉墙体效果

三、制作室内天花

（1）选择“两点圆弧”工具，绘制天花曲线。选择“推拉”工具，推出 1 cm，如图 14-10 所示。

（2）选择“圆”工具，在天花板绘制一个 14 cm 的圆。选择“偏移”工具，依次偏移 0.2 cm、1 cm、2 cm、0.5 cm，如图 14-11 所示。

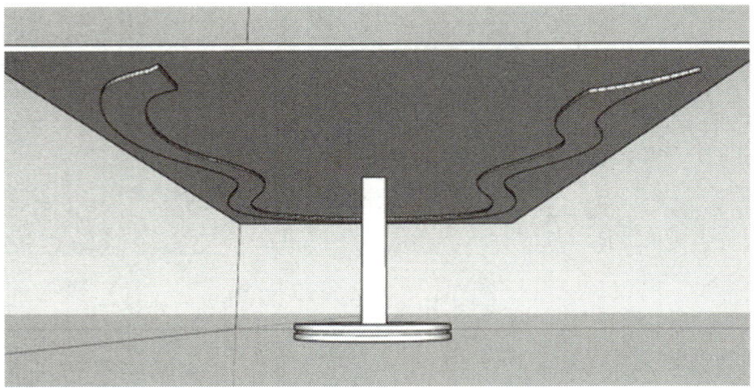

图 14-10　绘制天花造型

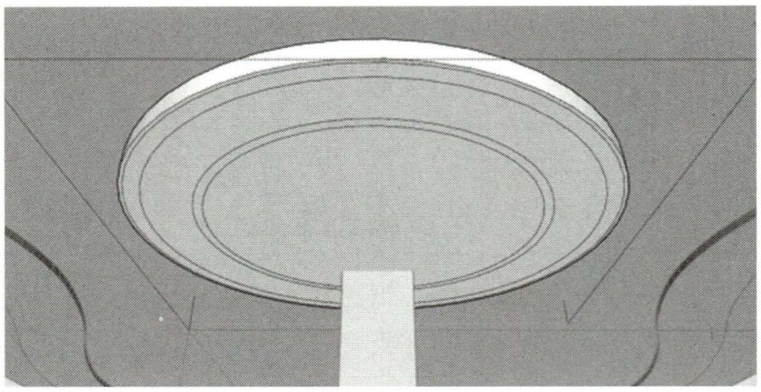

图 14-11　绘制天花圆造型

（3）选择“擦除”工具，将天花多余线条擦除，如图 14-12 所示。选择“推拉”工具，推拉天花板厚度，如图 14-13 所示。

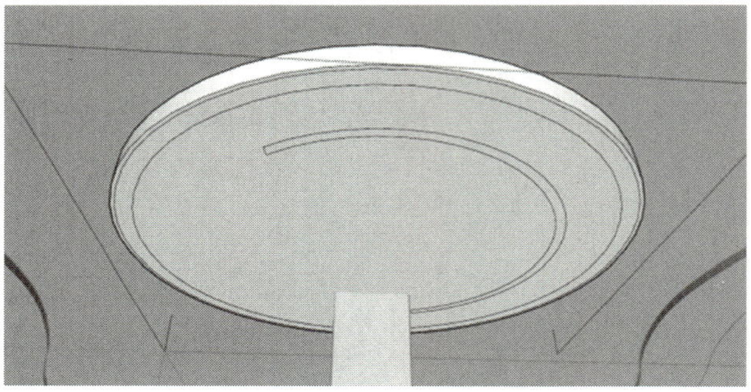

图 14-12　擦除效果

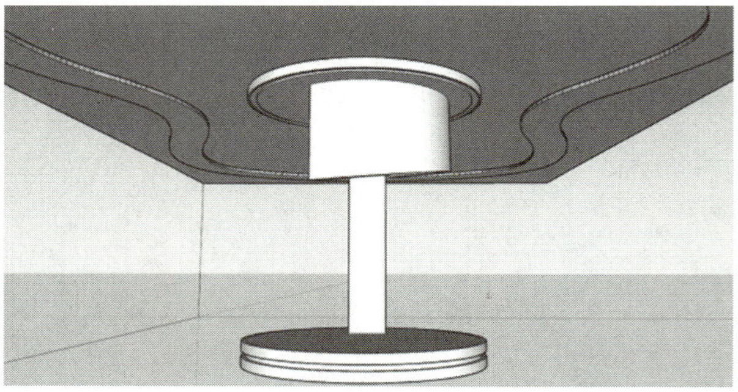

图 14-13　推拉厚度效果

四、制作前台

（1）选择“圆”工具，绘制圆柱。选择“推拉”工具，推出 30 cm，如图 14-14 所示。

（2）选择“圆”工具 ，绘制一个 20 cm 的圆，再绘制一个 10 cm 的半圆，如图 14-15 所示。选择“路径跟随”工具 ，单击圆和半圆，调整圆的大小与位置，球体效果如图 14-16 所示。

（3）在顶视图中选择“圆”工具 ，绘制 11.5 cm 的圆，选择“偏移”工具 ，偏移 1.5 cm、1 cm、3.5 cm，如图 14-17 所示。选择“两点圆弧”工具 ，绘制前台桌面。选择“擦除”工具 ，将多余线条擦除，如图 14-18 所示。

（4）选择“推拉”工具 ，推拉出前台厚度与高度，如图 14-19 所示。选择坯子插件“模型切割”工具 ，切割多余部分，如图 14-20 所示。

（5）选择“缩放”工具 ，调整前台大小与位置，最终效果如图 14-21 所示。

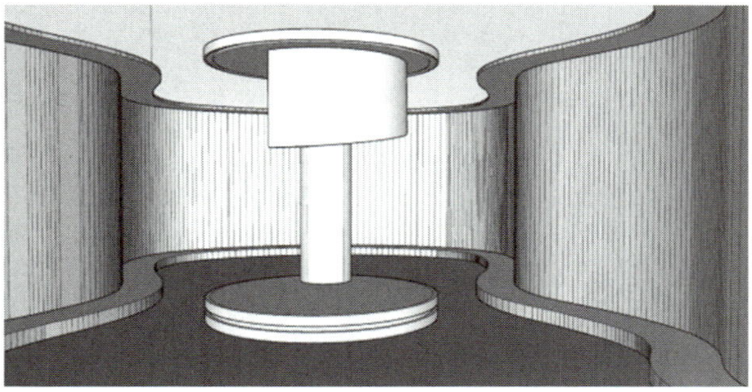

图 14-14　绘制圆柱效果

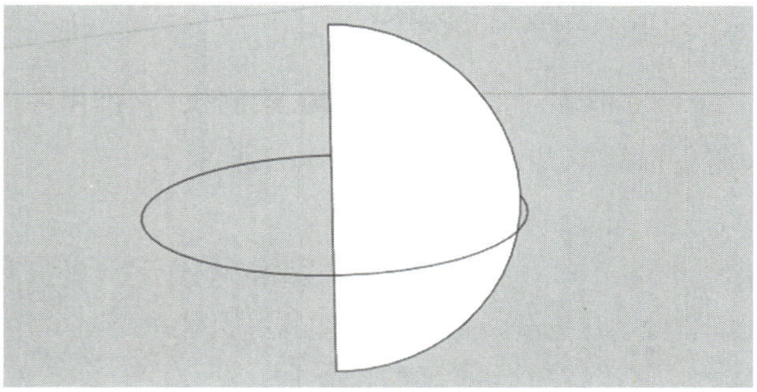

图 14-15　绘制圆与半圆

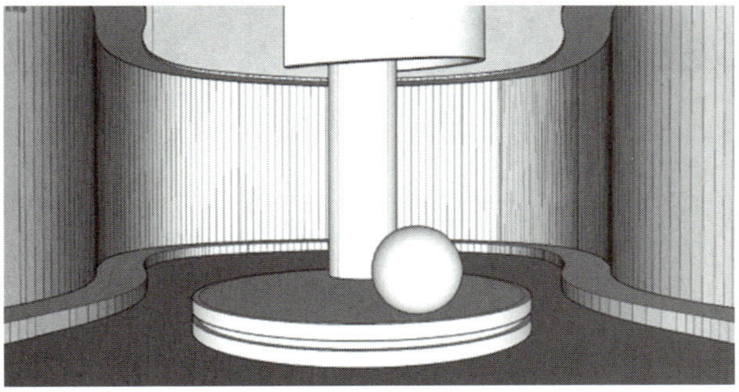

图 14-16　球体效果

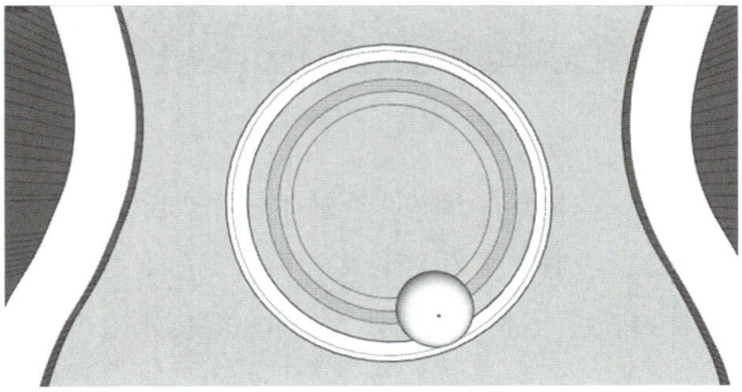

图 14-17　偏移效果

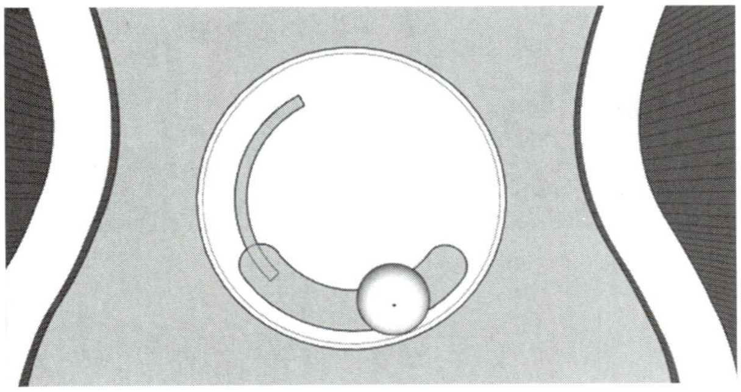

图 14-18　擦除效果

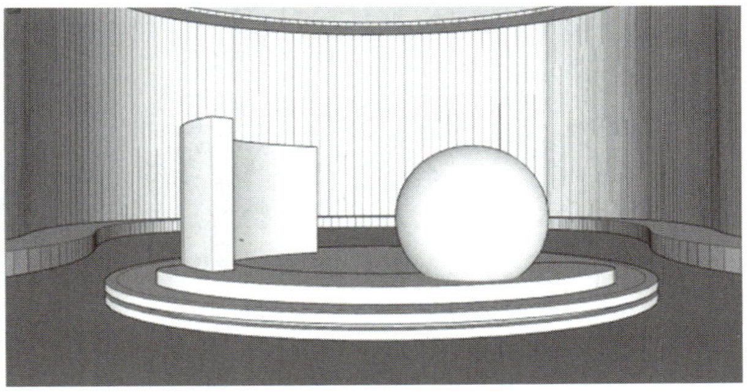

图 14-19　推拉前台厚度与高度

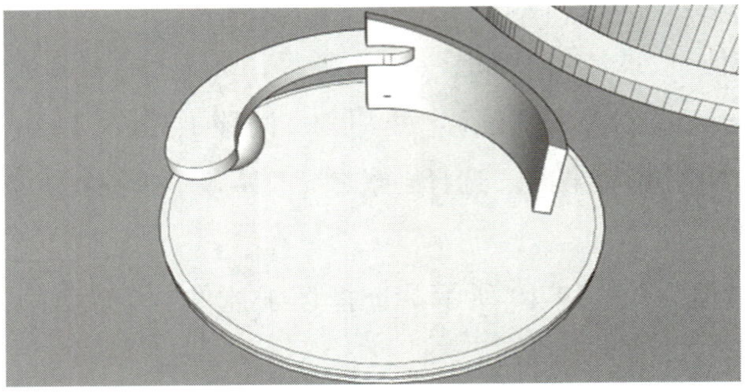

图 14-20　切割前台效果

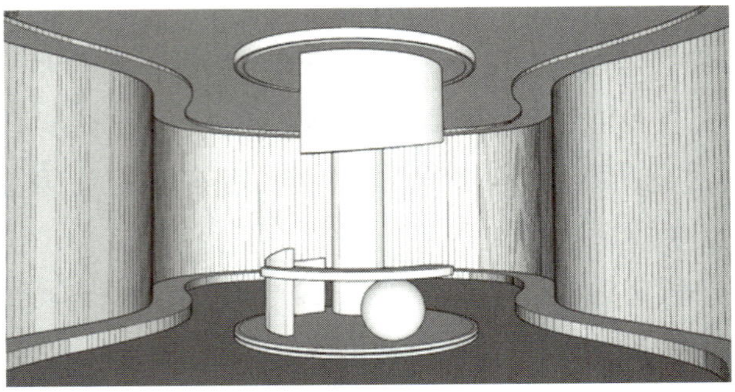

图 14-21　调整前台最终效果

五、丰富室内模型

（1）选择“推拉”工具 ，绘制拱门，推出厚度效果，如图 14-22 所示。选择“实体”工具 ，单击拱门与墙体，最终效果如图 14-23 所示。

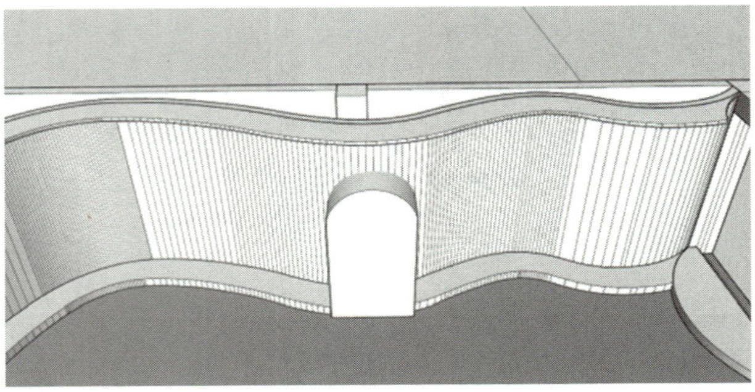

图 14-22　绘制拱门

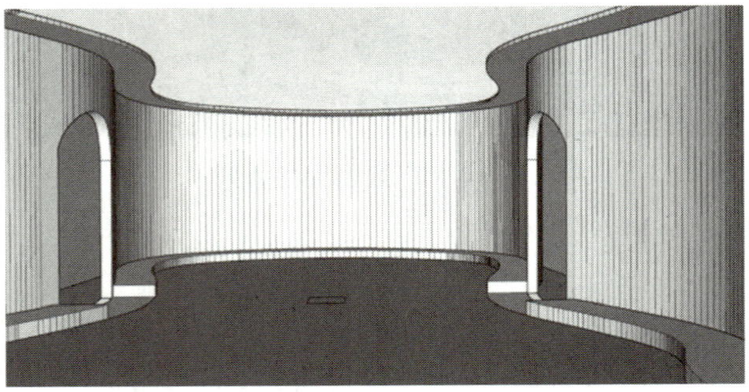

图 14-23　实体后效果

（2）选择坯子插件“线转主体”工具 ，绘制墙面陈列架子效果，如图 14-24 所示。

（3）选择“文件—导入”命令，选择“第十四章 / 素材 / 服装”文件，单击“打开”按钮导入素材。选择“缩放”工具 ，调整大小与位置，如图 14-25 所示。

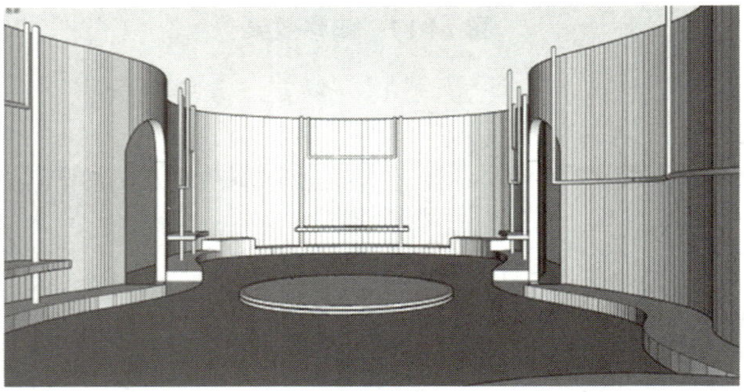

图 14-24　墙面陈列架子效果

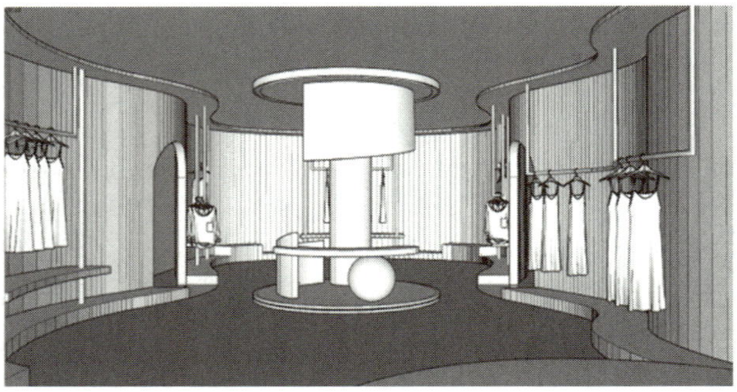

图 14-25　导入服装效果

（4）选择“文件—导入”命令，选择“第十四章 / 素材 / 模特”文件，单击“打开”按钮导入素材。选择“缩放”工具 ，调整大小与位置，如图 14-26 所示。

（5）选择“文件—导入”命令，选择“第十四章 / 素材 / 窗帘”文件，单击“打开”按钮导入素材。选择“缩放”工具，调整大小与位置，如图 14-27 所示。

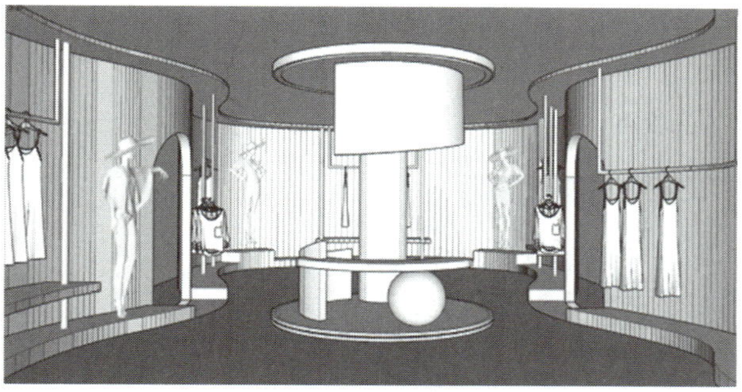

图 14-26　导入模特效果

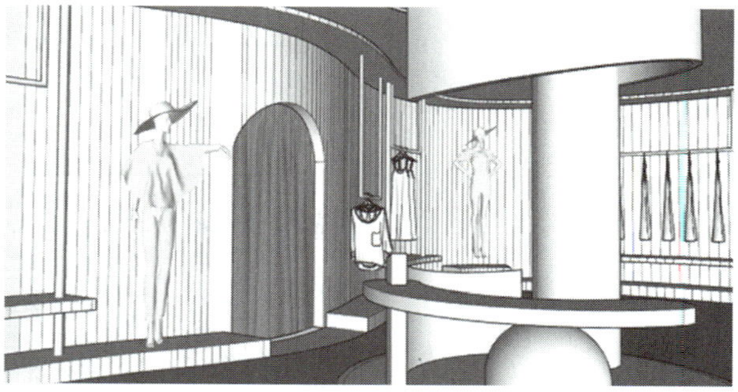

图 14-27　导入窗帘效果

（6）选择“文件—导入”命令，选择“第十四章 / 素材 / 橱窗”文件，单击“打开”按钮导入素材。选择“缩放”工具，调整大小与位置，如图 14-28 所示。

（7）选择“矩形”工具，绘制专卖店入口大门以及橱窗玻璃效果，如图 14-29 所示。

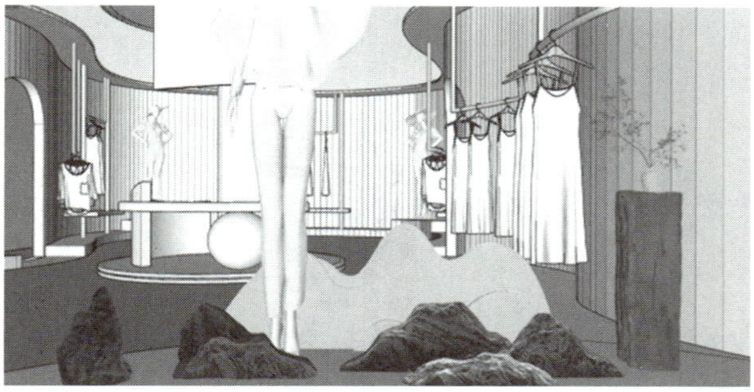

图 14-28　导入橱窗效果

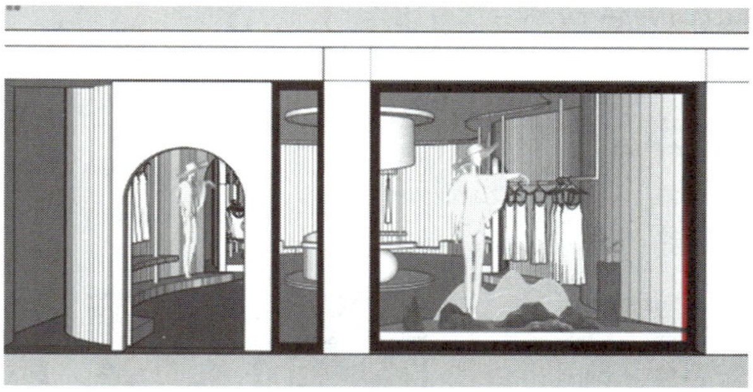

图 14-29　绘制入口大门与橱窗玻璃效果

（8）选择“文件—导入”命令，选择“第十四章 / 素材 / 双开门”文件，单击“打开”按钮导入素材。选择“缩放”工具，调整大小与位置，如图 14-30 所示。

（9）选择“文件—导入”命令，选择“第十四章 / 素材 / 微景观”文件，单击“打开”按钮导入素材。选择“缩放”工具，调整大小与位置，如图 14-31 所示。

图 14-30　导入双开门效果

图 14-31　导入微景观效果

（10）选择“矩形”工具，绘制 76 cm × 17 cm 的矩形。选择“直线”工具，划分为 5 部分。选择“推拉”工具，推拉出 2 cm 厚度。专卖店门头最终效果如图 14-32 所示。

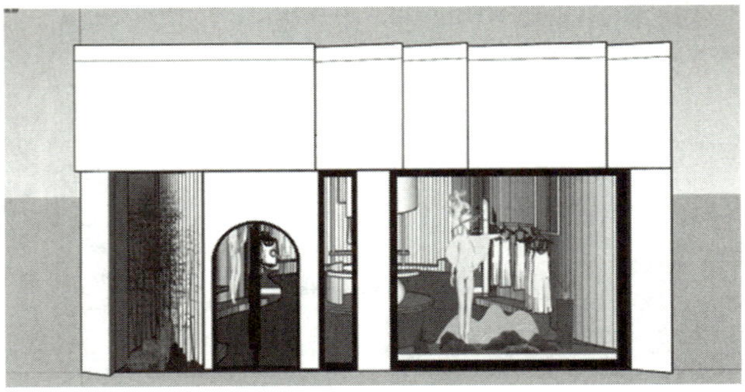

图 14-32　专卖店门头最终效果

六、赋予室内材质

（1）打开“材质—编辑—纹理”，选择“第十四章 / 贴图 / 红色肌理漆贴图”文件，单击“打开”按钮导入素材，调整红色肌理漆贴图的尺寸大小，如图 14-33 所示。选择“材质”工具，对门头填充材质，如图 14-34 所示。

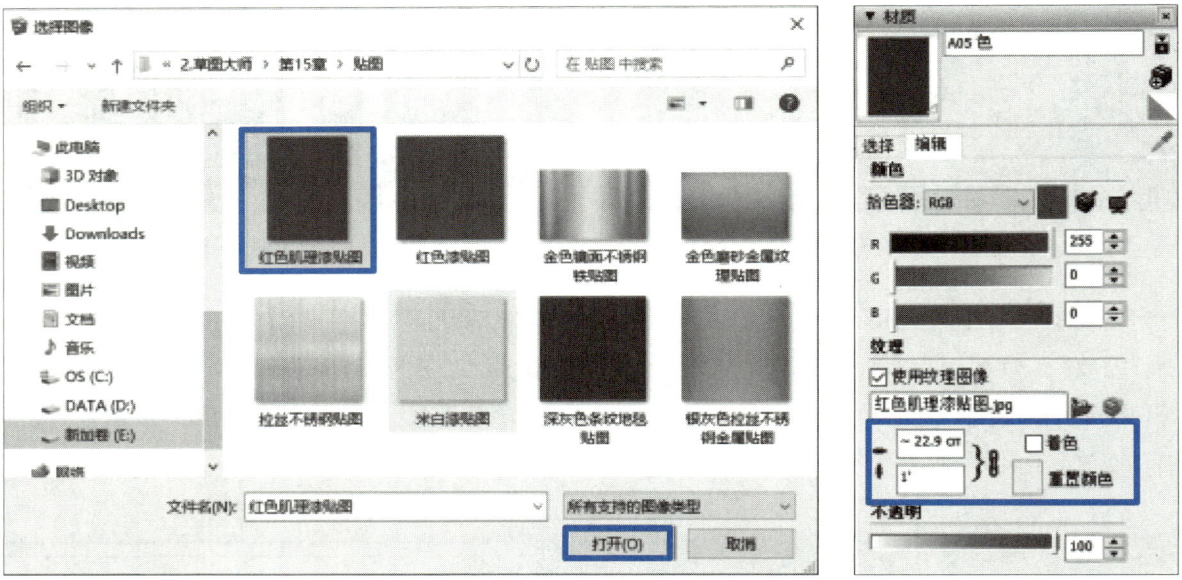

图 14-33　设置材质尺寸 1

（2）打开“材质—编辑—纹理”，选择“第十四章 / 贴图 / 米白漆贴图”文件，单击“打开”按钮导入素材，调整米白漆贴图的尺寸大小，如图 14-35 所示。选择“材质”工具，对墙体填充材质，如图 14-36 所示。

（3）打开“材质—编辑—纹理”，选择“第十四章 / 贴图 / 深灰色条纹地毯贴图”文件，单击“打开”按钮导入素材，调整深灰色条纹地毯贴图的尺寸大小，如图 14-37 所示。选择“材质”工具，对地面填充材质，如图 14-38 所示。

（4）打开“材质—编辑—纹理”，选择“第十四章 / 贴图 / 拉丝不锈钢贴图”文件，单击“打开”按钮导入素材，调整拉丝不锈钢贴图的尺寸大小，如图 14-39 所示。选择“材质”工具 ，对道具填充材质。

图 14-34　赋予材质效果 1

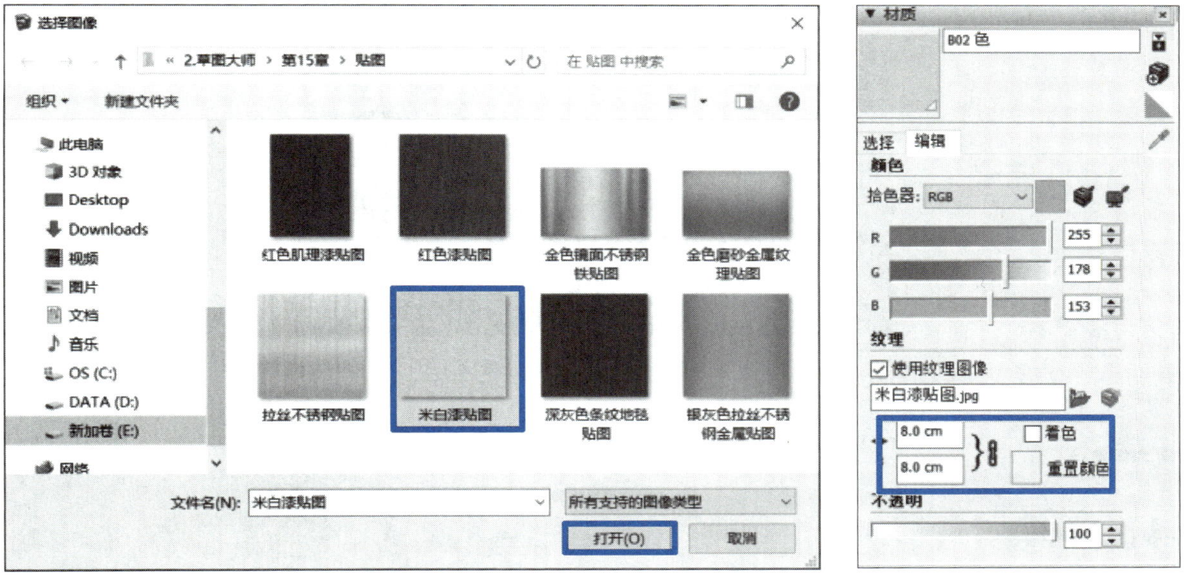

图 14-35　设置材质尺寸 2

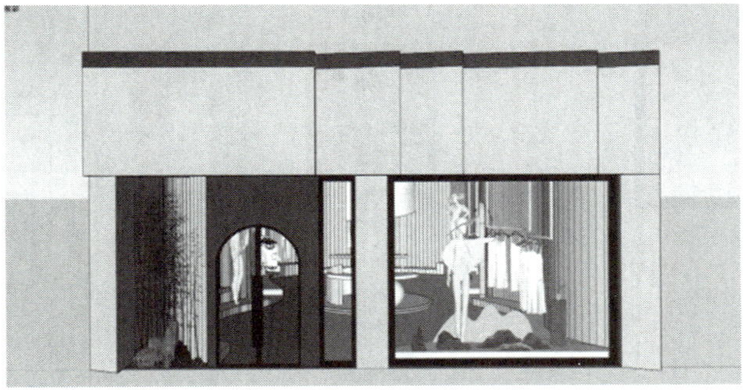

图 14-36　赋予材质效果 2

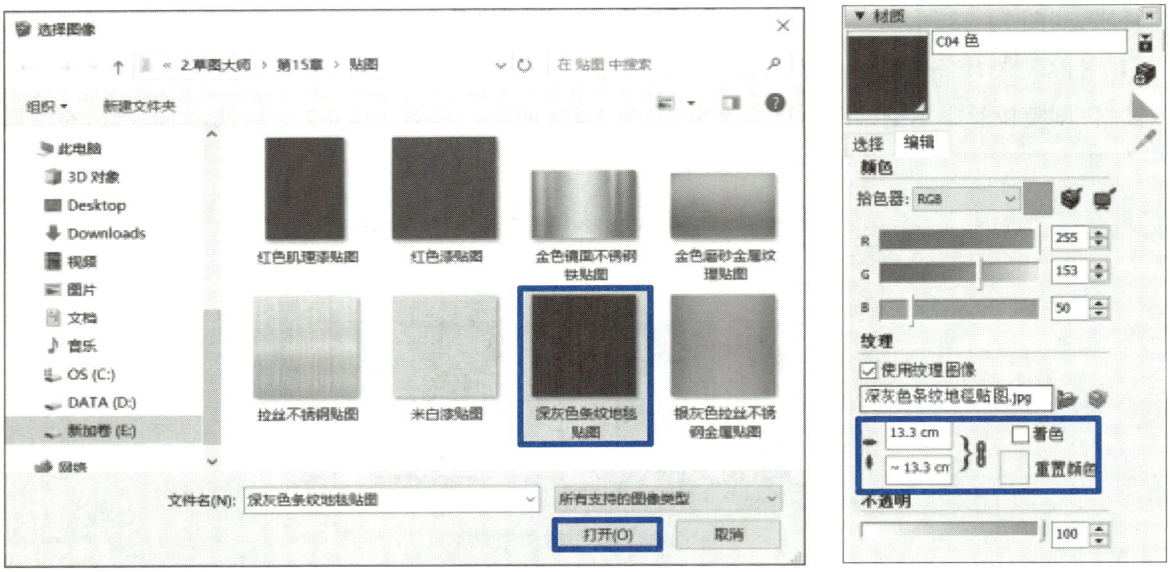

图 14-37　设置材质尺寸 3

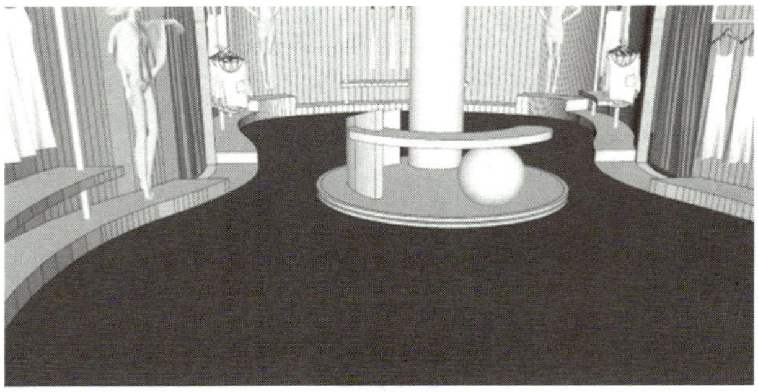

图 14-38　赋予材质效果 3

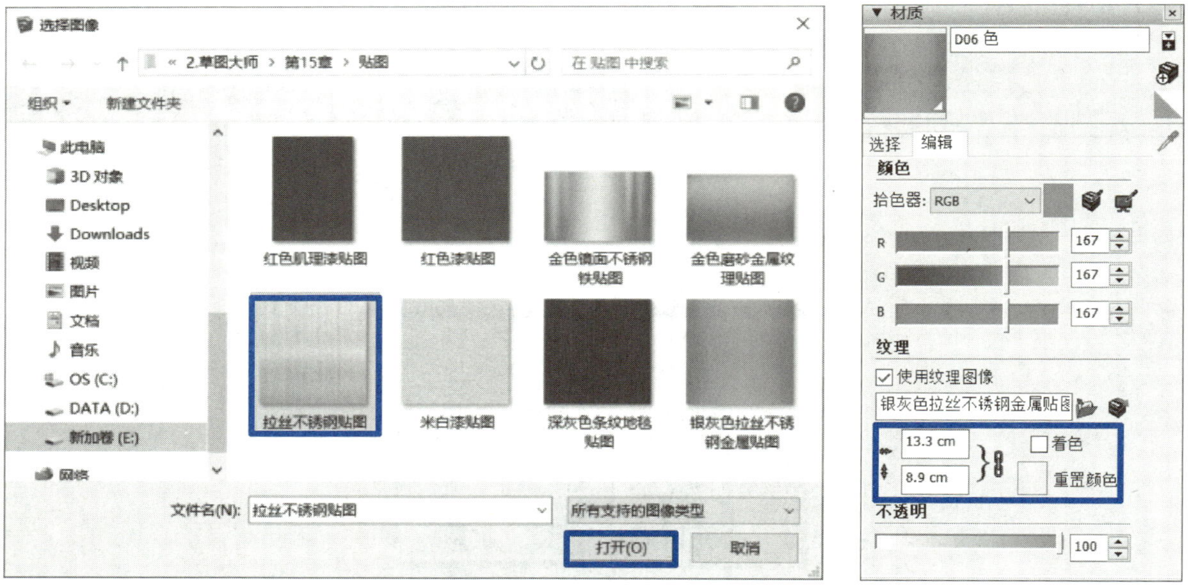

图 14-39　设置材质尺寸 4

（5）单击“V-Ray 资源管理器”工具按钮 ，选择“创建资源—材质—通用”，修改材质命名为“红色不锈钢”，设置参数，如图 14-40 所示。选择“材质”工具 ，对架子填充材质，如图 14-41 所示。

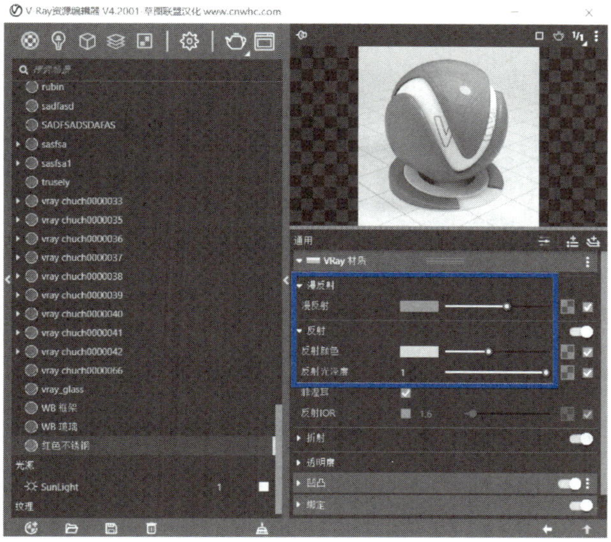

图 14-40　V-Ray 材质设置参数

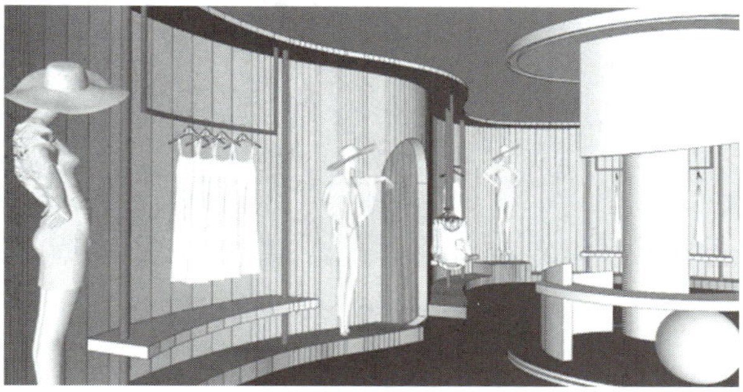

图 14-41　赋予材质效果 4

（6）单击“V-Ray 资源管理器”工具按钮 ，选择“创建资源—材质—通用”，修改材质命名为“乳胶漆”，设置参数，如图 14-42 所示。选择“材质”工具 ，对前台填充材质，如图 14-43 所示。

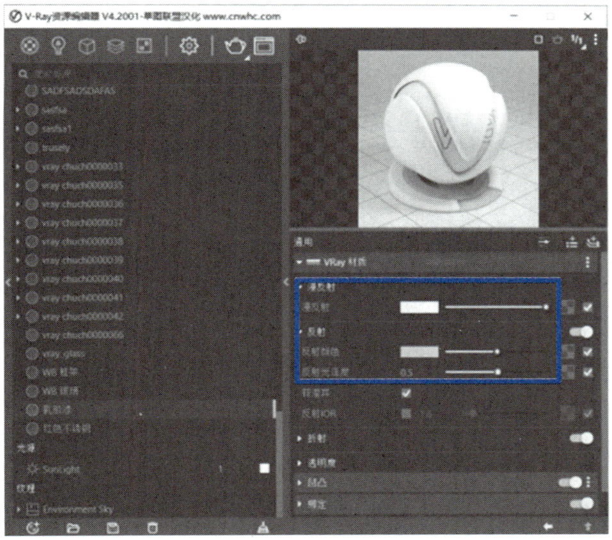

图 14-42　V-Ray 材质设置参数

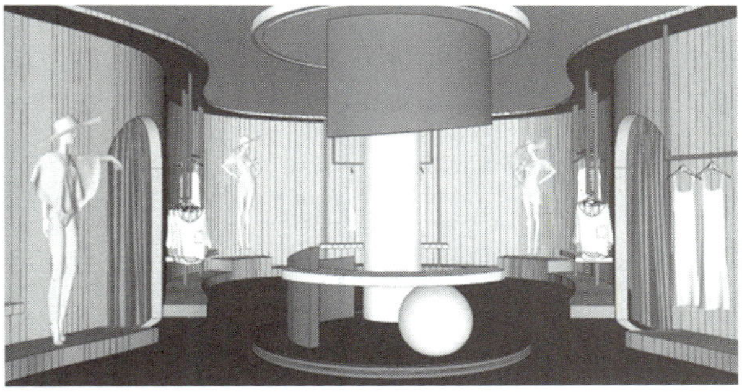

图 14-43　赋予材质效果 5

（7）单击“V-Ray 资源管理器”工具按钮 ，选择“创建资源—材质—自发光”，修改材质命名为“白色灯带”，设置参数，如图 14-44 所示。选择“材质”工具 ，对前台填充灯带材质，如图 14-45 所示。

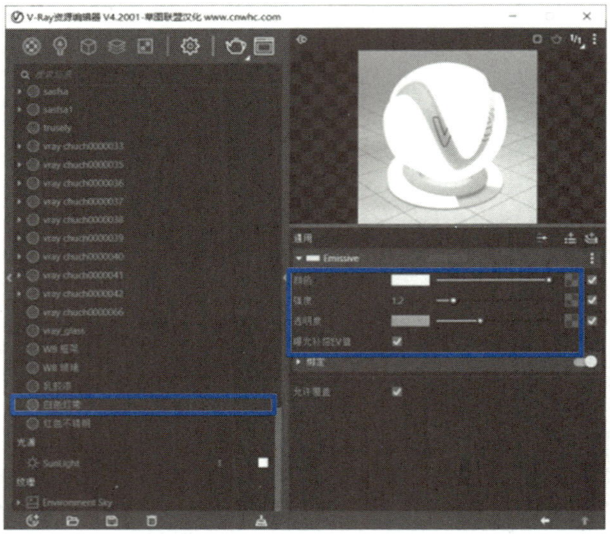

图 14-44　V-Ray 材质设置参数

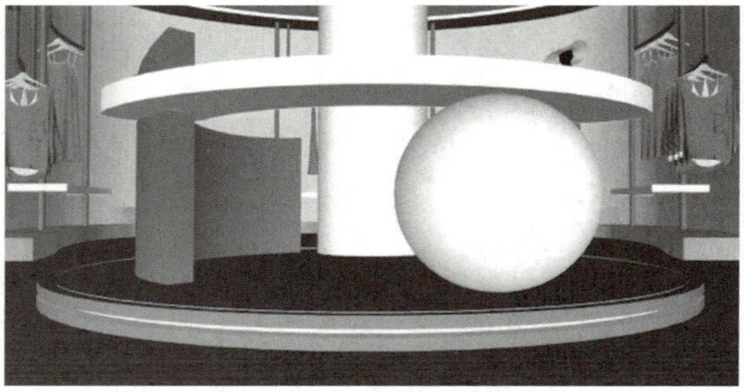

图 14-45　赋予灯带材质效果

七、V-Ray 灯光布置

（1）选择“样式”面板，在“编辑”选项卡中取消勾选“边线”“轮廓线”和“短横”复选框，如图 14-46 所示。

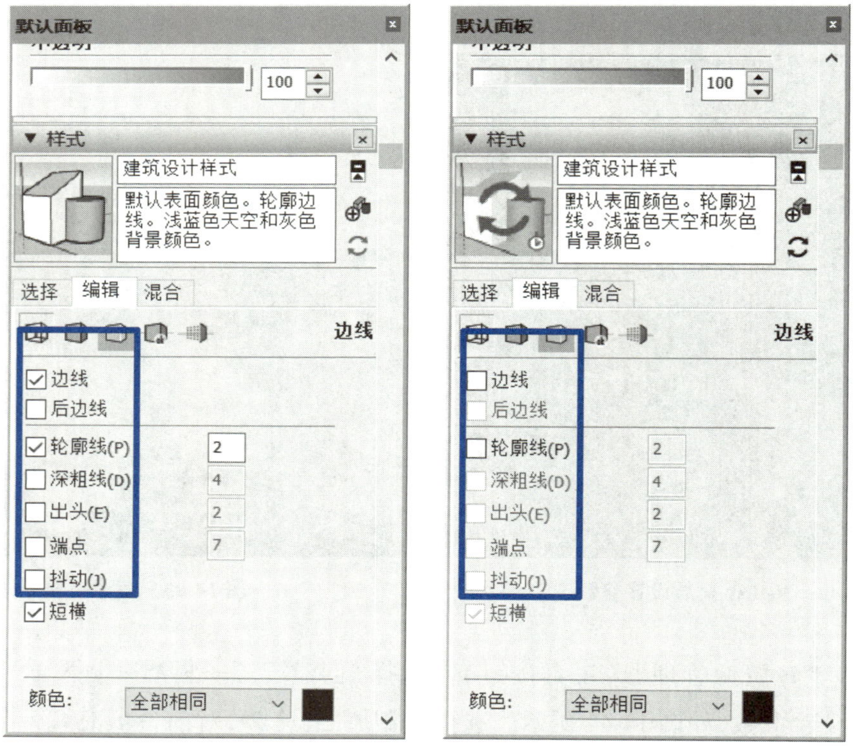

图 14-46　默认面板

（2）在顶视图中选择 V-Ray“球灯”，对室内空间前后分别打设一盏球灯，如图 14-47 所示。打开 V-Ray“资源管理器”，选择“灯光—球光”选项，勾选“不可见—无衰减”，如图 14-48 所示。

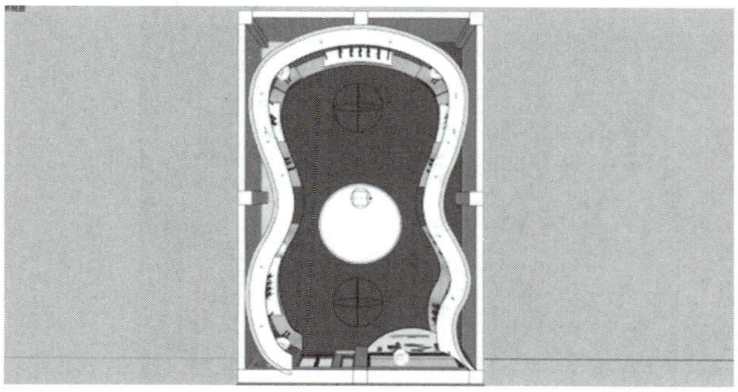

图 16-47　球灯打设效果

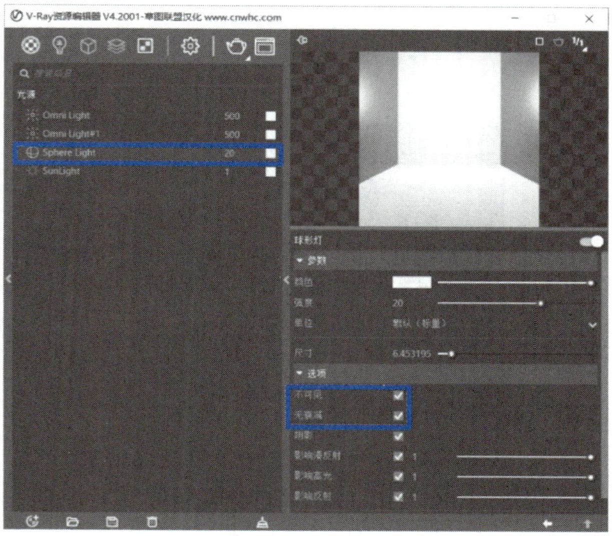

图 16-48　球灯参数设置

（3）在顶视图中选择 V-Ray“泛光灯”，对室内空间前后分别打设一盏球灯，如图 14-49 所示。打开 V-Ray“资源管理器”，选择“灯光—泛光灯”选项，勾选“阴影—影响漫反射—影响高光”，如图 14-50 所示。

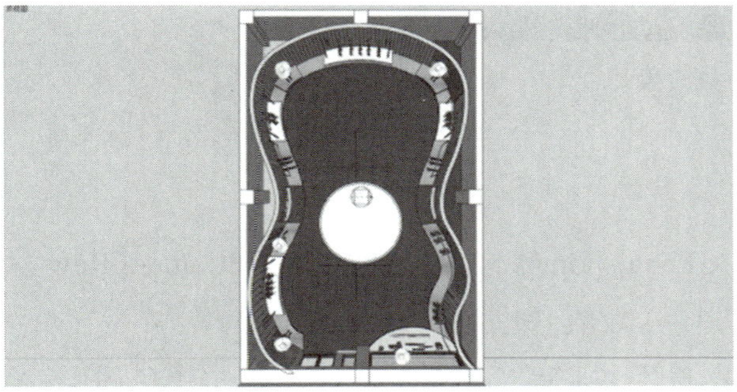

图 16-49　泛光灯打设效果

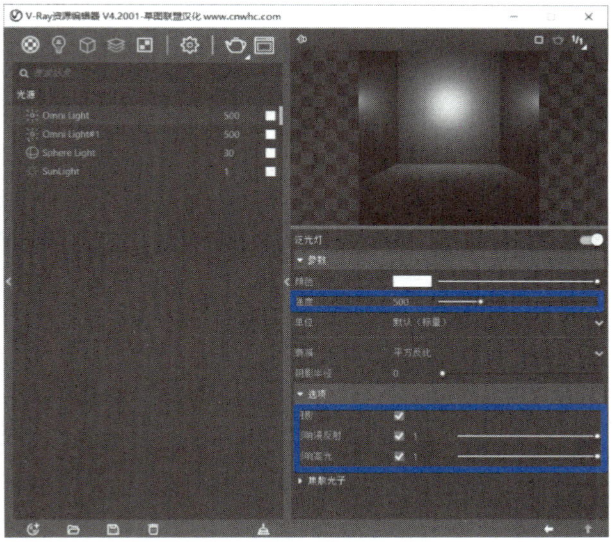

图 14-50　球灯选项设置

八、V-Ray 渲染设置与输出

（1）打开 V-Ray“资源管理器”，单击“设置”按钮，启用“渐进式”，修改“图像宽度 / 高度”为 3000×1687，如图 14-51 所示。

（2）设置“全景照明”一次光线反弹为“辐照贴图”、二次光线反弹为“灯光缓存”，如图 14-52 所示。

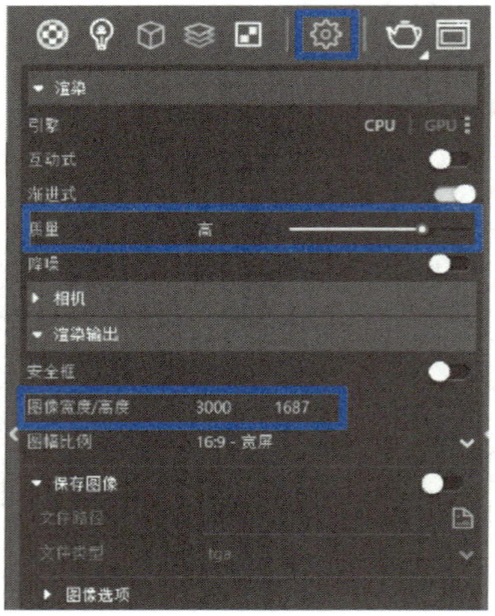

图 14-51　渲染参数设置

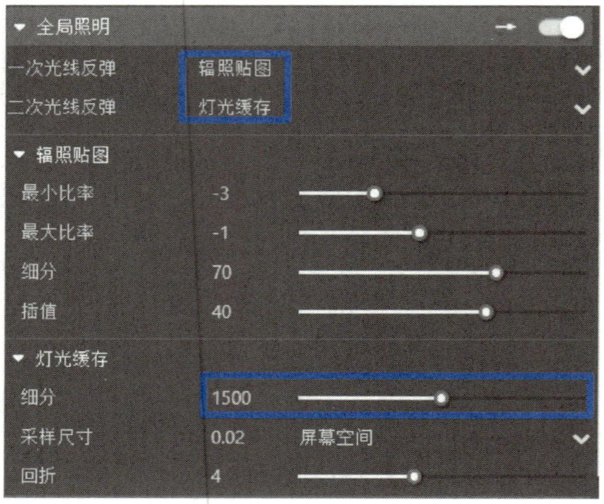

图 14-52　全局照明设置

（3）选择“渲染”工具，渲染测试效果如图 14-53 所示。

图 14-53　渲染效果

九、Photoshop 后期处理

（1）启动 Photoshop 软件。将渲染的效果图导入 Photoshop 软件。选择“滤镜—Camera Raw 滤镜”命令。弹出对话框，调整“色温、曝光、阴影、白色、黑色”数值，如图 14-54 所示。

（2）选择“矩形选框”工具，绘制矩形，填充黑色。选择“画笔”，调整画笔大小，单击黑色图层，如图 14-55 所示。设置黑色图层“不透明度”65%，效果如图 14-56 所示。

（3）选择“画笔”工具，制作射灯照明，效果如图 14-57 所示。添加“曲线”最终效果如图 14-58 所示。

图 14-54　Camera Raw 滤镜参数设置

图 14-55　添加黑色图层效果

图 14-56　设置黑色图层不透明度效果

图 14-57　添加射灯照明效果

图 14-58　添加曲线效果

（4）选择“文件—另存为”命令，存储为 JPEG 格式文件，如图 14-59 所示。最终导出效果如图 14-60 所示。

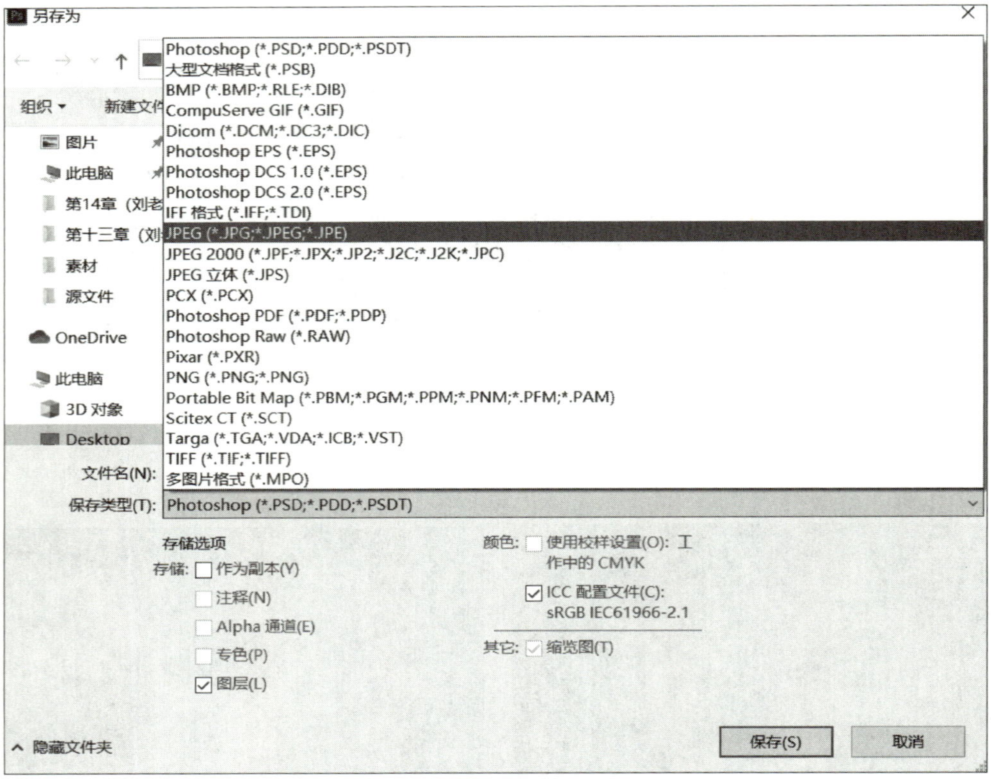

图 14-59　保存 JPEG 格式文件

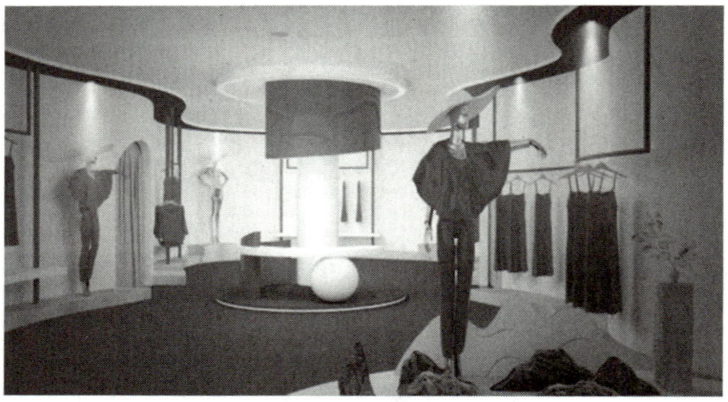

图 14-60　最终导出效果

十、思考

（1）如何根据专卖店的定位和风格特点，设计出能够准确传达专卖店形象的室内效果图？

（2）在专卖店效果图的制作过程中，如何利用灯光、材质和色彩等元素来营造独特的空间氛围，以吸引目标受众并提升专卖店品牌形象？

第十五章

Chapter 15

景观实例：美丽乡村景观效果图制作

Landscape Example: Production of Beautiful Rural Landscape Rendering

一、导入图纸前期准备

（1）启动 SketchUp 软件。

（2）选择“文件—新建模型—建筑”命令，设置单位为 Millimeter，单击进入 SketchUp，如图 15-1 所示。

（3）开启 SketchUp 软件，打开“窗口—模型信息”命令，弹出“模型信息”，如图 15-2 所示。

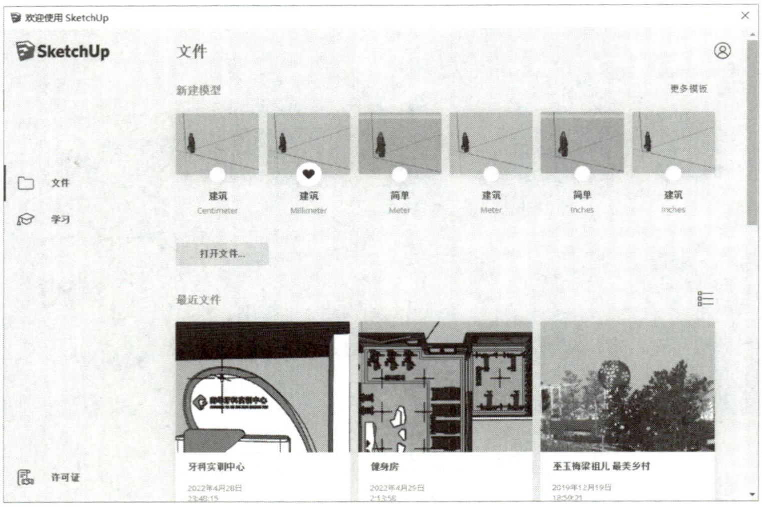

图 15-1　新建模型

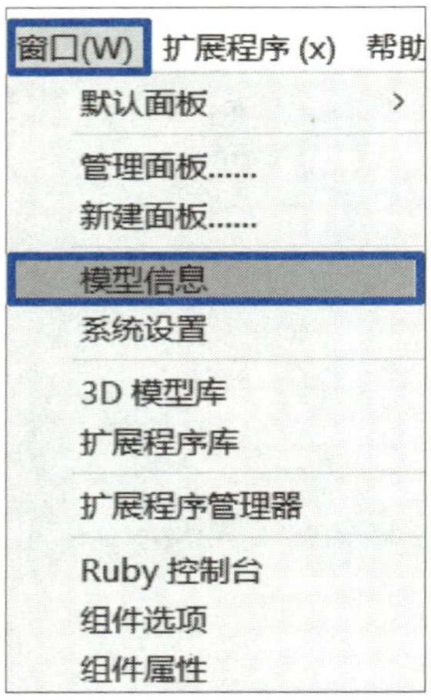

图 15-2　执行“模型信息”命令

（4）选择“单位”选项卡，将长度单位格式设置为“十进制”“毫米”，勾选“角度单位”选项组下的“启用角度捕捉”，捕捉精确度改为“5.0”，如图 15-3 所示，参数设置正确有助于后续流畅作图。

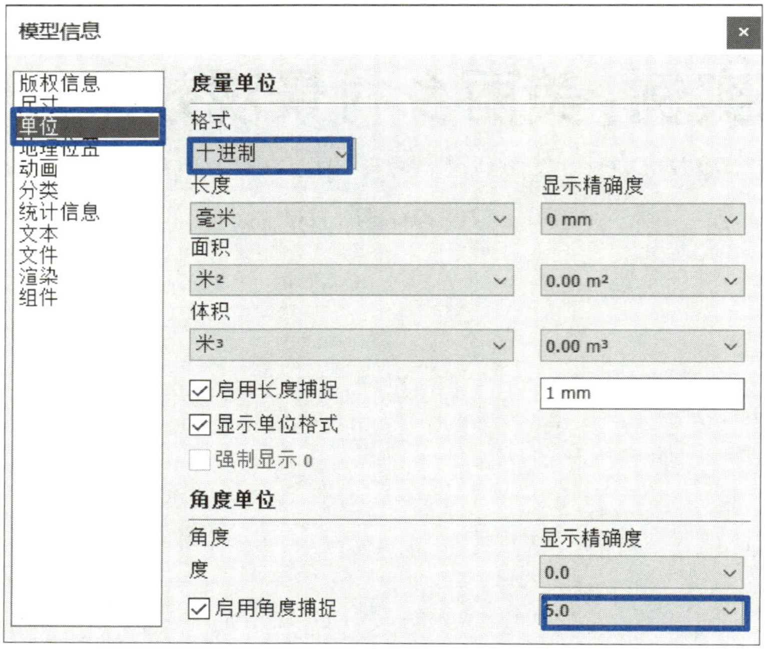

图 15-3　设置“单位”选项卡参数

二、制作景观规划

（1）执行“文件—导入”菜单命令，选择“第十五章 / 素材 / 景观平面图”文件。文件类型设置为 AutoCAD 文件（dwg、dxf），单击“选项”，弹出对话框，设置参数，如图 15-4 所示。单击“导入”，导入效果如图 15-5 所示。

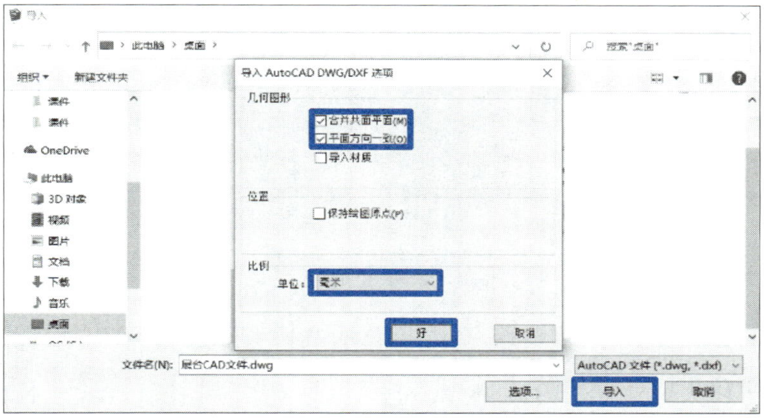

图 15-4 设置导入参数

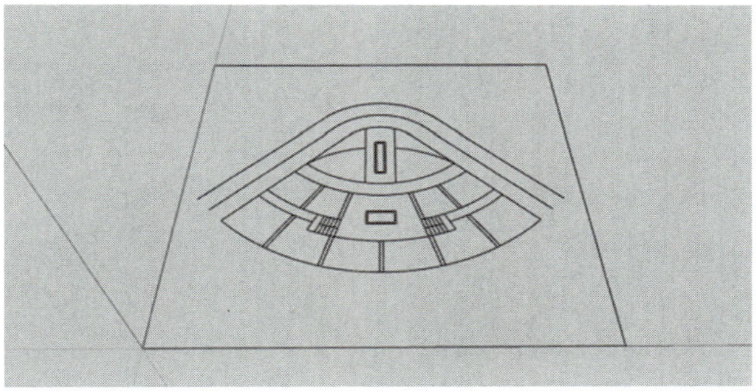

图 15-5 导入效果

（2）选择平面图，单击鼠标右键，选择“炸开模型”命令，选择坯子插件“快速封面”工具封面，单击鼠标右键，选择“创建群组”，选择“擦除”工具，清除图纸中多余物体，如图 15-6 所示。

（3）在顶视图中选择“偏移”工具，设置花坛“偏移”130 mm，如图 15-7 所示。

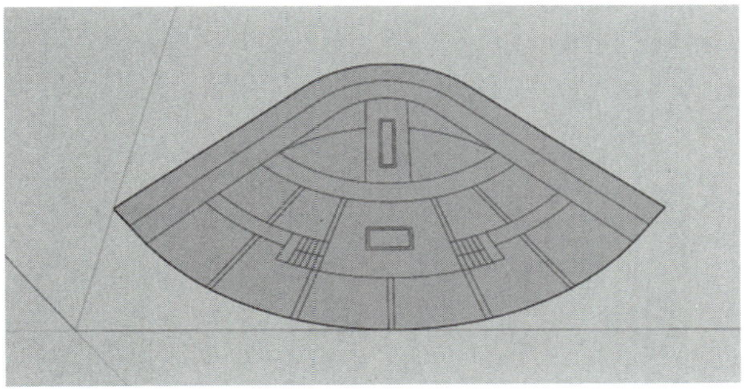

图 15-6 清除后效果

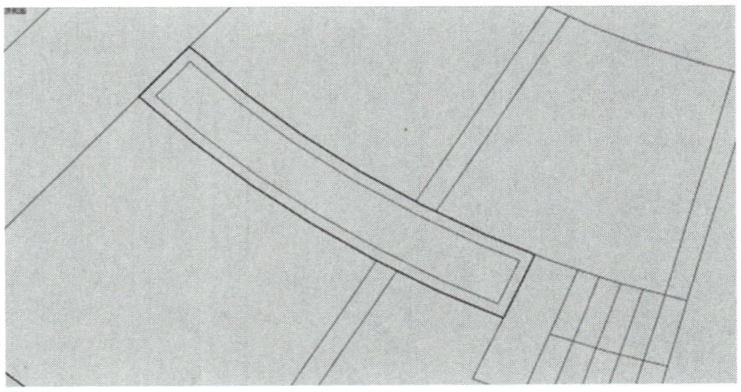

图 15-7 绘制花坛效果

（4）在顶视图中选择“两点圆弧”工具，绘制花坛中间小路，如图 15-8 所示。

（5）在顶视图中选择“矩形”工具，在主景观台绘制 1800 mm×1200 mm 的矩形。选择“偏移”工具，执行两次偏移 100 mm，如图 15-9 所示。

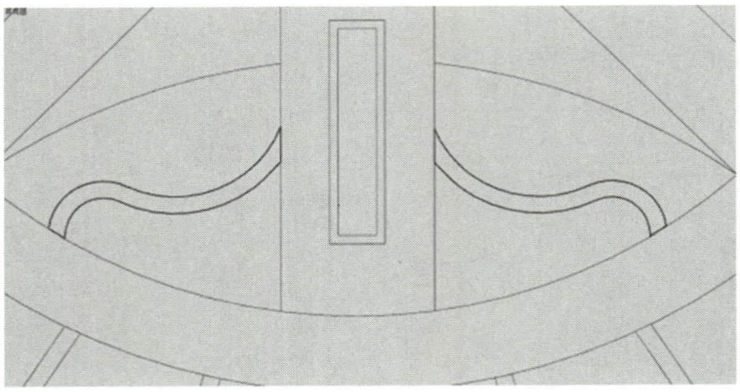

图 15-8　绘制花坛小路效果

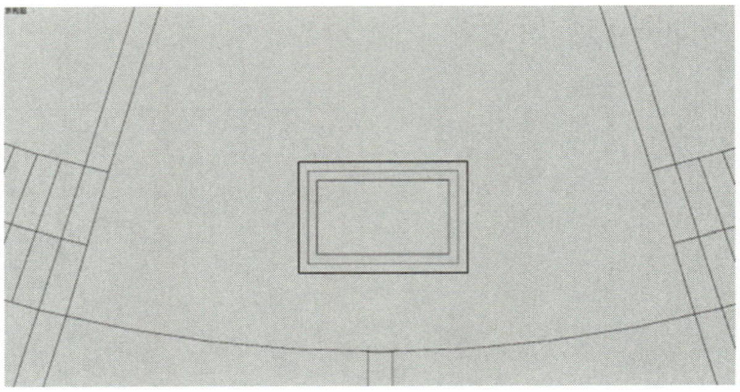

图 15-9　绘制主景观台效果

（6）在顶视图中选择“矩形”工具，在入口花坛绘制 4200 mm×930 mm 的矩形。选择“偏移”工具，偏移 100 mm，如图 15-10 所示。

（7）选择“推拉”工具，对景观规划图进行高低交错不同程度推拉，如图 15-11 所示。

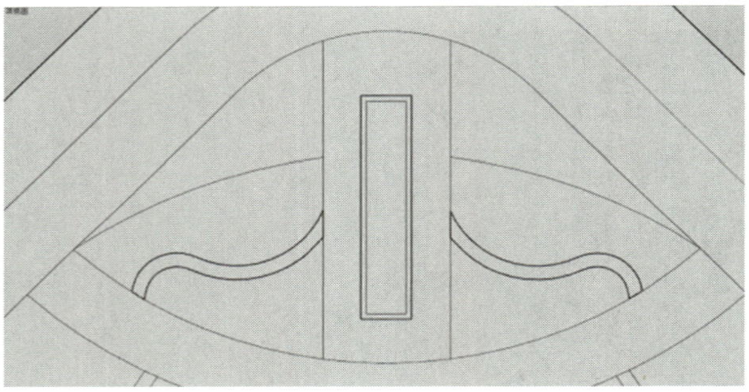

图 15-10　绘制入口花坛效果

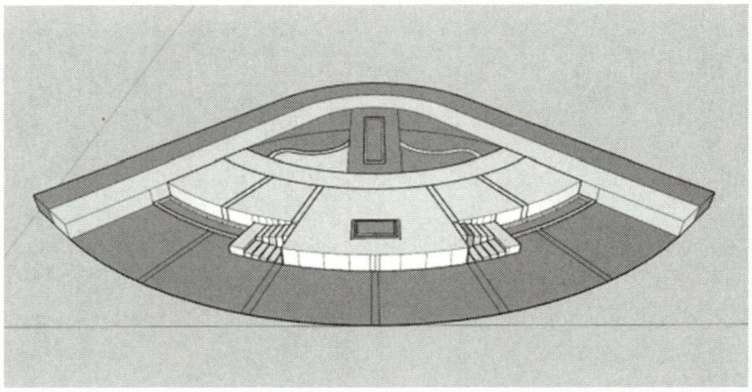

图 15-11　景观规划图推拉最终效果

三、制作主景观台

（1）在顶视图中选择“两点圆弧”工具，绘制花瓣造型，如图 15-12 所示。选择线，单击鼠标右键，选择“拆分”为 20 段，如图 15-13 所示。

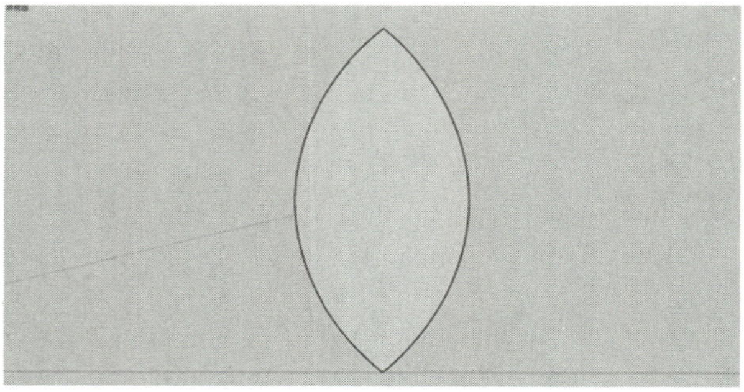

图 15-12　绘制花瓣效果

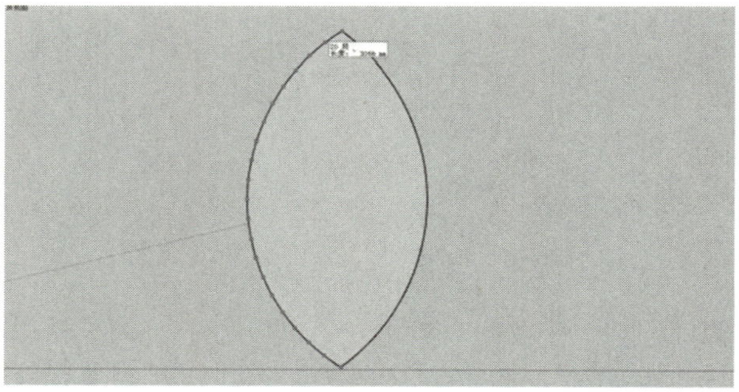

图 15-13　设置拆分参数

（2）在顶视图中选择“直线”工具，绘制花瓣直线造型，如图 15-14 所示。选择“擦除”工具，擦除多余线，如图 15-15 所示。

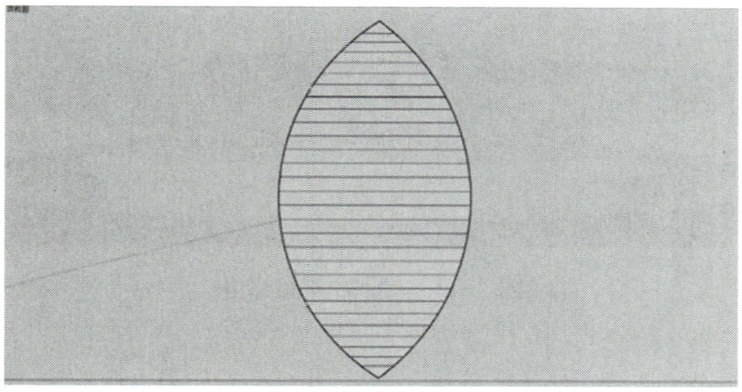

图 15-14　绘制花瓣直线效果

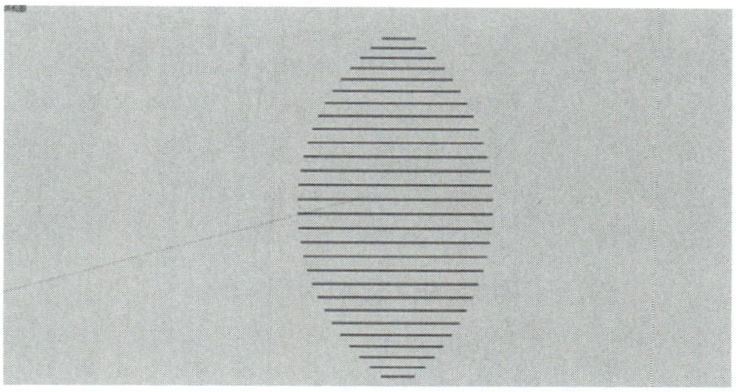

图 15-15　擦除后效果

（3）选择坯子插件“线转柱体”工具，设置参数，如图 15-16 所示。在顶视图中选择“旋转”工具，旋转物体角度，如图 15-17 所示。复制两个，选择“缩放”工具，缩放物体大小，如图 15-18 所示。

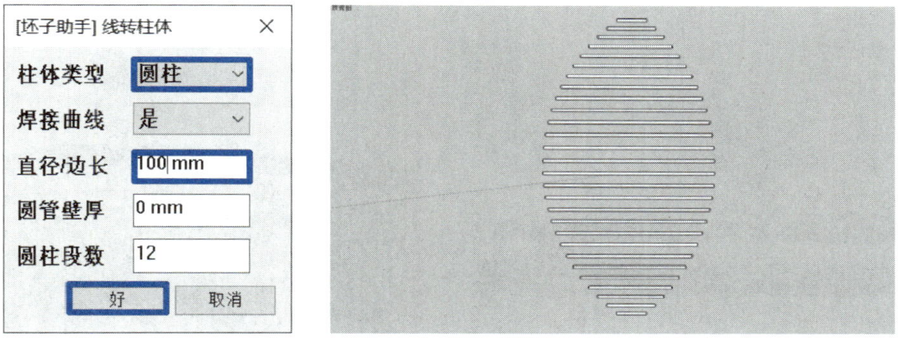

图 15-16　设置“线转柱体”参数

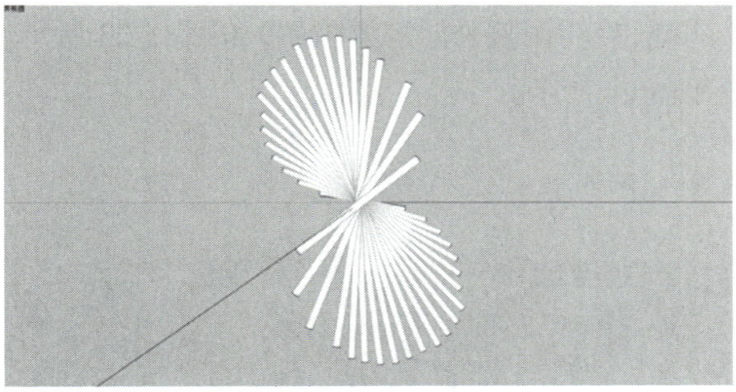

图 15-17　旋转效果

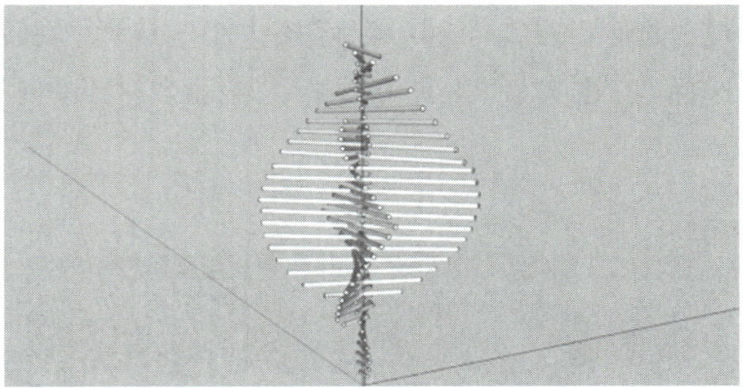

图 15-18　复制缩放效果

（4）在顶视图中选择“圆”工具，绘制 500 mm 的圆。选择“推拉”工具，推出 3380 mm 高度，如图 15-19 所示。调整位置大小，最终效果如图 15-20 所示。

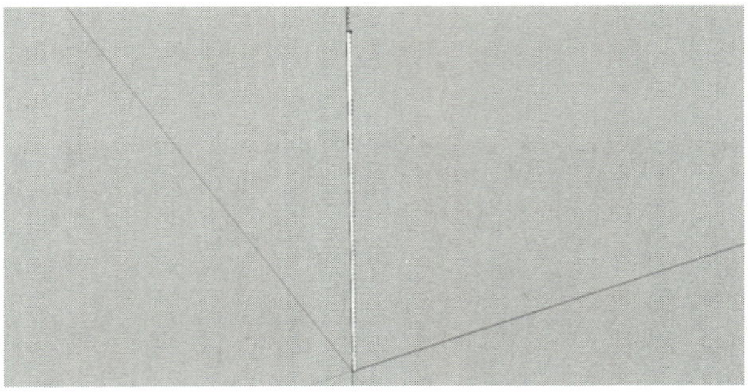

图 15-19　绘制圆柱效果

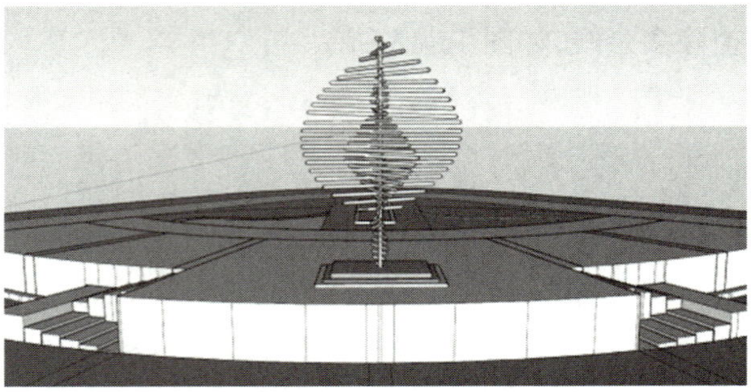

图 15-20　最终雕塑效果

四、丰富景观模型

（1）选择“文件—导入”命令，选择“第十五章 / 素材 / 栏杆”文件，单击“打开”按钮导入素材。选择“旋转”工具，旋转调整栏杆位置，如图 15-21 所示。

（2）选择“文件—导入”命令，选择“第十五章 / 素材 / 山坡组合”文件，单击“打开”按钮导入素材。选择“缩放”工具，调整大小。选择“旋转”工具，旋转调整山坡组合位置，如图 15-22 所示。

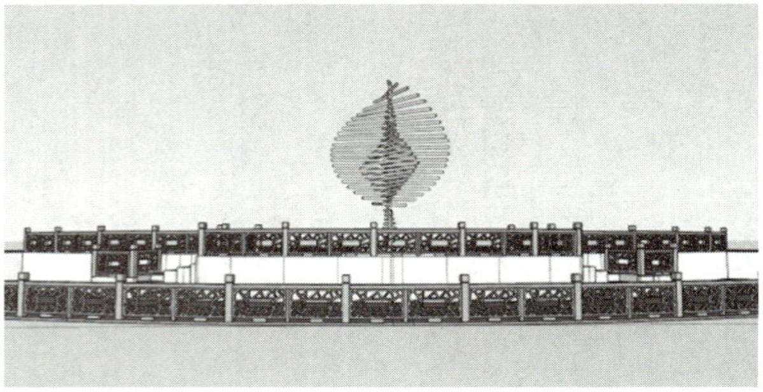

图 15-21　添加栏杆效果

图 15-22　添加山坡效果

（3）选择“文件—导入”命令，选择“第十五章 / 素材 / 公园牌匾”文件，单击“打开”按钮导入素材。选择“缩放”工具，调整大小。选择“旋转”工具，旋转调整公园牌匾位置，如图 15-23 所示。选择“三维文字”工具，输入“美丽乡村四季园”，如图 15-24 所示。

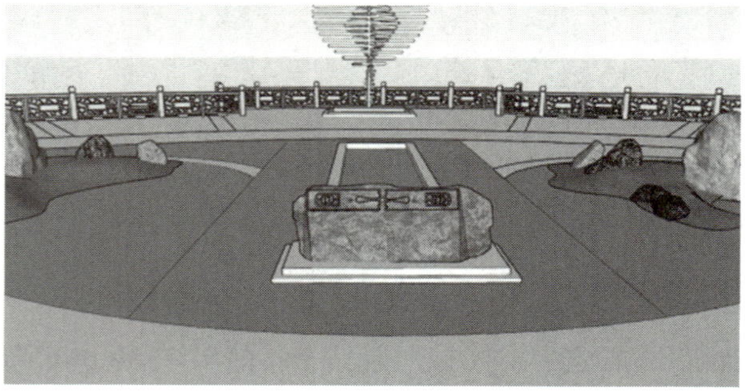

图 15-23　添加牌匾效果

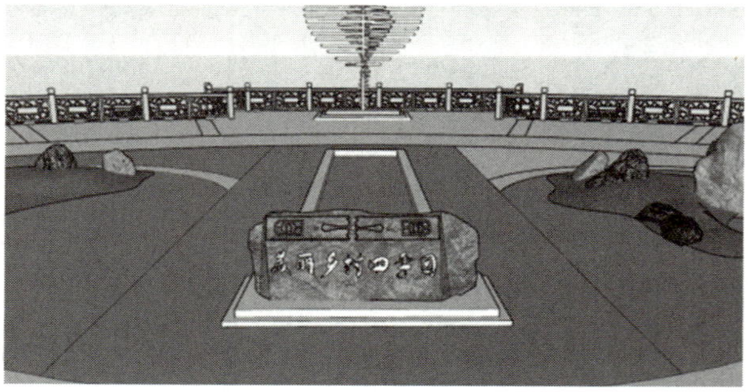

图 15-24　添加三维文字效果

（4）选择“文件—导入”命令，选择“第十五章 / 素材 / 路灯”文件，单击“打开”按钮导入素材。选择“缩放”工具，调整大小。选择“旋转”工具，旋转调整路灯位置，如图 15-25 所示。

（5）选择“文件—导入”命令，选择“第十五章 / 素材 / 花瓣雕塑”文件，单击“打开”按钮导入素材。选择“缩放”工具，调整大小。选择“旋转”工具，旋转调整花瓣装饰品位置与复制，如图 15-26 所示。

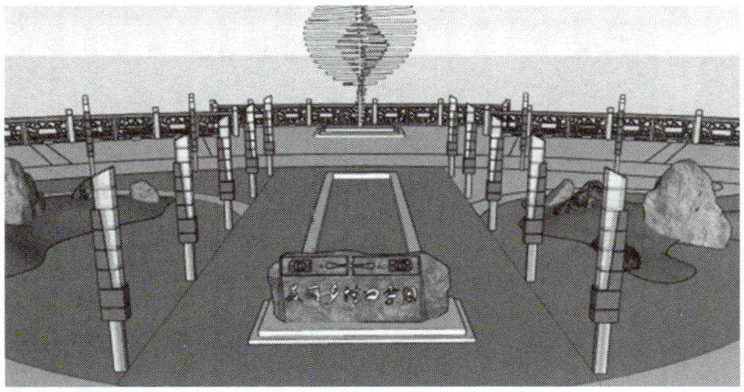

图 15-25　添加路灯效果

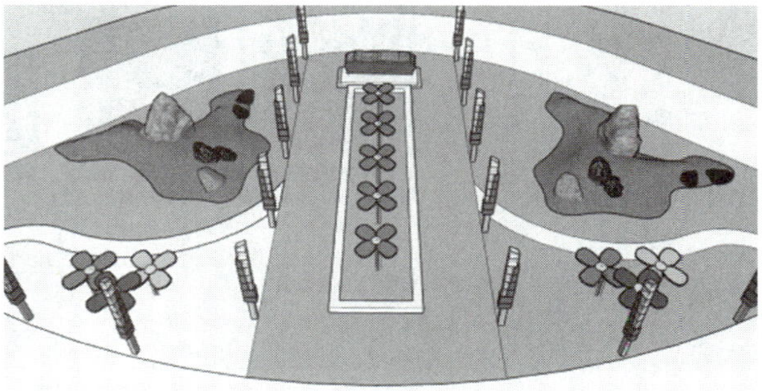

图 15-26　添加花瓣雕塑效果

（6）选择“文件—导入”命令，选择“第十五章 / 素材 / 玉兰花”文件，单击“打开”按钮导入素材。选择“缩放”工具，调整大小。选择“旋转”工具，旋转调整玉兰花位置与复制，如图 15-27 所示。

（7）选择“文件—导入”命令，选择“第十五章 / 素材 / 树木”文件，单击“打开”按钮导入素材。选择“缩放”工具，调整大小与复制，如图 15-28 所示。

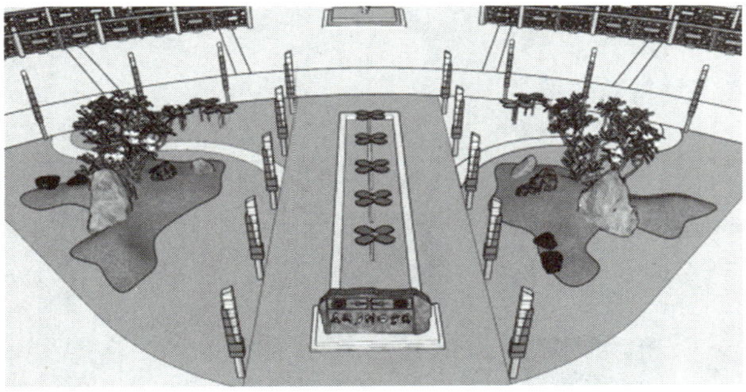

图 15-27　添加玉兰花效果

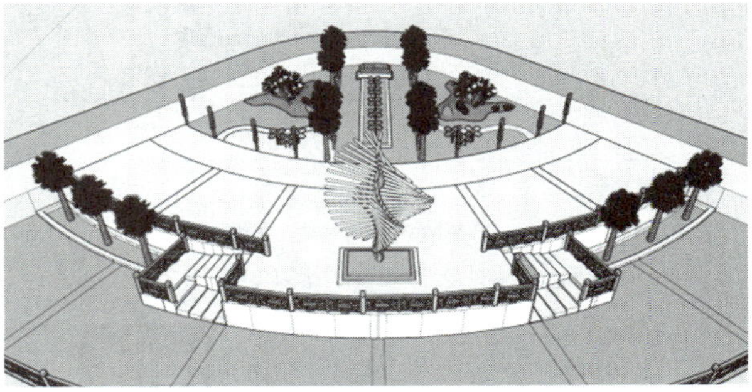

图 15-28　添加树木效果

五、赋予景观材质

（1）打开“材质—编辑—纹理”，选择“第十五章 / 贴图 / 浅绿色草地贴图”文件，单击“打开”按钮导入素材，调整浅绿色草地贴图的尺寸大小，如图 15-29 所示。选择“材质”工具，为草地赋予材质，如图 15-30 所示。

（2）打开“材质—编辑—纹理”，选择“第十五章 / 贴图 / 深绿色草地贴图”文件，单击“打开”按钮导入素材，调整深绿色草地贴图的尺寸大小，如图 15-31 所示。选择“材质”工具，对草地填充材质，如图 15-32 所示。

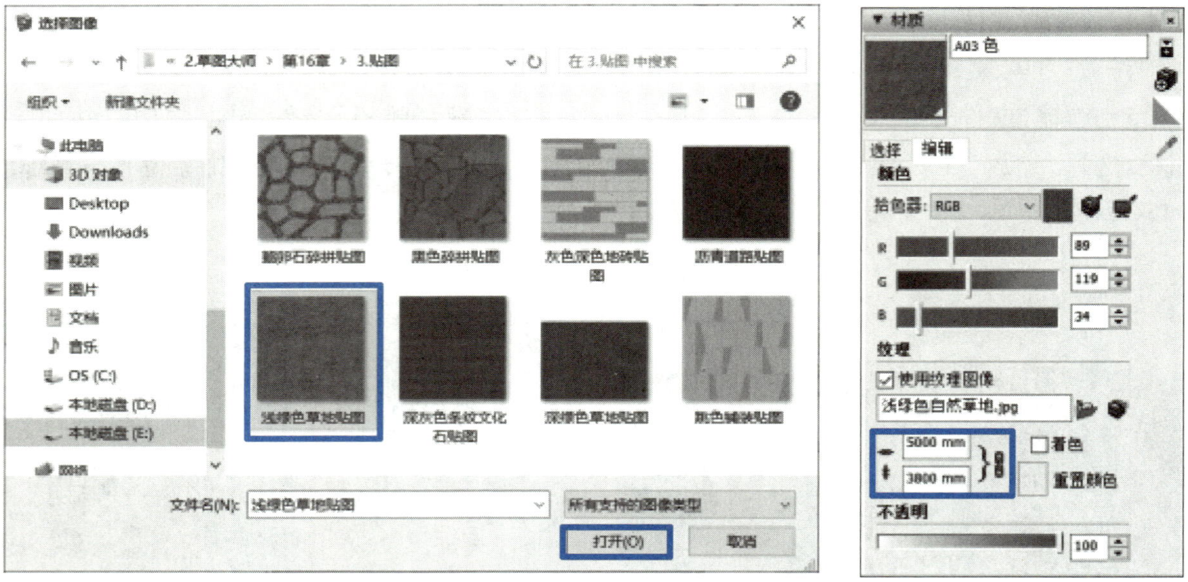

图 15-29　设置浅绿色草地贴图材质尺寸

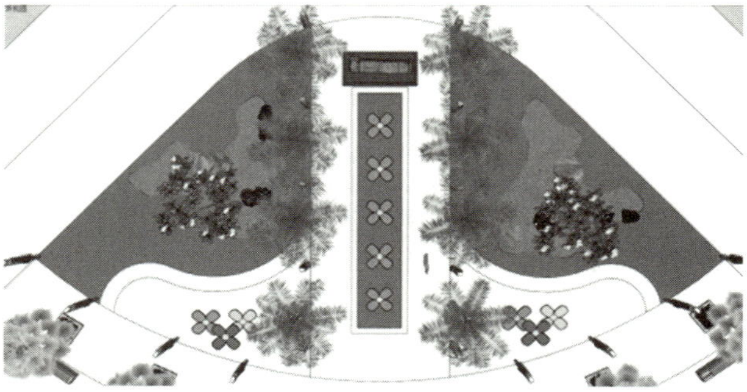

图 15-30　赋予浅绿色草地材质效果

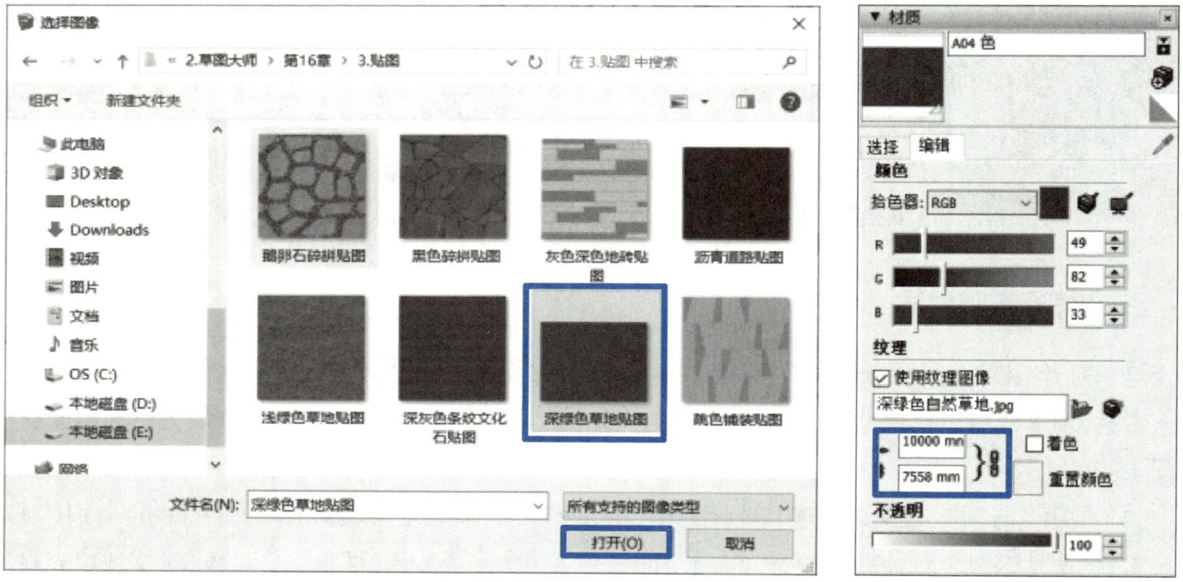

图 15-31　设置深绿色草地贴图材质尺寸

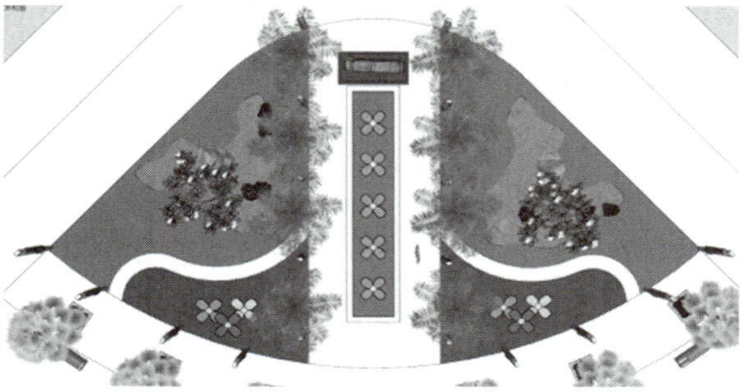

图 15-32　赋予深绿色草地材质效果

（3）打开“材质—编辑—纹理”，选择“第十五章 / 贴图 / 灰色深色地砖贴图”文件，单击“打开”按钮导入素材，调整灰色深色地砖贴图的尺寸大小，如图 15-33 所示。选择“材质”工具 ，对地面填充材质，如图 15-34 所示。

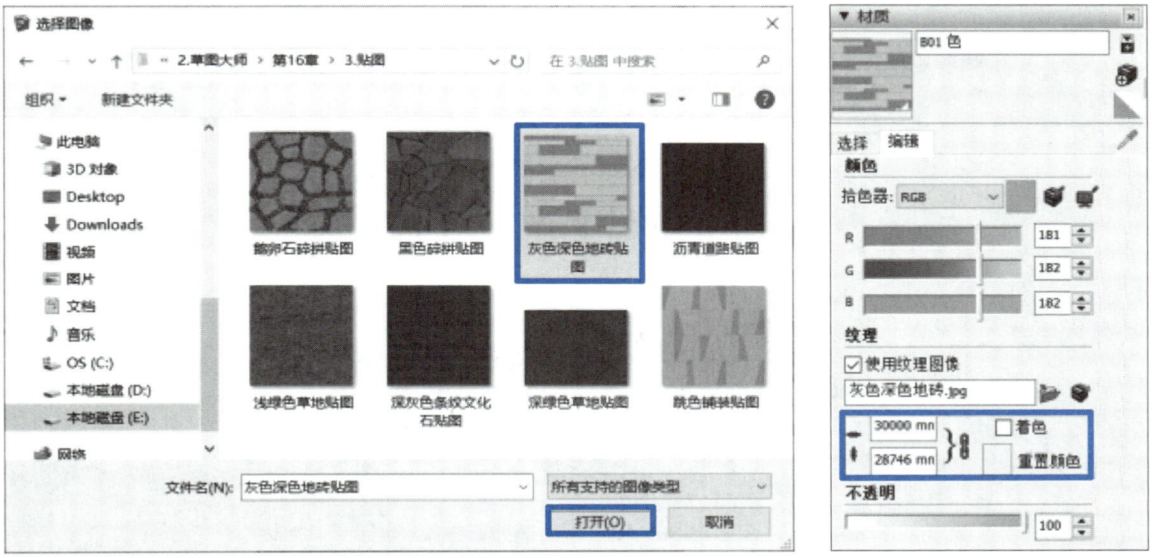

图 15-33　设置灰色深色地砖贴图材质尺寸

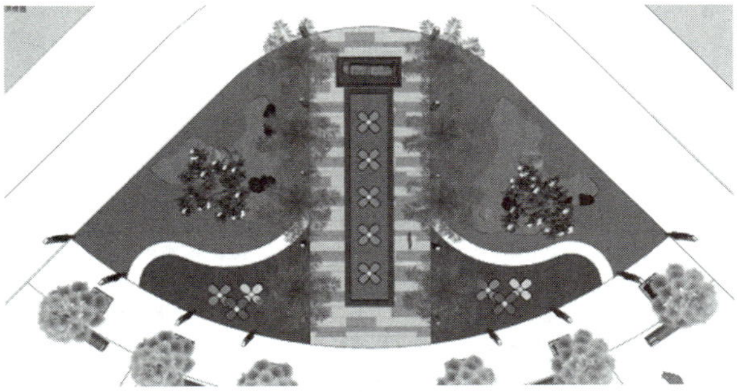

图 15-34　赋予地面地砖材质效果

（4）打开“材质—编辑—纹理”，选择“第十五章 / 贴图 / 鹅卵石碎拼贴图”文件，单击“打开”按钮导入素材，调整鹅卵石碎拼贴图的尺寸大小，如图 15-35 所示。选择“材质”工具 ，对地面填充材质，如图 15-36 所示。

（5）打开“材质—编辑—纹理”，选择“第十五章 / 贴图 / 深灰色条纹文化石贴图”文件，单击“打开”按钮导入素材，对导入深灰色条纹文化石贴图调整尺寸大小，如图 15-37 所示。选择“材质”工具，对地面填充材质，如图 15-38 所示。

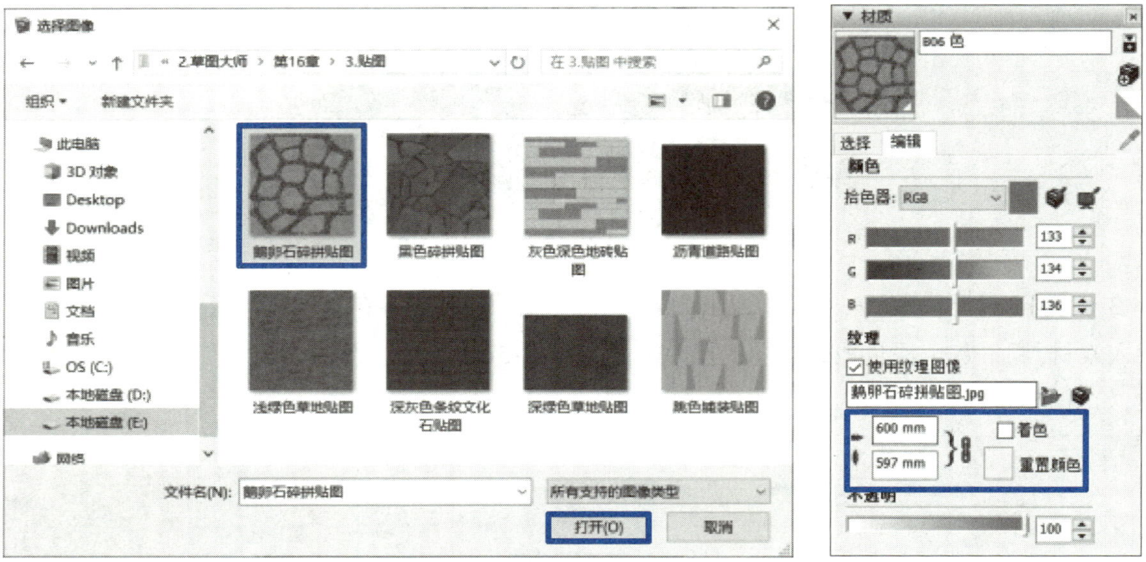

图 15-35　设置鹅卵石碎拼贴图材质尺寸

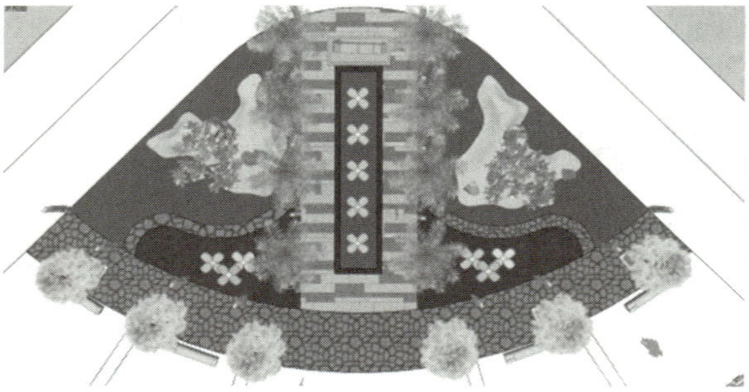

图 15-36　赋予地面鹅卵石效果

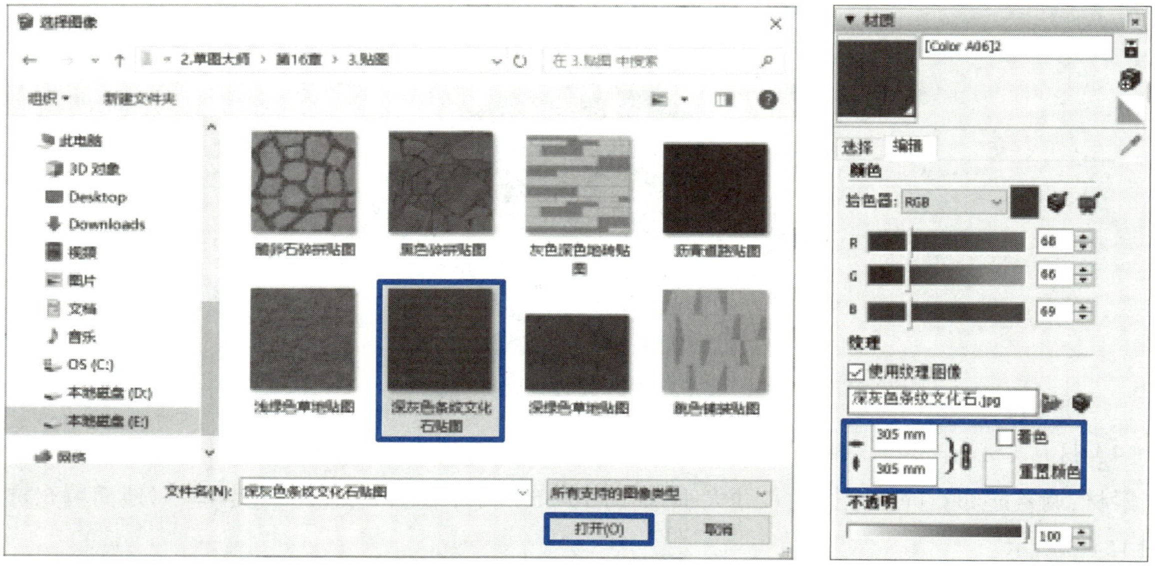

图 15-37　设置深灰色条纹文化石贴图材质尺寸

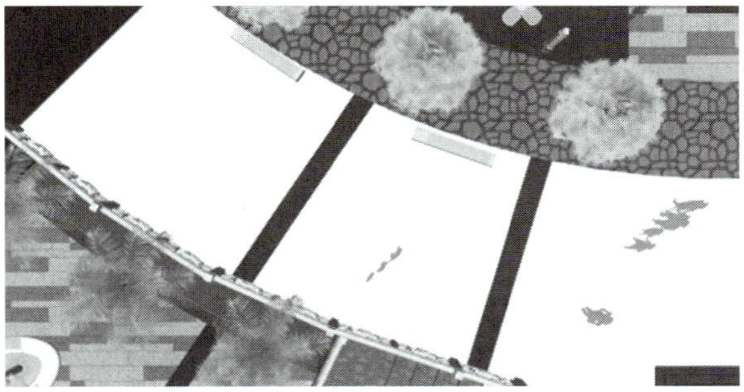

图 15-38　赋予地面文化石材质效果

（6）打开“材质—编辑—纹理”，选择“第十五章 / 贴图 / 跳色铺装贴图”文件，单击“打开”按钮导入素材，调整跳色铺装贴图的尺寸大小，如图 15-39 所示。选择“材质”工具 ，对地面填充材质，如图 15-40 所示。

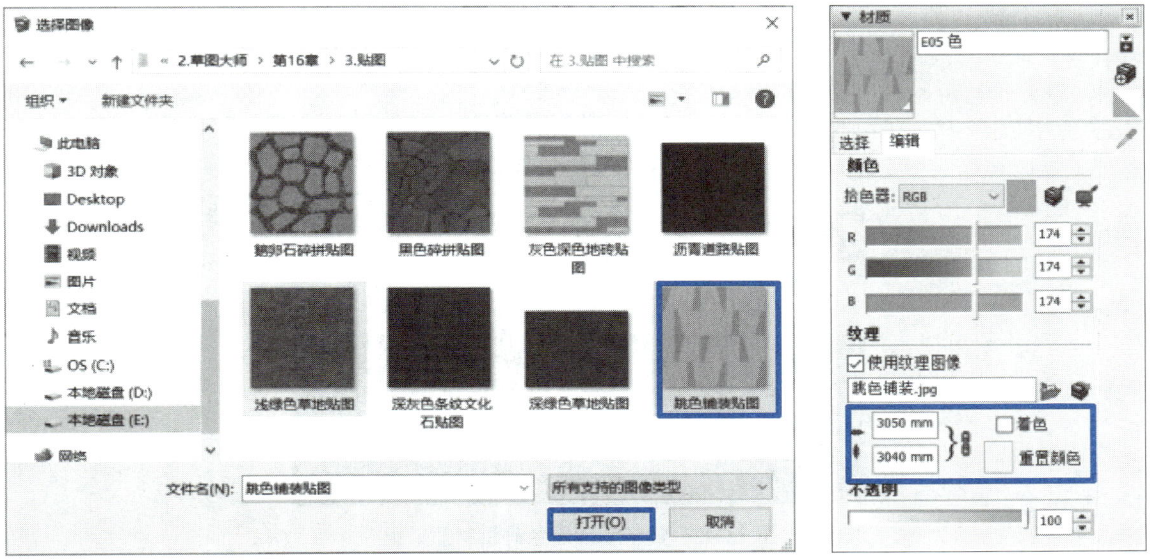

图 15-39　设置跳色铺装贴图材质尺寸

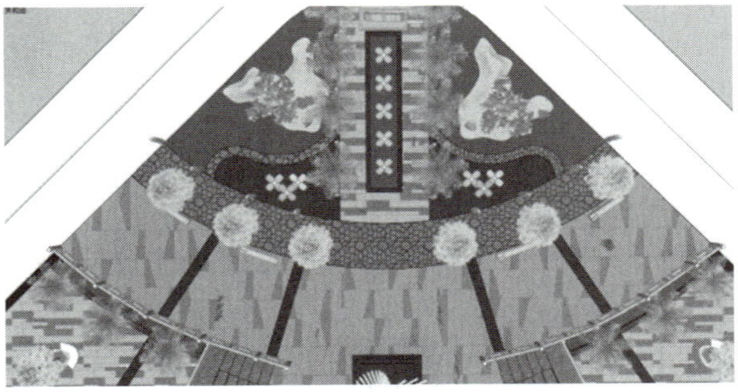

图 15-40　赋予地面跳色铺装材质效果

（7）打开“材质—编辑—纹理”，选择“第十五章 / 贴图 / 黑色碎拼贴图”文件，单击“打开”按钮导入素材，调整黑色碎拼贴图的尺寸大小，如图 15-41 所示。选择“材质”工具 ，对墙面填充材质，如图 15-42 所示。

（8）打开“材质—编辑—纹理”，选择“第十五章 / 贴图 / 沥青道路贴图”文件，单击“打开”按钮导入素材，调整沥青道路贴图的尺寸大小，如图 15-43 所示。选择“材质”工具，对马路填充材质，如图 15-44 所示。

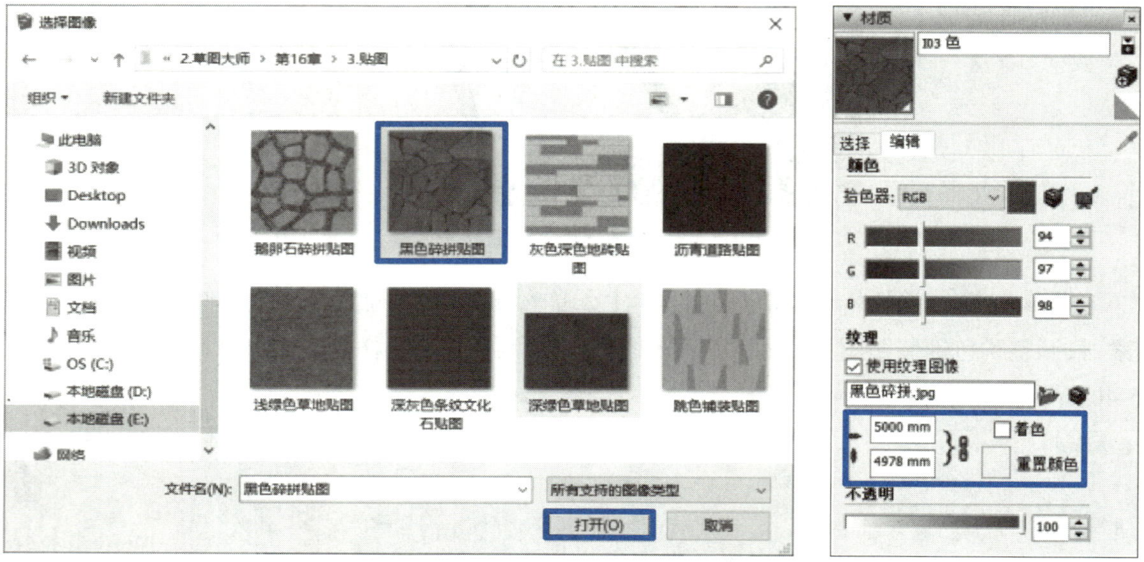

图 15-41　设置黑色碎拼贴图材质尺寸

图 15-42　赋予墙面黑色碎拼材质效果

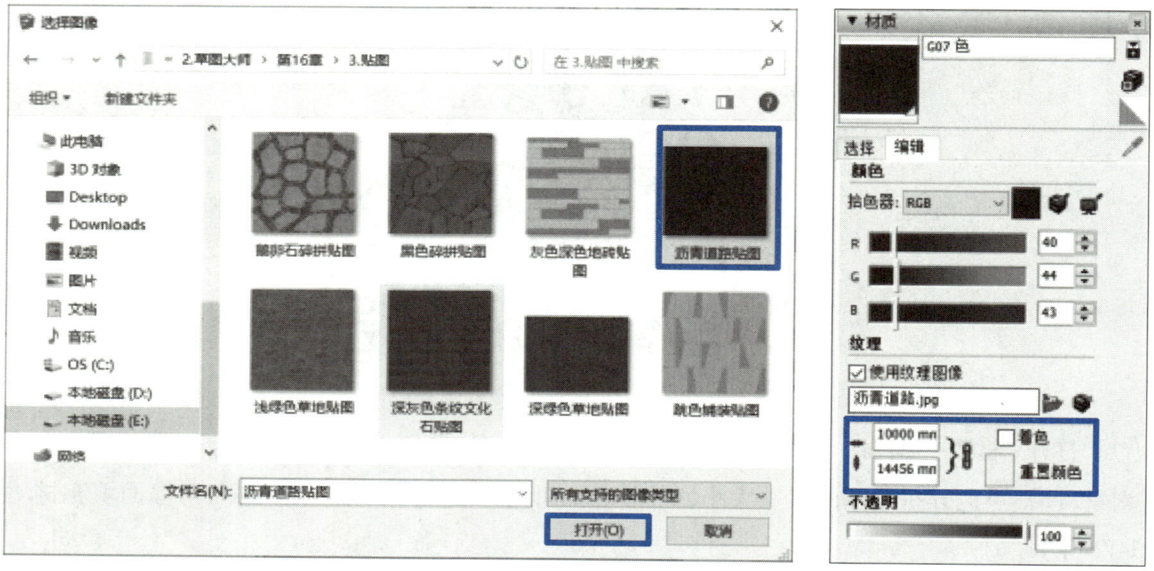

图 15-43　设置沥青道路贴图材质尺寸

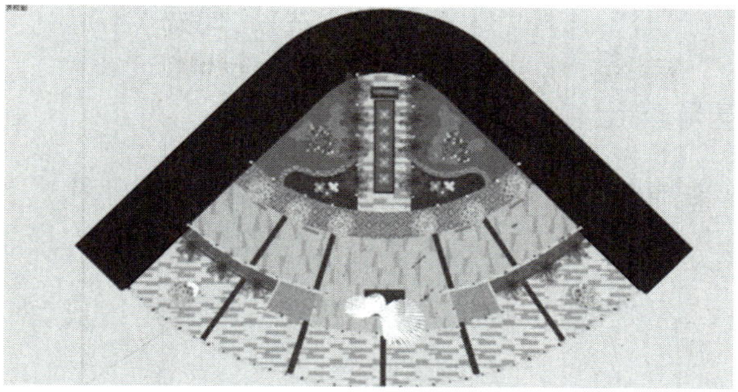

图 15-44　赋予马路沥青材质效果

六、V-Ray 灯光布置

（1）选择“样式”面板，在“编辑”选项卡中取消勾选“边线、轮廓线、短横”复选框，如图 15-45 所示。

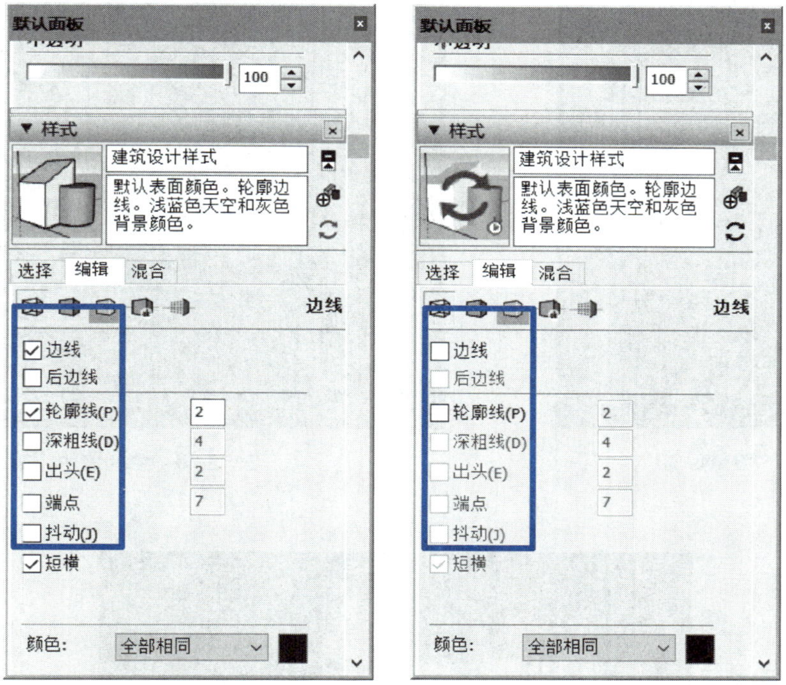

图 15-45　默认面板

（2）选择 V-Ray “球光”，对景观中间、前后、左右分别打设一盏球光，如图 15-46 所示。

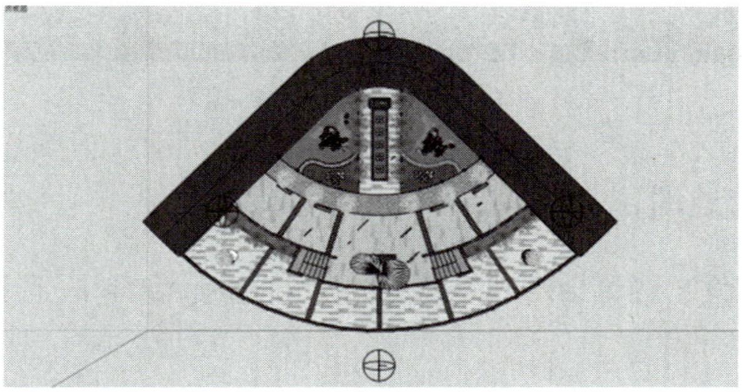

图 15-46　球光打设

（3）打开 V-Ray“资源管理器”，选择“灯光、球光”选项，勾选“不可见”“无衰减”。

七、V-Ray 渲染设置与输出

（1）打开 V-Ray“资源管理器”，单击“设置”按钮，启用“渐进式”，修改“图像宽度 / 高度”为 3000，1587，如图 15-47 所示。

（2）设置“全景照明”一次光线反弹为“辐照贴图”、二次光线反弹为“灯光缓存”，如图 15-48 所示。

（3）选择“渲染”工具，渲染测试效果图，如图 15-49 所示。

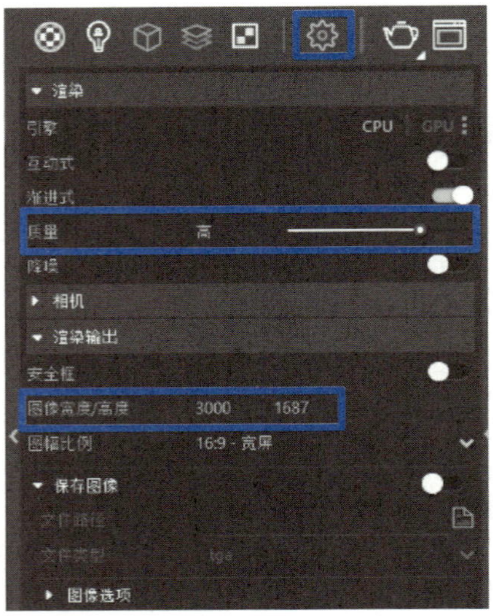

图 15-47　渲染设置

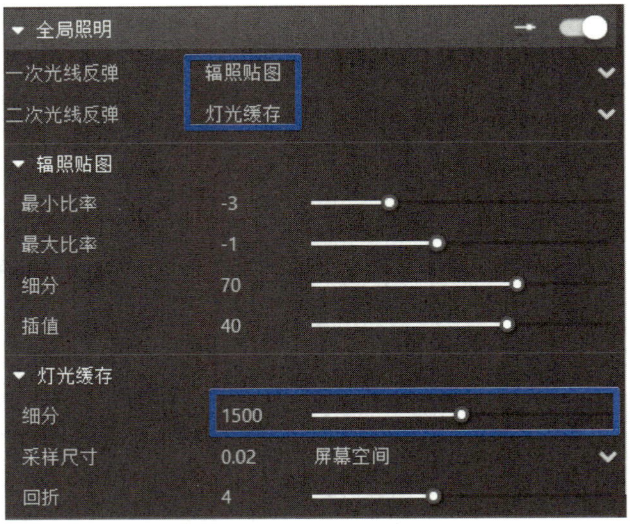

图 15-48　全局照明设置

图 15-49　渲染效果

八、Photoshop 后期处理

（1）启动 Photoshop 软件。将渲染的效果图导入 Photoshop 软件中，选择“裁剪”工具，裁剪多余部分，如图 15-50 所示。

图 15-50　导入效果图

（2）选择“滤镜—Camera Raw 滤镜”命令。弹出对话框调整“色温、对比度、白色、黑色”数值，如图 15-51 所示。

图 15-51　Camera Raw 滤镜设置参数

（3）选择“文件—打开”命令，选择“第十五章 / 素材 / 天空”文件，单击“打开”按钮导入素材。调整图片的尺寸大小和位置，效果如图 15-52 所示。

图 15-52　导入天空素材效果

（4）选择天空素材背景图层，执行“滤镜—模糊—高斯模糊”命令。在弹出的对话框中设置“高斯模糊”半径为 2.2 像素，如图 15-53 所示。不透明度设置为 60%，如图 15-54 所示。

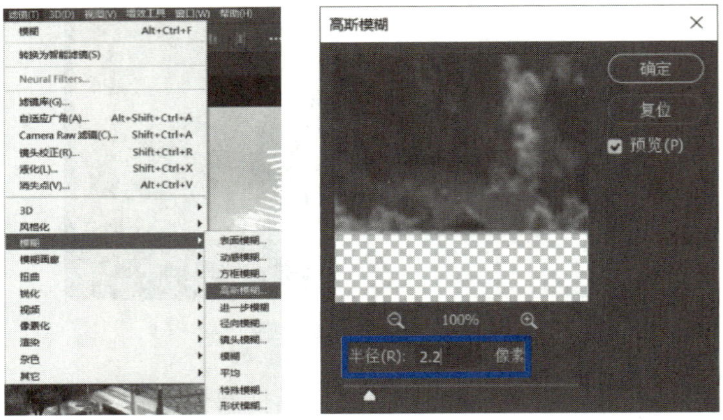

图 15-53　设置高斯模糊参数

图 15-54　设置不透明度效果

（5）选择“文件—打开”命令，选择“第十五章 / 素材 / 景观植物”文件，单击“打开”按钮导入素材。调整尺寸大小、位置、不透明度，效果如图 15-55 所示。

（6）填充添加“选取颜色、曲线、照片滤镜、自然饱和度”，最终效果如图 15-56 所示。

图 15-55　导入景观植物素材效果

图 15-56　添加填充效果

（7）选择“文件—另存为”命令，存储为 JPEG 格式文件，如图 15-57 所示。最终效果如图 15-58 所示。

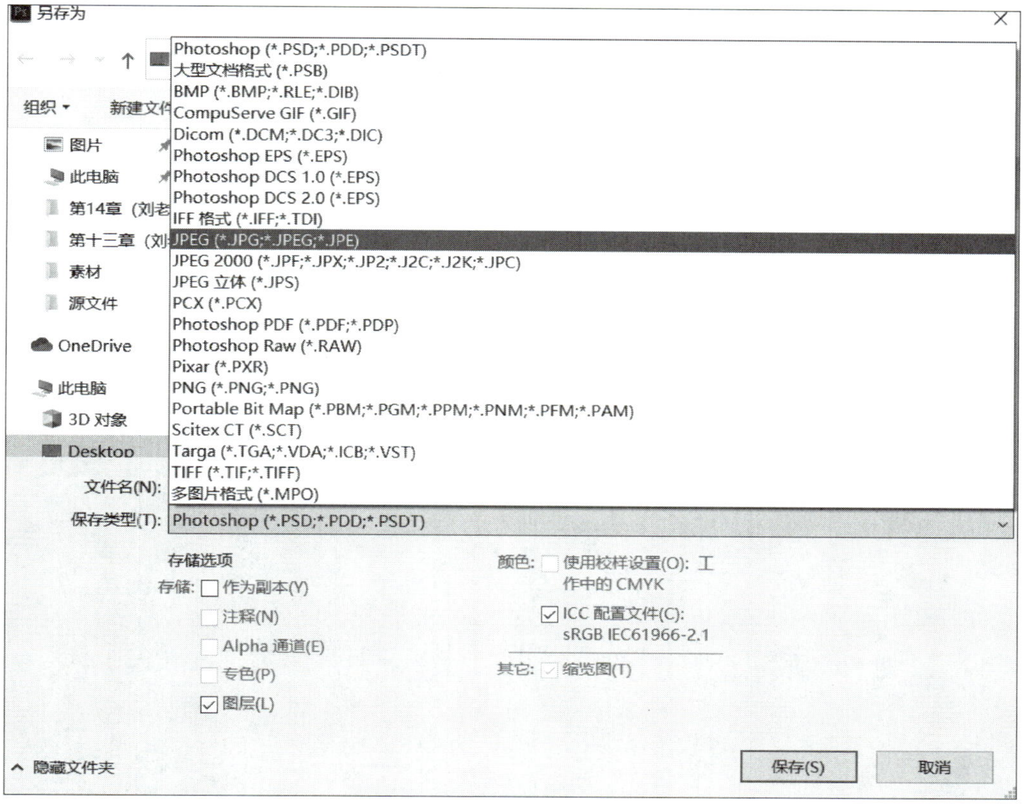

图 15-57　保存 JPEG 格式文件

图 15-58　导出文件最终效果

九、思考

（1）在制作乡村景观效果图时，如何平衡自然元素与人文因素，以创造出既美丽又符合社区需求的景观设计？

（2）V-Ray 灯光布置和渲染设置中，如何利用光影效果和色彩搭配来突出景观设计的特点，营造出舒适宜人的视觉体验？